国家出版基金项目
NATIONAL PUBLICATION FOUNDATION

"十四五"时期国家重点出版物出版专项规划项目

浙江昆虫志

第十三卷

鳞 翅 目

蝶类

王　敏　范骁凌　主编

科学出版社

北　京

内 容 简 介

　　本书系统记述了浙江省分布的鳞翅目蝶类 12 科 181 属 405 种。每科下方提供了分属和分种检索表、主要特征及地理分布。每种记录了原始出处，除形态文字描述和地理分布外，每种记述中还配有成虫彩色图片、雄性外生殖器解剖图等重要形态特征插图，总计约 1600 余幅。

　　本书是浙江省蝶类系统分类研究的全面总结，为昆虫学、生物多样性保护、生物进化、生物地理学等方面提供了基础资料，可供昆虫学科研与教学工作者、生物多样性保护与农林生产部门相关人员、大专院校有关专业师生及蝴蝶爱好者参考。

图书在版编目（CIP）数据

浙江昆虫志 . 第十三卷，鳞翅目 . 蝶类 / 王敏，范骁凌主编 . —北京：科学出版社，2024.12

"十四五"时期国家重点出版物出版专项规划项目

国家出版基金项目

ISBN 978-7-03-072343-7

Ⅰ.①浙… Ⅱ.①王… ②范… Ⅲ.①昆虫志 – 浙江 ②鳞翅目 – 昆虫志 – 浙江 ③蝶蛾科 – 昆虫志 – 浙江 Ⅳ.① Q968.225.5 ② Q969.420.8

中国版本图书馆 CIP 数据核字（2022）第 087072 号

责任编辑：李　悦　赵小林 / 责任校对：严　娜
责任印制：肖　兴 / 封面设计：北京蓝正合融广告有限公司

科学出版社 出版

北京东黄城根北街16号
邮政编码：100717
http://www.sciencep.com

北京中科印刷有限公司印刷

科学出版社发行　各地新华书店经销

*

2024 年 12 月第 一 版　开本：889×1194　1/16
2024 年 12 月第一次印刷　印张：32
字数：1 075 000

定价：480.00 元

（如有印装质量问题，我社负责调换）

《浙江昆虫志》领导小组

主　　任　胡　侠（2018 年 12 月起任）

　　　　　　林云举（2014 年 11 月至 2018 年 12 月在任）

副 主 任　吴　鸿　杨幼平　王章明　陆献峰

委　　员　（以姓氏笔画为序）

　　　　　　王　翔　叶晓林　江　波　吾中良　何志华

　　　　　　汪奎宏　周子贵　赵岳平　洪　流　章滨森

顾　　问　尹文英（中国科学院院士）

　　　　　　印象初（中国科学院院士）

　　　　　　康　乐（中国科学院院士）

　　　　　　何俊华（浙江大学教授、博士生导师）

组织单位　浙江省森林病虫害防治总站

　　　　　　浙江农林大学

　　　　　　浙江省林学会

《浙江昆虫志》编辑委员会

《浙江昆虫志 第十三卷 蝶类》
编写人员

主 编 王 敏 范骁凌

副主编 黄思遥 王厚帅 李泽建

作者及参加编写单位（按研究类群排序）

凤蝶科

  王 敏（华南农业大学）

  陈刘生（广东省林业科学研究院）

绢蝶科

  王 敏（华南农业大学）

粉蝶科

  黄思遥（华南农业大学）

斑蝶科

  王 敏（华南农业大学）

环蝶科

  李泽建（华东药用植物园科研管理中心）

  缪志鹏（华南农业大学）

眼蝶科

  谭舜云（华南农业大学）

  黄国华（湖南农业大学）

喙蝶科

  王厚帅（华南农业大学）

珍蝶科

　　　　王厚帅（华南农业大学）

蛱蝶科

　　　王　敏　张煜龙　马丽君（华南农业大学）

蚬蝶科

　　　王厚帅（华南农业大学）

　　　李泽建（华东药用植物园科研管理中心）

灰蝶科

　　　莫世芳　王　敏（华南农业大学）

弄蝶科

　　　范骁凌　侯永翔（华南农业大学）

《浙江昆虫志》序一

浙江省地处亚热带，气候宜人，集山水海洋之地利，生物资源极为丰富，已知的昆虫种类就有 1 万多种。浙江省昆虫资源的研究历来受到国内外关注，长期以来大批昆虫学分类工作者对浙江省进行了广泛的资源调查，积累了丰富的原始资料。因此，系统地研究这一地域的昆虫区系，其意义与价值不言而喻。吴鸿教授及其团队曾多次负责对浙江天目山等各重点生态地区的昆虫资源种类的详细调查，编撰了一些专著，这些广泛、系统而深入的调查为浙江省昆虫资源的调查与整合提供了翔实的基础信息。在此基础上，为了进一步摸清浙江省的昆虫种类、分布与为害情况，2016 年由浙江省林业有害生物防治检疫局（现浙江省森林病虫害防治总站）和浙江省林学会发起，委托浙江农林大学实施，先后邀请全国几十家科研院所，300 多位昆虫分类专家学者在浙江省内开展昆虫资源的野外补充调查与标本采集、鉴定，并且系统编写《浙江昆虫志》。

历时六年，在国内最优秀昆虫分类专家学者的共同努力下，《浙江昆虫志》即将按类群分卷出版面世，这是一套较为系统和完整的昆虫资源志书，包含了昆虫纲所有主要类群，更为可贵的是，《浙江昆虫志》参照《中国动物志》的编写规格，有较高的学术价值，同时该志对动物资源保护、持续利用、有害生物控制和濒危物种保护均具有现实意义，对浙江地区的生物多样性保护、研究及昆虫学事业的发展具有重要推动作用。

《浙江昆虫志》的问世，体现了项目主持者和组织者的勤奋敬业，彰显了我国昆虫学家的执着与追求、努力与奋进的优良品质，展示了最新的科研成果。《浙江昆虫志》的出版将为浙江省昆虫区系的深入研究奠定良好基础。浙江地区还有一些类群有待广大昆虫研究者继续努力工作，也希望越来越多的同仁能在国家和地方相关部门的支持下开展昆虫志的编写工作，这不但对生物多样性研究具有重大贡献，也将造福我们的子孙后代。

印象初

河北大学生命科学学院

中国科学院院士

2022 年 1 月 18 日

《浙江昆虫志》序二

浙江地处中国东南沿海，地形自西南向东北倾斜，大致可分为浙北平原、浙西中山丘陵、浙东丘陵、中部金衢盆地、浙南山地、东南沿海平原及海滨岛屿 6 个地形区。浙江复杂的生态环境成就了极高的生物多样性。关于浙江的生物资源、区系组成、分布格局等，植物和大型动物都有较为系统的研究，如 20 世纪 80 年代《浙江植物志》和《浙江动物志》陆续问世，但是无脊椎动物的研究却较为零散。90 年代末至今，浙江省先后对天目山、百山祖、清凉峰等重点生态地区的昆虫资源种类进行了广泛、系统的科学考察和研究，先后出版《天目山昆虫》《华东百山祖昆虫》《浙江清凉峰昆虫》等专著。1983 年、2003 年和 2015 年，由浙江省林业厅部署，浙江省还进行过三次林业有害生物普查。但历史上，浙江省一直没有对全省范围的昆虫资源进行系统整理，也没有建立统一的物种信息系统。

2016 年，浙江省林业有害生物防治检疫局（现浙江省森林病虫害防治总站）和浙江省林学会发起，委托浙江农林大学组织实施，联合中国科学院、南开大学、浙江大学、西北农林科技大学、中国农业大学、中南林业科技大学、河北大学、华南农业大学、扬州大学、浙江自然博物馆等单位共同合作，开始展开对浙江省昆虫资源的实质性调查和编纂工作。六年来，在全国三百多位专家学者的共同努力下，编纂工作顺利完成。《浙江昆虫志》参照《中国动物志》编写，系统、全面地介绍了不同阶元的鉴别特征，提供了各类群的检索表，并附形态特征图。全书各卷册分别由该领域知名专家编写，有力地保证了《浙江昆虫志》的质量和水平，使这套志书具有很高的科学价值和应用价值。

昆虫是自然界中最繁盛的动物类群，种类多、数量大、分布广、适应性强，与人们的生产生活关系复杂而密切，既有害虫也有大量有益昆虫，是生态系统中重要的组成部分。《浙江昆虫志》不仅有助于人们全面了解浙江省丰富的昆虫资源，还可供农、林、牧、畜、渔、生物学、环境保护和生物多样性保护等工作者参考使用，可为昆虫资源保护、持续利用和有害生物控制提供理论依据。该丛书的出版将对保护森林资源、促进森林健康和生态系统的保护起到重要作用，并且对浙江省设立"生态红线"和"物种红线"的研究与监测，以及创建"两美浙江"等具有重要意义。

《浙江昆虫志》必将以它丰富的科学资料和广泛的应用价值为我国的动物学文献宝库增添新的宝藏。

康 乐

中国科学院动物研究所

中国科学院院士

2022 年 1 月 30 日

《浙江昆虫志》前言

　　生物多样性是人类赖以生存和发展的重要基础，是地球生命所需要的物质、能量和生存条件的根本保障。中国是生物多样性最为丰富的国家之一，也同样面临着生物多样性不断丧失的严峻问题。生物多样性的丧失，直接威胁到人类的食品、健康、环境和安全等。国家高度重视生物多样性的保护，下大力气改善生态环境，改变生物资源的利用方式，促进生物多样性研究的不断深入。

　　浙江区域是我国华东地区一道重要的生态屏障，和谐稳定的自然生态系统为长三角地区经济快速发展提供了有力保障。浙江省地处中国东南沿海长江三角洲南翼，东临东海，南接福建，西与江西、安徽相连，北与上海、江苏接壤，位于北纬 27°02′～31°11′，东经 118°01′～123°10′，陆地面积 10.55 万 km²，森林面积 608.12 万 hm²，森林覆盖率为 61.17%（按省同口径计算，含一般灌木），森林生态系统多样性较好，森林植被类型、森林类型、乔木林龄组类型较丰富。湿地生态系统中湿地植物和植被、湿地野生动物均相当丰富。目前浙江省建有数量众多、类型丰富、功能多样的各级各类自然保护地。有 1 处国家公园体制试点区（钱江源国家公园）、311 处省级及以上自然保护地，其中 27 处自然保护区、128 处森林公园、59 处风景名胜区、67 处湿地公园、15 处地质公园、15 处海洋公园（海洋特别保护区），自然保护地总面积 1.4 万 km²，占全省陆域的 13.3%。

　　浙江素有"东南植物宝库"之称，是中国植物物种多样性最丰富的省份之一，有高等植物 6100 余种，在中国东南部植物区系中占有重要的地位；珍稀濒危植物众多，其中国家一级重点保护野生植物 11 种，国家二级重点保护野生植物 104 种；浙江特有种超过 200 种，如百山祖冷杉、普陀鹅耳枥、天目铁木等物种。陆生野生脊椎动物有 790 种，约占全国总数的 27%，列入浙江省级以上重点保护野生动物 373 种，其中国家一级重点保护野生动物 54 种，国家二级重点保护野生动物 138 种，像中华凤头燕鸥、华南梅花鹿、黑麂等都是以浙江为主要分布区的珍稀濒危野生动物。

　　昆虫是现今陆生动物中最为繁盛的一个类群，约占动物界已知种类的 3/4，是生物多样性的重要组成部分，在生态系统中占有独特而重要的地位，与人类具有密切而复杂的关系，为世界创造了巨大精神和物质财富，如家喻户晓的家蚕、蜜蜂和冬虫夏草等资源昆虫。

　　浙江集山水海洋之地利，地理位置优越，地形复杂多样，气候温和湿润，加之第四纪以来未受冰川的严重影响，森林覆盖率高，造就了丰富多样的生境类型，保存着大量珍稀生物物种，这种有利的自然条件给昆虫的生息繁衍提供了便利。昆虫种类复杂多样，资源极为丰富，珍稀物种荟萃。

　　浙江昆虫研究由来已久，早在北魏郦道元所著《水经注》中，就有浙江天目山的山川、霜木情况的记载。明代医药学家李时珍在编撰《本草纲目》时，曾到天目山实地考察采集，书中收有产于天目山的养生之药数百种，其中不乏有昆虫药。明代《西天目祖山志》生殖篇虫族中有山蚕、蚱蜢、蜣螂、蛱蝶、蜻蜓、蝉等昆虫的明确记载。由此可见，自古以来，浙江的昆虫就已引起人们的广泛关注。

　　20 世纪 40 年代之前，法国人郑璧尔（Octave Piel，1876～1945）（曾任上海震旦博物馆馆长）曾分别赴浙江四明山和舟山进行昆虫标本的采集，于 1916 年、1926 年、1929 年、1935 年、1936 年及 1937 年又多次到浙江天目山和莫干山采集，其中，1935～1937 年的采集规模大、类群广。他采集的标本数量大、影响深远，依据他所采标本就有相关 24 篇文章在学术期刊上发表，其中 80 种的模式标本产于天目山。

　　浙江是中国现代昆虫学研究的发源地之一。1924 年浙江省昆虫局成立，曾多次派人赴浙江各地采集昆虫标本，国内昆虫学家也纷纷来浙采集，如胡经甫、祝汝佐、柳支英、程淦藩等，这些采集的昆虫标本现保存于中国科学院动物研究所、中国科学院上海昆虫博物馆（原中国科学院上海昆虫研究所）及浙江大学。据此有不少研究论文发表，其中包括大量新种。同时，浙江省昆虫局创办了《昆虫与植病》和《浙江省昆虫局年刊》等。《昆虫与植病》是我国第一份中文昆虫期刊，共出版 100 多期。

　　20 世纪 80 年代末至今，浙江省开展了一系列昆虫分类区系研究，特别是 1983 年和 2003 年分别进行了林业有害生物普查，分别鉴定出林业昆虫 1585 种和 2139 种。陈其瑚主编的《浙江植物病虫志　昆虫篇》（第一集 1990 年，第二集 1993 年）共记述 26 目 5106 种（包括蜱螨目），并将浙江全省划分成 6 个昆虫地理区。1993 年童雪松主编的《浙江蝶类志》记述鳞翅目蝶类 11 科 340 种。2001 年方志刚主编的《浙江昆虫名录》收录六足类 4 纲 30 目 447 科 9563 种。2015 年宋立主编的《浙江白蚁》记述白蚁 4 科 17 属 62 种。2019 年李泽建等在《浙江天目山蝴蝶图鉴》中记述蝴蝶 5 科 123 属 247 种。2020 年李泽建等在《百山祖国家公园蝴蝶图鉴　第 I 卷》中记述蝴蝶 5 科 140 属 283 种。

　　中国科学院上海昆虫研究所尹文英院士曾于 1987 年主持国家自然科学基金重点项目"亚热带森林土壤动物区系及其在森林生态平衡中的作用"，在天目山采得昆虫纲标本 3.7 万余号，鉴定出 12 目 123 种，并于 1992 年编撰了《中国亚热带土壤动物》一书，该项目研究成果曾获中国科学院自然科学奖二等奖。

　　浙江大学（原浙江农业大学）何俊华和陈学新教授团队在我国著名寄生蜂分类学家祝汝佐教授（1900～1981）所奠定的文献资料与研究标本的坚实基础上，开展了农林业害虫寄生性天敌昆虫资源的深入系统分类研究，取得丰硕成果，撰写专著 20 余册，如《中国经济昆虫志　第五十一册　膜翅目　姬蜂科》《中国动物志　昆虫纲　第十八卷　膜翅目　茧蜂科（一）》《中国动物志　昆虫纲　第二十九卷　膜翅目　螯蜂科》《中国动物志　昆虫纲　第三十七卷　膜翅目　茧蜂科（二）》《中国动物志　昆虫纲　第五十六卷　膜翅目　细蜂总科（一）》等。2004 年何俊华教授又联合相关专家编著了《浙江蜂类志》，共记录浙江蜂类 59 科 631 属 1687 种，其中模式产地在浙江的就有 437 种。

　　浙江农林大学（原浙江林学院）吴鸿教授团队先后对浙江各重点生态地区的昆虫资源进行了广泛、系统的科学考察和研究，联合全国有关科研院所的昆虫分类学家，吴鸿教授作为主编或者参编者先后编撰了《浙江古田山昆虫和大型真菌》《华东百山祖昆虫》《龙王山昆虫》《天目山昆虫》《浙江乌岩岭昆虫及其森林健康评价》《浙江凤阳山昆虫》《浙江清凉峰昆虫》《浙江九龙山昆虫》等图书，书中发表了众多的新属、新种、中国新记录科、新记录属和新记录种。2014～2020 年吴鸿教授作为总主编之一还编撰了《天目山动物志》（共 11 卷），其中记述六足类动物 32 目 388 科 5000 余种。上述科学考察以及本次《浙江昆虫志》编撰项目为浙江当地和全国培养了一批昆虫分类学人才并积累了 100 万号昆虫标本。

通过上述大型有组织的昆虫科学考察，不仅查清了浙江省重要保护区内的昆虫种类资源，而且为全国积累了珍贵的昆虫标本。这些标本、专著及考察成果对于浙江省乃至全国昆虫类群的系统研究具有重要意义，不仅推动了浙江地区昆虫多样性的研究，也让更多的人认识到生物多样性的重要性。然而，前期科学考察的采集和研究的广度和深度都不能反映整个浙江地区的昆虫全貌。

昆虫多样性的保护、研究、管理和监测等许多工作都需要有翔实的物种信息作为基础。昆虫分类鉴定往往是一项逐渐接近真理（正确物种）的工作，有时甚至需要多次更正才能找到真正的归属。过去的一些观测仪器和研究手段的限制，导致部分属种鉴定有误，现代电子光学显微成像技术及 DNA 条形码分子鉴定技术极大推动了昆虫物种的更精准鉴定，此次《浙江昆虫志》对过去一些长期误鉴的属种和疑难属种进行了系统订正。

为了全面系统地了解浙江省昆虫种类的组成、发生情况、分布规律，为了益虫开发利用和有害昆虫的防控，以及为生物多样性研究和持续利用提供科学依据，2016 年 7 月"浙江省昆虫资源调查、信息管理与编撰"项目正式开始实施，该项目由浙江省林业有害生物防治检疫局（现浙江省森林病虫害防治总站）和浙江省林学会发起，委托浙江农林大学组织，联合全国相关昆虫分类专家合作。《浙江昆虫志》编委会组织全国 30 余家单位 300 余位昆虫分类学者共同编写，共分 17 卷：第一卷由杜予州教授主编，包含原尾纲、弹尾纲、双尾纲，以及昆虫纲的石蛃目、衣鱼目、蜉蝣目、蜻蜓目、襀翅目、等翅目、蜚蠊目、螳螂目、蛩蠊目、直翅目和革翅目；第二卷由花保祯教授主编，包括昆虫纲啮虫目、缨翅目、广翅目、蛇蛉目、脉翅目、长翅目和毛翅目；第三卷由张雅林教授主编，包含昆虫纲半翅目同翅亚目；第四卷由卜文俊和刘国卿教授主编，包含昆虫纲半翅目异翅亚目；第五卷由李利珍教授和白明研究员主编，包含昆虫纲鞘翅目原鞘亚目、藻食亚目、肉食亚目、牙甲总科、阎甲总科、隐翅虫总科、金龟总科、沼甲总科；第六卷由任国栋教授主编，包含昆虫纲鞘翅目花甲总科、吉丁甲总科、丸甲总科、叩甲总科、长蠹总科、郭公甲总科、扁甲总科、瓢甲总科、拟步甲总科；第七卷由杨星科和张润志研究员主编，包含昆虫纲鞘翅目叶甲总科和象甲总科；第八卷由吴鸿和杨定教授主编，包含昆虫纲双翅目长角亚目；第九卷由杨定和姚刚教授主编，包含昆虫纲双翅目短角亚目虻总科、水虻总科、食虫虻总科、舞虻总科、蚤蝇总科、蚜蝇总科、眼蝇总科、实蝇总科、小粪蝇总科、缟蝇总科、沼蝇总科、鸟蝇总科、水蝇总科、突眼蝇总科和禾蝇总科；第十卷由薛万琦和张春田教授主编，包含昆虫纲双翅目短角亚目蝇总科、狂蝇总科；第十一卷由李后魂教授主编，包含昆虫纲鳞翅目小蛾类；第十二卷由韩红香副研究员和姜楠博士主编，包含昆虫纲鳞翅目大蛾类；第十三卷由王敏和范骁凌教授主编，包含昆虫纲鳞翅目蝶类；第十四卷由魏美才教授主编，包含昆虫纲膜翅目"广腰亚目"；第十五卷由陈学新和王义平教授主编、第十六卷、第十七卷由陈学新和唐璞教授主编，这三卷内容为昆虫纲膜翅目细腰亚目*。17 卷共记述浙江省六足类 1 万余种，各卷所收录物种的截止时间为 2021 年 12 月。

---

* 因"膜翅目细腰亚目"物种丰富，本部分由原定 2 卷扩充为 3 卷出版。

　　《浙江昆虫志》各卷主编由昆虫各类群权威顶级分类专家担任，他们是各单位的学科带头人或国家杰出青年科学基金获得者、973 计划首席专家和各专业学会的理事长和副理事长等，他们中有不少人都参与了《中国动物志》的编写工作，从而有力地保证了《浙江昆虫志》整套 17 卷学术内容的高水平和高质量，反映了我国昆虫分类学者对昆虫分类区系研究的最新成果。《浙江昆虫志》是迄今为止对浙江省昆虫种类资源最为完整的科学记载，体现了国际一流水平，17 卷《浙江昆虫志》汇集了上万张图片，除黑白特征图外，还有大量成虫整体或局部特征彩色照片，这些图片精美、细致，能充分、直观地展示物种的分类形态鉴别特征。

　　浙江省林业局对《浙江昆虫志》的编撰出版一直给予关注，本项目在其领导与支持下获得浙江省财政厅的经费资助，并在科学考察过程中得到了浙江省各市、县（市、区）林业部门的大力支持和帮助，特别是浙江天目山国家级自然保护区管理局、浙江清凉峰国家级自然保护区管理局、宁波四明山国家森林公园、钱江源国家公园、浙江仙霞岭省级自然保护区管理局、浙江九龙山国家级自然保护区管理局、景宁望东垟高山湿地自然保护区管理局和舟山市自然资源和规划局也给予了大力协助。同时也感谢国家出版基金和科学出版社的资助与支持，保证了 17 卷《浙江昆虫志》的顺利出版。

　　中国科学院印象初院士和康乐院士欣然为本志作序。借此付梓之际，我们谨向以上单位和个人，以及在本项目执行过程中给予关怀、鼓励、支持、指导、帮助和做出贡献的同志表示衷心的感谢！

　　限于资料和编研时间等多方面因素，书中难免有不足之处，恳盼各位同行和专家及读者不吝赐教。

《浙江昆虫志》编辑委员会

2022 年 3 月

《浙江昆虫志》编写说明

　　本志收录的种类原则上是浙江省内各个自然保护区和舟山群岛野外采集获得的昆虫种类。昆虫纲的分类系统参考袁锋等 2006 年编著的《昆虫分类学》第二版。其中，广义的昆虫纲已提升为六足总纲 Hexapoda，分为原尾纲 Protura、弹尾纲 Collembola、双尾纲 Diplura 和昆虫纲 Insecta。目前，狭义的昆虫纲仅包含无翅亚纲的石蛃目 Microcoryphia 和衣鱼目 Zygentoma 以及有翅亚纲。本志采用六足总纲的分类系统。考虑到编写的系统性、完整性和连续性，各卷所包含类群如下：第一卷包含原尾纲、弹尾纲、双尾纲，以及昆虫纲的石蛃目、衣鱼目、蜉蝣目、蜻蜓目、襀翅目、等翅目、蜚蠊目、螳螂目、蟾虫目、直翅目和革翅目；第二卷包含昆虫纲的啮虫目、缨翅目、广翅目、蛇蛉目、脉翅目、长翅目和毛翅目；第三卷包含昆虫纲的半翅目同翅亚目；第四卷包含昆虫纲的半翅目异翅亚目；第五卷、第六卷和第七卷包含昆虫纲的鞘翅目；第八卷、第九卷和第十卷包含昆虫纲的双翅目；第十一卷、第十二卷和第十三卷包含昆虫纲的鳞翅目；第十四卷、第十五卷和第十六卷包含昆虫纲的膜翅目。

　　由于篇幅限制，本志所涉昆虫物种均仅提供原始引证，部分物种同时提供了最新的引证信息。为了物种鉴定的快速化和便捷化，所有包括 2 个以上分类阶元的目、科、亚科、属，以及物种均依据形态特征编写了对应的分类检索表。本志关于浙江省内分布情况的记录，除了之前有记录但是分布记录不详且本次调查未采到标本的种类外，所有种类都尽可能反映其详细的分布信息。限于篇幅，浙江省内的分布信息以地级市、市辖区、县级市、县、自治县为单位按顺序编写，如浙江（安吉、临安）；由于四明山国家级自然保护区地跨多个市（县），因此，该地的分布信息保留为四明山。对于省外分布地则只写到省份、自治区、直辖市和特区等名称，参照《中国动物志》的编写规则，按顺序排列。对于国外分布地则只写到国家或地区名称，各个国家名称参照国际惯例按顺序排列，以逗号隔开。浙江省分布地名称和行政区划资料截至 2020 年，具体如下。

　　湖州：吴兴、南浔、德清、长兴、安吉

　　嘉兴：南湖、秀洲、嘉善、海盐、海宁、平湖、桐乡

　　杭州：上城、下城、江干、拱墅、西湖、滨江、萧山、余杭、富阳、临安、桐庐、淳安、建德

　　绍兴：越城、柯桥、上虞、新昌、诸暨、嵊州

　　宁波：海曙、江北、北仑、镇海、鄞州、奉化、象山、宁海、余姚、慈溪

　　舟山：定海、普陀、岱山、嵊泗

　　金华：婺城、金东、武义、浦江、磐安、兰溪、义乌、东阳、永康

　　台州：椒江、黄岩、路桥、三门、天台、仙居、温岭、临海、玉环

　　衢州：柯城、衢江、常山、开化、龙游、江山

　　丽水：莲都、青田、缙云、遂昌、松阳、云和、庆元、景宁、龙泉

　　温州：鹿城、龙湾、瓯海、洞头、永嘉、平阳、苍南、文成、泰顺、瑞安、乐清

目　录

概　　述

蝴蝶是一类常见且招人喜爱的昆虫，隶属鳞翅目锤角类。蝴蝶与蛾类的区别在于前者触角为棍棒状，白天活动，后翅反面的斑纹比正面丰富多彩。它是进化生物学、生物多样性保护、生态环境指示生物及科普教育等方面研究的重要昆虫类群。

浙江省地处我国东南沿海，是我国开展蝴蝶研究较早的省份之一。19 世纪后半叶，英国学者 J. H. Leech 为了编写 *Butterfies from China, Japan and Corea* 一书，首先从我国浙江宁波开始采集，并沿长江乘船而上，先后在江西庐山、湖北宜昌、四川峨眉山和康定等地开展了大规模的调查。20 世纪 90 年代，我国学者童雪松等在浙江省进行了多年的调查，出版了《浙江蝶类志》一书，该书记录浙江省蝶类 340 种。近年来，浙江多地的保护区和森林公园分别完成了对当地的蝴蝶本底数据调查，为本书的出版积累了数据。

世界蝴蝶约有 20000 种，每年不断有新的物种被发现，中国现有记录约 2300 种。本书记录 405 种，但作者估计浙江省境内的蝴蝶种类在 450 种左右，仍有 50 种左右有待后续研究去发现。

由于蝴蝶高级阶元分类目前并不统一，本书采用周尧（1994）在《中国蝶类志》中的分类体系，即把蝴蝶分为 4 个总科、17 个科的系统。由于排版编排的需求，书中蚬蝶科、灰蝶科及弄蝶科的成虫图片为原始大小的 1.2 至 1.5 倍，其他科为原始大小。

许多蝴蝶研究及爱好者在编写过程中给予了很多支持与帮助，陕西宝鸡市周利平、上海市王家麒及四川成都佘晨沐先生等提供了部分图片，特此致谢。

分总科、分科检索表

第一章　凤蝶总科 Papilionoidea

一、凤蝶科 Papilionidae

主要特征：头部复眼光滑，下颚须微小，下唇须通常较小（也有发达的类群如喙凤蝶属），喙及触角发达，触角末端膨大，整体呈棒状。前翅呈三角形；中室闭式，R 脉 5 条，R_{4-5} 脉共柄，M_1 不与 R 脉共柄；A 脉 2 条，3A 脉短，只到翅的后缘。后翅只 1 条 A 脉，外缘多为波浪形，不少种类的 M_3 脉常向后方延伸形成长短不一的尾突，也有无尾突或 2 条以上尾突的种类。前足正常，胫节有 1 小距，胫节距为 0–2–2 或 0–0–2，跗节具爪 1 对。

世界已知 600 余种，中国记录 100 余种，浙江分布 11 属 33 种。

分属检索表

1. 裳凤蝶属 *Troides* Hübner, 1819

Troides Hübner, 1819: 88. Type species: *Papilio helena* Linnaeus, 1758.

主要特征：大型种类，雌雄异型。头胸连接处及胸部侧面具红色鳞毛，腹部腹面黄色。雄性前翅狭长，呈三角形，前缘约为后缘的 2 倍长，中室长度约为前翅长的一半；底色黑色夹杂白色条纹；后翅短，较圆，中室长度约为翅长的一半，底色金黄色，在外缘具黑斑列或黑带；后翅正面沿内缘具褶，内有发香鳞及长毛。雌蝶较雄蝶大，前翅更宽而圆，颜色较淡；后翅正面不具发香鳞。雄性外生殖器背兜与钩形突退化，尾突存在，上钩突短，囊形突短，抱器宽大，内凹，内突末端具齿，阳茎短粗。

分布：古北区、东洋区、澳洲区。世界已知 22 种，中国记录 3 种，浙江分布 1 种。

（1）金裳凤蝶 *Troides aeacus* **(C. *et* R. Felder, 1860)**（图 1-1）

Ornithoptera aeacus C. *et* R. Felder, 1860b: 225.

Troides aeacus: Rothschild, 1895: 223.

♂正　　　　　　　　♂反

♀正

♀ 反

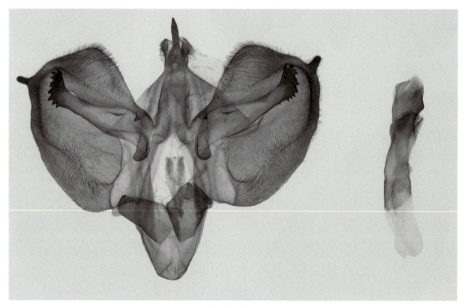

♂ 外生殖器

图 1-1　金裳凤蝶 *Troides aeacus* (C. et R. Felder, 1860)

　　主要特征：雄性：体大，头黑色；触角黑色，略短于前翅长的一半；头胸连接处具 1 圈红色鳞毛；胸部黑色，侧面在翅基部具红色鳞毛；腹部背面底色黑色，腹节间具黄色环，侧面及腹面黄色，侧面具黑斑。前翅狭长，正面底色黑色，翅脉黑色，周围具白色鳞片，尤以 M_2、M_3、CuA_1 及 CuA_2 脉附近明显。后翅扇形，外缘波浪形；后翅底色为金黄色，翅脉黑色，各翅室在翅外缘各具 1 明显近三角形黑斑；CuA_1 及 CuA_2 室的黑斑内侧具雾状黑鳞；内缘黑色，内褶长，内具白色发香鳞。反面与正面大体相同，不同之处在于前翅翅脉周围的白色鳞片区域更加发达。雌性：头、胸及腹部背面同雄性，腹部腹面另具 1 列黑斑；前翅较雄性更宽大，正面翅脉周围的白鳞区更加发达，中室翅脉周围及各条 R 脉附近也具明显白鳞区；后翅外缘波浪形较雄性明显，正面外缘黑斑列较雄性发达，在外缘黑斑列内侧另具 1 列发达的大黑斑。反面与正面类似。

雄性外生殖器抱器宽大，基中部突起长、末端具小齿，抱器腹下缘半弧形，抱器背半球形拱起；阳茎粗短，端缘不平滑。

分布：浙江（临安、淳安、开化、遂昌、庆元、景宁）、陕西、甘肃、江西、福建、台湾、广东、香港、澳门、广西、云南、西藏；印度，不丹，尼泊尔，缅甸，越南，老挝，泰国，马来西亚，印度尼西亚。

2. 麝凤蝶属 *Byasa* Moore, 1882

Byasa Moore, 1882: 258. Type species: *Papilio philoxenus* Gray, 1831.

主要特征：体中至大型，雌雄同型或异型，头胸连接处、胸部侧面及腹部侧面、腹面节间膜具红色鳞毛；前翅长，顶角较圆，翅面底色黑色、黑褐色或棕褐色，前翅翅脉周围常具白色鳞片；后翅狭长，外缘波浪形，正面亚外缘有时具红色新月形斑或方形白斑，M_3 脉具尾突，或长或短；雄性后翅正面沿内缘具褶，内有发香鳞及绒毛。雌蝶体型较雄蝶为大，前翅更宽而圆，颜色较淡；后翅正面不具发香鳞。雄性外生殖器上钩突长，囊形突短，抱器宽大，长椭圆形，内部突起发达、末端具齿；阳茎短粗。

分布：古北区、东洋区。世界已知 16 种，中国记录 14 种，浙江分布 3 种。

分种检索表

1. 后翅正面内缘褶内为暗色 ·· 中华麝凤蝶 *B. confusus*
- 后翅正面内缘褶内为浅灰色或白色 ··· 2
2. 后翅正面内缘褶内颜色明显不一致，外侧灰白色，内侧深灰色区 ················· 长尾麝凤蝶 *B. impediens*
- 后翅正面内缘褶内颜色较一致，浅灰色 ··· 灰绒麝凤蝶 *B. mencius*

（2）中华麝凤蝶 *Byasa confusus* (Rothschild, 1895)（图 1-2）

Papilio alcinous mencius f. *confusus* Rothschild, 1895: 269.
Byasa confusus: Rachli & Cotton, 2010: 43.

♂ 正　　　　　　　　　　♂ 反

♀正　　　　　　　　　　　　　　　　　　　♀反

♂外生殖器

图 1-2　中华麝凤蝶 *Byasa confusus* (Rothschild, 1895)

主要特征：雄性：体中型，头黑色；触角黑色，略短于前翅长的一半；头胸连接处具 1 圈红色鳞毛；胸部黑色，侧面在翅基部具红色鳞毛；腹部背面底色黑色，侧面及腹面红色，各具 1 列黑斑。前翅狭长，三角形；底色黑色，正面靠外侧三分之二颜色为灰褐色，翅脉黑色，各翅室中央具 1 黑条；后翅狭长，外缘波浪形，在 M_3 脉具 1 条长尾突；正面底色黑色，亚外缘具不明显暗红色狭窄新月形斑，内缘褶长，内具灰褐色发香鳞。反面前翅底色灰白色，斑纹同正面；后翅底色黑色，颜色与正面相同，亚外缘具 1 列红色近方形或新月形的斑块，M_3 与 CuA_1 室的红斑为新月形。雌性：头、胸及腹部背面同雄性，前翅较雄性更宽大，底色灰黄褐色或黑褐色；后翅外缘波浪形，底色灰黄褐色或黑褐色，斑纹同雄性，反面类似雄性，仅颜色更浅。

雄性外生殖器上钩突长；囊形突短；抱器宽大、长椭圆形，内部突起刀片状，末端具齿，上端钝圆、下端尖角状；阳茎短粗，阳基轭片"Y"形。

分布：浙江、陕西、甘肃、江苏、安徽、湖北、福建、台湾、广东、香港、广西、四川、云南；越南。

（3）灰绒麝凤蝶 *Byasa mencius* (C. *et* R. Felder, 1862)（图 1-3）

Papilio mencius C. *et* R. Felder, 1862: 22.

Byasa mencius: Tong, 1993: 3.

　　主要特征：雄性：体中型，头黑色；触角黑色，略短于前翅长的一半；头胸连接处具 1 圈红色鳞毛；胸部黑色，侧面在翅基部具红色鳞毛；腹部背面底色黑色，侧面及腹面红色，各具 1 列黑斑。前翅极其狭长，三角形；底色黑色，正面靠外侧三分之二颜色为灰褐色，翅脉黑色，各翅室中央具 1 黑条；后翅狭长，外缘波浪形，在 M$_3$ 脉具 1 条长尾突；正面底色黑色，亚外缘具不明显暗红色狭窄新月形斑，内缘褶长，内具灰白色发香鳞。反面前翅底色灰白色，斑纹同正面；后翅底色黑色，颜色与正面相同，

♂正　　　　　　　　　　　　　　♂反

♀正　　　　　　　　　　　　　　♀反

♂外生殖器

图 1-3　灰绒麝凤蝶 *Byasa mencius* (C. *et* R. Felder, 1862)

亚外缘具 1 列红色近方形或新月形的斑块，M_3 与 CuA_1 室的红斑为新月形。雌性：头、胸及腹部背面同雄性，前翅较雄性更宽大，底色黑褐色，后翅外缘波浪形，底色黑褐色，斑纹同雄性，反面类似雄性，仅颜色更浅。

　　雄性外生殖器与中华麝凤蝶的不同之处在于上钩突端部稍粗、末端钝圆；抱器内部突起不规则角状，上端粗角状，下端具 2 指状突起、内大外小。

　　分布：浙江（临安、宁海、余姚、慈溪）、河南、陕西、甘肃、江苏、安徽、江西、福建、广西、四川。

（4）长尾麝凤蝶 *Byasa impediens* (Rothschild, 1895)（图 1-4）

Papilio alcinous mencius f. *impediens* Rothschild, 1895: 270.

Byasa impediens: Rachli & Cotton, 2010: 72.

♂正　　　　　　　　　　♂反

♂外生殖器

图 1-4 长尾麝凤蝶 *Byasa impediens* (Rothschild, 1895)

主要特征：雄性：体中型，头黑色；触角黑色，略短于前翅长的一半；头胸连接处具 1 圈红色鳞毛；胸部黑色，侧面在翅基部具红色鳞毛；腹部背面底色黑色，侧面及腹面红色，各具 1 列黑斑。前翅极其狭长，三角形；底色黑色，正面靠外侧三分之二颜色为灰褐色，翅脉黑色，各翅室中央具 1 黑条；后翅狭长，外缘波浪形，在 M_3 脉具 1 条长尾突；正面底色黑色，亚外缘具不明显暗红色狭窄新月形斑，内缘褶长，内部明显分为灰白两色区域，白色区域在外侧，具灰白色发香鳞，深灰色区域为正常鳞片区，位于内侧。反面前翅底色灰白色，斑纹同正面；后翅底色黑色，颜色与正面相同，亚外缘具 1 列红色圆形或新月形的斑块，M_3 与 CuA_1 室的红斑为新月形。雌性：头、胸及腹部背面同雄性，前翅较雄性更宽大，底色黑褐色，后翅外缘波浪形，M_2 脉处的突起极其强烈，底色黑褐色，斑纹同雄性，反面类似雄性，仅颜色更浅。

雄性外生殖器与灰绒麝凤蝶非常相似，主要区别为抱器腹外缘均匀弧形，抱器内突刀片状，外缘具小齿，上端钝圆，下端大尖角状。

分布：浙江、河南、陕西、甘肃、江苏、安徽、湖北、江西、湖南、福建、台湾、四川、云南。

3. 珠凤蝶属 *Pachliopta* Reakirt, 1864

Pachliopta Reakirt, 1864: 503. Type species: *Papilio diphilus* Esper, 1793.

主要特征：体中型，雌雄同型。头胸连接处、胸部侧面、腹部侧面及腹面节间膜具红色鳞毛；前翅长，顶角较圆，翅面底色黑色、黑褐色或棕褐色，前翅翅脉周围常具白色鳞片，R_{4-5} 脉共柄，其余各脉分离；后翅狭长，外缘波浪形，正面亚外缘具红色新月形斑，中室端具 3–5 个并列白斑，M_3 脉具尾突，尾突末端膨大；雄性后翅正面沿内缘具褶，发香鳞不发达。雌蝶体型较雄蝶为大，前翅更宽而圆，颜色较淡；后翅正面不具发香鳞。雄性外生殖器上钩突短宽，端部膨大，两侧及顶端有突起；背囊 2 裂，呈二宽瓣状；抱器宽大，不规则三角形；阳茎粗长，末端尖。

分布：古北区、东洋区。世界已知 15 种，中国记录 1 种，浙江分布 1 种。

（5）红珠凤蝶 *Pachliopta aristolochiae* (Fabricius, 1775)（图 1-5）

Papilio aristolochiae Fabricius, 1775: 443.

Pachliopta aristolochiae: Lewis, 1974: 132.

　　主要特征：雄性：中型种，头黑色；触角黑色，略短于前翅长的一半；头胸连接处具 1 圈红色鳞毛；胸部黑色，侧面具红色鳞毛；腹部背面底色黑色，侧面及腹面节间膜红色，各具 1 列黑斑。前翅狭长，三角形；底色黑色，正面靠外侧三分之二颜色为灰褐色，翅脉黑色，各翅室中央具 1 黑条；后翅狭长，外缘波浪形，在 M_3 脉具 1 条尾突，尾突末端膨大；正面底色黑色，亚外缘具不明显红色块状斑，内缘褶短，发香鳞不发达。反面前翅底色灰白色，斑纹同正面；后翅底色黑色，颜色与正面相同，斑纹与正面相同，只亚外缘红斑更加明显清晰。雌性：头、胸及腹部背面同雄性，前翅较雄性更宽大，翅面色彩及斑纹同雄性。

　　雄性外生殖器背兜端部突出稍弯，且具小齿；颚形突宽、末端钝圆；抱器近三角形，末端尖刺状；阳茎粗、顶端尖。

　　分布：浙江、河南、陕西、甘肃、江苏、安徽、湖北、江西、湖南、福建、台湾、广东、香港、广西、四川、贵州、云南。

♀ 正　　　　　　　　　　　　　　　　　♀ 反

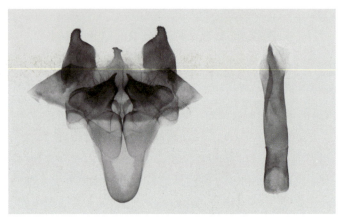

♂ 外生殖器

图 1-5　红珠凤蝶 *Pachliopta aristolochiae* (Fabricius, 1775)

4. 斑凤蝶属 *Chilasa* Moore, 1881

Chilasa Moore, 1881: 153. Type species: *Papilio dissimilis* Linnaeus, 1758 (=*Papilio clytia* Linnaeus, 1758).

主要特征：小型至中型种类，成虫拟态斑蝶，雌雄同型。头、胸及腹黑色，上具白点与白斑；翅黑褐色、棕褐色或黑色；前翅短宽，中室长，约等于前翅内缘长度；斑纹浅色，呈放射状排布；后翅近圆形，中室窄而小，外缘圆滑或呈浅波浪形；斑纹浅色，呈放射状排布；无尾突与性标。雄性外生殖器上钩突细长，囊形突短宽，抱器大、半椭圆形，内突多样，阳茎长短不一、中部弯曲。

分布：古北区、东洋区。世界已知 10 种，中国记录 5 种，浙江分布 2 种。

（6）斑凤蝶 *Chilasa agestor* (Gray, 1831)（图 1-6）

Papilio agestor Gray, 1831: 32.

Chilasa agestor: Wynter-Blyth, 1957: 379.

主要特征：雄性：体中型，雌雄同型。头黑色；触角黑色，短于前翅长的一半；头胸连接处具白点；胸部黑色，侧面具白斑；背面具 2 排白斑，腹部底色黑色，背面、侧面及腹面均具白斑。前翅短宽，三角形，顶角略微朝外方突出；前翅底色黑色，中室内具灰白色斑纹，几乎占满中室，并在靠近中室端脉处断开，R_2 至 CuA_2 室内具灰白色放射形斑，几乎占满各翅室，在亚外缘位置 M_1 至 2A 脉之间的各灰白色斑均断开，外缘从 R_3 至 CuA_1 室各具 1 灰白色小斑。后翅底色锈红色，$Sc+R_1$ 室具灰白色条斑，条斑外侧具 2 灰白色小点；中室被灰白色鳞占据，中间具 2 锈红色纵条；中室外侧有 1 圈灰白色斑围绕，Rs 与 M_1 室的斑最大，且此 2 斑外围另有 2 灰白色小斑；亚外缘有 1 列灰白色新月形斑从 Rs 室延伸到臀角，外缘有时另有 1 列三角形小斑出现在各翅室端。反面前翅同正面，顶角锈色，后翅近似正面，几乎全为锈色，$Sc+R_1$ 室灰白色条斑退化。雌性：斑纹同雄性，翅较雄性更宽大，色泽较淡。

雄性外生殖器抱器大、长半椭圆形，内突末端大三角突出，边缘被小刺；阳茎长，中部弯曲。

♂正　　　　　　　　　　　　♂反

♂外生殖器

图 1-6　斑凤蝶 *Chilasa agestor* (Gray, 1831)

分布：浙江（泰顺）、陕西、福建、台湾、广东、广西、四川、云南；印度，尼泊尔，缅甸，越南，泰国，马来西亚。

（7）小黑斑凤蝶 *Chilasa epycides* (Hewitson, 1864)（图 1-7）

Papilio epycides Hewitson, 1864: 11.

Chilasa epycides: Wynter-Blyth, 1957: 379.

主要特征：雄性：体小型，雌雄同型。头黑色；触角黑色，短于前翅长的一半；头胸连接处具白点；胸部黑色，侧面具白斑；背面具 2 排白斑，腹部底色黑色，背面、侧面及腹面均具白斑。前翅短宽，三角形，顶角圆；前翅底色黑色，中室内具灰白色斑纹，几乎占满中室，灰白色斑纹中央具 3 条放射纹，上方的两条共柄，R_3 室往下各翅室内具灰白色长条斑，几乎占满各翅室，M_1 室往下各翅室的灰白色斑在亚外缘位置均断开。后翅底色黑色，$Sc+R_1$ 室具灰白色条斑；中室被灰白色鳞占据，中间具 3 黑色纵条，上方的两条共柄；中室外侧有 1 圈灰白色斑围绕，亚外缘及外缘均有 1 列灰白色斑从 $Sc+R_1$ 室延伸到臀角，臀角具 1 黄点。反面与正面类似。雌性：翅较雄性更宽大，其余同雄性。

雄性外生殖器与褐斑凤蝶相似，主要区别是抱器宽，内突末端钝圆突出、密被毛。

♂正　　　　　　　　　　　♂反

♀正　　　　　　　　　　　♀反

♂外生殖器

图 1-7　小黑斑凤蝶 *Chilasa epycides* (Hewitson, 1864)

分布：浙江（萧山、临安、遂昌、龙泉、泰顺）、江西、福建、台湾、四川、云南；印度，尼泊尔，缅甸，越南，泰国。

5. 凤蝶属 *Papilio* Linnaeus, 1758

Papilio Linnaeus, 1758b: 458. Type species: *Papilio machaon* Linnaeus, 1758.

　　主要特征：体中至大型，雌雄同型或异型，头、胸及腹黑色，体上常具白点；翅黑褐色或黑色；前翅短宽，中室长而宽，后翅内缘区狭窄，弯曲凹入形成一条沟。雄性外生殖器上钩突发达、端部细长，钩形突 2 裂、短小，颚形突上弯，囊形突短小，抱器发达，内突近抱器腹骨化、被小刺，阳茎中稍弯曲。

　　分布：古北区、东洋区。世界已知 210 多种，中国记录 28 种，浙江分布 12 种。

分种检索表

1. 前翅中室有斑纹···2
- 前翅中室无斑纹···4
2. 前翅中室基部具放射状条纹···**柑橘凤蝶 *P. xuthus***
- 前翅中室基部不具放射状条纹···3
3. 后翅具尾突···**凤蝶 *P. machaon***
- 后翅无尾突···**达摩凤蝶 *P. demoleus***
4. 翅正面散布翠蓝色或翠绿色鳞片，后翅翠蓝色或者翠绿色鳞片聚集为斑·····································5
- 翅正面黑色，无翠绿色或翠蓝色鳞片···8
5. 后翅正面中域具 1 巨大蓝色斑块；雄性前翅正面无性标·····································**巴黎翠凤蝶 *P. paris***
- 后翅正面无蓝色斑块；雄性前翅正面具性标···6
6. 后翅正面翠蓝绿色鳞布满整个尾突···**穹翠凤蝶 *P. dialis***
- 后翅正面翠蓝绿色鳞不布满整个尾突，尾突四周尚有黑色区域··7
7. 翠蓝绿色鳞大部分集中于尾突周围；后翅正面中域的蓝绿色鳞与亚外缘蓝绿色新月形斑分离，后翅反面亚外缘红斑呈块状或新月形；前翅顶角较突出···**绿带翠凤蝶 *P. maackii***
- 翠蓝绿色鳞均匀分布在尾突上；后翅正面中域的蓝绿色鳞与亚外缘蓝绿色新月形斑相连，后翅反面亚外缘红斑呈飞鸟形；前翅顶角不很突出···**碧凤蝶 *P. bianor***
8. 后翅正面中域无白斑···9
- 后翅正面中域有白斑···11
9. 后翅狭长···**美姝凤蝶 *P. macilentus***
- 后翅短宽···10
10. 后翅反面基部具红斑···**美凤蝶 *P. memnon***
- 后翅反面基部不具红斑···**蓝凤蝶 *P. protenor***
11. 后翅正面仅具 3 大白斑···**玉斑凤蝶 *P. helenus***
- 后翅正面白斑小，且自顶角到内缘呈 1 均匀的条带···**玉带凤蝶 *P. polytes***

（8）柑橘凤蝶 *Papilio xuthus* Linnaeus, 1767（图 1-8）

Papilio xuthus Linnaeus, 1767: 751.

　　主要特征：雄性：体中型，雌雄同型。头黑色；触角黑色，短于前翅长的一半；体侧具灰白色或黄白色毛；前翅底色黑色，斑纹黄色；中室基部具 4、5 条放射状短纹，中室近端部具 2 横斑，中域具 1 列纵向三角斑，从 R_4 室延伸到 CuA_1 室，从上至下逐渐增大；CuA_2 室具 1 纵条，在末端呈倒钩形；亚外缘具 1 列月牙形斑。后翅正面中室黄色，中室端黑色，围绕中室各翅室各具 1 黄斑，亚外缘区具 1 列蓝点，有时不明显，外缘区具 1 列黄色月牙形斑，臀角具 1 橙色眼斑，具 1 长尾突。反面类似正面。雌性：斑纹同雄性，唯翅更宽阔。

雄性外生殖器抱器卵圆形，抱器腹均匀，内突长，端部牙刷状，末端密被小刺；阳茎端鞘骨化、稍弯曲。

分布：浙江、中国其余各省份；朝鲜，韩国，日本，缅甸。

♂正　　　　　　　　　　　　　　　　♂反

♀正　　　　　　　　　　　　　　　　♀反

♂外生殖器

图 1-8　柑橘凤蝶 *Papilio xuthus* Linnaeus, 1767

（9）凤蝶 *Papilio machaon* Linnaeus, 1758（图 1-9）

Papilio machaon Linnaeus, 1758b: 462.

　　主要特征：雄性：体中型，雌雄同型。头黑色；触角黑色，约等于前翅长的一半；胸部背面具黄色长毛；腹部背面黑色，侧面及腹面黄色。前翅底色黑色，斑纹黄色；中室基部具黄色鳞片、近端部具 2 横斑，R₄ 至 CuA₂ 室具一列子弹形黄斑，自上而下渐大；亚缘具黄斑列。后翅正面基半部黄色，中室端黑色，亚外缘区具 1 列蓝点及 1 列黄斑，均从顶角延伸至臀角，外缘区具 1 列黄色月牙形斑，臀角具 1 橙色斑，具 1 长尾突。反面类似正面。雌性：斑纹同雄性，翅更宽阔。

　　雄性外生殖器抱器不规则长方形，抱器背端钝圆，抱器腹不均匀，端部渐窄，顶端圆形突出；内突长刀片形、边缘锯齿状；阳茎端鞘骨化、稍弯曲。

　　分布：浙江、中国其余各省份；除中国外欧亚大陆其他国家，北美洲，非洲北部。

♂正　　　　　　　　　　　　　　　♂反

♂外生殖器

图 1-9　凤蝶 *Papilio machaon* Linnaeus, 1758

（10）达摩凤蝶 *Papilio demoleus* Linnaeus, 1758（图 1-10）

Papilio demoleus Linnaeus, 1758b: 464.

　　主要特征：雄性：体中型，雌雄同型。头黑色；触角黑色，约等于前翅长的一半；腹部背面黑色，侧面及腹面黄色，侧面具 1 黑条。前翅底色黑色，斑纹黄色；中室基部三分之二具黄色细点，中室近端部具

2 黄斑，中室端到亚顶角具数个不规则黄斑，亚顶角区具 1 黄色长斑，中域具 4 个不规则黄斑，从 M_2 室延伸到 CuA_2 室，从上至下逐渐增大，CuA_2 室黄斑外缘内凹；亚外缘具 1 列块状黄斑。后翅正面基半部具黄色鳞，中域具 1 宽黄带，从前缘到内缘逐渐变窄，$Sc+R_1$ 室的黄斑中央具 1 黑点，内有暗蓝色月牙纹；亚外缘区具 1 列黄色子弹形斑，外缘具 1 列黄色小斑，臀角具 1 橙红色斑，无尾突。反面类似正面，不同之处在于前翅中室基部三分之二具黄色放射条纹，后翅斑纹较正面更宽更明显。雌性：斑纹同雄性，翅更宽阔。

雄性外生殖器上钩突宽；抱器三角形，抱器腹到端部渐宽，内突伸至抱器背基部，端部 1/3 强骨化，边缘具小锯齿；阳茎较直。

♂正　　　　　　　　　♂反

♂外生殖器

图 1-10　达摩凤蝶 *Papilio demoleus* Linnaeus, 1758

分布：浙江（淳安、青田、缙云、遂昌、云和、景宁、龙泉、平阳）、湖北、江西、湖南、福建、台湾、广东、海南、香港、澳门、广西、四川、贵州、云南；印度，不丹，尼泊尔，缅甸，越南，泰国，斯里兰卡，马来西亚，新几内亚岛，澳大利亚。

（11）巴黎翠凤蝶 *Papilio paris* Linnaeus, 1758（图 1-11）

Papilio paris Linnaeus, 1758b: 459.

主要特征：雄性：体中型，雌雄同型。头黑色，密被翠绿色鳞片；触角黑色，短于前翅长的一半；胸部及腹部全黑，上密布翠绿色鳞片。前翅短阔，密布翠绿色鳞片，在外中区具 1 条翠绿色带，此带由后缘向前缘逐渐变浅，未及前缘即消失，被翅脉分割；后翅宽阔，外缘波浪形，底色黑，密布翠绿色鳞片；近顶角处有一块翠蓝色斑，斑的外缘波浪形，斑的下角有 1 条淡绿色带子与臀角斑联通；臀角具 1 环形红斑；

具 1 条末端膨大的尾突，上密布翠绿色鳞。反面前翅底色黑，中室外侧具 1 条宽白带，被各翅脉分割，从臀角延伸到前缘，越靠近前缘越宽；后翅底色黑，基半部散布白色鳞片，亚外缘区有 1 列飞鸟形与环形的红斑，红斑内侧镶有白边。雌性：斑纹同雄性，翅更宽阔。

　　雄性外生殖器抱器背中央弧形拱起，顶端钝圆，稍长于抱器腹端，抱器腹端窄，内突长骨状、自基部到端部渐粗；阳茎较直。

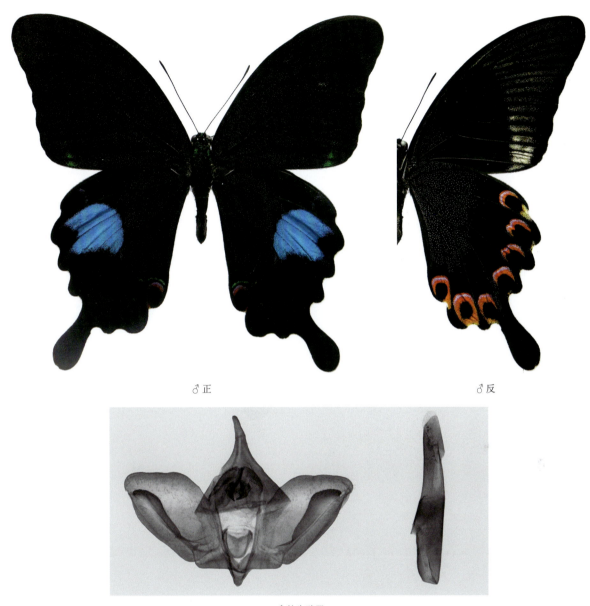

♂正　　　　　　　　　　♂反

♂外生殖器

图 1-11　巴黎翠凤蝶 *Papilio paris* Linnaeus, 1758

　　分布：浙江（兰溪、缙云、庆元、龙泉、泰顺）、河南、陕西、福建、台湾、广东、海南、香港、澳门、广西、四川、贵州、云南；印度，缅甸，越南，老挝，泰国，马来西亚，印度尼西亚。

（12）穹翠凤蝶 *Papilio dialis* Leech, 1893（图 1-12）

Papilio dialis Leech, 1893: 104.

　　主要特征：雄性：体大型，雌雄同型。头黑色，密布翠绿色鳞片；触角黑色，短于前翅长的一半；胸部及腹部全黑，上密布翠绿色鳞片。前翅长，密布翠绿色鳞片，顶角突出，脉纹附近为黑褐色，在 M_3、CuA_1、CuA_2 与 2A 脉上有天鹅绒般的性标；后翅宽阔，外缘波浪形，底色黑，密布翠绿色鳞片；亚外缘区具 6 个不明显的新月形蓝色及粉红色斑；各翅室末端在外缘镶有白边，臀角具 1 环形红斑；具 1 条尾突，上布满翠绿色鳞。反面前翅底色黑，翅脉两侧灰白色；后翅底色黑，基半部散布白色鳞片，亚外缘区有 1 列飞鸟形与环形的红斑。雌性：斑纹同雄性，翅更宽阔。

雄性外生殖器与巴黎翠凤蝶相似，其主要区别是上钩突细长；抱器背中央不拱起，内突三角状，端部最宽，内角近直角。

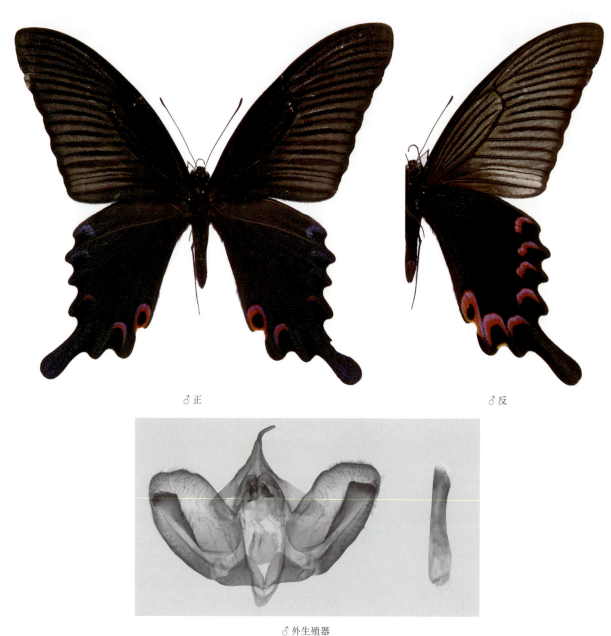

♂ 正　　　　　　　　　　　　　　　　　　♂ 反

♂ 外生殖器

图 1-12　穹翠凤蝶 *Papilio dialis* Leech, 1893

分布：浙江（遂昌、泰顺）、河南、江西、福建、台湾、广东、海南、广西、四川、贵州、云南；印度，缅甸，越南，老挝，泰国，柬埔寨。

（13）绿带翠凤蝶 *Papilio maackii* Ménétriès, 1859（图 1-13）

Papilio maackii Ménétriès, 1859: 212.

主要特征：雄性：体大型，雌雄同型。头黑色，密布翠绿色鳞片；触角黑色，短于前翅长的一半；胸部及腹部全黑，上密布翠绿色鳞片。前翅长，密布翠绿色鳞片，顶角发达突出，脉纹附近为黑褐色，在 M_3、CuA_1、CuA_2 与 2A 脉上有天鹅绒般的性标，在亚外缘区具 1 条不明显的翠绿色带，被翅脉分割；后翅宽阔，外缘波浪形，底色黑，基半部密布翠绿色与翠蓝色鳞片；基半部区域不与亚外缘区新月形斑相连，亚外缘区具 6 个不明显的新月形翠蓝色斑；各翅室末端在外缘镶有白边，臀角具 1 环形红斑，外围镶嵌蓝色鳞；具 1 条尾突，翠绿色鳞集中分布于翅脉周围。反面前翅底色黑，翅脉两侧灰白色；后翅底色黑，基半部散布草绿色鳞片，亚外缘区有 1 列块状或新月形红斑。雌性：斑纹同雄性，颜色更艳丽。

雄性外生殖器上钩突拇指状；抱器背上缘弧形，内突长，端部 1/3 稍膨大，边缘具小刺。

分布：浙江（临安、淳安、遂昌、松阳、龙泉），除新疆、台湾与海南外的其他省份；俄罗斯，朝鲜，韩国，日本。

♂正　　　　　　　　　　　♂反

♂外生殖器

图 1-13　绿带翠凤蝶 *Papilio maackii* Ménétriès, 1859

（14）碧凤蝶 *Papilio bianor* Cramer, 1777（图 1-14）

Papilio bianor Cramer, 1777: 10.

　　主要特征：雄性：体大型，雌雄同型。头黑色，密布翠绿色鳞片；触角黑色，约等于前翅长的一半；胸部及腹部全黑，上密布翠绿色鳞片。前翅长，密布翠绿色鳞片，顶角突出，脉纹附近为黑褐色，在 M_3、CuA_1、CuA_2 与 2A 脉上有天鹅绒般的性标；后翅宽阔，外缘波浪形，底色黑，基半部密布翠绿色与翠蓝

♂ 正　　　　　　　　　　　　　　　　♂ 反

♀ 正　　　　　　　　　　　　　　　　♀ 反

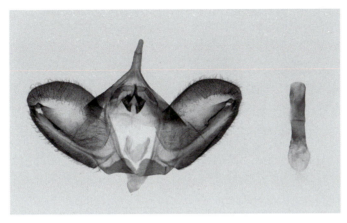

♂ 外生殖器

图 1-14　碧凤蝶 *Papilio bianor* Cramer, 1777

色鳞片；基半部区域与亚外缘区新月形斑相连，亚外缘区具 6 个不明显的新月形翠蓝至红色斑；各翅室末端在外缘镶有白边，臀角具 1 环形红斑，外围镶嵌蓝色鳞；具 1 条尾突，末端膨大，翠绿色鳞均匀分布于其上。反面前翅底色黑，翅脉两侧灰白色；后翅底色黑，基半部散布草绿色鳞片，亚外缘区有 1 列飞鸟形红斑。雌性：斑纹同雄性，翅更宽阔，色泽稍淡。

雄性外生殖器上钩突长指状；抱器背上缘弧形，内突中央脊起、具刺，端部分裂；阳茎粗短、直。

分布：浙江、除新疆外的各省份；巴基斯坦，印度，不丹，尼泊尔，缅甸，越南，泰国，柬埔寨。

（15）美姝凤蝶 *Papilio macilentus* Janson, 1877（图 1-15）

Papilio macilentus Janson, 1877: 158.

♂ 正　　　　　　　　　　　　　　　♂ 反

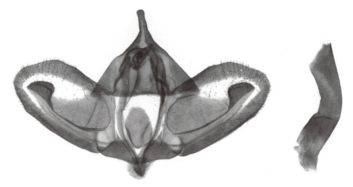

♂ 外生殖器

图 1-15　美姝凤蝶 *Papilio macilentus* Janson, 1877

主要特征：雄性：体大型，雌雄同型。头黑色；触角黑色，约等于前翅长的一半；胸部及腹部全黑。前翅狭长，脉纹附近为灰白色；后翅狭长，外缘波浪形，底色黑，Sc+R$_1$ 室具 1 白色月牙形斑；臀角具 1 环形红斑；具 1 条长尾突。反面前翅底色灰白色，翅室中央具黑条；后翅底色黑，亚外缘区有 1 列月牙形红斑。雌性：斑纹同雄性，翅更宽阔，颜色浅，后翅正面在 M$_3$ 与 CuA$_1$ 室外具 2 红斑，Sc+R$_1$ 室不具白色月牙形斑。

雄性外生殖器与碧凤蝶相似，其主要区别是上钩突端部均匀指状；抱器内突自基部脊起，端部牙刷样膨大；阳茎粗短、弯。

分布：浙江（安吉、松阳）、辽宁、河南、陕西、甘肃、安徽、江西、湖南、福建、广东、海南、广西、四川、贵州、云南；俄罗斯，朝鲜，韩国，日本。

（16）美凤蝶 *Papilio memnon* Linnaeus, 1758（图 1-16）

Papilio memnon Linnaeus, 1758b: 460.

主要特征：雄性：大型种，雌雄异型。头黑色；触角黑色，约等于前翅长的一半；胸部及腹部全黑。前翅宽阔，基半部黑色，脉纹两侧为蓝黑色；后翅宽阔，外缘波浪形，底色黑，基半部色深，脉纹两侧为蓝黑色。反面前翅底色灰白色，翅室中央具黑条，翅脉黑色，基部具 1 红斑；后翅底色黑，基部具 4 个形态大小不同的红斑，亚外缘具 1 列由蓝色鳞组成的斑列，臀角及 CuA$_2$ 室具橙红色环状斑。雌性：分为无尾型与有尾型。无尾型前翅正面底色灰白色，基部具 1 红斑，CuA$_2$ 及 2A 室基部黑色，翅更宽阔，脉纹黑色，翅室中央具黑条；后翅基半部黑色，端半部白色，脉纹黑色，外缘具 1 列黑色方斑。反面近似正面，后翅

♂ 正　　　　　　　　♂ 反

♀ 正　　　　　　　　　　　　　　　　　　　♀ 反

♂ 外生殖器

图 1-16　美凤蝶 *Papilio memnon* Linnaeus, 1758

基部具 4 个形态大小不同的红斑。有尾型前翅与无尾型类似，后翅正面底色黑，在中室具 1 白斑，围绕中室的各翅室各具 1 白斑，臀角有长圆黑斑，周围红色；后翅反面基部具 4 红斑，其余与正面相似。

　　雄性外生殖器与美姝凤蝶相似，其主要区别是上钩突顶端稍粗；抱器内突端部 1/2 骨化、渐宽，上缘及外缘被小刺；阳茎弯。

　　分布：浙江（景宁、永嘉、平阳、泰顺）、陕西、湖北、江西、湖南、福建、台湾、广东、海南、广西、四川、云南；日本，印度，缅甸，越南，老挝，泰国，柬埔寨，斯里兰卡。

（17）蓝凤蝶 *Papilio protenor* Cramer, 1775（图 1-17）

Papilio protenor Cramer, 1775: 77.

　　主要特征：雄性：体大型，雌雄同型。头黑色；触角黑色，约等于前翅长的一半；胸部及腹部全黑。前翅宽阔，顶角突出，基部黑色，脉纹两侧为灰白色；后翅宽阔，外缘波浪形，底色黑，基半部色深，Sc+R$_1$ 室具 1 白色月牙形斑，端半部散布大量蓝色鳞，臀角具 1 橙色半环状斑。反面前翅底色灰白色，翅室中央具黑条，翅脉黑色；后翅底色黑，翅脉淡色，顶角区具 2 个橙红色新月形斑，臀角具橙红色环状斑，CuA$_2$ 室具 2 个橙红色新月形斑。雌性：斑纹同雄性，翅更宽阔，颜色浅，后翅正面 Sc+R$_1$ 室不具白色月牙形斑。

♂正　　　　　　　　　　　　　　　♂反

♀正　　　　　　　　　　　　　　　♀反

♂外生殖器

图 1-17　蓝凤蝶 *Papilio protenor* Cramer, 1775

　　雄性外生殖器与美凤蝶相似，其主要不同之处在于上钩突细；钩形突端部指状；抱器内突大烟斗状，上缘八字形不对称且被刺，下缘稍"S"形；阳茎长、基部稍弯。

　　分布：浙江、山东、河南、陕西、甘肃、江西、福建、台湾、广东、海南、广西、四川、云南；韩国，日本，印度，缅甸，越南，老挝，泰国，柬埔寨。

（18）玉斑凤蝶 *Papilio helenus* Linnaeus, 1758（图 1-18）

Papilio helenus Linnaeus, 1758b: 459.

　　主要特征：雄性：大型种，雌雄同型。头黑色；触角黑色，约等于前翅长的一半；胸部及腹部全黑。前翅宽阔，顶角突出，基半部黑色，端半部脉纹两侧为灰白色；后翅宽阔，外缘波浪形，底色黑，中域有3块彼此紧靠的白色或淡黄白色斑，最上方的一个最小，近三角形；下方两个近似等大，方形；具1条尾

♂正　　　　　　　　　　♂反

♀正　　　　　　　　　　♀反

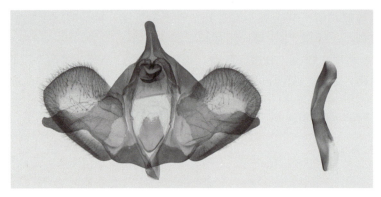

♂ 外生殖器

图 1-18　玉斑凤蝶 *Papilio helenus* Linnaeus, 1758

突。反面前翅底色黑色，端半部具被翅脉分割的白带；后翅底色黑，亚外缘有 1 列明显红色月牙形斑，其余同正面。雌性：斑纹同雄性，翅更宽阔。

雄性外生殖器上钩突粗指状；钩形突端部细尖；抱器宽短，内突脚状，末端窄、钝、伸出抱器；阳茎中部弯。

分布：浙江（临安、淳安、遂昌、景宁、泰顺）、江西、福建、台湾、广东、海南、香港、澳门、广西、四川、贵州、云南；韩国，日本，印度，缅甸，越南，老挝，泰国，柬埔寨，斯里兰卡，马来西亚，印度尼西亚。

（19）玉带凤蝶 *Papilio polytes* Linnaeus, 1758（图 1-19）

Papilio polytes Linnaeus, 1758b: 460.

主要特征：雄性：中型种，雌雄异型。头黑色；触角黑色，约等于前翅长的一半；胸部及腹部全黑。前翅宽阔，外缘具 1 列白斑，自前缘到臀角斑块逐渐变大；后翅宽阔，外缘波浪形，底色黑，外中域有 1 列白色斑，自顶角延伸到内缘臀角上方；臀角具 1 橙色半环状斑，具 1 条很短的尾突。反面后翅亚外缘有 1 列橙色月牙形斑，其余同正面。雌性：具多型现象，主要有以下几种类型：①白带型，斑纹同雄性。②白斑型，在后翅中域具 2–5 个白斑，亚外缘各翅室正反面皆具红色月牙形纹，臀角及臀区有红色环状斑或红斑；前翅外缘不具白斑列，端半部颜色淡。③赤斑型，后翅无白斑，其余同白斑型。

雄性外生殖器上钩突端部指状；钩形突端部二分叉、顶端稍尖；抱器内突饺子样，上缘半圆拱起，下缘凹；阳茎较直。

分布：浙江（全省）、除新疆及东北三省以外的各省份；日本，印度，缅甸，泰国，斯里兰卡，马来西亚，印度尼西亚。

♂ 正　　　　　　　　　　　　　♂ 反

♀正　　　　　　　　　　　　　　　♀反

♂外生殖器

图 1-19　玉带凤蝶 *Papilio polytes* Linnaeus, 1758

6. 宽尾凤蝶属 *Agehana* Matsumura, 1936

Agehana Matsumura, 1936: 86. Type species: *Papilio maraho* Shiraki *et* Sonan, 1934.

　　主要特征： 大型种类，雌雄同型。头、胸及腹黑色，翅黑褐色或黑色；前翅长而宽，中室长而宽，后翅尾突极宽，进入 2 条翅脉。雄性外生殖器上钩突端部短小，囊形突宽短，抱器宽大内凹，内突宽大；阳茎弯曲。

　　分布： 古北区、东洋区。世界已知 2 种，中国记录 2 种，浙江分布 1 种。

（20）宽尾凤蝶 *Agehana elwesi* (Leech, 1889)（图 1-20）

Papilio elwesi Leech, 1889: 113.

Agehana elwesi: Tong, 1993: 13.

♂正　　　　　　　　　　　　　　　♂反

♀正　　　　　　　　　　　　　　　♀反

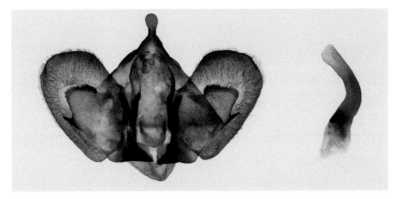

♂ 外生殖器

图 1-20　宽尾凤蝶 *Agehana elwesi* (Leech, 1889)

主要特征：雄性：大型种，雌雄同型。头黑色；触角黑色，短于前翅长的一半；胸部及腹部全黑。前翅长且宽阔，脉纹两侧为灰白色，外缘及前缘为黑色；后翅尾突宽阔，外缘波浪形，底色黑，基半部脉纹周围为灰白色，端半部黑色，亚外缘有 6 个明显红色月牙形斑，臀角具 1 红色环状斑，具 1 条宽尾突，内含 2 条翅脉。反面与正面相似，有个别个体在后翅中室端具 1 白斑。雌性：斑纹同雄性，翅更宽阔。

　　雄性外生殖器上钩突端部稍膨大成圆形；抱器内突掌状，末端直，具小齿，下缘中部具 1 大尖刺；阳茎长、中部弯曲。

分布：浙江（安吉、临安、遂昌、松阳、云和、庆元、景宁、泰顺）、陕西、湖北、江西、湖南、福建、广东、广西、四川。

7. 青凤蝶属 *Graphium* Scopoli, 1777

Graphium Scopoli, 1777: 433. Type species: *Papilio sarpedon* Linnaeus, 1758.

主要特征：中型种类，雌雄同型。大多数种类后翅不具尾突，少部分具尾突；触角短，短于前翅长的一半，末端膨大成锤状；身体侧面被白色或灰白色毛，身体背面与翅黑色或黑褐色，翅面具半透明斑组成的绿色、蓝色或黄色带；前翅 R_1 与 Sc 脉接触或合并，有时与 R_2 也接触，中室狭长；雄蝶在后翅前缘基部具性标，内缘有长褶，内有发香鳞。雄性外生殖器上钩突退化，钩形突二分叉，抱器宽、内突多样，阳基轭片片状、上缘具长毛，阳茎细长、末端尖。

分布：古北区、东洋区、非洲区。世界已知 40 多种，中国记录 9 种，浙江分布 5 种。

分种检索表

1. 后翅具尾突···**宽带青凤蝶 *G. cloanthus***
- 后翅无尾突··2
2. 前翅仅 1 列斑，中室无斑···**青凤蝶 *G. sarpedon***
- 前翅斑列多于 1 列，中室有斑··3
3. 后翅中域斑连成 1 完整的楔形带···**木兰青凤蝶 *G. doson***
- 后翅中域斑分散，不呈楔形带··4
4. 前翅 CuA_2 室斑短而宽，且 CuA_1 与 CuA_2 室条斑等长·······················**碎斑青凤蝶 *G. chironides***
- 前翅 CuA_2 室斑窄而长，且 CuA_2 室斑远长于 CuA_1 室斑················**黎氏青凤蝶 *G. leechi***

（21）宽带青凤蝶 *Graphium cloanthus* (Westwood, 1841)（图 1-21）

Papilio cloanthus Westwood, 1841: 42.

Graphium cloanthus: Igarashi, 1979: 167.

　　主要特征：雄性：中型种，身体背面黑色，侧面及腹面被白色长毛；前翅底色黑色，呈狭长三角形，中室内具 2 个半透明青绿色斑，靠近中室端的近方形，靠近基部的呈三角形；前翅具 1 列由青绿色半透明斑组成的外横带，从前缘数第 2 个斑向内偏移，其他斑均在同一直线上且从上到下逐渐增大；后翅底色黑色，外缘波浪形，中域具 1 锥形青绿色带，亚外缘具 5 个青绿色半透明斑，M₃ 脉具 1 长尾突，内缘具长褶，内有发香鳞。反面前翅亚外缘具 1 淡色带，其余与正面相同，后翅基部及外中区具红斑，其余同正面。雌性：斑纹同雄性，后翅内褶无发香鳞。

　　雄性外生殖器抱器宽大，端部"U"形凹入，背端突指状、光滑，腹端突宽、末端直、具粗刺；抱器内突具 1 尖刺和 1 被刺的片状突起；阳基轭片端部方形、上缘具长毛；阳茎细长、末端尖。

♂正　　　　　　　　　　♂反

♂外生殖器

图 1-21　宽带青凤蝶 *Graphium cloanthus* (Westwood, 1841)

　　分布：浙江（安吉、临安、开化、庆元、龙泉、文成、泰顺）、陕西、湖北、江西、湖南、福建、台湾、广东、广西、四川；日本，印度，不丹，尼泊尔，缅甸，越南，老挝，泰国。

（22）青凤蝶 *Graphium sarpedon* (Linnaeus, 1758)（图 1-22）

Papilio sarpedon Linnaeus, 1758b: 461.

Graphium sarpedon: Igarashi, 1979: 170.

主要特征：雄性：中型种，身体背面黑色，侧面及腹面被白色长毛；前翅底色黑色，呈狭长三角形，具 1 列由青绿色半透明斑组成的外横带，组成横带的各斑均在同一直线上且从上到下逐渐增大；后翅底色黑色，外缘波浪形，中域具 1 楔形青绿色带，亚外缘具 4 或 5 个青绿色半透明新月形斑，内缘具长褶，内有发香鳞。反面前翅与正面相同，后翅基部及楔形带外围具红斑，其余同正面。雌性：斑纹同雄性，后翅内褶无发香鳞。

雄性外生殖器与宽带青凤蝶相似，主要不同之处在于抱器端部弧形凹入，腹端突出不明显、外缘具小刺，背端突粗指状；抱器内突具 1 指状突和 1 被齿条状突起。

♂正　　　　♂反

♂外生殖器

图 1-22　青凤蝶 *Graphium sarpedon* (Linnaeus, 1758)

分布：浙江（全省）、陕西、湖北、江西、湖南、福建、台湾、广东、海南、香港、澳门、广西、四川、贵州、云南、西藏；日本，印度，不丹，尼泊尔，缅甸，越南，老挝，泰国，菲律宾，马来西亚，印度尼西亚，澳大利亚。

（23）木兰青凤蝶 *Graphium doson* (C. *et* R. Felder, 1864)（图 1-23）

Papilio doson C. *et* R. Felder, 1864: 305.

Graphium doson: Chou, 1994: 164.

主要特征：雄性：中型种，体背面黑色，侧面及腹面被白色长毛；前翅呈狭长三角形，底色黑色，中室内具 5 个长短大小不一的半透明青绿色斑，中室下方具 1 短斑，中域具 1 列由大小不一的青绿色半透明斑组成的中带，亚外缘区具 1 列小点，中带与小点列均从前缘延伸到内缘；在亚外缘小点列及中带中间还有 1 半透明青绿色斑出现在 R_4 室基部；后翅底色黑色，外缘波浪形，中域具 1 楔形带，前缘斑灰白色，基部四分之一具 1 黑斑；亚外缘具 1 列青绿色半透明斑，内缘具长褶，内有发香鳞。反面前翅底色黑褐色，斑纹为绿白色，后翅前缘及楔形带下半部分外围具红斑，其余同正面。雌性：斑纹同雄性，后翅内褶无发香鳞，斑纹颜色稍淡。

雄性外生殖器抱器宽大，端部钝圆不分叉；抱器内突大、角状，边缘强骨化且有大小数个刺状突起，其中顶端尖角状，近抱器背有 1 尖刺；阳茎细长、直。

♂正　　　　　　　　　　　　　　♂反

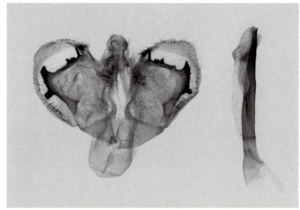

♂外生殖器

图 1-23　木兰青凤蝶 *Graphium doson* (C. *et* R. Felder, 1864)

分布：浙江（缙云、遂昌、云和、庆元、景宁、泰顺）、陕西、江西、福建、台湾、广东、海南、香港、广西、四川、云南；日本，印度，不丹，缅甸，越南，老挝，泰国，马来西亚。

（24）碎斑青凤蝶 *Graphium chironides* (Honrath, 1884)（图 1-24）

Papilio chiron var. *chironides* Honrath, 1884: 396.

Graphium chironides: Chou, 1994: 165.

主要特征：雄性：中型种，体背面黑色，侧面及腹面被白色长毛；前翅呈狭长三角形，底色黑色，中室内具 5 个长短大小不一的半透明青绿色斑，中室下方具 1 半透明青绿色点，中域具 1 列由大小不一的青绿色半透明斑组成的中带，亚外缘区具 1 列小点，中带与小点列均从前缘延伸到内缘；在亚外缘小点列及中带中间还有 1 半透明青绿色斑出现在 R_4 室基部；后翅底色黑色，外缘波浪形，前缘斑灰白色，基部四分之一具 1 黑斑；中室内具 1 半透明青绿色条斑；中室上下方各具 1 青绿色条斑；亚外缘具 1 列青绿色半透明斑，从顶角延伸到臀角；内缘具长褶，内有发香鳞。反面前翅底色黑褐色，斑纹为绿白色，后翅基部斑与前缘斑黄色，中域斑下半部分外围具橙斑，其余同正面。雌性：斑纹同雄性，后翅内褶无发香鳞，斑纹颜色稍淡。

　　雄性外生殖器抱器宽大，末端圆形；抱器内突半海星状、具 4 大刺，其中下端尖刺状、最长，上端指状，顶端上侧最小。

♂正　　　　　　　　♂反

♂外生殖器

图 1-24　碎斑青凤蝶 *Graphium chironides* (Honrath, 1884)

　　分布：浙江（缙云、松阳、泰顺）、湖南、福建、广东、海南、广西、四川、贵州；印度，不丹，缅甸，越南，老挝，泰国，马来西亚，印度尼西亚。

（25）黎氏青凤蝶 *Graphium leechi* (Rothschild, 1895)（图 1-25）

Papilio leechi Rothschild, 1895: 437.

Graphium leechi: Tong, 1993: 13.

　　主要特征：雄性：中型种，体背面黑色，侧面及腹面被白色长毛；前翅呈狭长三角形，底色黑色，中室内具 5 个长短大小不一的半透明青绿色斑，中室下方具 1 半透明青绿色点，中域具 1 列由大小不一的青绿色半透明斑组成的中带，组成中带的各斑都较狭长；亚外缘区具 1 列小点，中带与小点列均从前缘延伸到内缘；在亚外缘小点列及中带中间还有 1 半透明青绿色条斑出现在 R_4 室基部；后翅底色黑色，外缘波浪形，前缘斑青绿色，基部四分之一具 1 黑斑；中室内具 1 半透明青绿色条斑；中室上下方各具 1 青绿色条斑，M_3 室基部具 1 青绿色条斑；亚外缘具 1 列青绿色半透明斑，从顶角延伸到臀角；内缘具长褶，内有发香鳞。反面前翅底色黑褐色，斑纹为绿白色，后翅前缘具 1 橙色斑，位于绿白色斑之间；中域斑下半部分外围具橙斑，其余同正面。雌性：斑纹同雄性，后翅内褶无发香鳞，斑纹颜色稍淡。

　　雄性外生殖器抱器宽大，末端圆形；抱器内突边缘具 4 大突起且每突起边缘被小刺，上方 2 个三角形、顶端尖，下方 2 个尖刺形。

♂正　　　　　　　　　　　　　　　　　♂反

♂外生殖器

图 1-25　黎氏青凤蝶 *Graphium leechi* (Rothschild, 1895)

　　分布：浙江（缙云、遂昌、龙泉）、湖北、江西、湖南、海南、四川、云南；越南。

8. 剑凤蝶属 *Pazala* Moore, 1888

Pazala Moore, 1888: 283. Type species: *Papilio glycerion* Gray, 1831.

　　主要特征：中型种类，雌雄同型。翅面鳞片少，中室内具数个横贯中室的黑条，后翅具剑状长尾突；亚臀角区具黄色或橙黄色斑，前翅 R 脉不与 Sc 脉合并，中室端脉下段比中段长。雄性外生殖器上钩突不明显，抱器宽，背端突与腹端突发达、被齿，内突形态多样，囊形突宽短，阳茎较长。

　　分布：古北区、东洋区。世界已知 7 种，中国记录 7 种，浙江分布 5 种。

分种检索表

1. 前翅正面外横带与亚缘带之间的区域为白色 ·· 2
- 前翅正面外横带与亚缘带之间的区域为灰色 ·· 4
2. 亚缘带于 R_4 室不内移，后翅正面臀角亮黄斑中间不分开 ··············· **金斑剑凤蝶 *P. alebion***
- 亚缘带于 R_4 室内移 ··· 3

3. 后翅正面中横带直，中间不断开错位 ·· 四川剑凤蝶 *P. sichuanica*

- 后翅正面中横带弯曲，中间往往断开错位 ··· 华夏剑凤蝶 *P. mandarinus*

4. 后翅反面中室端脉被黑鳞覆盖 ··· 升天剑凤蝶 *P. eurous*

- 后翅反面中室端脉不被黑鳞覆盖，后翅正面 M₃ 脉被黑鳞覆盖 ····················· 铁木剑凤蝶 *P. mullah*

（26）金斑剑凤蝶 *Pazala alebion* (Grey, 1853)（图 1-26）

Papilio alebion Grey, 1853: 30.

Pazala alebion: Tong, 1993: 15.

　　主要特征：雄性：中型种，体黑褐色，侧面及腹面被灰白色长毛；前翅短宽，淡黄白色，翅面具 10 条黑色带，靠基部的两条从前缘延伸到后缘；中域的 4 条只从前缘延伸到中室后缘；外横带内侧的黑带从前缘延伸到 M₂ 脉；外横带从前缘延伸到后缘，垂直于后缘；亚外缘带略呈弧形，从前缘延伸到后缘，在后缘与外横带相遇；外缘带从前缘延伸到后缘。后翅淡黄白色，臀角具 1 大黄斑，翅面具 5 条黑色带，内缘的 2 条黑色带从翅基部延伸到臀角斑；中带从前缘延伸到臀角斑；外中区的 2 条黑色带从顶角区延伸到尾突基部，在尾突基部融合为 1 大黑斑；尾突长，黑色，末端白色，外缘具 1 黑斑列。反面前翅与正面相同，后翅在前缘中带中央具 1 橙色斑，其余同正面。雌性：斑纹同雄性，翅更宽阔，斑纹颜色稍淡。

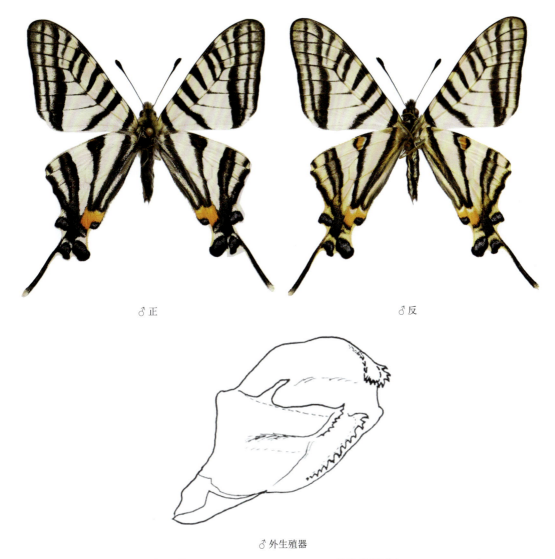

♂正　　　　　　　　　　　　　♂反

♂外生殖器

图 1-26　金斑剑凤蝶 *Pazala alebion* (Grey, 1853)（外生殖器引自 Koiwaya, 1993）

雄性外生殖器抱器背端突片状、边缘具小齿、末端稍凹入，抱器腹内侧强骨化成长条形、边缘具小齿，抱器内突端部 2 裂为细指状突起与粗钝、边缘具锯齿角状突起。

分布：浙江（安吉、临安）、河南、陕西、湖北、江西、福建。

（27）四川剑凤蝶 *Pazala sichuanica* Koiwaya, 1993（图 1-27）

Pazala sichuanica Koiwaya, 1993: 77.

主要特征：雄性：中型种，体黑褐色，侧面及腹面被灰白色长毛；前翅短宽，淡黄白色，翅面具 10 条黑色带，靠基部的两条从前缘延伸到后缘；中域的 4 条只从前缘延伸到中室后缘；外横带内侧的黑带从前缘延伸到 M_2 脉；外横带从前缘延伸到后缘，垂直于后缘；亚外缘带略呈弧形，从前缘延伸到后缘，在 R_4 室向内偏，在后缘与外横带相遇；外缘带从前缘延伸到后缘。后翅淡黄白色，臀角具 2 个互相分离的黄斑，翅面具 5 条黑色带，内缘的黑色带从翅基部延伸到臀角斑；中区 2 条黑色带从前缘延伸到臀角斑，直且不中断错位；外中区的 2 条黑色带从顶角区延伸到尾突基部，在尾突基部融合为 1 大黑斑；尾突长，黑色，末端白色，外缘具 1 黑斑列。反面前翅与正面相同，后翅在前缘中带外侧具 1 橙色斑，其余同正面。雌性：斑纹同雄性，翅更宽阔，斑纹颜色稍淡。

♂ 正　　　　　　　　　　　　　　♂ 反

♂ 外生殖器

图 1-27　四川剑凤蝶 *Pazala sichuanica* Koiwaya, 1993

　　雄性外生殖器抱器背端突片状突出、边缘具小齿，抱器腹端半圆形、边缘具小齿，抱器内突宽短、端部分裂，上方为 1 大刺，下方刀片状、边缘锯齿状；阳茎细长，基鞘稍粗。

　　分布：浙江（临安）、陕西、江西、福建、广东、广西、四川。

（28）华夏剑凤蝶 *Pazala mandarinus* (Oberthür, 1879)（图 1-28）

Papilio glycerion var. *mandarinus* Oberthür, 1879: 115.

Pazala mandarinus: Chou, 1994: 176.

　　主要特征：雄性：中型种，体黑褐色，侧面及腹面被灰白色长毛；前翅短宽，淡黄白色，翅面具 10 条黑色带，靠基部的两条从前缘延伸到后缘；中域的 4 条只从前缘延伸到中室后缘；外横带内侧的黑带从前缘延伸到 M_2 脉；外横带从前缘延伸到后缘，垂直于后缘；亚外缘带略呈弧形，从前缘延伸到后缘，在后缘与外横带相遇；外缘带从前缘延伸到后缘。后翅淡黄白色，臀角具 2 个互相分离的黄斑，翅面具 5 条黑色带，内缘的黑色带从翅基部延伸到臀角斑；中区 2 条黑色带从前缘延伸到臀角斑，常于中室上端弯曲及在中室下端错位；外中区的 2 条黑色带从顶角区延伸到尾突基部，在尾突基部融合为 1 大黑斑；尾突长，黑色，末端白色，外缘具 2 个黑斑。反面前翅与正面相同，后翅在中域形成 1 个 8 字形纹，其余同正面。**雌性：**斑纹同雄性，翅更宽阔，斑纹颜色稍淡。

　　雄性外生殖器抱器背端突末端三角形、外缘及内缘具小齿，抱器腹端鸡冠状，抱器内突长条状、基部具 1 粗刺、末端平截、被小齿；阳茎细长。

♀ 正　　　　　　　　　　　　　♀ 反

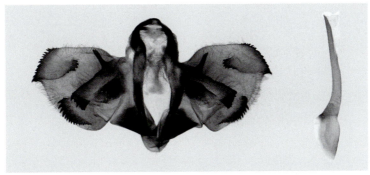

♂ 外生殖器

图 1-28　华夏剑凤蝶 *Pazala mandarinus* (Oberthür, 1879)

分布：浙江（安吉、临安、泰顺）、湖北、四川、云南；印度，不丹，尼泊尔，缅甸，泰国，老挝。

（29）升天剑凤蝶 *Pazala eurous* (Leech, 1893)（图 1-29）

Papilio eurous Leech, 1893: 521.

Pazala eurous: Tong, 1993: 14.

　　主要特征：雄性：中型种，体黑褐色，侧面及腹面被灰白色长毛；前翅短宽，淡黄白色，翅面具 10 条黑色带，靠基部的两条从前缘延伸到后缘；中域的 4 条只从前缘延伸到中室后缘；外横带内侧的黑带从前缘延伸到 M_2 脉；外横带从前缘延伸到后缘，垂直于后缘；亚外缘带略呈弧形，从前缘延伸到后缘，在后缘与外横带相遇；外横带与亚外缘带之间的区域为灰色，其间夹杂有黑鳞。后翅淡黄白色，臀角具 2 个互相分离的黄斑，翅面具 5 条黑色带，内缘的黑色带从翅基部延伸到臀角斑；中区 2 条黑色带从前缘延伸到臀角斑；外中区的 2 条黑色带从顶角区延伸到尾突基部，在尾突基部融合为 1 大黑斑；尾突长，黑色，末端白色，外缘具 3 个黑斑。反面前翅与正面相同，后翅中室端脉被黑鳞覆盖，其余同正面。雌性：斑纹同雄性，翅更宽阔，斑纹颜色稍淡。

　　雄性外生殖器抱器背上拱、末端锯齿状，抱器腹半圆形具长齿；抱器内突长而宽，上缘中部三角突出、尖端具小齿，端部锯齿状；阳茎细长，稍弯。

♂正　　　　　　　　　　　　　　　　　　♂反

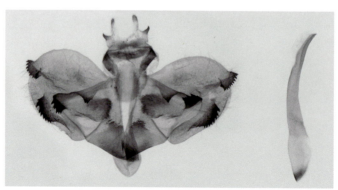

♂外生殖器

图 1-29　升天剑凤蝶 *Pazala eurous* (Leech, 1893)

分布：浙江（安吉、临安、泰顺）、湖北、湖南、福建、台湾、广东、广西、四川、云南、西藏；印度，尼泊尔，缅甸，越南，老挝，泰国。

（30）铁木剑凤蝶 *Pazala mullah* (Alphéraky, 1897)（图 1-30）

Papilio alebion var. *mullah* Alphéraky, 1897: 84.

Pazala timur: Tong, 1993: 14.

主要特征：雄性：中型种，身体黑褐色，侧面及腹面被灰白色长毛；前翅短宽，淡黄白色，翅面具 10 条黑色带，靠基部的两条从前缘延伸到后缘；中域的 4 条只从前缘延伸到中室后缘；外横带内侧的黑带从前缘延伸到 M_1 脉；外横带从前缘延伸到后缘，垂直于后缘；亚外缘带略呈弧形，从前缘延伸到后缘，在后缘与外横带相遇；外横带与亚外缘带之间的区域为灰色，其间夹杂有黑鳞。后翅淡黄白色，臀角具 2 个互相分离的黄斑，翅面具 5 条黑色带，内缘的 1 条黑色带从翅基部延伸到臀角斑；中区的 2 条黑色带从前缘延伸到臀角斑；后翅正面 M_3 脉被黑鳞覆盖，外中区的 2 条黑色带从顶角区延伸到尾突基部，在尾突基部融合为 1 大黑斑；尾突长，黑色，末端白色，外缘具 1 列黑斑。反面前翅与正面相同，后翅中带外侧在前缘具 1 橙黄色斑，其余同正面。雌性：斑纹同雄性，翅更宽阔，斑纹颜色稍淡。

雄性外生殖器抱器背端突片状、边缘具小齿、内侧角刺大，抱器腹端鸡冠状，抱器内突端分裂为 2 突起、上方大刺状、下方粗钝、边缘锯齿状；阳茎细长。

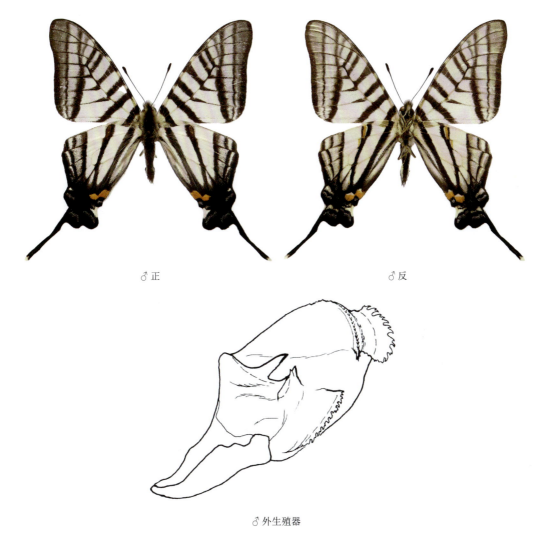

♂正　　　　　　　　　♂反

♂外生殖器

图 1-30　铁木剑凤蝶 *Pazala mullah* (Alphéraky, 1897)（外生殖器引自 Koiwaya, 1993）

分布：浙江（诸暨、遂昌、泰顺）、江苏、福建、台湾、四川、云南。

9. 喙凤蝶属 *Teinopalpus* Hope, 1843

Teinopalpus Hope, 1843: 131. Type species: *Teinopalpus imperialis* Hope, 1843.

　　主要特征：雌雄异型。触角无鳞片，下唇须长，向前伸出；前翅中室短，中室端脉中段很长，强烈内凹，R_3 脉与 R_{4+5} 脉共短柄，无基横脉；后翅雄蝶具 1 尾突，位于 M_3 脉，雌蝶具 2 尾突，位于 M_1 与 M_3 脉。雄性外生殖器上钩突尖狭，颚形突粗，抱器宽大，三角形，腹缘具 1 突起。

　　分布：古北区、东洋区。世界已知 2 种，中国记录 2 种，浙江分布 1 种。

（31）金斑喙凤蝶 *Teinopalpus aureus* Mell, 1923（图 1-31）

Teinopalpus aureus Mell, 1923: 153.

　　主要特征：雄性：大型种，身体翠绿色，触角短于前翅长的一半；前翅大部分翠绿色，翅中央具 1 黄绿色横纹，横纹内侧镶有黑边；中室端斑为 1 黑条；中室端斑外侧具 2 条黑色暗纹，外缘具 2 条黑色横线。后翅短阔，外缘锯齿形，中域有 1 金黄色大斑，大斑内在中室端具 1 黑色中室端斑；外缘具 4 个金黄色小斑；M_3 脉处具 1 长尾突。反面前翅底色黑褐色，具 3 条灰白色横带，前宽后窄；后翅反面基半部翠绿色，中域大斑黄白色，其余同正面。雌性：前翅正面横带灰白色，横带外侧翅面以灰白色为主；后翅正面无金黄色大斑，其位置被 1 灰白色大斑占据，中室端斑短粗发达；灰白色大斑侧下方臀角位置金黄色，后翅在 M_1 与 M_3 脉处各具 1 尾突；反面类似正面，唯前翅灰白带更加明显。

　　雄性外生殖器上钩突细而尖；抱器宽大，背端突宽大、末端钝、中央具 1 小凹陷，腹端突小角状、顶端稍尖。

♂正　　　　　　　　　　　　　　　♂反

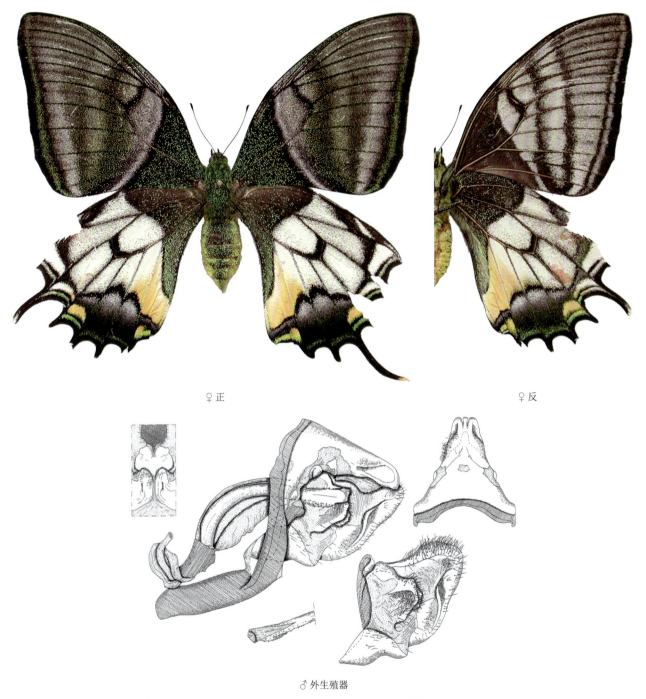

♀正　　　　　　　　　　　　　　　　　　　　　♀反

♂外生殖器

图 1-31　金斑喙凤蝶 *Teinopalpus aureus* Mell, 1923（引自 Igarashi，2001）

分布：浙江（庆元、景宁）、福建、广东、海南、广西；越南。

10. 丝带凤蝶属 *Sericinus* Westwood, 1851

Sericinus Westwood, 1851: 173. Type species: *Papilio telamon* Donovan, 1798.

主要特征：中型种类，雌雄异型。头胸间具红色鳞毛，触角无鳞，末端膨大不明显。翅面鳞片少，半透明。前翅阔三角形，中室宽；R_3脉从中室前角分出，M_3脉单独从中室下角分出，有基横脉遗迹；后翅短阔，中室宽大，M_3脉处具 1 长尾突，长度长于后翅中室。雄性外生殖器背兜发达，钩形突短小，颚形突发达，末端不愈合；抱器背端突、腹端突窄，抱器端凹陷；阳茎细长，末端尖。

分布：古北区。世界已知 1 种，中国记录 1 种，浙江分布 1 种。

（32）丝带凤蝶 *Sericinus montela* Gray, 1852（图 1-32）

Sericinus montela Gray, 1852: 71.

主要特征：雄性：中型种，雌雄异型。头黑色；触角黑色，远短于前翅长的一半；头胸连接处具红色鳞毛；胸部黑色，侧面在翅基部具白斑；腹部背面底色黑色，侧面及腹面黄白相间，各具 1 列黑斑。前翅宽阔，三角形；底色黄白色，中室内及中室端具黑斑；外横带为 4 个断开的黑点，靠近内缘的黑点最大；外缘从顶角到 M_3 脉具 1 条黑带。后翅短阔，外缘圆滑，在 M_3 脉具 1 条长尾突，尾突等于或短于雌蝶的；正面底色黄白色，具 1 中部断开的中带；中带下半部分与臀角黑斑连接；臀角黑斑中部还具有红斑，红斑下方具蓝斑；Rs、M_1 和 M_2 脉的端部具黑点。反面类似正面。雌性：底色黑色，中室内具 4 条黄条，中室端具黄色条状中室端斑；外横带在中室下角位置向基部弯曲；中室下方另外具 2 条黄条；亚外缘线为 1 列断开的黄斑；后翅底色黑色，中带黄色，从前缘延伸到中室后缘；外横带黄色，围绕着中室；亚外缘具 1 列红斑；红斑外方具 1 列蓝斑；尾突长，末端白色。反面类似正面。

♂ 正　　　　　　　　　　　　　　　　　　　　♂ 反

♀ 正　　　　　　　　　　　　　　　　　　　　♀ 反

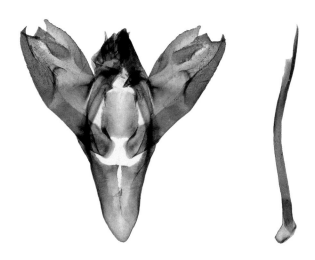

♂ 外生殖器

图 1-32　丝带凤蝶 Sericinus montela Gray, 1852

雄性外生殖器背兜发达，钩形突短小，颚形突发达，末端不愈合；囊形突宽大；抱器背端突末端钝，抱器腹端突角状尖出，抱器端凹陷，内侧具 1 大的三角形突起；阳茎细长，基鞘基部粗，端鞘末端尖。

分布：浙江（全省）、黑龙江、吉林、辽宁、北京、河北、山西、山东、河南、陕西、宁夏、甘肃、江苏、安徽、湖北、江西、湖南、广西、四川；俄罗斯，朝鲜，韩国。

11. 虎凤蝶属 *Luehdorfia* Crüger, 1878

Luehdorfia Crüger, 1878: 128. Type species: *Luehdorfia eximia* Crüger, 1878.

主要特征：中型种类，雌雄同型。胸背面具红色鳞毛；前翅阔三角形，外缘弧形向外方突出；R_1 和 R_2 脉独立，R_{3-5} 脉共柄，M_1 脉与 R_5 脉同出一点，从中室前角分出；无基横脉；后翅短阔，肩脉分叉，中室宽大短粗，M_3 脉处具 1 短尾突，长度远短于后翅中室。雄性外生殖器钩形突二分叉，细而长；颚形突退化；抱器宽短；囊形突长；阳茎长而直，末端尖。

分布：古北区。世界已知 4 种，中国记录 3 种，浙江分布 1 种。

（33）中华虎凤蝶 *Luehdorfia chinensis* Leech, 1893（图 1-33）

Luehdorfia japonica var. *chinensis* Leech, 1893: 491.

Luehdorfia chinensis: Chou, 1994: 189.

主要特征：雄性：中型种，雌雄同型。头黑色；触角黑色，远短于前翅长的一半；头胸连接处具红色鳞毛；胸部黑色，侧面在翅基部具白斑；腹部背面底色黑色，侧面及腹面黄白相间，各具 1 列黑斑。前翅宽阔，三角形；外缘弧形外突；底色黄色，基部黑色，中室内有 3 个倾斜的黑色粗短带，从前缘延伸到中室后缘；中室端具 1 短带；中室下方具 1 倾斜的黑色短斑从中室后缘延伸到内缘；中室端斑下方具 1 黑色细长带；外横带"Y"形分叉，从前缘延伸到内缘；外缘带弧形，从顶角延伸到臀角；后翅短阔，底色黄色，外缘锯齿状，在 M_3 脉具 1 条短尾突；基部到内缘臀角上方具 1 黑带；中带从前缘延伸到中室端；亚顶角区具 1 黑斑，外缘具 1 列圆形黑斑，黑斑中心具蓝点；黑斑内侧具 1 列红色斑，从 M_1 室延伸到臀角；CuA_1 室另有 1 雨滴形黑斑。反面与正面类似。雌性：斑纹同雄蝶，翅较宽阔。

雄性外生殖器钩形突二分叉，细而长，末端尖；抱器宽短，抱器背短，末端钝圆不伸出，抱器腹长、后伸，腹端突角状伸出、末端钝圆；阳茎长而直，末端尖。

♂正　　　　　　　　♂反

♀正　　　　　　　　♀反

♂外生殖器

图 1-33　中华虎凤蝶 *Luehdorfia chinensis* Leech, 1893（成虫图引自 Leech，1893）

分布：浙江（余杭、临安、平阳）、山西、河南、陕西、江苏、湖北、湖南。

二、绢蝶科 Parnassiidae

主要特征： 翅面鳞片少，翅面呈现半透明，前翅 R 脉 4 条，R_2 与 R_3 脉分离或合并；R_4、R_5 与 M_1 脉基部离得很近或共出一点；A 脉 2 条；无基横脉；后翅 A 脉 1 条；后翅无尾突。

均为高山种类，世界已知约 40 种，中国记录 33 种，浙江分布 1 种。

12. 绢蝶属 *Parnassius* Latreille, 1804

Parnassius Latreille, 1804: 185. Type species: *Papilio apollo* Linnaeus, 1758.

主要特征： 小型至大型种类，雌雄同型。胸部、腹部被长灰白色鳞毛；跗节爪不对称；翅面鳞片少，半透明；前翅三角形，外缘弧状外突，臀角向斜下方突出；前翅 R 脉 4 条，M_1 脉基部与 R_5 脉基部接近或两脉同出一点；后翅无肩室，肩脉不分叉；雄性外生殖器背兜发达或短小，钩形突二分叉，囊形突短小，抱器变化大，阳茎细长，基部分叉。

分布： 古北区。世界已知 40 种，中国记录 33 种，浙江分布 1 种。

（34）冰清绢蝶 *Parnassius citrinarius* Motschulsky, 1866（图 1-34）

Parnassius citrinarius Motschulsky, 1866: 189.

主要特征： 雄性：中型种，雌雄同型。头、胸、腹黑色；触角黑色，远短于前翅长的一半；头胸连接处、胸部侧面及腹部腹面覆盖黄色鳞毛；前翅宽阔，三角形；外缘弧形外突；底色白色，翅脉黑褐色，中室内及中室端各具黑斑 1 个；亚外缘带和外缘带隐约可见，灰黑色；后翅短阔，很圆，底色白色，翅脉黑褐色，内缘具 1 条黑色带从基部延伸到臀角上方。反面同正面。雌性：同雄蝶。

雄性外生殖器钩形突 2 裂、牛角状；抱器基部宽，端部强骨化，角状尖出且上弯；阳茎细长，基部粗。

分布： 浙江（临安）、黑龙江、吉林、辽宁、北京、山西、山东、河南、陕西、甘肃、安徽、四川、贵州、云南；朝鲜，韩国，日本。

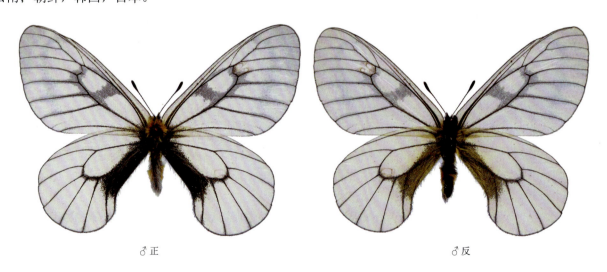

♂正　　　　　　　　♂反

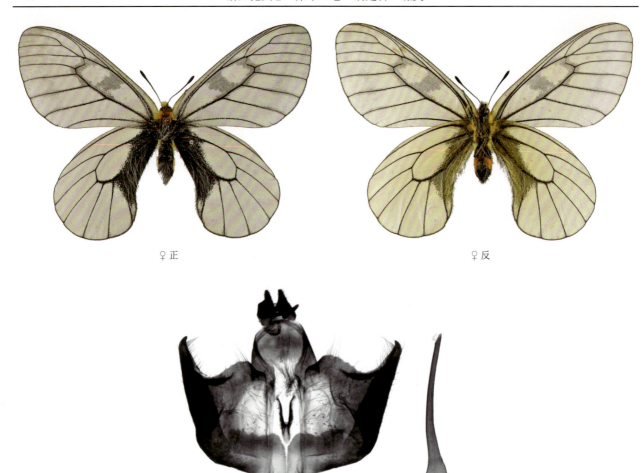

♀正　　　　　　　　　　　　　　　　　♀反

♂外生殖器

图 1-34　冰清绢蝶 *Parnassius citrinarius* Motschulsky, 1866

三、粉蝶科 Pieridae

主要特征：头小，触角细，线状，端部明显膨大成棒状；前足雌雄均发达，有步行作用；有 1 对分叉的爪；翅三角形，顶角有时突出，闭式；前翅 R 脉 3、4 条，极少有 5 条的情况，基部多共柄，A 脉只 1 条；后翅卵圆形，外缘圆滑，肩脉有或无，无肩室，A 脉 2 条，无尾突；前后翅中室均为闭式。

世界已知 1200 余种，中国记录 130 种，浙江分布 10 属 18 种。

分属检索表

13. 方粉蝶属 *Dercas* Doubleday, 1847

Dercas Doubleday, 1847: 70. Type species: *Colias verhuelli* Hoeven, 1839.

主要特征：中型蝴蝶。触角短，不足前翅长的三分之一；翅短宽，前翅顶角在外缘向外方突出；外缘有时锯齿状；中室短，不足前翅长的二分之一；后翅肩脉细，向翅基部弯曲；$Sc+R_1$ 脉短，只到后翅前缘中部；外缘圆滑或在 M_3 脉处向外尖出。雄性外生殖器背兜与钩形突愈合，钩形突狭长；抱器宽短、端部中央具 1 刺状内突，囊形突、阳茎极细长。

分布：东洋区。世界已知 4 种，中国记录 3 种，浙江分布 1 种。

（35）橙翅方粉蝶 *Dercas nina* Mell, 1913（图 1-35）

Dercas nina Mell, 1913: 194.

主要特征：触角黑褐色，头褐色，身体黑色，密布黄白色毛；雌雄同型。雄性：前翅短阔，橙红色，顶角向外缘方向尖出、黑色，近顶角外缘及前缘黑色；从顶角具 1 不明显橙色斜线延伸到 CuA_2 脉；后翅近圆形，底色黄色，端部具 1 红黄色斜线。反面底色黄色，斑纹同正面、色淡。

　　雄性外生殖器钩形突细长，末端尖；抱器宽短，抱器背短、端突钝圆不突出，抱器腹约 2 倍于抱器背长、腹端突钝圆伸出，抱器端中央具 1 刺状内突；阳茎端部具 2 三角形突起。

♂正　　　　　　　　　　　　　　　　♂反

♂外生殖器

图 1-35　橙翅方粉蝶 *Dercas nina* Mell, 1913

　　分布：浙江（遂昌、松阳、庆元、龙泉、泰顺）、陕西、湖北、福建、广西、四川、贵州、云南、西藏；印度，尼泊尔，缅甸。

14. 豆粉蝶属 *Colias* Fabricius, 1807

Colias Fabricius, 1807: 284. Type species: *Papilio hyale* Linnaeus, 1758.

　　主要特征：中型蝴蝶。前翅三角形，顶角钝；R_{2-5} 脉共柄；M_1 与 R_{4-5} 脉共柄；M_2 从中室近上角处分出；后翅无肩脉，$Sc+R_1$ 脉短，只到后翅前缘中部；翅面颜色黄色到橙红色或黄绿色到绿色，雌性也有黑色底色；中室端斑在前翅为黑色，后翅为橙红或橙黄色，反面中室端斑眼状，具白色瞳点。雄性外生殖器背兜中央具 1 指状突，钩形突圆锥形，抱器短宽，外缘凹入，囊形突粗大，阳茎细长、弧形。

　　分布：世界广布。世界已知 80 余种，中国记录 34 种，浙江分布 1 种。

（36）东亚豆粉蝶 *Colias poliographus* Motschulsky, 1860（图 1-36）

Colias poliographus Motschulsky, 1860: 29.

主要特征：触角红褐色，端部色暗，短，不及前翅长的二分之一；头与身体黑色，头、胸密布灰色长绒毛，腹部被黄色鳞片和灰白色短毛；雌雄异型。雄性：前翅短阔；底色绿黄色到黄色；顶角黑色及外缘大部黑色；黑色区域内具数个与底色同色的小斑，并排列成弧形，中室端斑圆，黑色。后翅近圆形，底色同前翅，基半部覆盖有黑鳞毛；中室端斑橙红色，外缘具数个黑点。反面底色与正面相同，前翅中室端斑具白色瞳点；M$_3$ 至 CuA$_2$ 室具明显的 3 个黑斑；后翅翅面被黑鳞，覆盖大部；中室端斑红色，中央具白色点；外中区具 1 列不明显黑斑。雌性：具多型现象，有黄色型、橙色型和淡色型，斑纹与雄性基本相同，不同之处在于底色。

♂ 正　　　　　　　　　♂ 反

♀ 正　　　　　　　　　♀ 反

♂ 外生殖器

图 1-36　东亚豆粉蝶 *Colias poliographus* Motschulsky, 1860

雄性外生殖器抱器短宽，端部外缘半圆形凹入，上侧角小尖刺状、下侧角三角形钝圆；阳茎细长、弧形。

分布：浙江（全省），除新疆、西藏西部外的各省份；俄罗斯，日本。

15. 钩粉蝶属 *Gonepteryx* Leach, 1815

Gonepteryx Leach, 1815: 127. Type species: *Papilio rhamni* Linnaeus, 1758.

主要特征：中型蝴蝶。触角短，约为前翅长的三分之一；翅短宽，前翅顶角在外缘明显向外方突出成钩状；后翅外缘有时锯齿状；M_2 脉靠近中室上角远离 M_3 脉；后翅无肩脉；$Sc+R_1$ 脉长，到后翅顶角；Rs 脉膨胀，与 M_1 脉基部靠近，外缘在 CuA_1 脉处尖出；前后翅中室端均具橙红色圆点。雄性外生殖器背兜短，钩形突锥状、端部细尖，抱器三角形、末端尖出，近背端内侧具 1 尖突，囊形突长，阳茎细长。

分布：古北区、东洋区。世界已知 15 种，中国记录 6 种，浙江分布 2 种。

（37）圆翅钩粉蝶 *Gonepteryx amintha* Blanchard, 1871（图 1-37）

Gonepteryx amintha Blanchard, 1871: 810.

主要特征：触角黑褐色，雌雄同型。雄性：前翅短阔，顶角向外缘方向明显尖出；底色深柠檬黄色；顶角下方外缘具短黑边；中室下角具 1 明显橙色端斑；后翅近圆形，底色深黄色，淡于前翅；中室端具 1 大橙色端斑；外缘在 CuA_1 脉处微微尖出。反面底色绿白色，Rs 脉膨胀，端斑褐色，其余斑纹同正面。雌性：底色绿白色，前翅较雄蝶窄，其余同雄蝶。

雄性外生殖器钩形突是背兜的 2 倍长，抱器端突细，抱器背端内侧具 1 下弯的长刺突，阳茎细长。

♂正　　　　　　　　　　　　　　　　　♂反

♀正　　　　　　　　　　　　　　　　　♀反

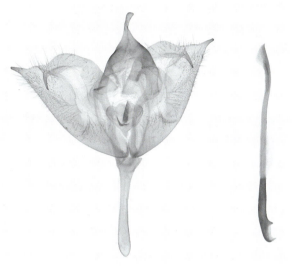

♂ 外生殖器

图 1-37　圆翅钩粉蝶 *Gonepteryx amintha* Blanchard, 1871

分布：浙江（临安、淳安、定海、开化、遂昌、松阳、庆元、龙泉、泰顺）、河南、陕西、甘肃、湖北、福建、台湾、广西、四川、贵州、云南、西藏；印度，缅甸，越南，老挝。

（38）淡色钩粉蝶 *Gonepteryx aspasia* (Ménétriès, 1859)（图 1-38）

Gonepteryx mahaguru aspasia Ménétriès, 1859a: 17.

Gonepteryx aspasia: Tuzov, 1997: 181.

主要特征：触角黑褐色，雌雄同型。雄性：前翅短阔，顶角向外缘方向明显尖出；底色基半部淡黄色，外缘颜色淡，黄白色；顶角下方外缘具细小黑点；中室下角具 1 细小橙色端斑；后翅近圆形，底色黄白色，淡于前翅；中室端具 1 橙色端斑；外缘在 CuA_1 脉处微微尖出。反面底色黄白色，Rs 脉膨胀，端斑褐色，其余斑纹同正面。雌性：底色浅绿白色，前翅较雄蝶窄，其余同雄蝶。

雄性外生殖器与圆翅钩粉蝶相似，主要区别是钩形突长，约是背兜的 4 倍长、末端细尖，抱器端突下方具 1 明显的三角形突起。

分布：浙江（临安、淳安、开化、遂昌、龙泉、泰顺）、黑龙江、吉林、辽宁、北京、河北、河南、陕西、甘肃、湖北、四川、云南、西藏；俄罗斯，朝鲜半岛。

♂ 正　　　　　　　　　♂ 反

♀ 正　　　　　　　　　　　　　　　　♀ 反

♂ 外生殖器

图 1-38　淡色钩粉蝶 *Gonepteryx aspasia* (Ménétriès, 1859)

16. 黄粉蝶属 *Eurema* Hübner, 1819

Eurema Hübner, 1819: 96. Type species: *Papilio delia* Cramer, 1780.

　　主要特征：小型蝴蝶。下唇须具中等大小的鳞片，无长毛；触角短，约为前翅长的三分之一；翅短宽，前翅顶角圆；R_1 脉分离，R_{2-3} 合并，R_{4-5} 与 M_1 共柄；后翅无肩脉；$Sc+R_1$ 脉长，到后翅顶角前方；Rs 脉与 M_1 脉基部靠近，雄蝶前翅反面通常具长的性标。雄性外生殖器背兜短，背兜侧突有或无，钩形突端部不裂或稍裂，抱器端具多突起，囊形突长，阳茎细长。

　　分布：古北区、东洋区。世界已知 41 种，中国记录 8 种，浙江分布 3 种。

分种检索表

1. 后翅反面 M_1 与 M_2 室的斑合并 ·· **尖角黄粉蝶 E. laeta**
- 后翅反面 M_1 与 M_2 室的斑不合并 ·· 2
2. 前翅缘毛褐色为主，杂有黄色 ··· **宽边黄粉蝶 E. hecabe**
- 前翅缘毛纯黄色 ·· **北黄粉蝶 E. mandarina**

（39）尖角黄粉蝶 *Eurema laeta* **(Boisduval, 1836)**（图 1-39）

Terias laeta Boisduval, 1836: 674.

Eurema laeta: Lewis, 1974: pl. 160, fig. 13.

　　主要特征：雌雄同型。雄性：前翅短阔，顶角方形；底色黄色；前缘黑色明显，顶角下方外缘黑带只到 CuA$_2$ 脉；中室具 1 细小黑色端斑；后翅近圆形，底色黄色；顶角具黑斑。反面底色黄色，前翅具 1 红褐色中室端斑，后翅中央具 1 暗色直线，另有数枚小点和短纹。雌性：颜色稍淡，其余同雄蝶。

　　雄性外生殖器钩形突端部细指状；背兜侧突极小；抱器端具 4 刺状突起，其中抱器背端内侧突最大；囊形突长、阳茎细长、基鞘粗于端鞘。

♂ 正　　　　　　　　　　♂ 反

♂ 外生殖器

图 1-39　尖角黄粉蝶 *Eurema laeta* (Boisduval, 1836)

　　分布：浙江（临安、淳安、开化、遂昌、龙泉、泰顺）、黑龙江、吉林、辽宁、北京、河北、山西、山东、河南、陕西、甘肃、江苏、安徽、湖北、江西、福建、台湾、广东、四川、云南、西藏；印度，缅甸，越南，老挝，菲律宾，马来西亚，印度尼西亚，澳大利亚。

（40）宽边黄粉蝶 *Eurema hecabe* **(Linnaeus, 1758)**（图 1-40）

Papilio hecabe Linnaeus, 1758b: 470.

Eurema hecabe: Lewis, 1974: pl. 160, fig. 14.

　　主要特征：雌雄同型。雄性：前翅短阔，顶角圆形；底色黄色；前缘黑色明显，顶角下方外缘宽黑带延伸到臀角；黑带内侧在 M$_3$ 脉及 CuA$_1$ 脉处呈指状凹入；中室下脉两侧具长形性标，外缘缘毛褐色为主杂有黄色；后翅近圆形，底色黄色；外缘黑带窄而模糊。反面底色黄色，密布褐色小点，前翅中室内具 2

枚黑纹，中室端具 1 黑色肾形纹；后翅反面有分散小点，中室端具 1 肾形纹。雌性：颜色稍淡，其余同雄蝶。

雄性外生殖器钩形突细短、末端中央微凹、两侧角稍尖出；背兜侧突尖出；抱器背端内外侧各具 1 刺，抱器腹端具 2 长刺状突；囊形突长，阳茎细长、基鞘粗于端鞘。

♂正   ♂反

♀正   ♀反

♂外生殖器

图 1-40 宽边黄粉蝶 *Eurema hecabe* (Linnaeus, 1758)

分布：浙江（全省）、北京、河北、山西、河南、陕西、甘肃、江苏、安徽、湖北、江西、湖南、福建、台湾、广东、海南、香港、广西、四川、贵州、云南、西藏；印度，缅甸，越南，老挝，菲律宾，马来西亚，印度尼西亚，澳大利亚。

（41）北黄粉蝶 *Eurema mandarina* (de l'Orza, 1869)（图 1-41）

Terias mandarina de l'Orza, 1869: 18.

Eurema hecabe mandarina: Kudrna, 1974: 96.

主要特征：雌雄同型。雄性：前翅短阔，顶角圆形；底色黄色；前缘黑色明显，顶角下方外缘宽黑带延伸到臀角；黑带内侧在 M_3 脉及 CuA_1 脉处呈指状凹入；中室下脉两侧具长形性标，外缘缘毛纯黄色；后翅近圆形，底色黄色；外缘黑带窄而模糊。反面底色黄色，密布褐色小点，前翅中室内具 2 枚黑纹，中室端具 1 黑色肾形纹；后翅反面有分散小点，中室端具 1 肾形纹。雌性：颜色稍淡，其余同雄蝶。

雄性外生殖器与宽边黄粉蝶相似，主要区别是背兜侧突短、三角形；抱器腹端具 3 细长突起。

♂正　　　　　♂反

♂外生殖器

图 1-41　北黄粉蝶 *Eurema mandarina* (de l'Orza, 1869)

分布：浙江（全省）、台湾、广东；日本。

17. 襟粉蝶属 *Anthocharis* Boisduval, Rambur, Duméril *et* Graslin, 1833

Anthocharis Boisduval, Rambur, Duméril *et* Graslin, 1833: pl. 5. Type species: *Papilio cardamines* Linnaeus, 1758.

主要特征：小型蝴蝶。下唇须第 3 节短，触角短，末端膨大明显，长度约为前翅长的三分之一；翅短宽，前翅顶角圆或呈钩状向外缘突出；R_1 与 R_2 脉从中室发出，R_{3-5} 与 M_1 脉共柄；后翅肩脉长直，向翅基部弯曲；$Sc+R_1$ 脉长，到后翅顶角前方；Rs、M_1 与 M_2 脉都从中室发出。雄性外生殖器钩形突简单、弯曲，抱器简单、端部钝圆、基中部具 1 突起；囊形突宽，阳茎细长。

分布：世界广布。世界已知 15 种，中国记录 5 种，浙江分布 3 种。

分种检索表

1. 前翅顶角突出···**黄尖襟粉蝶 *A. scolymus***

- 前翅顶角圆滑···2

2. 雄性前翅正面几乎全为橙红色···**橙翅襟粉蝶 *A. bambusarum***

- 雄性前翅仅端半部橙黄色，基半部白色···**襟粉蝶 *A. cardamines***

（42）黄尖襟粉蝶 *Anthocharis scolymus* Butler, 1866（图 1-42）

Anthocharis scolymus Butler, 1866: 52.

　　主要特征：雌雄异型。雄性：前翅狭长，顶角钩形突出；底色白色；中室端具 1 黑色肾形纹；顶角黑色，中央具 1 黄色区域；后翅近圆形，底色白色，中央具不明显云雾状纹；前缘具 1 黑斑，外缘在翅脉端部具 5 个黑斑，从 Rs 脉开始隔一条翅脉有一个。反面底色白色，前翅中室端具 1 黑色肾形纹，顶角处前缘和外缘具绿色云状纹；后翅基部三分之二具不规则绿色云状纹，端半部斑纹网状，黄褐色。雌性：前翅正面顶角黄色区域为白色，其余同雄蝶。

　　雄性外生殖器钩形突端部细尖；抱器端钝圆，基中突上缘直、顶端钝圆；囊形突宽，阳茎基部弯曲。

　　分布：浙江（临安、定海、松阳、平阳）、黑龙江、吉林、辽宁、北京、河北、山西、河南、陕西、青海、安徽、湖北、福建；俄罗斯，朝鲜半岛，日本。

♂正　　　　　　　　　♂反

♀正　　　　　　　　　♀反

♂外生殖器

图 1-42　黄尖襟粉蝶 *Anthocharis scolymus* Butler, 1866

（43）橙翅襟粉蝶 *Anthocharis bambusarum* Oberthür, 1876（图 1-43）

Anthocharis bambusarum Oberthür, 1876: 20.

主要特征：雌雄异型。雄性：前翅短阔，顶角圆滑；底色黄色；翅基部具黑色鳞片；亚基部黄白色，其余部分橙红色；中室端具 1 黑色端斑；顶角具黑色带；后翅近圆形，底色白色，基部具黑色鳞片，沿着外缘具黑色云雾状纹。反面前翅底色橘红色，中室端具 1 黑色端斑，顶角处前缘和外缘具绿色云状纹；后翅基部三分之二具不规则绿色云状纹，端半部斑纹云雾状，黄褐色。雌性：前翅正面橘红色区域为白色，其余同雄蝶。

雄性外生殖器与黄尖襟粉蝶相似，不同之处主要在于抱器基中突粗、稍下弯、上缘弧形稍拱。

分布：浙江（淳安）、河南、陕西、青海、江苏、四川。

♂正　　　　　　　　♂反

♀正　　　　　　　　♀反

♂外生殖器

图 1-43　橙翅襟粉蝶 *Anthocharis bambusarum* Oberthür, 1876

（44）襟粉蝶 *Anthocharis cardamines* (Linnaeus, 1758)（图 1-44）

Papilio cardamines Linnaeus, 1758b: 468.

Anthocharis cardamines: Grum-Grshimailo, 1890: 230.

主要特征：前翅基部具黑色鳞片；亚顶角到中室端斑附近橘黄色；中室端具 1 黑色端斑；顶角具黑色带；后翅近圆形，底色白色，可透视到反面的斑纹；基部具黑色鳞片，沿着外缘具黑色点。反面前翅底色黄白色，中室端具 1 黑色端斑，顶角处前缘和外缘具绿色云状纹；后翅具不规则绿色云状纹，端半部斑纹黄褐色。雌性：前翅正反面橘红色区域为白色，其余同雄蝶。

雄性外生殖器与黄尖襟粉蝶相似，不同之处主要在于抱器窄，抱器背不及抱器腹长的一半，抱器基中突上缘浅凹。

♂正　　　　　　　　♂反

♀正　　　　　　　　♀反

♂外生殖器

图 1-44　襟粉蝶 *Anthocharis cardamines* (Linnaeus, 1758)

分布：浙江（淳安）、黑龙江、吉林、山西、河南、陕西、宁夏、甘肃、江苏、福建、四川；俄罗斯，伊朗，叙利亚，西欧。

18. 绢粉蝶属 *Aporia* Hübner, 1819

Aporia Hübner, 1819: 90. Type species: *Papilio crataegi* Linnaeus, 1758.

主要特征：中大型蝴蝶。下唇须前面具长毛；触角约为前翅长的二分之一，末端膨大明显；翅宽大，前翅中室长，超过前翅长的一半；顶角圆；R 脉 4 支；R_1 与 R_2 脉出自中室，R_3 与 R_{4+5} 及 M_1 脉共柄；后翅有肩脉；Sc+R_1 脉短，远离 Rs 脉。雄性外生殖器钩形突不分叉或末端二分叉，抱器宽大，囊形突宽，阳茎细长，弯曲。

分布：古北区、东洋区。世界已知 35 种，中国记录 32 种，浙江分布 1 种。

（45）大翅绢粉蝶 *Aporia largeteaui* (Oberthür, 1881)（图 1-45）

Pieris largeteaui Oberthür, 1881a: 12.

Aporia largeteaui: Tong, 1993: 18.

主要特征：大型种类，雌雄同型。雄性：头、胸黑色，腹部白色，触角短于前翅长的一半；前翅底色白色，翅脉黑色，中室端脉被黑鳞覆盖，外缘具窄黑带；R$_2$ 至 2A 脉端半部被黑鳞覆盖翅脉两侧，亚外缘具黑带痕迹；后翅底色白色，翅脉黑色，外缘具黑边。反面底色黄白色，斑纹同正面；翅基部具 1 个橙黄色斑。雌性：翅正面亚外缘黑带明显，黑色斑纹颜色较淡；反面底色更深，其余同雄性。

雄性外生殖器钩形突末端二分叉，抱器宽大、末端钝圆，阳茎细长，中央弯曲。

分布：浙江（云和、庆元、龙泉、泰顺）、河南、陕西、甘肃、湖北、江西、湖南、福建、广东、广西、四川、贵州、云南。

♂ 正　　　　　　　　　　♂ 反

♀ 正　　　　　　　　　　♀ 反

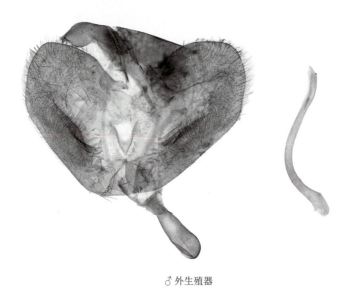

♂外生殖器

图 1-45　大翅绢粉蝶 *Aporia largeteaui* (Oberthür, 1881)

19. 斑粉蝶属 *Delias* Hübner, 1819

Delias Hübner, 1819: 91. Type species: *Papilio egialea* Cramer, 1777.

　　主要特征：中大型蝴蝶。触角约为前翅长的二分之一，末端膨大明显；翅宽大，前翅中室长，约为前翅长的一半；顶角圆；R 脉 4 支；R_1 脉出自中室，R_2 脉缺失；R_3 与 R_{4+5} 及 M_1 脉共柄；后翅有肩脉；$Sc+R_1$ 脉短，只达前缘中部。雄性外生殖器钩形突多三分叉，抱器三角形，宽大，中央具孔穴或沟。

　　分布：古北区、东洋区。世界已知 240 多种，中国记录 11 种，浙江分布 2 种。

（46）倍林斑粉蝶 *Delias berinda* (Moore, 1872)（图 1-46）

Thyca berinda Moore, 1872: 566.

Delias berinda: Moore, 1904: 167.

♂正　　　　　　　　　　　　　　　　　♂反

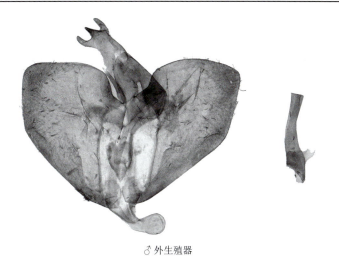

♂ 外生殖器

图 1-46　倍林斑粉蝶 *Delias berinda* (Moore, 1872)

主要特征：中型种类，雌雄同型。雄性：头、胸、腹背面黑色，腹部腹面白色，触角约为前翅长的一半；前翅底色黑色，中室内具 1 明显白条，各翅脉端半部被白鳞覆盖，在外缘翅脉两侧具白斑；后翅底色黑色，前缘基部具 1 明显的橙黄色条斑；中室内具 1 白色条斑；围绕中室的各翅室基部各具 1 白色斑；各翅室外缘具 1 白色斑；臀角及后翅内缘黄色。反面前翅中室内具 1 白条，外中区具 1 列长条形白斑，顶角区具 3 个黄色斑，黄色斑下方为 1 列白色斑从 M_3 脉延伸到臀角上方；后翅前缘基部具 1 黄色锥形大斑，中室条斑黄白参半，围绕中室的各翅室基部各具 1 白斑，外缘具 1 列黄斑，臀角及内缘黄色。雌性：前翅顶角不发达，其余同雄性。

雄性外生殖器钩形突端部两侧弧形拱出，末端三分叉，中突长于两侧突；抱器宽大，背端突出、钝圆。

分布：浙江（龙泉）、陕西、江西、台湾、云南、西藏；印度，不丹，缅甸。

（47）艳妇斑粉蝶 *Delias belladonna* (Fabricius, 1793)（图 1-47）

Papilio belladonna Fabricius, 1793: 180.

Delias belladonna: Butler, 1897: 160.

主要特征：中型种类，雌雄同型。雄性：头、胸、腹背面黑色，腹部腹面白色，触角约为前翅长的一半；前翅底色黑色，中室内具零散白鳞，各翅脉端半部具白鳞，各翅室基部具零散白鳞；后翅底色黑色，前缘基部具 1 明显的橙黄色椭圆形斑，围绕中室的各翅室基部各具 1 白色斑，各翅室外缘具白色零散鳞，臀角

♂ 正　　　　　　　　　　　♂ 反

♂外生殖器

图 1-47　艳妇斑粉蝶 *Delias belladonna* (Fabricius, 1793)

及后翅内缘端半部黄色。反面前翅中室内具零散白鳞，外中区具 1 列白斑，顶角区具 3 个黄色斑，黄色斑下方为 1 列白色斑从 M_3 脉延伸到臀角上方；后翅前缘基部具 1 黄色锥形斑，$Sc+R_1$ 室基部具 1 椭圆形橙黄斑，中室内具 1 黄斑，围绕中室的各翅室基部各具 1 白斑，外缘具 1 列黄斑，臀角及内缘端半部黄色。雌性：前翅顶角不发达，其余同雄性。

　　雄性外生殖器与倍林斑粉蝶相似，不同之处在于钩形突端部两侧微弧，末端三分叉，中突不长于两侧突；抱器宽大，末端钝圆。

　　分布：浙江（龙泉、泰顺）、陕西、湖北、江西、湖南、福建、广东、广西、四川、云南、西藏；印度，不丹，缅甸，越南，泰国。

20. 云粉蝶属 *Pontia* Fabricius, 1807

Pontia Fabricius, 1807: 283. Type species: *Papilio daplidice* Linnaeus, 1758.

　　主要特征：小型蝴蝶。触角约为前翅长的二分之一，末端膨大明显；翅宽大，前翅中室长，约为前翅长的一半；顶角圆；前翅有 9 或 10 条脉，R 脉 4 支；R_1 脉出自中室，R_2 脉缺失；R_3 与 R_{4+5} 共柄，M_1 发出自中室上角；后翅有肩脉；$Sc+R_1$ 脉短，只达前缘中部。雄性外生殖器钩形突粗短，背兜具大的关节突，囊形突粗短，抱器半椭圆形，阳茎近基部弯曲，并有 1 指状突。

　　分布：古北区。世界已知 11 种，中国记录 3 种，浙江分布 1 种。

（48）云粉蝶 *Pontia edusa* (Fabricius, 1777)（图 1-48）

Papilio edusa Fabricius, 1777: 255.

Pontia edusa: Tuzov, 1997: 162.

　　主要特征：中型种类，雌雄同型。雄性：头、胸、腹背面黑色，腹部腹面白色，触角约为前翅长的一半；前翅正面底色白色，中室端具 1 黑斑，顶角到 CuA_1 有宽黑带，其上有 3 或 4 个小白斑；后翅底色白色，能透视到反面绿色云雾状纹，前缘顶角处具 1 黑斑，顶角下方各翅脉末端被黑鳞覆盖加粗。反面前翅底色白色，顶角斑纹绿色，CuA_2 室具 1 黑斑；后翅底色白色，翅面覆盖绿色云雾状纹。雌性：顶角不发达，前翅正面 CuA_2 室具 1 黑斑，后翅正面亚外缘及外缘黑斑发达，其余同雄性。

♂ 正　　　　　　　　　　♂ 反

♀ 正　　　　　　　　　　♀ 反

♂ 外生殖器

图 1-48　云粉蝶 *Pontia edusa* (Fabricius, 1777)

雄性外生殖器钩形突粗短，抱器腹端圆形突出，阳茎中部弯曲，基部具 1 粗指状突。

分布：浙江（遂昌、泰顺）、黑龙江、吉林、辽宁、北京、河北、山西、山东、河南、陕西、宁夏、甘肃、新疆、江苏、上海、广西、四川、云南、西藏；朝鲜，日本，北非到西伯利亚。

21. 飞龙粉蝶属 *Talbotia* Bernardi, 1958

Talbotia Bernardi, 1958: 125. Type species: *Mancipium naganum* Moore, 1884.

主要特征：中型蝴蝶。触角约为前翅长的二分之一，末端膨大明显；翅宽大，前翅中室长，约为前翅长的一半；顶角圆；R 脉 3 支；R_2 脉与 R_3、R_4、R_5 脉共柄，M_1 与 R_{4+5} 脉共柄；后翅有肩脉；Sc+R_1 脉长，2A 与 3A 脉基部靠近。雄性外生殖器钩形突长，囊形突长，抱器末端尖角状突出，阳茎细长微弯、基部具指状突。

分布：古北区、东洋区。世界已知 1 种，中国记录 1 种，浙江分布 1 种。

（49）飞龙粉蝶 *Talbotia naganum* (Moore, 1884)（图 1-49）

Mancipium naganum Moore, 1884: 45.

Talbotia naganum: Tong, 1993: 18.

　　主要特征：雌雄异型。雄性：前翅正面底色白色，中室端具 1 黑斑，顶角黑色，靠近顶角的前缘及后缘部分黑色；M$_3$ 室具 1 黑斑，与外缘黑色区域相连；CuA$_2$ 室具 1 黑斑；后翅正面底色白色，无斑纹。反面前翅底色白色，顶角及靠近顶角的前缘及后缘部分黄色，其余斑纹同正面；后翅纯黄色无斑纹。雌性：中室黑色，中室条连通 M$_3$ 室黑色斑直达外缘，内缘黑色，在 CuA$_2$ 室向上延伸为 1 黑斑；后翅底色白色，覆盖有灰色鳞片，外缘具 1 列黑斑，反面同雄性。

♂ 正　　　　　　　　　　　　♂ 反

♀ 正　　　　　　　　　　　　♀ 反

♂ 外生殖器

图 1-49　飞龙粉蝶 *Talbotia naganum* (Moore, 1884)

雄性外生殖器钩形突长，顶端尖；抱器叶片状，末端刺状尖出；阳茎细长，端鞘基部弯曲并具 1 片状突。

分布：浙江（临安、淳安、开化、遂昌、庆元、龙泉、泰顺）、湖北、江西、湖南、福建、台湾、广东、广西、四川、贵州、云南；印度，缅甸，越南，泰国。

22. 粉蝶属 *Pieris* Schrank, 1801

Pieris Schrank, 1801: 152. Type species: *Papilio brassicae* Linnaeus, 1758.

主要特征：中型蝴蝶。触角约为前翅长的二分之一，末端膨大明显；翅宽大，前翅中室长，约为前翅长的一半；顶角圆；R_2 与 R_3 脉合并，R_4、R_5 脉共柄，M_1 与 R_{4+5} 脉共柄；后翅有肩脉；$Sc+R_1$ 脉短，2A 与 3A 脉基部靠近。雄性外生殖器钩形突细长，囊形突短宽，抱器短阔，阳茎较直，基部具 1 大突起。

分布：世界广布。世界已知 50 余种，中国记录 18 种，浙江分布 3 种。

分种检索表

1. 后翅反面翅脉两侧被黑鳞覆盖加粗 ·· 华东黑纹粉蝶 *P. latouchei*
- 后翅反面翅脉不显著 ·· 2
2. 前翅顶角黑斑内缘锯齿状，后翅正面外缘具黑斑 ·· 东方菜粉蝶 *P. canidia*
- 前翅顶角黑斑内缘较齐，后翅正面外缘不具黑斑 ··· 菜粉蝶 *P. rapae*

（50）华东黑纹粉蝶 *Pieris latouchei* Mell, 1939（图 1-50）

Pieris extensa latouchei Mell, 1939: 138.

Pieris latouchei: Tadokoro et al., 2014: 22.

♂正　　　　　　　　　♂反

♀正　　　　　　　　　♀反

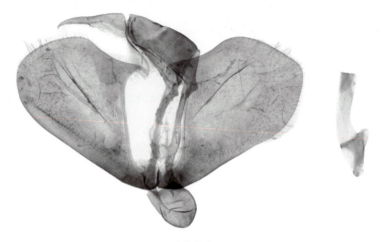

♂ 外生殖器

图 1-50　华东黑纹粉蝶 *Pieris latouchei* Mell, 1939

主要特征：雌雄异型。雄性：变异较大，前翅正面底色白色，顶角黑色，靠近顶角的前缘及后缘部分黑色；M_3 室具 1 黑斑，此黑斑从完全消失到非常明显的个体皆有；后翅正面底色白色，顶角具 1 黑斑。反面前翅底色白色，顶角及靠近顶角的前缘及后缘部分黄色或为底色，翅脉被黑鳞加粗，其余斑纹同正面；后翅底色白色到黄色，翅脉被黑鳞加粗。雌性：中室翅脉黑色，内缘黑色，在 CuA_2 室向上延伸为 1 黑斑；后翅顶角黑斑发达，正面翅脉被黑鳞加粗，反面同雄性。

雄性外生殖器钩形突长，端部细尖；抱器宽，背缘中央稍凹，末端圆形突出；阳茎基部具 1 突起。

分布：浙江（全省）、山东、江苏、江西、福建、广东、广西。

（51）东方菜粉蝶 *Pieris canidia* (Linnaeus, 1768)（图 1-51）

Papilio canidia Linnaeus, 1768: 504.

Pieris canidia: Lewis, 1974: pl. 161, fig. 5.

主要特征：雌雄异型。雄性：变异较大，前翅正面底色白色，顶角黑色，靠近顶角的前缘及后缘部分黑色；M_3 室具 1 黑斑，此黑斑从完全消失到非常明显的个体皆有；后翅正面底色白色，顶角具 1 黑斑，外缘具 4 个黑斑。反面前翅底色白色，顶角及靠近顶角的前缘及后缘部分黄色或为底色，其余斑纹同正面；后翅底色白色或黄白色，翅面覆盖有黑鳞。雌性：翅形圆，Cu_2 室具 1 黑斑；其余同雄性。

雄性外生殖器钩形突长，端部细尖；抱器宽，背缘微拱，腹缘直，末端圆形突出；阳茎基部具 1 大角突。

分布：浙江（全省）、全国广布；中南半岛至韩国，印度半岛，土耳其。

♂ 正　　　　　　　　　　　　　　　　♂ 反

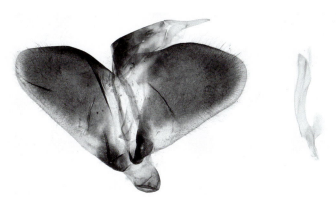

♂外生殖器

图 1-51　东方菜粉蝶 *Pieris canidia* (Linnaeus, 1768)

（52）菜粉蝶 *Pieris rapae* (Linnaeus, 1758)（图 1-52）

Papilio rapae Linnaeus, 1758b: 468.

Pieris rapae: Tong, 1993: 18.

　　主要特征：雌雄异型。雄性：变异较大，前翅正面底色白色，顶角棕红，M_3 室具 1 黑斑，此黑斑从完全消失到非常明显的个体皆有；后翅正面底色白色，前缘具 1 黑斑。反面前翅底色白色，顶角及靠近顶角的前缘及后缘部分黄色或为底色，其余斑纹同正面；后翅底色白色或黄白色，翅面覆盖有黑鳞。雌性：翅形圆，翅基部具大量黑鳞，CuA_2 室具 1 黑斑；其余同雄性。

　　雄性外生殖器与东方菜粉蝶非常相似，主要不同之处在于钩形突稍粗，抱器背缘中央微凹，末端圆、宽，阳茎基部突起近似长方形。

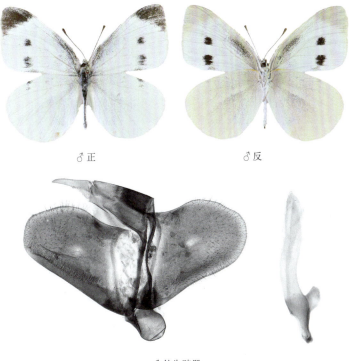

♂正　　　　　　　　　♂反

♂外生殖器

图 1-52　菜粉蝶 *Pieris rapae* (Linnaeus, 1758)

　　分布：浙江（全省）、全国广布；西欧，北非到西伯利亚，北美洲。

第二章　蛱蝶总科 Nymphaloidea

四、斑蝶科 Danaidae

主要特征：头大，复眼光滑无毛；下唇须小，上举；触角细，线状，端部微微膨大；前足退化，缩在胸部下；雄蝶跗节 1 节，雌蝶 3 节，均无爪；翅外形圆，中室长，闭式；前翅 R 脉 5 条，R_{3-5} 脉共柄；M_2 脉常有回脉伸入中室，中室端脉凹入；2A 脉发达，其基部具很小的 3A 脉；后翅肩脉发达，A 脉 2 条，无尾突；雄蝶前翅 Cu 脉或后翅臀区具发香鳞区。

世界已知 450 余种，中国记录 25 种，浙江分布 4 属 7 种。

分属检索表

1. 中、后足侧垫和中垫发达；跗爪弯曲；翅面具紫色光泽 ·· **紫斑蝶属 Euploea**
- 中、后足侧垫和中垫退化；跗爪直，末端稍弯曲；翅面无紫色光泽 ··· 2
2. 后翅肩脉简单，雄蝶于后翅 CuA_2 脉上有袋状结构 ······································ **斑蝶属 Danaus**
- 后翅肩脉分叉或弯曲，雄蝶于后翅 CuA_2 脉上无袋状结构 ·· 3
3. 后翅 M_1、M_2 间横脉长、弯曲，雄性后翅正面具明显性标 ······································ **绢斑蝶属 Parantica**
- 后翅 M_1、M_2 间横脉短，雄性后翅正面无明显性标 ······································ **旖斑蝶属 Ideopsis**

23. 紫斑蝶属 *Euploea* Fabricius, 1807

Euploea Fabricius, 1807: 280. Type species: *Papilio corus* Fabricius, 1793.

主要特征：中大型蝴蝶。身体与翅面褐色或暗褐色，大部分种类在正面具蓝紫色闪光；雄蝶前翅内缘弧状突出，雌蝶前翅内缘平直；前翅 R_1 脉短，不与 Sc 脉交叉；其余 R 脉共柄，从中室上角伸出，M_1 脉也从中室上角同一点伸出；后翅肩脉分叉，$Sc+R_1$ 脉长，中室长于后翅长的一半，中后足有中垫和侧垫，爪弯曲。雄性外生殖器钩形突和背兜不发达，抱器腹端突形状多样，阳茎粗而长，中间弯曲。

分布：东洋区。世界已知 52 种，中国记录 11 种，浙江分布 2 种。

（53）蓝点紫斑蝶 *Euploea midamus* (Linnaeus, 1758)（图 2-1）

Papilio midamus Linnaeus, 1758b: 470.

Euploea midamus: Tong, 1993: 20.

主要特征：中型蝴蝶，雌雄异型。雄性：前翅顶角突出，内缘向下明显弧形突出，底色黑褐色，在 CuA_2 室内具 1 浅色性标；中室内具 1 白点，中区具 5 个白点，前缘具 2 个白点，亚外缘具 1 列白斑从顶角延伸到 CuA_2 室，外缘具 1 列细小白点，外中区白斑列以内具蓝紫色闪光，覆盖大面积翅面；后翅前半部淡褐色，后半部黑褐色，浅色区域在中室的位置具 1 大白斑；亚外缘及外缘具 2 列白点，亚外缘的白点是外缘的白点的 2 倍大。反面前翅底色巧克力色，中室下角、CuA_1 与 M_3 室各具 1 白斑，亚外缘与外缘从翅中部开始具 1 列白点延伸到臀角；后翅底色巧克力色，中区具 6 个白点，排列成弧形；亚外缘及外缘具 2 列白点。雌性：前翅内缘平直，无性标，其余同雄性。

雄性外生殖器抱器腹发达，腹端突圆形；阳茎粗，稍"S"形弯曲，具 1 被刺的刺状角状器。

♂正　　　　　　　　　　　　　　　　　♂反

♂外生殖器

图 2-1　蓝点紫斑蝶 *Euploea midamus* (Linnaeus, 1758)

分布：浙江（庆元）、江西、福建、广东、海南、香港、广西、云南；印度，尼泊尔，缅甸，越南，老挝，柬埔寨，菲律宾，马来西亚，印度尼西亚。

（54）异型紫斑蝶 *Euploea mulciber* (Cramer, 1777)（图 2-2）

Papilio mulciber Cramer, 1777: 45.

Euploea mulciber: Lewis, 1974: pl. 155, figs. 11, 12.

主要特征：中型蝴蝶，雌雄异型。雄性：前翅顶角突出，内缘向下微微弧形突出，底色黑褐色，在 CuA_2 室内具 1 浅色性标；中室内具 1 白点，中区具 5 个白点，亚外缘具 1 列白斑从顶角延伸到 CuA_2 室，外缘具 1 列细小白点，中室端部一半以外具蓝紫色闪光，覆盖大面积翅面；后翅前半部淡褐色，后半部黑褐色，浅色区域在中室具 1 小白斑。反面前翅底色巧克力色，中室下角、CuA_1 与 M_3 室各具 1 白斑，亚外缘与外缘从翅顶角开始具 1 列白点延伸到臀角；后翅底色巧克力色，中区具 3 个白点，排列成三角形；亚外缘及外缘具 2 列白点。雌性：前翅内缘平直；后翅正反面及前翅中室和 CuA_2 室具白色放射条纹，反面底色更淡，其余同雄性。

♂正　　　　　　　　　　　　　　　　♂反

♀正　　　　　　　　　　　　　　　　♀反

♂外生殖器

图 2-2　异型紫斑蝶 *Euploea mulciber* (Cramer, 1777)

雄性外生殖器抱器腹发达，腹端突短指状；阳茎粗，中央弧形弯曲，具 1 被刺的刺状角状器。

分布：浙江（杭州、丽水）、湖北、福建、台湾、广东、海南、香港、广西、重庆、四川、贵州、云南、西藏；印度，尼泊尔，缅甸，越南，老挝，柬埔寨，菲律宾，马来西亚，印度尼西亚。

24. 斑蝶属 *Danaus* Kluk, 1780

Danaus Kluk, 1780: 84. Type species: *Papilio plexippus* Linnaeus, 1758.

主要特征：中大型蝴蝶。前翅前缘弱弧形，顶角阔圆形；R_2 脉从中室顶角发出，其余 R 脉共柄，从中室顶角伸出，M_1 脉也从中室顶角同一点伸出，中室端脉上端退化；后翅肩脉发达，与 Sc+R_1 脉分开；雄性在后翅具发香鳞区，呈袋状。雄性外生殖器钩形突和背兜不发达，抱器下角具不同形状突起，阳茎细长或短粗。

分布：东洋区。世界已知 11 种，中国记录 2 种，浙江分布 2 种。

（55）虎斑蝶 *Danaus genutia* (Cramer, 1779)（图 2-3）

Papilio genutia Cramer, 1779: 23.

Danaus genutia: Lewis, 1974: pl. 53, fig. 5.

主要特征：中型蝴蝶，雌雄同型。雄性：前翅顶角圆阔，底色黑色，翅脉周围具黑鳞；亚顶角区具 5 块大小不一的白斑；中室大部橙红色，末端黑色，中室外侧具 4 个小白点，前缘具 1 小白点，M_3 到 CuA_2 室都具红色条纹；外缘在亚顶角斑下方具数个小白点，内缘大部黑色，基部橙红色。后翅底色黑色，翅脉周围具黑鳞；中室及环绕中室的各翅室均具橙红色条；外缘具 2 列小白点，在 CuA_2 脉上具袋状发香鳞区。反面斑纹同正面，颜色稍淡。雌性：后翅无香鳞区，其余同雄性。

雄性外生殖器钩形突 2 裂；抱器短宽，端部强骨化，外缘凹凸不平，前角突小，后角突细指状、弯曲；阳茎粗，弯曲如船。

分布：浙江（临安、普陀、缙云）、河南、湖北、江西、湖南、福建、台湾、广东、海南、香港、广西、重庆、四川、贵州、云南、西藏；印度，尼泊尔，缅甸，越南，老挝，柬埔寨，菲律宾，马来西亚，印度尼西亚，澳大利亚。

♂正　　　　　　　　　　♂反

♀ 正　　　　　　　　　　　　　　　　♀ 反

♂ 外生殖器

图 2-3　虎斑蝶 *Danaus genutia* (Cramer, 1779)

（56）金斑蝶 *Danaus chrysippus* (Linnaeus, 1758)（图 2-4）

Papilio chrysippus Linnaeus, 1758b: 471.

Danaus chrysippus: Tong, 1993: 20.

　　主要特征：中型蝴蝶，雌雄同型。雄性：前翅顶角圆阔，底色棕红色，亚顶角区具 4 块大小不一的白斑，顶角具 3 个白点；中室大部暗橙红色，末端黑色，中室外侧具 2 个小白点，前缘具 2 小白条，CuA_1 室到 2A 室大部橙黄色，在外缘为黑色；外缘在亚顶角斑下方具数个小白点。后翅底色橙黄色，中室端具 3 个黑斑；外缘黑色，各翅室均具 2 白斑，在 CuA_2 脉上具袋状发香鳞区。反面斑纹同正面，颜色稍淡。雌性：后翅无香鳞区，其余同雄性。

　　雄性外生殖器钩形突 2 裂；抱器短宽，端部强骨化，中央具 1 大刺；阳茎粗、直。

　　分布：浙江（缙云、泰顺）、陕西、湖北、江西、湖南、福建、台湾、广东、海南、香港、广西、重庆、四川、贵州、云南、西藏；印度，尼泊尔，缅甸，越南，老挝，柬埔寨，菲律宾，马来西亚，印度尼西亚，欧洲南部，澳大利亚，非洲。

♂正 ♂反

♂外生殖器

图 2-4 金斑蝶 *Danaus chrysippus* (Linnaeus, 1758)

25. 绢斑蝶属 *Parantica* Moore, 1880

Parantica Moore, 1880: 7. Type species: *Papilio aglea* Stoll, 1782.

主要特征：中型蝴蝶。翅青白色，半透明；前翅前缘弱弧形，顶角阔圆形；R_2 脉从中室顶角发出，其余 R 脉共柄，从中室顶角伸出，M_1 脉也从中室顶角同一点伸出；后翅前缘平直，肩脉弯曲或分叉，与 $Sc+R_1$ 脉分开；中室长；中室端脉弯曲成钝角；雄性在后翅臀角具发香鳞区。雄性外生殖器钩形突二分叉，囊形突短，抱器宽、腹端突形状多样，阳茎短粗。

分布：东洋区。世界已知 39 种，中国记录 4 种，浙江分布 2 种。

（57）大绢斑蝶 *Parantica sita* (Kollar, 1844)（图 2-5）

Danais sita Kollar, 1844: 424.

Parantica sita: Tong, 1993: 20.

主要特征：中型蝴蝶，雌雄异型。雄性：前翅顶角圆阔，底色黑色，斑纹半透明；中室具 1 青白色条，中室外侧具 3 长青白色条，前缘具 3 小青白色条，M_3 与 CuA_1 室的青白色斑中间被黑条隔开；CuA_2 室青白色条宽而完整，亚外缘与外缘各具 1 列青白色点，亚外缘的点是外缘的 2 倍大；后翅底色暗红色，中室内及围绕中室的各翅室基部具青白色条斑；亚外缘具 3 个青白色小点；在 CuA$_2$ 脉到 3A 脉之间臀角附近具黑色性标区。反面与正面大致相同，后翅外缘区具额外的 2 列青白色小斑。雌性：后翅无香鳞区，其余同雄性。

♂正　　　　　　　　　　　　　　　　　　♂反

♀正　　　　　　　　　　　　　　　　　　♀反

♂外生殖器

图 2-5　大绢斑蝶 *Parantica sita* (Kollar, 1844)

雄性外生殖器抱器宽、三角形，抱器腹端突角状突出、顶端钝圆；阳茎短粗，稍弯。

分布： 浙江（临安、庆元、泰顺）、辽宁、河北、河南、陕西、湖北、江西、湖南、福建、台湾、广东、海南、香港、广西、重庆、四川、贵州、云南、西藏；印度，尼泊尔，缅甸，越南，老挝，柬埔寨。

（58）黑绢斑蝶 *Parantica melaneus* (Cramer, 1775)（图 2-6）

Papilio melaneus Cramer, 1775: 48.

Parantica melaneus: Tong, 1993: 20.

主要特征： 中型蝴蝶，雌雄同型；腹部橙黄色。雄性：前翅顶角圆阔，底色黑色，斑纹半透明；中室具 1 青白色条，中室外侧具 3 长青白色条，前缘具 3 小青白色条，M_3 与 CuA_1 室的青白色斑中间被黑条隔开；CuA_2 室青白色条宽而完整，亚外缘与外缘各具 1 列青白色点，亚外缘的点是外缘的 2 倍大；后翅底色黑色，中室内及围绕中室的各翅室基部具青白色条斑；亚外缘具 3 个青白色小点；外缘具 1 列青白色小点；M_3 与 CuA_1 室基部大斑外侧另有 2 小斑；在 CuA_2 脉到 3A 脉之间臀角附近具黑色性标区。反面与正面大致相同，后翅外缘区具额外的 2 列青白色小斑。雌性：后翅无香鳞区，其余同雄性。

雄性外生殖器与大绢斑蝶非常相似，其主要区别是抱器腹端突较粗；阳茎短粗，近直。

分布： 浙江（景宁、龙泉）、台湾、广东、海南、香港、广西、重庆、四川、贵州、云南、西藏；印度，尼泊尔，缅甸，越南，老挝，柬埔寨，马来西亚。

♂正　　　　　　　　　　　　♂反

♀正　　　　　　　　　　　　♀反

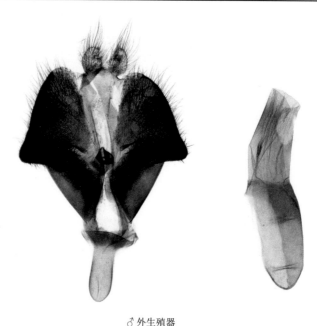

♂外生殖器

图 2-6 黑绢斑蝶 *Parantica melaneus* (Cramer, 1775)

26. 旖斑蝶属 *Ideopsis* Horsfield, 1857

Ideopsis Horsfield, 1857: 133. Type species: *Idea gaura* Horsfield, 1829.

主要特征: 中小型蝴蝶。翅青白色,半透明;前翅前缘弱弧形,外缘在 M_1 脉处外突;Sc 与 R_1 脉交叉,R_2 脉从中室顶角发出,其余 R 脉共柄,从中室顶角伸出,M_1 脉与 R_{3-5} 脉有一段共柄,后翅雄性发香鳞区不明显。雄性外生殖器钩形突二分叉、圆球形,抱器端突指状,阳茎长而弯曲。

分布: 东洋区。世界已知 8 种,中国记录 2 种,浙江分布 1 种。

（59）拟旖斑蝶 *Ideopsis similis* (Linnaeus, 1758)（图 2-7）

Papilio similis Linnaeus, 1758b: 479.

Ideopsis similis: Tong, 1993: 21.

主要特征: 中型蝴蝶,雌雄同型;腹部灰褐色。雄性:前翅顶角圆阔,底色黑色,斑纹半透明;中室基部三分之二具 1 细长青白色条,中室端具 1 宽青白色斑,中央内凹;中室外侧具 2 短青白斑,青白斑外侧具 1 长楔形青白条;前缘具 1 细长小青白色条,青白色条外侧沿着前缘还有 3 个青白色小斑;亚外缘区具 5 个大小不等的青白色斑,外缘区具 1 列青白色小点;M_3 与 CuA_1 室基部具梯形青白色斑,CuA_2 室具 2 青白色斑;2A 室具 1 不明显的细青白色条。后翅正面底色黑褐色,中室内具 2 青白色条,中室的各翅室基部具青白色条斑;亚外缘及外缘各具 1 列青白色小点。反面与正面斑纹相同,只底色颜色淡。雌性:体型较大,斑纹同雄性。

雄性外生殖器钩形突二分叉,圆球形;抱器三角形,端突指状、斜向后方;阳茎粗长,具 1 簇长针状角状器。

分布: 浙江(平阳、泰顺)、福建、台湾、广东、海南、广西;缅甸,老挝,泰国,柬埔寨,斯里兰卡,马来西亚,印度尼西亚。

♂正　　　　　　　　　　♂反

♂外生殖器

图 2-7 拟旖斑蝶 *Ideopsis similis* (Linnaeus, 1758)

五、环蝶科 Amathusiidae

主要特征：头小，复眼光滑无毛；下唇须侧扁，长，伸出头前；触角细长，末端微微膨大；前足退化，跗节雄蝶只 1 节，末端具毛，雌蝶 5 节，无毛，雌雄均无爪。翅大而宽阔，前翅前缘弧形弯曲，中室短阔，闭式；R 脉 4、5 条，R_2 脉常从 R_5 脉分出；后翅外缘平滑或波状，中室开式或半闭式；臀区大，内凹，可容纳腹部；A 脉 2 条，后翅反面常具眼斑；雄蝶在臀褶或前缘处具发香鳞。

世界已知 230 余种，中国记录 23 种，浙江分布 3 属 4 种。

分属检索表

1. 前翅顶角尖 ·· 纹环蝶属 *Aemona*
- 前翅顶角圆 ·· 2
2. 前后翅正面无鱼形纹 ·· 串珠环蝶属 *Faunis*
- 前后翅正面有鱼形纹 ··· 箭环蝶属 *Stichophthalma*

27. 纹环蝶属 *Aemona* Hewitson, 1868

Aemona Hewitson, 1868: 64. Type species: *Clerome amathusia* Hewitson, 1867.

主要特征：中型种类。触角线形，约为前翅长的三分之二；复眼光滑无毛；前翅顶角突出，Sc 脉与 R_1 脉交叉，Sc 脉到达前缘中央，R_{2-4} 脉共柄，从 R_5 脉上分出；M_1 与 M_2 从中室端脉不同点发出，后翅 Sc+R_1 脉长，中室开式。雄性外生殖器钩形突和背兜侧突发达，抱器长条形，末端具带齿突起，阳茎短，中间弯曲。

分布：东洋区。世界已知 9 种，中国记录 3 种，浙江分布 1 种。

（60）纹环蝶 *Aemona amathusia* (Hewitson, 1867)（图 2-8）

Clerome amathusia Hewitson, 1867: 566.

Aemona amathusia: Tong, 1993: 22.

主要特征：雌雄异型。雄性：前翅三角形，底色浅橙黄色，顶角黑色；后翅椭圆形，无斑纹。反面底色浅黄色，前翅中室端具不明显中室端条，外横带浅褐色，从顶角延伸到内缘，外侧在 CuA_{1-2} 室各具 1 眼斑；后翅中带不明显，浅褐色，倾斜从前缘延伸到臀区上方；外横带浅褐色，从前缘延伸到臀角，外侧亚外缘具 1 列眼斑。雌性：正面底色黄褐色，顶角黑色区域比雄蝶大且明显，亚顶角区具浅色区域，中室端带明显黑色；外横带褐色，从顶角延伸到 2A 脉；后翅宽椭圆形，具不明显中带及外横带，亚外缘具 1 列弧形浅褐色斑。反面底色浅褐色，亚基线细，中室端条明显，褐色；外横带明显，褐色，从前缘延伸到 2A 脉，外横带外侧颜色明显浅于内侧，亚外缘具 1 列眼斑；后翅外横带及中带明显，褐色，外横带外侧颜色明显浅于内侧，亚外缘具 1 列眼斑。

雄性外生殖器钩形突不分叉，中间缢缩、端部弹头状、末端尖；背兜侧突细长，尖；抱器窄长三角形，抱器背内缘强骨化、端部加宽被刺；阳茎中间弯曲。

分布：浙江（遂昌、松阳、云和、泰顺）、福建、广东、广西、云南、西藏；印度，不丹，越南，老挝。

♂正　　　　　　　　　　　　　♂反

♀正　　　　　　　　　　　　　♀反

♂外生殖器

图 2-8　纹环蝶 *Aemona amathusia* (Hewitson, 1867)

28. 串珠环蝶属 *Faunis* Hübner, 1819

Faunis Hübner, 1819: 55. Type species: *Papilio eumeus* Drury, 1773.

主要特征：中型种类。触角线形，约为前翅长的三分之二；复眼光滑无毛；前后翅均为圆形，Sc 脉与 R_1 脉长而分离，互相平行，R_{2-4} 脉共柄，从 R_5 脉上分出；M_1 与 M_2 从中室端脉不同点发出，分出处靠近；中室端脉"S"形弯曲；后翅 Sc+R_1 脉长，中室弯曲，开式；雄蝶在后翅反面 Cu 脉下及 1A 室基部具 2 毛刷结构。雄性外生殖器钩形突不分叉，抱器分叉，阳茎细长。

分布：东洋区。世界已知 14 种，中国记录 4 种，浙江分布 1 种。

（61）灰翅串珠环蝶 *Faunis aerope* (Leech, 1890)（图 2-9）

Clerome aerope Leech, 1890: 31.

Faunis aerope: Tong, 1993: 21.

主要特征：中型种类，雌雄同型。雄性：前翅圆，底色灰白色，顶角至外缘部颜色深，灰褐色；后翅底色灰白色，外缘颜色发黄。反面底色黄褐色，中室内具 1 黑条，中室外具 1 黑条，从前缘延伸到 2A 脉，外中区具 1 列白点；亚外缘具 1 细黑带；后翅底色同前翅，亚基带和中带明显，黑褐色；外中区具 1 列白点。雌性：斑纹同雄性，体型更大。

♂ 正　　　　　　　　　　　　　　♂ 反

♀ 正　　　　　　　　　　　　　　♀ 反

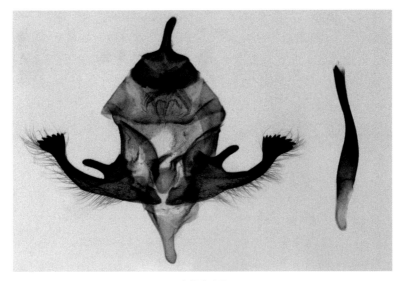

♂外生殖器

图 2-9　灰翅串珠环蝶 *Faunis aerope* (Leech, 1890)

雄性外生殖器钩形突不分叉，端部细；抱器二分裂，背端突细指状，腹端突长条形、末端锯齿；阳茎直。

分布：浙江（龙泉、文成、泰顺）、湖北、湖南、福建、广东、海南、广西、重庆、贵州、云南、西藏；越南，老挝。

29. 箭环蝶属 *Stichophthalma* C. *et* R. Felder, 1862

Stichophthalma C. *et* R. Felder, 1862: 27. Type species: *Thaumantis howqua* Westwood, 1851.

主要特征：中大型种类。触角线形，约为前翅长的三分之二；复眼光滑无毛；前后翅均为圆形，Sc 脉与 R_1 脉长而分离，互相平行，R_{2-4} 脉共柄，从 R_5 脉上分出；M_1 与 M_2 从中室端脉不同点发出，分出处靠近；中室端脉"S"形弯曲；后翅 Sc+R_1 脉长，中室弯曲，开式；雄蝶在后翅反面 Cu 脉下及 1A 室基部具 2 毛刷结构。雄性外生殖器钩形突发达、不分叉，颚形突发达、钩状，抱器简单，长条形；阳茎直。

分布：东洋区。世界已知 14 种，中国记录 10 种，浙江分布 2 种。

（62）双星箭环蝶 *Stichophthalma neumogeni* Leech, 1892（图 2-10）

Stichophthalma neumogeni Leech, 1892: 114.

主要特征：大型种类，雌雄同型。雄性：前翅翅形圆，底色基半部黄褐色，外半部浅黄色；顶角黑色，下方具 1 圆白点，外缘具 1 列箭头纹；后翅底色黄褐色，外缘具 1 列箭头纹。反面前翅具亚基线，从前缘延伸到中室下缘；中室端具 1 弯曲短黑条，中线黑色，"S"形弯曲；亚外缘具 1 列不明显眼斑，以及 1 条不明显黑色波浪纹；后翅亚基线与中线明显，中间区域颜色较深；中线外侧具 3 个大而明显的眼斑，眼斑外侧具 2 列不明显的黑色波浪纹。雌性：斑纹同雄性，体型更大。

雄性外生殖器钩形突锥状，顶端细小；颚形突长钩状，上弯；抱器长条形，端部 2/3 渐窄；阳茎直。

分布：浙江（安吉、遂昌、庆元、龙泉、泰顺）、陕西、甘肃、湖北、湖南、福建、重庆、四川、云南、西藏；越南。

♂正　　　　　　　　　　　　　　　♂反

♀正　　　　　　　　　　　　　　　♀反

♂外生殖器

图 2-10　双星箭环蝶 *Stichophthalma neumogeni* Leech, 1892

（63）箭环蝶 *Stichophthalma howqua* (Westwood, 1851)（图 2-11）

Thaumantis howqua Westwood, 1851: 174.

Stichophthalma howqua: Tong, 1993: 22.

♂正　　　　　　♂反

♀正　　　　　　♀反

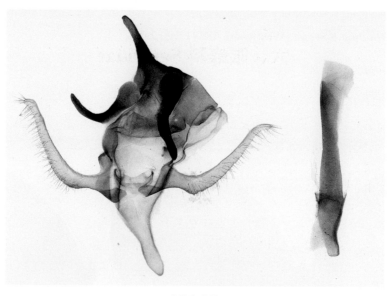

♂外生殖器

图 2-11　箭环蝶 *Stichophthalma howqua* (Westwood, 1851)

主要特征：大型种类，雌雄同型。雄性：前翅翅形圆，底色基半部黄褐色，外半部浅黄色；顶角黑色，外缘具 1 列箭头纹；后翅底色黄褐色，外缘具 1 列箭头纹。反面前翅具亚基线，从前缘延伸到中室下缘；中室端具 1 弯曲短黑条，中线黑色，"S" 形弯曲；亚外缘具 1 列不明显眼斑，以及 1 条不明显黑色波浪纹；后翅亚基线与中线明显，中间区域颜色较深；中线外侧具 1 列眼斑；CuA$_1$ 室的眼斑大而明显，其余眼斑不明显；眼斑外侧具 1 列不明显黑色波浪纹，波浪纹外侧具 1 不明显黑带。雌性：斑纹同雄性，体型更大。

雄性外生殖器与双星箭环蝶相似，其主要区别是钩形突端部长指状；颚形突稍粗短，抱器基部 1/4 腹缘弧形内凹，末端稍下弯；阳茎直。

分布：浙江（全省）、安徽、江西、湖南、台湾、海南；越南。

六、眼蝶科 Satyridae

主要特征：中小型蝴蝶。偶有大型种类；复眼光滑或有毛；前足退化，毛刷状，缩在胸部下面；雌雄跗节均无爪；前翅 12 条翅脉，其中 1–3 条基部加粗，R 脉 5 条，A 脉 1 条；后翅 A 脉 2 条，有肩脉，前后翅中室通常闭式；雄性常有第二性征；雄性外生殖器背兜和钩形突发达，具背兜侧突；抱器通常简单，在末端具形态多样的突起，阳茎无角状器。

世界已知 2500 余种，中国记录 360 余种，浙江分布 16 属 52 种。

分属检索表

1. 前翅外缘 M_2 脉处钩状突出；后翅有尾突 ·· **暮眼蝶属 *Melanitis***
- 前翅外缘 M_2 脉处无钩突 ··· 2
2. 后翅中室开式，前翅 M_1、M_2 脉短共柄，前翅中带直 ································· **颠眼蝶属 *Acropolis***
- 后翅中室闭式 ··· 3
3. 复眼被毛，若无毛则前翅脉基部不膨大 ·· 4
- 复眼裸，前翅 1–3 条脉基部膨大 ··· 10
4. 复眼无毛；体大型，无眼斑；前翅脉不膨大，后翅外缘波浪形 ·················· **斑眼蝶属 *Penthema***
- 复眼常被毛；前翅 1–3 条翅脉基部膨大 ·· 5
5. 前翅有 3 条翅脉基部膨大，翅反面具明显淡色横带及亚缘斑列 ·················· **眉眼蝶属 *Mycalesis***
- 前翅仅 Sc 脉基部加粗或膨大 ·· 6
6. 前翅 Sc 脉基部加粗；后翅 M_3 脉直 ··· 7
- 前翅 Sc 脉基部膨大；后翅 M_3 脉弯曲 ··· 9
7. 前翅具蓝色宽斜带 ·· **丽眼蝶属 *Mandarinia***
- 前翅无蓝色斜带；后翅 M_3 脉稍弯曲、反面有具瞳的眼斑 ······································· 8
8. 后翅 Sc+R_1 脉短，仅达前缘中部，后翅反面 Sc+R_1 室无眼斑 ················· **黛眼蝶属 *Lethe***
- 后翅 Sc+R_1 脉长，伸达顶角，后翅反面 Sc+R_1 室有眼斑 ······················ **荫眼蝶属 *Neope***
9. 翅反面基部斑纹多平行 ··· **网眼蝶属 *Rhaphicera***
- 翅反面基部斑纹网状 ·· **多眼蝶属 *Kirinia***
10. 前翅 2 条以上脉基部膨大；体小，色艳，翅亚缘具眼斑列 ·················· **珍眼蝶属 *Coenonympha***
- 前翅仅 Sc 脉加粗或膨大 ··· 11
11. 翅白色或黄白色，具黑斑，眼斑仅见于后翅反面 ···························· **白眼蝶属 *Melanargia***
- 不如上述 ··· 12
12. 触角细，锤部不明显；前翅顶角眼斑仅 1 瞳点，后翅具多条波状纹 ·········· **蛇眼蝶属 *Minois***
- 前翅顶角斑具 2 瞳点或具多眼斑 ··· 13
13. 前后翅反面密布波浪细线 ·· **瞿眼蝶属 *Ypthima***
- 不如上述 ··· 14
14. 前后翅端部常具橙色带，内有眼斑 ··· **红眼蝶属 *Erebia***
- 不如上述 ··· 15
15. 前后翅端具 1 宽淡色带，前翅仅顶角 1 小眼斑 ··························· **古眼蝶属 *Palaeonympha***
- 前翅顶角眼斑大，外缘橙红色、宽，内具 2 瞳点 ···························· **艳眼蝶属 *Callerebia***

30. 暮眼蝶属 *Melanitis* Fabricius, 1807

Melanitis Fabricius, 1807: 282. Type species: *Papilio leda* Linnaeus, 1758.

主要特征：复眼无毛，触角末端膨大不明显；前翅 Sc 脉不膨大，R_1、R_2 和 M_1 均自中室顶角附近分出，R_{3-5} 共柄，M_2 脉与 M_1 脉共出一点，M_2 脉末端具钩形突起；后翅 M_3 与 CuA_1 脉分开；雄性外生殖器钩形突细长而尖，中部向下弯曲；无颚形突；抱器细长，末端向上弯曲；阳茎细长。

分布：东洋区、澳洲区。世界已知 13 种，中国记录 3 种，浙江分布 1 种。

（64）暮眼蝶 *Melanitis leda* (Linnaeus, 1758)（图 2-12）

Papilio leda Linnaeus, 1758b: 474.
Melanitis leda: Moore, 1880: 15.

主要特征：雌雄同型。雄性：前翅正面底色褐色，外缘 M_2 脉末端具钩形突起，在中室外侧有 1 带双白瞳的黑色眼斑，眼斑外围具橙红色斑，在一些个体中橙红色斑常消失；后翅底色褐色，在 M_3 脉具突起。反面前翅底色褐色，斑纹变化较大；前翅有时具明显中带及外横带，有时候完全消失，只有深褐色细波浪纹；后翅底色同前翅，外中线通常可见，在 M_2 室微微外弯，亚外缘具 1 列眼斑。雌性：翅面正反底色淡于雄性，翅形宽，其余同雄性。

♂正　　　　　　　　　　♂反

♀正　　　　　　　　　　♀反

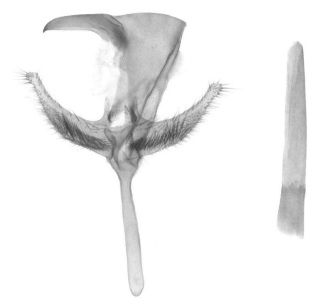

♂外生殖器

图 2-12　暮眼蝶 *Melanitis leda* (Linnaeus, 1758)

雄性外生殖器钩形突长，末端尖、稍下弯；抱器窄长且至端部渐窄，密被长毛，末端钝圆，抱器背基突细指状、直立；囊突细长；阳茎直。

分布：浙江（全省）、安徽、江西、福建、台湾、广东、海南、广西、重庆、贵州、云南、西藏；中南半岛，印度尼西亚，澳洲区，非洲区。

31. 黛眼蝶属 *Lethe* Hübner, 1819

Lethe Hübner, 1819: 56. Type species: *Papilio europa* Fabricius, 1775.

主要特征：复眼具毛，触角末端膨大不明显；前翅 Sc 脉膨大，R_1、R_2 和 M_1 均自中室顶角附近分出，R_{3-5} 共柄；后翅 M_3 与 CuA_1 从中室下角同一点生出；雄性外生殖器钩形突细长而尖，弯曲；颚形突细；抱器细长，末端常被齿突或刺；阳茎中等，末端斜截扩大。

分布：古北区、东洋区、澳洲区。世界已知 120 余种，中国记录 101 种，浙江分布 19 种。

分种检索表（雄性）

1. 后翅反面亚缘每一眼斑包括 2 小眼斑 ···曲纹黛眼蝶 *L. chandica*
- 不如上述 ···2
2. 后翅反面前缘区中部眼斑包括 2 小眼斑 ··重瞳黛眼蝶 *L. trimacula*
- 后翅反面前缘区中部眼斑不如上述 ··3
3. 后翅反面 Rs 室眼斑大于 M_1 与 M_2 室眼斑 ···4
- 不如上述 ··16
4. 前翅反面亚缘无眼斑 ··连纹黛眼蝶 *L. syrcis*
- 前翅反面亚缘有眼斑 ··5
5. 前翅反面仅顶角具 1 眼斑 ··李斑黛眼蝶 *L. gemina*
- 不如上述 ···6
6. 前翅反面自前缘至臀角有 1 淡色带 ··7
- 前翅反面无淡色带 ··9

7. 翅反面多数眼斑无明显瞳点 ··· 黛眼蝶 *L. europa*

\- 翅反面眼斑多有瞳点，至少后翅的眼斑如此 ··· 8

8. 前翅反面斜带宽、白色 ··· 白带黛眼蝶 *L. confusa*

\- 前翅反面斜带窄、非白色 ··· 深山黛眼蝶 *L. hyrania*

9. 后翅 M_3 脉突出明显 ··· 棕褐黛眼蝶 *L. christophi*

\- 不如上述 ··· 10

10. 前翅反面底色均匀 ··· 11

\- 前翅反面斜带外侧区域较内侧区域色淡 ··· 12

11. 前翅反面顶角具 1 眼斑或 2 不等大眼斑 ··· 圆翅黛眼蝶 *L. butleri*

\- 前翅反面顶角具 2 等大眼斑 ·· 蛇神黛眼蝶 *L. satyrina*

12. 前翅反面褐色外横带外白边与其等长 ··· 边纹黛眼蝶 *L. marginalis*

\- 前翅反面褐色外横带外白边仅见于前缘附近 ·· 13

13. 反面眼斑外侧晕圈紫色 ··· 苔娜黛眼蝶 *L. diana*

\- 反面眼斑外侧晕圈非紫色 ··· 14

14. 后翅反面眼斑周围晕圈白色 ··· 八目黛眼蝶 *L. oculatissima*

\- 后翅反面眼斑周围晕圈非白色 ··· 15

15. 翅反面底色黑褐色 ··· 宽带黛眼蝶 *L. helena*

\- 翅反面底色淡褐色 ··· 直带黛眼蝶 *L. lanaris*

16. 翅反面底色黄色，具褐色条纹 ··· 良子黛眼蝶 *L. yoshikoae*

\- 翅反面底色褐色 ··· 17

17. 前后翅外横带与中横带平行 ··· 尖尾黛眼蝶 *L. sinorix*

\- 反面不如上述 ··· 罗丹黛眼蝶 *L. laodamia*

18. 后翅尾突 ··· 杜拉黛眼蝶 *L. dura*

\- 后翅无尾突 ··· 紫线黛眼蝶 *L. violaceopicta*

（65）曲纹黛眼蝶 *Lethe chandica* (Moore, 1857)（图 2-13）

Debis chandica Moore in Horsfield & Moore, 1857: 219.

Lethe chandica: Fruhstorfer, 1911: 320.

主要特征：雌雄异型。雄性：前翅正面底色黑色，顶角附近颜色稍淡；后翅底色黑色，外缘波浪形，在 M_3 脉具 1 明显突起；外缘区具不明显红褐色边。反面前翅底色褐色，具大面积紫色光泽，外中线和亚基线波浪形；亚外缘区具 1 列不明显的眼斑；后翅底色同前翅，亚基线直，外中线波浪形，在 M_2 室外凸；顶角及亚基线和外中线之间的区域具紫色光泽；亚外缘具 1 列眼斑。雌性：前翅底色棕红色，基半部及内缘红棕色，外缘及亚外缘淡褐色；中室外侧具 1 白色大斜斑，M_3 和 CuA_1 室各具 1 楔形斑；亚顶角区具 1 白斑；后翅底色红棕色，亚外缘具 1 列黑斑。反面前翅底色同正面，基半部及内缘黄棕色，外缘及亚外缘淡褐色，亚外缘具 1 列眼斑，其余斑纹同正面；后翅底色黄棕色，外中线外侧在 M_1、M_3 和 CuA_1 室基部具黄斑，其余同雄性。

雄性外生殖器钩形突中部隆起，端部渐细，顶端尖、下弯，如鸭头；颚形突细而尖；抱器细长，末端上缘急凹、尖；阳茎中等，末端斜截。

分布：浙江（临安、淳安、遂昌、龙泉、泰顺）、江西、福建、台湾、广东、海南、广西、重庆、四川、云南、西藏；印度，不丹，尼泊尔，缅甸，越南，老挝，泰国，菲律宾，马来西亚，印度尼西亚。

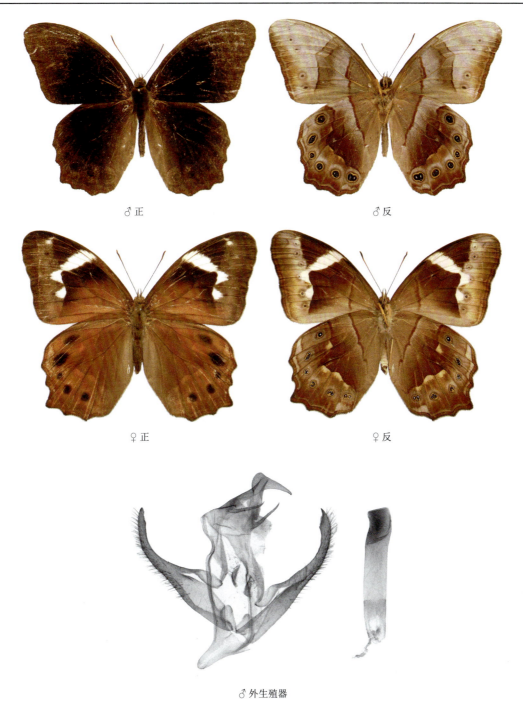

♂正　　　　　　　　♂反

♀正　　　　　　　　♀反

♂外生殖器

图 2-13　曲纹黛眼蝶 *Lethe chandica* (Moore, 1857)

（66）重瞳黛眼蝶 *Lethe trimacula* Leech, 1890（图 2-14）

Lethe trimacula Leech, 1890: 27.

　　主要特征：雌雄异型。雄性：前翅正面底色棕色，外中区具 1 不明显波浪形黑带，M_1 室具 1 眼斑；后翅底色棕色，外缘波浪形，亚外缘具 5 个大小不等的眼斑。反面前翅底色黄褐色，亚顶区及顶角黑褐色，外中线黑色，波浪形，外侧具白斑；中室内具 1 黑条，M_1 室具 1 眼斑，此眼斑下方具 1 无瞳小眼斑；后翅底色比前翅暗，亚基线与外中线不规则波浪形，中室端具中室端斑；顶角与臀角具 1 双联眼斑，亚外缘具其余 4 个眼斑；眼斑列内侧具暗色斑块。雌性：前翅底色较雄性淡，外中区具 1 弧形黄色带，在臀角上方消失；带的外缘与亚顶角区眼斑外围黄圈融合；前翅反面外中线黄色，波浪形，其余同雄性。

　　雄性外生殖器钩形突长，远长于背兜，顶端尖、下弯；颚形突长角状；抱器细长，端部窄，末端外缘平截、尖；阳茎中等，末端斜截。

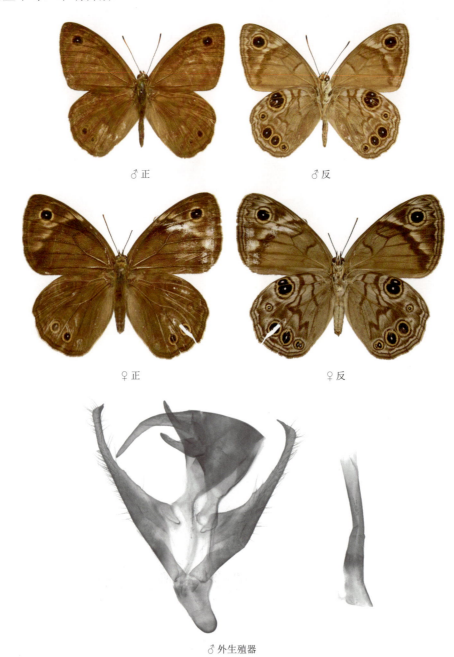

♂正　　　　　　　　　　　　　♂反

♀正　　　　　　　　　　　　　♀反

♂外生殖器

图 2-14　重瞳黛眼蝶 *Lethe trimacula* Leech, 1890

　　分布：浙江（庆元）、湖北、福建、广东、重庆、四川。

（67）连纹黛眼蝶 *Lethe syrcis* (Hewitson, 1863)（图 2-15）

Debis syrcis Hewitson, 1863: 37.

Lethe syrcis: Seitz, 1907: 85.

　　主要特征：雌雄同型。雄性：前翅正面底色棕色，具不明显的黑褐色外中线和亚外缘线；后翅底色棕色，外缘波浪形，在 M_3 脉具 1 突起，亚外缘具 4 个大小不等的黑斑。反面前翅底色黄褐色，中室内与中室下方具 1 褐色条，外中线褐色，前细后粗；后翅底色同前翅，中线与外中线在臀角上方连接，外中线在 M_2 脉外凸，不规则波浪形；中室端具 1 黄条，亚外缘具 1 列眼斑；眼斑列内侧具暗色斑块。雌性：前翅正面底色较雄性淡，其余同雄性。

雄性外生殖器钩形突基部隆起，端部细长，顶端尖；颚形突细，不达钩形突一半；抱器与重瞳黛眼蝶相似，末端外缘平截、尖，但尖处短。

分布： 浙江（德清、长兴、安吉、临安、余姚、兰溪、遂昌、景宁、龙泉）、河南、安徽、湖北、江西、福建、广东、重庆、四川；越南。

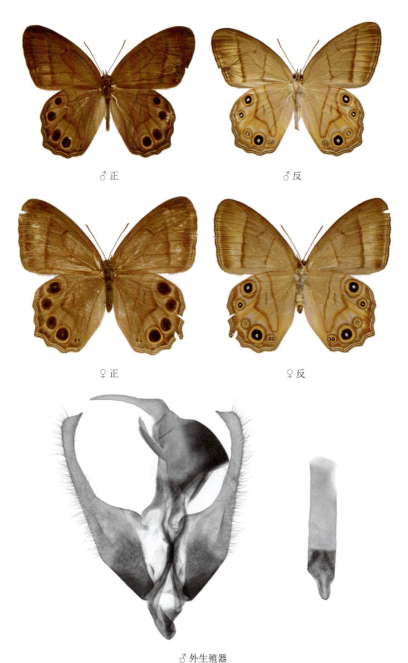

♂ 正　　　　　　　　♂ 反

♀ 正　　　　　　　　♀ 反

♂ 外生殖器

图 2-15　连纹黛眼蝶 *Lethe syrcis* (Hewitson, 1863)

（68）李斑黛眼蝶 *Lethe gemina* Leech, 1891（图 2-16）

Lethe gemina Leech, 1891b: 24.

　　主要特征：雌雄同型。雄性：前翅正面底色黄褐色，顶角稍暗，M_1 室具 1 眼斑；后翅底色黄褐色，外缘波浪形，亚外缘具 5 个大小不等的眼斑；眼斑外围具橙色环，眼斑外侧具黑色与银白色外缘线。反面前翅底色黄褐色，斑纹同正面；后翅底色同前翅，外中线在 M_2 脉到 CuA_1 脉之间外凸；中室端具 1 橙条，亚外缘在顶角、CuA_{1-2} 室具眼斑；外侧具黑色与银白色外缘线。雌性：前翅正面底色较雄性淡，其余同雄性。

　　雄性外生殖器钩形突粗而长，长于背兜，中部弧形下弯；颚形突细尖，达钩形突一半；抱器末端钝圆，内侧具 1 三角形刺突；阳茎直。

　　分布：浙江（临安）、福建、台湾、广东、海南、广西、重庆、四川、西藏；印度，缅甸，越南，老挝。

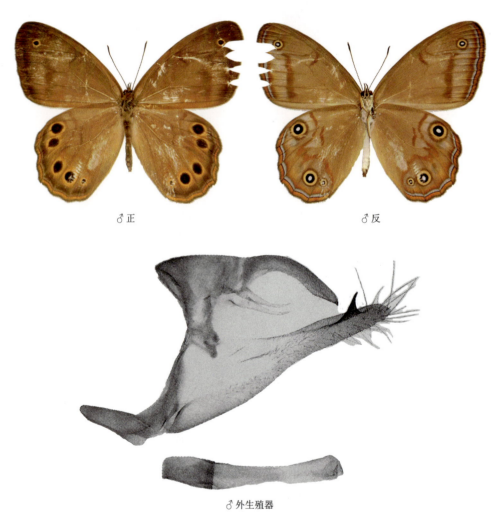

♂正　　　　　　　　　　　　　　♂反

♂外生殖器

图 2-16　李斑黛眼蝶 *Lethe gemina* Leech, 1891（外生殖器引自 Lang，2022）

（69）黛眼蝶 *Lethe europa* (Fabricius, 1775)（图 2-17）

Papilio europa Fabricius, 1775: 500.

Lethe europa: Wood-Mason & de Nicéville, 1881: 226.

主要特征：雌雄异型。雄性：前翅正面底色褐色，中室端外侧具倾斜的白斑和不明显的白带，亚顶角区具 1 白斑，白斑下方具 1 黄白色条；后翅底色褐色，外缘波浪形，在 M$_3$ 脉具 1 明显突起；外缘区具不明显黑边。反面前翅底色黑褐色，亚基线直线形；外横带直线形，与亚外缘淡色区域融合在一起；亚外缘区具 1 列不明显的眼斑；后翅底色同前翅，中区具 1 淡色区域，亚外缘具 1 列发育不良的椭圆形眼斑。雌性：前翅正面底色淡于雄性，外中区具 1 明显宽白带，正反皆可见，其余同雄性。

雄性外生殖器钩形突短于背兜；颚形突退化；抱器端部窄，顶端钝、被小刺。

分布：浙江（兰溪、椒江、开化、庆元、泰顺）、福建、台湾、广东、海南、广西、云南；印度，尼泊尔，缅甸，越南，老挝，泰国，柬埔寨，菲律宾，马来西亚，印度尼西亚。

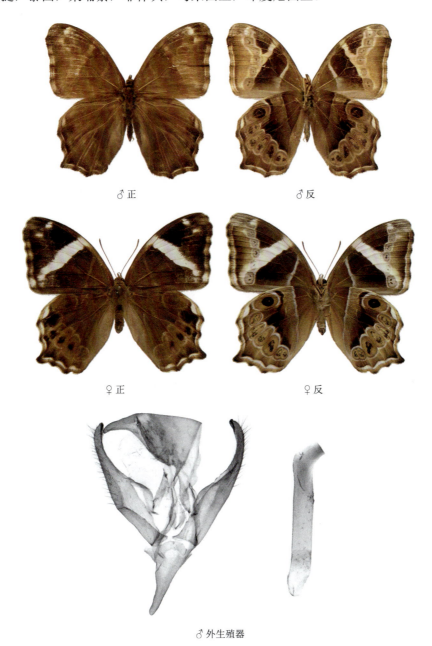

♂ 正　　　　♂ 反

♀ 正　　　　♀ 反

♂ 外生殖器

图 2-17　黛眼蝶 *Lethe europa* (Fabricius, 1775)

（70）白带黛眼蝶 *Lethe confusa* Aurivillius, 1898（图 2-18）

Lethe confusa Aurivillius, 1898: 142.

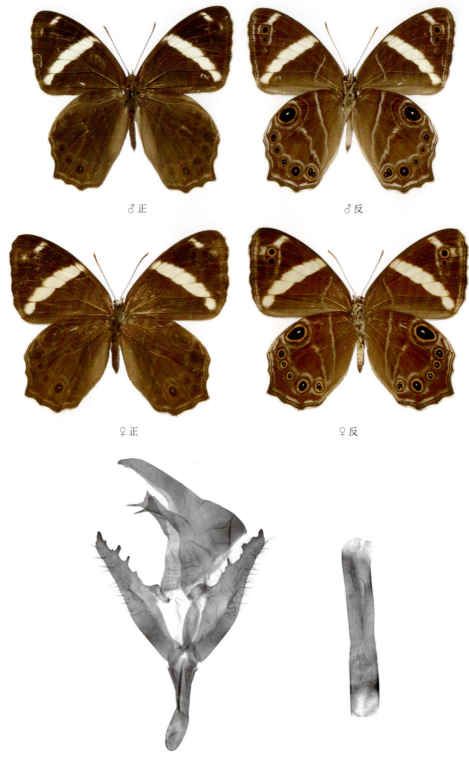

♂正　　　　　　　　♂反

♀正　　　　　　　　♀反

♂外生殖器

图 2-18　白带黛眼蝶 *Lethe confusa* Aurivillius, 1898

主要特征：雌雄同型。雄性：前翅正面底色褐色，中室端外侧具倾斜的白带从前缘延伸到臀角，亚顶角区具 1 白斑，白斑下方在外缘具 1 白色条；后翅底色褐色，外缘波浪形，在 M₃ 脉具 1 明显突起；外缘区具 1 列不明显眼斑。反面前翅底色黑褐色，亚基线直线形，紫白色；外横带直线形，白色；亚顶角区白斑下方在 M₁₋₃ 室具 3 个不明显的眼斑；后翅底色同前翅，中区具 1 淡色区域，外中线在 M₂ 室外凸，亚外缘具 1 列眼斑，顶角的眼斑最大。雌性：前翅正面底色淡于雄性，翅形圆，其余同雄性。

　　雄性外生殖器粗长；颚形突末端伸出 2 侧角，下角长尖刺、向下；囊形突长；抱器背端部具大齿。

　　分布：浙江（兰溪、遂昌、庆元、景宁、泰顺）、江西、福建、台湾、广东、海南、广西、重庆、贵州、云南；巴基斯坦，印度，尼泊尔，缅甸，越南，老挝，泰国，柬埔寨，菲律宾，马来西亚，印度尼西亚。

（71）深山黛眼蝶 *Lethe hyrania* (Kollar, 1844)（图 2-19）

Satyrus hyrania Kollar, 1844: 449.

Lethe insana: Fruhstorfer, 1911: 317.

　　主要特征：雌雄异型。雄性：前翅正面底色褐色，中室端隐约可见淡色带；后翅底色褐色，外缘波浪形，在 M_3 脉具微微突起；外缘区具 1 列不明显眼斑。反面前翅底色淡褐色，中室内具 2 黑条；外横带黑色，折线形，在 CuA_1 脉向外突出；亚外缘区在 M_{1-3} 室具 3 个不明显的眼斑，周围具紫色光泽；后翅底色同前翅，中区具 1 淡色紫色光泽区域，外中线在 M_2 室微微外弯，亚外缘具 1 列眼斑。雌性：翅面正反底色淡于雄性，前翅正面中室端外侧具 1 倾斜白带延伸到臀角，亚顶角区具 2 白斑，翅形圆，其余同雄性。

　　雄性外生殖器钩形突长，颚形突细尖，囊形突长，抱器端直，内侧角小刺状尖出。

　　分布：浙江（遂昌、庆元、景宁、龙泉、泰顺）、安徽、江西、福建、台湾、广东、海南、广西、重庆、贵州、云南、西藏；印度，不丹，尼泊尔。

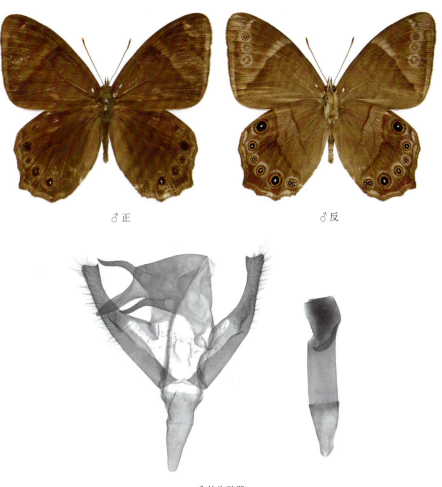

♂正　　　　　　♂反

♂外生殖器

图 2-19　深山黛眼蝶 *Lethe hyrania* (Kollar, 1844)

（72）棕褐黛眼蝶 *Lethe christophi* Leech, 1891（图 2-20）

Lethe christophi Leech, 1891c: 67.

♂正　　　　　　　　　　　　　　　　♂反

♀正　　　　　　　　　　　　　　　　♀反

♂外生殖器

图 2-20　棕褐黛眼蝶 *Lethe christophi* Leech, 1891

　　主要特征：雌雄同型。雄性：前翅正面底色褐色，中室端隐约可见深色带，M₂ 与 M₃ 室隐约可见白点；后翅底色褐色，外缘波浪形，在 M₃ 脉具微微突起；外缘区具 1 列不明显眼斑；M₃ 到 CuA₂ 室基部具黑色性标毛簇。反面前翅底色褐色带紫色光泽，中室内具 2 深褐色条，中室端具中室端条；外横带黑色，波浪形；亚外缘区在 M₁ 室到 CuA₁ 具 4 个不明显的眼斑，周围具紫色光泽；后翅底色同前翅，中线与外中线在臀角上方连接，中室端具 1 褐条，外中线在 M₃ 室微微外弯，亚外缘具 1 列眼斑。雌性：翅面正反底色淡于雄性，翅形圆，其余同雄性。

雄性外生殖器钩形突端部膨大，末端尖细、下弯；颚形突大刺状；抱器端下角钝圆，上角稍尖。

分布：浙江（富阳、临安、遂昌、龙泉）、河南、陕西、江西、湖南、福建、台湾、广东、广西、重庆、四川、贵州；缅甸。

（73）圆翅黛眼蝶 *Lethe butleri* Leech, 1889（图 2-21）

Lethe butleri Leech, 1889: 99 .

♂正　　　　　　　　　　　　♂反

♀正　　　　　　　　　　　　♀反

♂外生殖器

图 2-21　圆翅黛眼蝶 *Lethe butleri* Leech, 1889

主要特征：雌雄同型。雄性：前翅正面底色褐色，中室端隐约可见深色带，M₁ 室具眼斑；后翅底色褐色，外缘圆滑；外缘区具 1 列不明显眼斑。反面前翅底色褐色，中室内具 1 深褐色条，中室端具中室端条；外横带黑色，波浪形，在 M_3 脉外凸；亚外缘区在 M_{1-3} 室具 3 个眼斑；后翅底色同前翅，中线与外中线在臀角上方连接，中室端具 1 褐条，外中线在 M_3 脉外弯，亚外缘具 1 列眼斑。雌性：翅面正反底色淡于雄性，翅形圆，其余同雄性。

雄性外生殖器钩形突约等长于背兜，颚形突细尖，不及钩形突的 1/2；抱器端部梭形，末端尖长；阳茎端 2 裂，边缘被小刺。

分布：浙江（开化、遂昌、泰顺）、河南、江西、福建、台湾、广西、重庆、四川、贵州。

（74）蛇神黛眼蝶 *Lethe satyrina* Butler, 1871（图 2-22）

Lethe satyrina Butler, 1871: 402.

♀正　　　　　　　　♀反

♀正　　　　　　　　♀反

♂外生殖器

图 2-22　蛇神黛眼蝶 *Lethe satyrina* Butler, 1871

主要特征：雌雄同型。雄性：前翅正面底色黑褐色，顶角区颜色稍淡；后翅底色黑褐色，外缘圆滑；外缘区在 CuA$_1$ 室具 1 眼斑。反面前翅底色棕褐色，亚外缘区在 M$_{1-2}$ 室各具 1 个眼斑；后翅底色同前翅，中线与外中线淡色，在臀角上方连接，外中线在 M$_2$ 室外弯，亚外缘具 1 列眼斑。雌性：翅面正反底色淡于雄性，翅形圆，其余同雄性。

雄性外生殖器钩形突正常；颚形突偏，外缘锯齿状，顶端尖刺状，下弯；抱器短，背端具 1 刺突；阳茎端平。

分布：浙江（兰溪、遂昌、龙泉、泰顺）、河南、江西、福建、广东、广西、重庆、四川、贵州。

（75）边纹黛眼蝶 *Lethe marginalis* Motschulsky, 1860（图 2-23）

Lethe marginalis Motschulsky, 1860: 29.

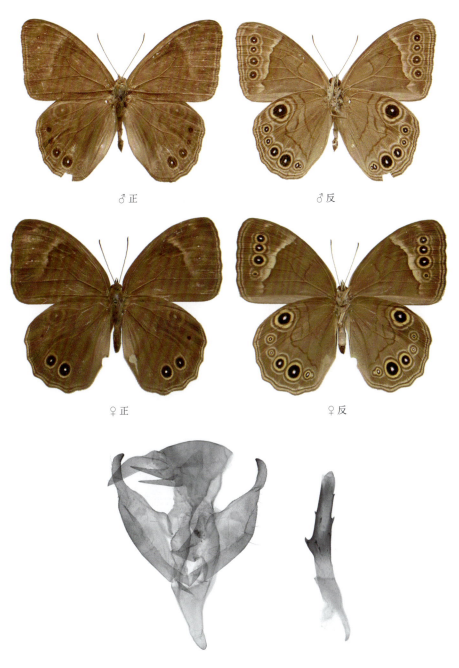

♂ 正　　　　　　　　　♂ 反

♀ 正　　　　　　　　　♀ 反

♂ 外生殖器

图 2-23　边纹黛眼蝶 *Lethe marginalis* Motschulsky, 1860

主要特征：雌雄同型。雄性：前翅正面底色深褐色，中室端隐约可见深色带；后翅底色深褐色，外缘圆滑；外缘区具 1 列眼斑。反面前翅底色棕褐色，外横带黄褐色，亚外缘区在 M_{1-3} 室各具 1 个眼斑；后翅底色同前翅，中线与外中线深褐色，在臀角上方连接，外中线在 M_2 室外弯，中室端具 1 深褐色条，亚外缘具 1 列眼斑。雌性：翅面正反底色深于雄性，翅形圆，前翅正面外横带较雄性明显，其余同雄性。

雄性外生殖器钩形突稍短于背兜，颚形突细尖，抱器端 1/3 窄，末端钝；阳茎基鞘两侧被小齿。

分布：浙江（临安、东阳、遂昌、庆元）、黑龙江、吉林、辽宁、北京、河南、陕西、江西、福建、广东、广西、重庆、四川、贵州；俄罗斯，朝鲜半岛，日本。

（76）苔娜黛眼蝶 *Lethe diana* (Butler, 1866)（图 2-24）

Debis diana Butler, 1866: 55.

Lethe diana: Seitz, 1907: 84.

主要特征：雌雄同型。雄性：前翅正面底色黑褐色；后翅底色黑褐色，外缘圆滑；前缘区具 1 黑色毛簇。反面前翅底色深褐色，亚外缘区在 M_{1-3} 室各具 1 个眼斑，内缘具 1 黑色毛簇；后翅底色同前翅，中线与外中线深褐色，外中线在 M_2 室外弯，中室端具 1 深褐色条，亚外缘具 1 列眼斑，眼斑外侧具紫色圈。雌性：翅面正反底色淡于雄性，中室外侧靠近前缘的白斑明显，翅形圆，其余同雄性。

雄性外生殖器钩形突背面隆起，末端外缘近直、顶端尖；颚形突细尖；抱器端稍尖。

分布：浙江（全省）、河南、陕西、甘肃、安徽、江西、福建、广西、重庆、四川、贵州；俄罗斯，朝鲜半岛，日本。

♂正　　　　　　　　　　　　　　♂反

♀正　　　　　　　　　　　　　　♀反

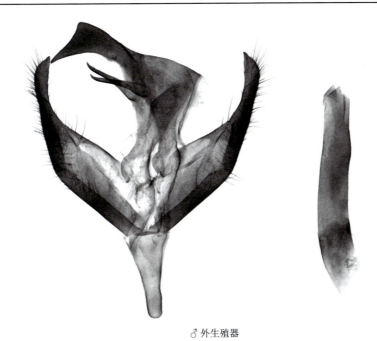

♂外生殖器

图 2-24　苔娜黛眼蝶 *Lethe diana* (Butler, 1866)

（77）八目黛眼蝶 *Lethe oculatissima* (Poujade, 1885)（图 2-25）

Mycalesis oculatissima Poujade, 1885: xxiv.

Lethe oculatissima: Seitz, 1907: 83.

　　主要特征：雌雄同型。雄性：前翅正面底色棕褐色，M_1 与 CuA_1 室各具 1 个眼斑；后翅底色黑褐色，外缘圆滑；外缘区具 1 列眼斑。反面前翅底色褐色，中室内具 1 弯曲深褐色纹，外横带深褐色；亚外缘区具 1 列眼斑；后翅底色同前翅，亚基线与外中线深褐色，波浪形；外中线在 M_2 室外弯，亚外缘具 1 列眼斑，眼斑外侧具不明显的白色圈。雌性：翅面正反底色淡于雄性，翅形圆，其余同雄性。

　　雄性外生殖器钩形突远长于背兜，颚形突过 1/2 钩形突，抱器端稍尖。

　　分布：浙江（东阳、开化、遂昌、庆元、龙泉）、陕西、湖北、四川、云南；缅甸。

♂正　　　　　　　　♂反

♀正　　　　　　　　♀反

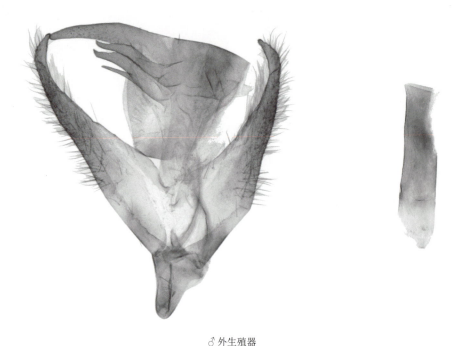

♂外生殖器

图 2-25　八目黛眼蝶 *Lethe oculatissima* (Poujade, 1885)

（78）宽带黛眼蝶 *Lethe helena* Leech, 1891（图 2-26）

Lethe helena Leech, 1891a: 3.

主要特征：雌雄异型。雄性：前翅正面底色棕褐色，中室外侧到顶角颜色较淡；后翅底色同前翅，外缘轻微波浪形；外缘区具 1 列不明显眼斑。反面前翅底色褐色，中室内具 1 不明显深褐色纹，外横带浅色；亚外缘区具 1 列眼斑；后翅底色同前翅，亚基线直，深褐色；外中线深褐色，波浪形，在 M_2 室外弯；中室端具 1 深褐色短纹；亚外缘具 1 列眼斑，眼斑外侧具不明显的白色圈。雌性：翅面正反底色淡于雄性，前翅正反面具白色斜带从前缘延伸到臀角；后翅眼斑更明显，各翅室在外缘具明显白色边，其余同雄性。

雄性外生殖器颚形突宽，末端钝圆、向上；抱器端钝圆。

分布：浙江（杭州）、江西、福建、广东、海南、广西、四川、云南。

♂正　　　　　　　　　　　　　♂反

♀正　　　　　　　　　　　　　　　♀反

♂外生殖器

图 2-26　宽带黛眼蝶 *Lethe helena* Leech, 1891

（79）直带黛眼蝶 *Lethe lanaris* Butler, 1877（图 2-27）

Lethe lanaris Butler, 1877: 95.

♂正　　　　　　　　　　　　　　　♂反

♀正　　　　　　　　　　　♀反

♂外生殖器

图 2-27　直带黛眼蝶 *Lethe lanaris* Butler, 1877

主要特征：雌雄异型。雄性：前翅正面底色黑褐色，中室外侧到顶角颜色较淡，亚外缘从 M_1 室到 CuA_1 室各具 1 不明显眼斑；后翅底色同前翅，外缘轻微波浪形；外缘区具 1 列不明显眼斑。反面前翅底色褐色，中室内及中室端各具 1 不明显深褐色纹，中室外侧到顶角底色浅褐色；亚外缘区具 1 列眼斑，从 R_5 室延伸到 CuA_1 室；后翅底色同前翅，亚基线直，深褐色；外中线深褐色，波浪形，在 M_2 室外弯；中室端具 1 深褐色短纹；亚基线与外中线之间的区域颜色较浅；亚外缘具 1 列眼斑。雌性：翅面正反底色淡于雄性，呈黄褐色；前翅正反面具白色斜带从前缘延伸到臀角；后翅眼斑更明显，其余同雄性。

雄性外生殖器近似于宽带黛眼蝶，主要不同之处在于颚形突更宽，末端直。

分布：浙江（安吉、富阳、临安、淳安、余姚、云和、龙泉、泰顺）、河南、陕西、江苏、湖北、江西、湖南、福建、广东、广西、四川、云南；越南。

（80）良子黛眼蝶 *Lethe yoshikoae* (Koiwaya, 2011)（图 2-28）

Zophoessa yoshikoae Koiwaya, 2011: 41.

Lethe yoshikoae: Huang, 2014: 153.

主要特征：雌雄同型。雄性：前翅正面底色黄褐色，顶角颜色较深，中室下角、CuA_1、CuA_2 及 2A 脉基部被黑褐色性标斑覆盖；性标斑外侧在 CuA_2 室和 2A 室中部具 1 短带；后翅底色同前翅，外缘轻微波浪形；M_3 脉微微外凸；外缘区具 1 列不明显眼斑。反面前翅底色浅黄褐色，中室内具 2 明显深褐色纹，中室端黑褐色；外横带深褐色，锯齿形；后翅底色同前翅，亚基线弱，波浪形，白色；中线深褐色，在中室上角分叉成"Y"形；外中线深褐色，波浪形，在 M_2 室外弯，从前缘延伸到臀角；亚外缘具 1 列眼斑。雌性：翅更宽阔，前翅正面无性标；后翅正反面眼斑更明显，其余同雄性。

雄性外生殖器钩形突 2 倍于背兜长，端部尖细；颚形突细尖；抱器端部窄，末端稍尖；阳茎弯曲。

♂ 正　　　　　♂ 反

♂ 外生殖器

图 2-28　良子黛眼蝶 *Lethe yoshikoae* (Koiwaya, 2011)（外生殖器引自 Lang，2022）

分布：浙江（临安）、广西。

（81）尖尾黛眼蝶 *Lethe sinorix* (Hewitson, 1863)（图 2-29）

Debis sinorix Hewitson, 1863: 38.

主要特征：雌雄同型。雄性：前翅顶角突出，正面底色深褐色，中带与外横带隐约可见，R_5、M_2 和 M_3 室各具 1 黄点；后翅底色褐色，外缘微波浪形，在 M_3 脉具明显尾状突起；外缘区具 4 个发育不良的眼斑，眼斑外围具红色区域。反面前翅底色灰白色，具紫色光泽；中线及外中线明显，黑色；亚外缘区在 R_5、M_2 和 M_3 室各具 1 黄点；后翅底色同前翅，中线直，黑色，外中线在 M_2 室微微外弯，亚外缘具 1 列眼斑。雌性：翅面正反底色淡于雄性，前翅正面中室端外侧具 1 不显著白带，只在前缘附近明显；后翅大部红棕色，前后翅反面不带紫色光泽，其余同雄性。

雄性外生殖器钩形突约等长于背兜，端部尖细；颚形突细尖；抱器端部鸟头状，末端尖；阳茎直，端部具 1 横褶。

分布：浙江（龙泉、泰顺）、福建、广东、西藏；印度，不丹，尼泊尔，越南，老挝，泰国，马来西亚。

♂ 正　　　　　　　　　　　　　　♂ 反

♂ 外生殖器

图 2-29　尖尾黛眼蝶 *Lethe sinorix* (Hewitson, 1863)

（82）杜拉黛眼蝶 *Lethe dura* (Marshall, 1882)（图 2-30）

Zophoessa dura Marshall, 1882: 38.

Lethe dura: Fruhstorfer, 1911: 314.

　　主要特征：雌雄异型。雄性：前翅正面底色黑色，亚顶角区在前缘具 2 个浅色斑；后翅底色基半部黑色，端半部浅褐色；外缘微波浪形，在 M₃ 脉具明显尾状突起。反面前翅底色褐色，中室内具 1 紫白色横斑；

♂ 正　　　　　　　　　　　　　　♂ 反

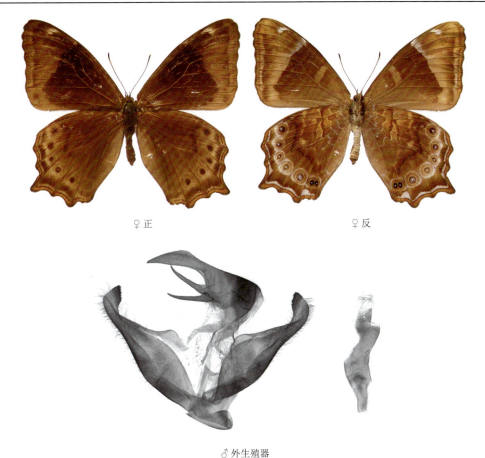

♀正　　　　　　　　　　　♀反

♂外生殖器

图 2-30　杜拉黛眼蝶 *Lethe dura* (Marshall, 1882)

外中线外侧靠近前缘位置具紫白色斑；亚顶角区具 3 个紧靠的紫白色斑；亚顶角区斑下方具 2 眼斑；后翅底色同前翅，亚基线白色，不规则波浪形；中线波浪形，黑色，外中线粗，黑色，在 M_2 室向外突出，外中线内侧及中线外侧镶有紫色边；亚外缘具 1 列眼斑。雌性：翅面正反底色淡于雄性，前翅正面中室端外侧在前缘附近具白斑，后翅大部红棕色；反面底色黄褐色，后翅紫色镶边不明显，其余同雄性。

雄性外生殖器钩形突中部隆起，末端尖、下弯；颚形突细尖；抱器端上弯，被小刺；阳茎弯曲。

分布：浙江（临安）、陕西、甘肃、湖北、湖南、福建、广东、重庆、四川、贵州；印度，不丹，尼泊尔，缅甸，越南，老挝，泰国。

（83）紫线黛眼蝶 *Lethe violaceopicta* (Poujade, 1884)（图 2-31）

Debis violaceopicta Poujade, 1884: clviii.

Lethe violaceopicta: Seitz, 1907: 85.

♂正　　　　　　　　　　　♂反

♀正　　　　　　　　　　♀反

♂外生殖器

图 2-31　紫线黛眼蝶 *Lethe violaceopicta* (Poujade, 1884)

主要特征：雌雄异型。雄性：前翅正面底色黑褐色，后翅底色同前翅；外缘微波浪形。反面前翅底色褐色，外中线弧形，黄色；亚顶角区具紫白色斑；亚顶角区斑下方具 3 眼斑；后翅底色同前翅，外中线不规则波浪形，黑色，外中线内侧镶有紫色边，外中线以内到翅基部具不规则紫色条纹；亚外缘具 1 列眼斑，外侧具紫色圈。雌性：翅面正反底色黄褐色，前翅正面具黄色外横带，亚顶角区带白斑，M_{1-2} 室具 2 黄点；后翅反面外中线外侧具黄褐色斑，紫色斑纹不明显，其余同雄性。

雄性外生殖器钩形突长于背兜长；颚形突长，端部细尖；抱器末端钝、被小刺。

分布：浙江（临安）、陕西、甘肃、江西、湖南、福建、广东、重庆、四川、贵州；越南。

32. 荫眼蝶属 *Neope* Moore, 1866

Neope Moore, 1866: 770 (repl. *Enope* Moore, 1857). Type species: *Lasiommata bhadra* Moore, 1857.

主要特征：复眼具毛，触角末端膨大不明显；前翅 Sc 脉膨大，R_1、R_2 和 M_1 均自中室顶角附近分出，R_{3-5} 共柄；后翅 $Sc+R_1$ 与 Rs 脉很长，M_3 与 CuA_1 从中室下角同一点生出；后翅反面 $Sc+R_1$ 室具眼斑。雄性外生殖器钩形突较黛眼蝶属宽，末端分叉或不分；颚形突细；抱器细长，末端常具刺；阳茎中等，末端平。

分布：古北区、东洋区。世界已知 20 种，中国记录 17 种，浙江分布 6 种。

分种检索表

1. 翅正面具黄色斑⋯⋯⋯⋯⋯⋯⋯⋯⋯⋯⋯⋯⋯⋯⋯⋯⋯⋯⋯⋯⋯⋯⋯⋯⋯⋯⋯⋯⋯⋯⋯⋯⋯⋯⋯2

- 翅正面不具黄色斑⋯⋯⋯⋯⋯⋯⋯⋯⋯⋯⋯⋯⋯⋯⋯⋯⋯⋯⋯⋯⋯⋯⋯⋯⋯⋯⋯⋯⋯⋯⋯⋯⋯⋯4

（84）黑荫眼蝶 *Neope fusca* Leech, 1891（图 2-32）

Neope khasiana var. *fusca* Leech, 1891c: 68.

Neope fusca: Lang, 2017: 29.

　　主要特征：雌雄同型。雄性：前翅正面底色褐色，中室端外侧靠近前缘的位置具黄斑，亚外缘具数个不规则排列的黄斑，M_1 与 M_3 室具不明显黑色圆点，CuA_2 室具性标；后翅底色同前翅；外缘微波浪形；M_3 脉向外突出明显；亚外缘具 1 列黑色圆点，中室端具 1 黑色斑，斑及圆点周围具黄斑。反面前翅底色

♂正　　　　　　　　　　♂反

♂外生殖器

图 2-32　黑荫眼蝶 *Neope fusca* Leech, 1891

褐色，在 CuA_{1-2} 室具大面积黄斑，M_1 与 M_3 室具明显黑色圆点；后翅底色黄褐色，前缘具 1 长条形黑斑，中区到内缘具黑色区域，翅基部具黑色区域；亚外缘具 1 列眼斑；周围有白色圈。雌性：翅形宽，颜色淡，无性标，其余同雄性。

雄性外生殖器钩形突末端不分叉；颚形突细尖；抱器端部窄，顶端尖；阳茎直，端部背面裂开。

分布：浙江（泰顺）、陕西、湖北、福建、广东、广西、重庆、四川；印度。

（85）大斑荫眼蝶 *Neope ramosa* Leech, 1890（图 2-33）

Neope ramosa Leech, 1890: 29.

主要特征：雌雄同型。雄性：前翅正面底色褐色，中室下方脉及 M_3 到 2A 脉的基部为黄色，中室端外侧靠近前缘的位置具黄斑，亚外缘及外中区具数个不规则排列的黄斑，CuA_2 室具性标；后翅底色同前翅；外缘微波浪形；M_3 脉向外微微突出；亚外缘具黄斑列。反面前翅底色褐色，在 CuA_2 室具大面积黄斑，M_1 室具 1 眼斑，中室内及中室端具黄色弯曲条纹，其余斑纹类似正面；后翅底色褐色，翅基部具 3 个黄点，黄点周围具不规则白色区域；中室端具 1 黑斑；亚外缘具 1 列眼斑；周围有白色圈。雌性：翅形宽，颜色淡，无性标，其余同雄性。

雄性外生殖器钩形突末端不分叉；颚形突细尖；抱器端小鸡头样，顶端尖；阳茎直，端部分裂、边缘被小刺。

分布：浙江（富阳、临安、淳安、余姚、云和、龙泉、泰顺）、河南、陕西、湖北、湖南、福建、重庆、四川、贵州、云南；印度。

♂正　　　　　　　　　　　　　　♂反

♀正　　　　　　　　　　　　　　♀反

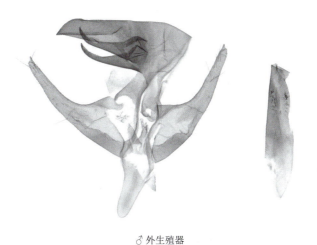

♂外生殖器

图 2-33　大斑荫眼蝶 *Neope ramosa* Leech, 1890

（86）布莱荫眼蝶 *Neope bremeri* (C. *et* R. Felder, 1862)（图 2-34）

Lasiommata bremeri C. *et* R. Felder, 1862: 28.

Neope bremeri: Seitz, 1907: 90.

　　主要特征：雌雄同型。雄性：春季型类似大斑荫眼蝶，前翅顶角不突出，前翅正面底色更黄；夏季型前翅正面底色褐色，中室端外侧靠近前缘的位置具黄斑，亚外缘及外中区具数个不规则排列的黄斑，CuA_2室具性标；后翅底色同前翅；外缘微波浪形；M_3脉向外微微突出；亚外缘具零散不规则黄斑列。反面前翅

♂正　　　　　　　　　　♂反

♀正　　　　　　　　　　♀反

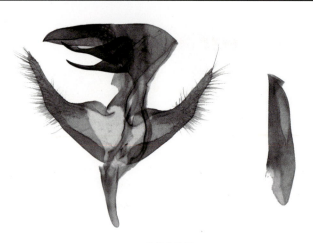

♂ 外生殖器

图 2-34　布莱荫眼蝶 *Neope bremeri* (C. *et* R. Felder, 1862)

底色灰褐色，M_1 到 CuA_1 室具 1 列眼斑，中室内及中室端具黑色弯曲条纹；后翅底色同前翅，翅基部具 3 个黄点，黄点周围具不规则灰白色区域；中室端具 1 黑斑，亚外缘具 1 列眼斑。雌性：翅形宽，颜色淡，无性标，其余同雄性。

雄性外生殖器与大斑荫眼蝶相似，主要不同之处在于抱器端部 1/2 下缘直或稍向内弧形凹。

分布：浙江（杭州）、河南、陕西、湖北、湖南、福建、台湾、广东、海南、广西、重庆、四川、贵州、云南。

（87）黑翅荫眼蝶 *Neope serica* Leech, 1892（图 2-35）

Neope yama var. *serica* Leech, 1892: 49.

Neope serica: Sugiyama, 1994: 15.

主要特征：雌雄同型。雄性：前翅正面底色黑褐色，中室端外侧及亚顶角区靠近前缘的位置具黄斑；后翅底色同前翅；外缘波浪形。反面前翅底色暗褐色，M_1 到 CuA_2 室具 1 列眼斑，中室内及中室端具黑色粗条纹，外横带在中室端位置向外方弯曲；后翅底色同前翅，翅基部及前缘具黑斑，中室端具 1 黑斑；亚外缘具 1 列眼斑。雌性：翅形宽，颜色淡，其余同雄性。

雄性外生殖器钩形突末端微凹，两侧角钝圆；抱器端部上、下缘微弧形上凹，末端细尖。

分布：浙江（龙泉）、北京、河北、山东、河南、陕西、湖北、湖南、福建、重庆、四川、贵州、云南。

♂ 正　　　　　　　　　　　♂ 反

♀ 正　　　　　　　　　　♀ 反

♂ 外生殖器

图 2-35　黑翅荫眼蝶 *Neope serica* Leech, 1892

（88）蒙链荫眼蝶 *Neope muirheadi* (C. *et* R. Felder, 1862)（图 2-36）

Lasiommata muirheadi C. *et* R. Felder, 1862: 28.

Neope muirheadi: Seitz, 1907: 90.

　　主要特征：雌雄同型。雄性：前翅正面底色黑褐色，后翅底色同前翅，外缘波浪形。反面前翅底色暗褐色，M_1、CuA_1 及 CuA_2 室各具 1 眼斑，眼斑外侧在外缘具波浪形黑褐色线；中室内具带黑圈的黄点及黑色波浪纹，外横带直，内侧黑褐色、外侧白色；后翅底色同前翅，翅基部具 3 个带黑圈的黄点，外横带内侧黑褐色、外侧白色，在 CuA_2 室外凸；亚外缘具 1 列眼斑。雌性：翅形宽，颜色淡，其余同雄性。

♂ 正　　　　　　　　　　♂ 反

♀ 正　　　　　　　　　　　　　　　　♀ 反

♂ 外生殖器

图 2-36　蒙链荫眼蝶 *Neope muirheadi* (C. *et* R. Felder, 1862)

　　雄性外生殖器相似于黑翅荫眼蝶，其主要区别是钩形突末端弧形凹，两侧角尖；抱器末端下角钝圆、上角尖刺。

　　分布： 浙江（全省）、山东、河南、陕西、安徽、湖北、湖南、福建、重庆、四川、贵州、云南；印度，缅甸，越南。

（89）黄荫眼蝶 *Neope contrasta* Mell, 1923（图 2-37）

Neope muirheadi f. *contrasta* Mell, 1923: 155.

Neope contrasta: Lang, 2017: 40.

♂ 正　　　　　　　　　　　　　　　　♂ 反

♀正　　　　　　　　　　　♀反

♂外生殖器

图 2-37　黄荫眼蝶 *Neope contrasta* Mell, 1923

主要特征：雌雄同型。雄性：前翅正面底色暗褐色，隐约可见 M_1 与 M_3 室具不明显黑色眼斑；后翅底色比前翅稍浅，外缘波浪形，亚外缘具 1 列黑色圆点。反面前翅底色暗黄褐色，M_1、CuA_1 及 CuA_2 室各具 1 眼斑，眼斑外侧在外缘具波浪形黑褐色线；中室内具带黑圈的黄点及黑色波浪纹，外横带直，黄白色；后翅底色同前翅，翅基部具 3 个带黑圈的黄点，外横带不明显；亚外缘具 1 列不明显的眼斑。雌性：翅形宽，颜色淡，其余同雄性。

雄性外生殖器相似于与蒙链荫眼蝶，其主要区别是钩形突末端稍宽、分叉，两侧角尖、八字状外伸。

分布：浙江（临安）、安徽、江西、湖南、广东。

33. 丽眼蝶属 *Mandarinia* Leech, 1892

Mandarinia Leech, 1892: 9. Type species: *Mycalesis regalis* Leech, 1889.

主要特征：复眼具毛，下唇须光滑；触角末端膨大不明显；前翅 Sc 脉基部粗，R_1、R_2 和 M_1 均自中室顶角附近分出，R_{3-5} 共柄，M_2 脉基部极其靠近 M_1 脉基部；后翅 $Sc+R_1$ 与 Rs 脉很长，M_3 与 CuA_1 脉从中室下角同一点生出；前翅正面具蓝色斜斑。雄性外生殖器背兜阔，钩形突细长而尖，颚形突退化；抱器细长，末端圆钝；阳茎细长，中部弯曲，末端平。

分布：古北区、东洋区。世界已知 2 种，中国记录 2 种，浙江分布 1 种。

（90）丽眼蝶 *Mandarinia regalis* (Leech, 1889)（图 2-38）

Mycalesis regalis Leech, 1889: 102.

Mandarinia regalis: Seitz, 1907: 80.

主要特征：雌雄同型。雄性：前翅正面底色黑色，M_1 脉到臀角具 1 蓝紫色宽带，内缘有时候弧形凸出；后翅底色同前翅，外缘圆滑，端半部有时具蓝紫色光泽，中室附近具黑毛。反面前翅底色黑色，M_1 到 CuA_1 室各具 1 眼斑，眼斑周围具淡色区域；后翅底色同前翅，亚外缘具 1 列眼斑。雌性：翅形宽，颜色淡，其余同雄性。

雄性外生殖器背兜阔，钩形突短于背兜长，末端尖；抱器端部 2/3 长条形，末端圆钝；阳茎细长，弯曲。

分布：浙江（开化、遂昌、庆元、景宁、龙泉、泰顺）、河南、安徽、湖北、江西、湖南、福建、广东、海南、广西、重庆、四川；缅甸，越南，老挝，泰国。

♂正　　　　　　　　♂反

♂外生殖器

图 2-38　丽眼蝶 *Mandarinia regalis* (Leech, 1889)

34. 网眼蝶属 *Rhaphicera* Butler, 1867

Rhaphicera Butler, 1867a: 164. Type species: *Lasiommata satricus* Doubleday, 1849.

主要特征：复眼具毛，下唇须被毛；触角末端膨大不明显；前翅 Sc 脉基部膨大，R_1、R_2 和 M_1 均自中室顶角附近分出，R_{3-5} 共柄，M_2 脉基部极其靠近 M_1 脉基部；后翅 $Sc+R_1$ 与 Rs 脉很长，M_3 与 CuA_1 脉从中室下角同一点生出，M_3 脉基部极度弯曲。雄性外生殖器背兜发达；钩形突长，中部膨大，端部下弯，顶端尖；颚形突细尖；抱器窄刀状；阳茎短而直，末端斜截。

分布：古北区、东洋区。世界已知 3 种，中国记录 3 种，浙江分布 1 种。

（91）网眼蝶 *Rhaphicera dumicola* (Oberthür, 1876)（图 2-39）

Satyrus dumicola Oberthür, 1876: 29.

Rhaphicera dumicola: Seitz, 1907: 80.

　　主要特征：雌雄同型。雄性：前翅正面底色黑色，斑纹黄色；中室基部具 1 条斑，中部及端部各具 1
横斑，中室端外侧亚外缘及外中区具大量不规则排列的黄斑，2A 室基部具 1 黄色楔形斑，中央具黑条；
后翅底色同前翅；外缘波浪形；翅面具大量零碎的不规则排列的黄斑。反面前翅底色黑色，斑纹类似正面；
后翅底色黑色，亚外缘具 1 列眼斑，眼斑外侧在外缘具红色边。雌性：翅形宽，颜色淡，其余同雄性。

　　雄性外生殖器钩形突端部中央隆起，两侧脊外阔，顶端尖，下弯；颚形突细尖；抱器端小分叉，上角尖；
阳茎端平截。

　　分布：浙江（龙泉）、河南、陕西、甘肃、湖北、广西、重庆、四川、贵州、云南；越南。

♂正　　　　　　　　♂反

♂外生殖器

图 2-39　网眼蝶 *Rhaphicera dumicola* (Oberthür, 1876)

35. 多眼蝶属 *Kirinia* Moore, 1893

Kirinia Moore, 1893: 14. Type species: *Lasiommata epimenides* Ménétriès, 1859.

　　主要特征：复眼具毛；触角末端膨大不明显；前翅 R 脉基部膨大，R_1、R_2 和 M_1 均自中室顶角附近分出，
R_{3-5} 共柄，中室端脉有一段凹入；后翅 Sc+R_1 与 Rs 脉很长，M_3 与 CuA_1 脉从中室下角同一点生出，M_3 脉
基部极度弯曲。雄性外生殖器钩形突粗，近基部肿起，端部下弯；颚形突短；抱器狭长，末端具突起；阳

茎短而直，末端尖。

　　分布：古北区、东洋区。世界已知 5 种，中国记录 4 种，浙江分布 1 种。

（92）多眼蝶 *Kirinia epimenides* (Ménétriès, 1859)（图 2-40）

Lasiommata epimenides Ménétriès, 1859a: 39.

Kirinia epimenides: Lang, 2017: 125.

　　主要特征：雌雄同型。雄性：前翅正面底色褐色，M_1 室具 1 黑点；后翅底色同前翅，外缘波浪形，亚外缘具 1 列黑点。反面前翅底色灰黄褐色，R 脉基部黑色，中室内具 3 条弯曲黑纹，外横带波浪形，黑色，M_1 室具 1 黑点；后翅底色同前翅，亚外缘具 1 列眼斑，中线与外中线波浪形，外中线在 M_2 室外凸，中室基部具黑点。雌性：翅形宽，颜色淡，其余同雄性。

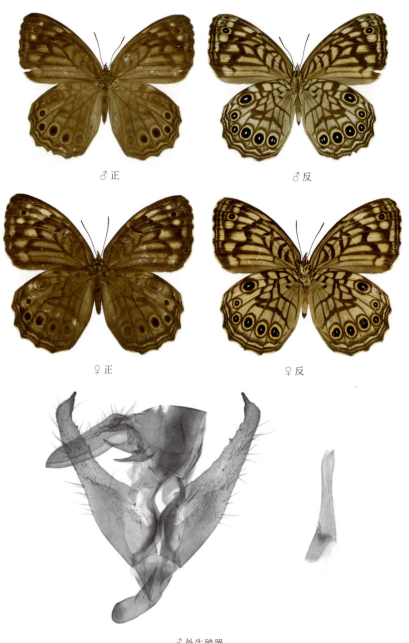

♂正　　　　　　　　　　　　　　♂反

♀正　　　　　　　　　　　　　　♀反

♂外生殖器

图 2-40　多眼蝶 *Kirinia epimenides* (Ménétriès, 1859)

雄性外生殖器钩形突粗，近基部肿起，端部下弯；颚形突短，端部尖；抱器狭长三角形，末端尖，向上；阳茎直。

分布：浙江（浦江、遂昌、庆元、龙泉、泰顺）、黑龙江、吉林、辽宁、北京、山西、山东、河南、陕西、甘肃、福建、四川；俄罗斯，朝鲜半岛。

36. 眉眼蝶属 *Mycalesis* Hübner, 1818

Mycalesis Hübner, 1818: 17. Type species: *Papilio francisca* Stoll, 1780.

主要特征：复眼及下唇须具毛；触角末端膨大不明显；前翅 Sc、Cu 和 2A 脉基部膨大，R_1 与 R_2 均自中室顶角附近分出，R_{3-5} 共柄，M_1 与 R_{3-5} 共出一点；后翅 Sc+R_1 与 Rs 脉短，M_3 与 CuA_1 脉从中室下角同一点生出。雄性外生殖器钩形突发达，颚形突细长；囊形突长短不一；抱器多样，末端尖或具齿；阳茎长而弯曲。

分布：东洋区。世界已知 90 余种，中国记录 15 种，浙江分布 6 种。

分种检索表

1. 雄性前翅反面顶角区眼斑极大，若有其他眼斑则该眼斑是最大的 ·············· **褐眉眼蝶 *M. unica***
- 雄性前翅反面顶角区眼斑较小，若有其他眼斑则该眼斑小于臀角上方眼斑 ·····························2
2. 雄性前翅正面 2A 脉上具性标及毛簇 ··3
- 雄性前翅正面 2A 脉上不具性标及毛簇 ··5
3. 后翅反面外横带紫色或紫白色 ··· **眉眼蝶 *M. francisca***
- 后翅反面外横带白色或黄白色 ···4
4. 反面底色浅，黄褐色，基部无大量褐色细线 ·············· **稻眉眼蝶 *M. gotama***
- 反面底色深，暗褐色，基部具大量褐色细线 ·············· **上海眉眼蝶 *M. sangaica***
5. 体型大，翅基部具大量波浪形细线 ······················· **密纱眉眼蝶 *M. misenus***
- 体型小，翅基部无大量波浪形细线 ························· **小眉眼蝶 *M. mineus***

（93）褐眉眼蝶 *Mycalesis unica* Leech, 1892（图 2-41）

Mycalesis unica Leech, 1892: 15.

主要特征：雌雄同型。雄性：前翅正面底色褐色，亚顶角区具 1 大眼斑，外横带浅色，不明显；后翅正面底色同前翅，外缘圆滑，臀角区前方具 1 大眼斑。反面前翅底色褐色，斑纹类似正面，外横带更明显；后翅底色褐色，外横带黄白色，亚外缘具 1 列眼斑，只有顶角及臀角上方的眼斑大而显著，其余不显著。雌性：翅形宽，颜色深，其余同雄性。

雄性外生殖器钩形突宽而长；颚形突细长；囊形突窄长；抱器刀状，末端尖；阳茎端鞘被小齿。

分布：浙江（遂昌、泰顺）、重庆、四川。

♂正　　　　　　♂反

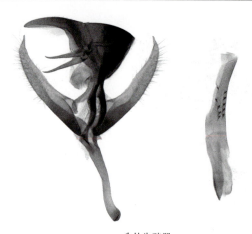

♂外生殖器

图 2-41　褐眉眼蝶 *Mycalesis unica* Leech, 1892

（94）上海眉眼蝶 *Mycalesis sangaica* Butler, 1877（图 2-42）

Mycalesis sangaica Butler, 1877: 95.

主要特征：雌雄同型。雄性：前翅正面底色暗褐色，CuA$_1$ 室具 1 大眼斑，2A 脉上具毛簇和性标斑；后翅正面底色同前翅，外缘圆滑，CuA$_1$ 室有时具 1 眼斑，中室前具毛簇与性标。反面前翅底色褐色，M$_{1-2}$ 室各具 1 个小眼斑，CuA$_1$ 室具 1 大眼斑，外中线白色，较细；后翅底色褐色，外横带白色，亚外缘具 1 列眼斑，弧形排列。前后翅基部都具大量褐色细线，具磨砂质感。雌性：翅形宽，颜色深，无性标与毛簇，其余同雄性。

雄性外生殖器钩形突端部细小，末端尖；颚形突发达，长角状；囊形突短；抱器端部 1/2 狭长、均匀、末端钝圆；阳茎弧形弯曲，一侧被小刺，末端尖。

分布：浙江（淳安、普陀、遂昌、庆元、龙泉）、江西、福建、台湾、广东、广西；越南，老挝，泰国。

♂正　　　　　　　　　　♂反

♀正　　　　　　　　　　♀反

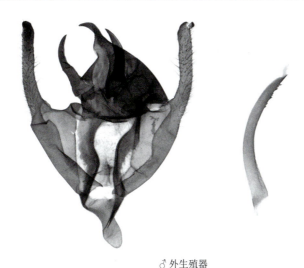

♂外生殖器

图 2-42　上海眉眼蝶 *Mycalesis sangaica* Butler, 1877

（95）稻眉眼蝶 *Mycalesis gotama* Moore, 1857（图 2-43）

Mycalesis gotama Moore in Horstield & Moore, 1857: 232.

主要特征：雌雄同型。雄性：前翅正面底色暗褐色，CuA_1 室具 1 大眼斑，M_1 室具 1 小眼斑，2A 脉上具毛簇与性标；后翅正面底色同前翅，外缘圆滑，中室前具毛簇与性标。反面前翅底色浅黄褐色，R_5 与 M_1 室各具 1 个小眼斑，CuA_1 室具 1 大眼斑，这些眼斑外围黄环极明显，外中线黄白色，较细；后翅底色同前翅，外横带黄白色，亚外缘具 1 列眼斑，弧形排列。雌性：翅形宽，颜色深，无性标与毛簇，其余同雄性。

　　雄性外生殖器钩形突端部窄长，末端尖；颚形突长角状，近等于钩形突长；囊形突较上海眉眼蝶窄；抱器端部渐狭，末端平、被小刺；阳茎弧形弯曲，末端尖。

　　分布：浙江（全省）、河南、陕西、江苏、安徽、湖北、江西、湖南、福建、台湾、广东、广西、四川、贵州、云南；日本，印度，尼泊尔，缅甸，越南，老挝，泰国。

♂正　　　　　　　　　♂反

♀正　　　　　　　　　♀反

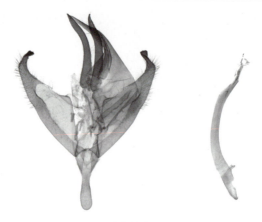

♂ 外生殖器

图 2-43　稻眉眼蝶 *Mycalesis gotama* Moore, 1857

（96）小眉眼蝶 *Mycalesis mineus* (Linnaeus, 1758)（图 2-44）

Papilio mineus Linnaeus, 1758b: 471.

Mycalesis mineus: Moore, 1878: 852.

　　主要特征：雌雄同型。雄性：前翅正面底色暗褐色，CuA_1 室具 1 大眼斑；后翅正面底色同前翅，外缘圆滑，中室前具毛簇与性标。反面前翅底色暗褐色，M_1 室具 1 个小眼斑，CuA_1 室具 1 大眼斑，这些眼斑外围黄环极明显，黄环外侧被白圈包围，外中线白色，较细；后翅底色同前翅，外横带白色，亚外缘具 1 列眼斑，弧形排列，眼斑具明显黄环，黄环外侧具白色圈。雌性：翅形宽，颜色淡，无性标与毛簇，其余同雄性。

　　雄性外生殖器钩形突长于背兜，略长于颚形突；抱器窄，近末端膨大，末端向上弯曲且尖；阳茎细长略弯向背侧。

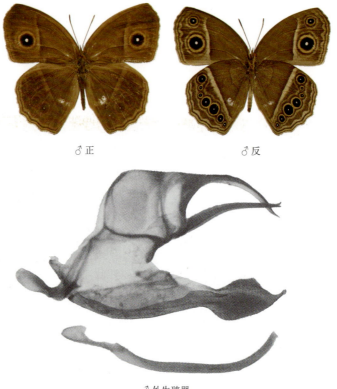

♂ 正　　　　　　　　♂ 反

♂ 外生殖器

图 2-44　小眉眼蝶 *Mycalesis mineus* (Linnaeus, 1758)（外生殖器引自 Lang，2022）

分布：浙江（临安、开化、遂昌）、江西、福建、广东、广西、云南；印度，尼泊尔，缅甸，越南，老挝，泰国，菲律宾，印度尼西亚。

（97）眉眼蝶 *Mycalesis francisca* (Stoll, 1780)（图 2-45）

Papilio francisca Stoll, 1780: 75.

Mycalesis francisca: Tong, 1993: 29.

主要特征：雌雄同型。雄性：前翅正面底色暗褐色，CuA$_1$ 室具 1 大眼斑，M$_1$ 室具 1 小眼斑，2A 脉上具毛簇与性标，端半部颜色较浅；后翅正面底色同前翅，外缘圆滑，中室前具毛簇与性标，CuA$_1$ 室具 1 眼斑。反面前翅底色褐色，R$_5$ 与 M$_1$ 室各具 1 个小眼斑，CuA$_1$ 室具 1 大眼斑，这些眼斑外围黄环极明显，外中线紫白色，较宽；后翅底色同前翅，外横带紫白色，亚外缘具 1 列眼斑，弧形排列，前后翅基部均具波浪形亚基线。雌性：翅形宽，颜色淡，其余同雄性。

雄性外生殖器与稻眉眼蝶相似，其主要区别是颚形突更细尖；囊形突稍宽；抱器近端上缘凹。

♂正　　　　　　　♂反

♀正　　　　　　　♀反

♂外生殖器

图 2-45　眉眼蝶 *Mycalesis francisca* (Stoll, 1780)

分布：浙江（临安、开化、遂昌、龙泉、泰顺）、北京、河南、陕西、江苏、安徽、湖北、江西、湖南、福建、台湾、广东、广西、四川、贵州、云南；印度，尼泊尔，缅甸，越南，老挝，泰国。

（98）密纱眉眼蝶 *Mycalesis misenus* de Nicéville, 1889（图 2-46）

Mycalesis (*Samantha*) *misenus* de Nicéville, 1889: 164.

Mycalesis misenus: Chou, 1994: 366.

主要特征：雌雄同型。雄性：前翅正面底色暗褐色，CuA$_1$ 室具 1 大眼斑；后翅正面底色同前翅，外缘圆滑，中室前具毛簇与性标，CuA$_1$ 室具 1 眼斑。反面前翅底色暗褐色，CuA$_1$ 室具 1 大眼斑，外中线黄色，较细，外中线内侧具细密波浪纹；后翅底色同前翅，外横带黄色，亚外缘具 1 列小眼斑，弧形排列，外中线内侧具细密波浪纹。雌性：翅形宽，颜色淡，无性标与毛簇，其余同雄性。

雄性外生殖器与眉眼蝶相似，其主要区别是钩形突粗短，抱器端部均变窄，末端钝圆。

♂正　　　　　　　　　　　♂反

♂外生殖器

图 2-46　密纱眉眼蝶 *Mycalesis misenus* de Nicéville, 1889

分布：浙江（遂昌）、江西、广东、四川、云南；印度，尼泊尔，缅甸，越南，老挝，泰国。

37. 斑眼蝶属 *Penthema* Doubleday, 1848

Penthema Doubleday, 1848: pl. 39, fig. 3. Type species: *Diadema lisarda* Doubleday, 1845.

主要特征：大型种类；复眼及下唇须无毛；前翅翅脉基部不膨大，R$_1$ 与 R$_2$ 均自中室顶角附近分出，

R_{3-5} 共柄，M_1 与 R_{3-5} 共出一点，M_2 基部靠近 M_1 基部；后翅 $Sc+R_1$ 与 Rs 脉长，M_3 与 CuA_1 脉从中室下角同一点生出。雄性外生殖器背兜发达，钩形突细长下弯，颚形突尖细；囊形突宽短；抱器端部下凹，末端尖或具齿；阳茎短而直。

　　分布：东洋区。世界已知 5 种，中国记录 4 种，浙江分布 1 种。

（99）白斑眼蝶 *Penthema adelma* (C. et R. Felder, 1862)（图 2-47）

Paraplesia adelma C. et R. Felder, 1862: 26.

Penthema adelma: Lewis, 1974: 197.

　　主要特征：雌雄同型。雄性：前翅正面底色黑色，中室内具 1 白色近菱形斑，横贯中室；中室端外侧围绕中室的各翅室均具 1 白色短条斑，M_3 到 2A 室均具白斑，排列为 1 倾斜宽白带，CuA_1 室斑最长，亚外缘 R_5 到 M_1 室中部各具 1 白点；后翅底色同前翅，外缘波浪形，镶有白边，$Sc+R_1$ 室到 M_1 室亚外缘各具 1 白斑。反面前翅底色暗褐色，斑纹基本同正面；后翅底色同前翅，亚外缘具 1 列小白斑。雌性：翅形宽，颜色淡，其余同雄性。

♂正　　　　　　　　　　　　　　♂反

♂外生殖器

图 2-47　白斑眼蝶 *Penthema adelma* (C. et R. Felder, 1862)

雄性外生殖器颚形突端部细尖，上弯；囊形突宽短；抱器端部鸟头状，末端尖，抱器背中部具尖刺；阳茎短而直。

分布： 浙江（缙云、遂昌、云和、龙泉、泰顺）、江西、广东、四川、云南；印度，尼泊尔，缅甸，越南，老挝，泰国。

38. 颠眼蝶属 *Acropolis* Hemming, 1934

Acropolis Hemming, 1934b: 77. Type species: *Acrophthalmia thalia* Leech, 1891.

主要特征： 复眼具毛；触角末端膨大不明显；前翅 Sc 脉基部膨大，R_1 与 R_2 均自中室顶角附近分出，R_{3-5} 共柄，M_1 和 M_2 脉共柄；后翅 Sc+R_1 与 Rs 脉短，Rs 与 M_1 脉共柄，M_3 与 CuA_1 脉从中室下角同一点生出，前翅中室闭式，后翅中室开式。雄性外生殖器背兜发达，隆起，钩形突粗直，颚形突细小；囊形突极长；抱器狭长，中央内凹，末端向上弯曲，末端圆钝；阳茎长而直，末端斜截。

分布： 东洋区。世界已知 1 种，中国记录 1 种，浙江分布 1 种。

（100）颠眼蝶 *Acropolis thalia* (Leech, 1891)（图 2-48）

Acrophthalmia thalia Leech, 1891b: 25.

Acropolis thalia: Lewis, 1974: 198.

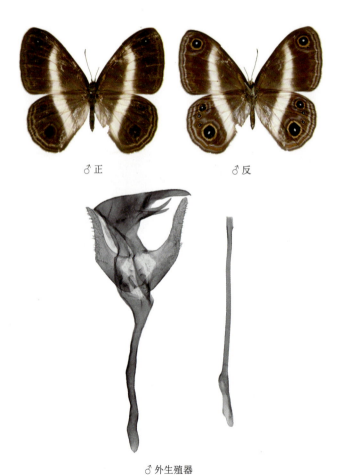

♂正　　　　　　　♂反

♂外生殖器

图 2-48　颠眼蝶 *Acropolis thalia* (Leech, 1891)

主要特征： 雌雄同型。雄性：前翅正面底色黑褐色，M_1 室具 1 眼斑，中带直，白色，从前缘到内缘越来越宽；后翅底色同前翅，外缘平直，中带白色，等宽，亚外缘在 CuA_1 室具 1 明显眼斑，外缘具白色线。反面前翅底色浅黑褐色，斑纹基本同正面，M_1 室眼斑下方具浅色区域；后翅底色同前翅，亚外缘具 5 个眼斑，眼斑外侧具浅色区域，中带同正面。雌性：翅形宽，颜色淡，其余同雄性。

雄性外生殖器钩形突粗直，颚形突细尖，抱器端部狭长、向上弯曲，阳茎长而直，末端平截。

分布：浙江（遂昌、泰顺）、福建、广西、重庆、四川、贵州；越南。

39. 白眼蝶属 *Melanargia* Meigen, 1828

Melanargia Meigen, 1828: 97. Type species: *Papilio galathea* Linnaeus, 1758.

主要特征：复眼光滑；触角末端膨大不明显；前翅 Sc 脉基部膨大，R_1 与 R_2 均自中室顶角附近分出，R_{3-5} 共柄，M_1 与 R_{3-5} 同点发出；后翅 $Sc+R_1$ 与 Rs 脉长，M_3 与 CuA_1 脉从中室下角发出，中间隔了一段中室端脉。雄性外生殖器背兜发达，隆起，钩形突粗直，末端细尖，颚形突发达，下弯显著；囊形突短；抱器宽大，末端具明显齿突；阳茎短而直。

分布：东洋区。世界已知 24 种，中国记录 10 种，浙江分布 2 种。

（101）黑纱白眼蝶 *Melanargia lugens* Honrath, 1888（图 2-49）

Melanargia helimede var. *lugens* Honrath, 1888: 161.

Melanargia lugens: Tong, 1993: 29.

主要特征：雌雄同型。雄性：前翅正面底色白色，前缘除 Rs 脉基部外均覆盖黑鳞；中室端半部具 1 黑斑，与 M_3 室黑斑相连，形成约 150° 夹角；顶角附近具黑带，延伸到臀角，黑带中间具数个白斑，M_3 室黑斑与黑带也相连，内缘全被黑鳞覆盖，2A 室端部带 1 白斑；后翅底色同前翅，外缘微波浪形，中室

♂正　　　　　　　　　　　　♂反

♀正　　　　　　　　　　　　♀反

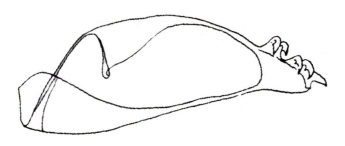

♂外生殖器

图 2-49　黑纱白眼蝶 *Melanargia lugens* Honrath, 1888（外生殖器引自 Wagner, 1959-1961）

端白色，围绕中室的各翅室基部具白斑，内缘基部三分之二白色。反面前翅底色白色，斑纹基本同正面；后翅底色同前翅，亚外缘具 6 个眼斑，眼斑周围具黑色区域，眼斑外侧在外缘具月牙形白色斑，翅脉黑色。雌性：翅形宽，颜色淡，其余同雄性。

雄性外生殖器抱器末端齿突较大且弯曲。

分布：浙江（全省）、安徽、江西、湖南。

（102）曼丽白眼蝶 *Melanargia meridionalis* C. *et* R. Felder, 1862（图 2-50）

Melanargia halimedes var. *meridionalis* C. *et* R. Felder, 1862: 29.

Melanargia meridionalis: Chou, 1994: 379.

主要特征：雌雄同型。雄性：前翅正面底色白色，前缘除 Rs 脉基部外均覆盖黑鳞；中室端半部具 1 黑斑，与 M$_3$ 室黑斑相连，形成约 130° 夹角；顶角附近具黑带，延伸到臀角，黑带中间具数个白斑，M$_3$ 室黑斑与黑带也相连，内缘全被黑鳞覆盖，2A 室端部带 1 白斑；后翅底色黄白色，有时覆盖有黑鳞，外缘微波浪形，中室端白色，围绕中室的各翅室基部具白斑，内缘基部三分之二白色。反面前翅底色白色，斑纹基本同正面；后翅底色同前翅，亚外缘具 6 个眼斑，眼斑外侧在外缘具月牙形白色斑，翅脉黑色。雌性：翅形宽，颜色淡，其余同雄性。

♂正　　　　　　　　　　　♂反

♀正　　　　　　　　　　　♀反

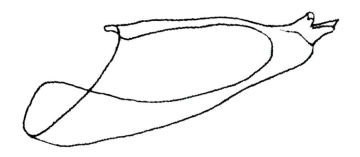

♂外生殖器

图 2-50　曼丽白眼蝶 *Melanargia meridionalis* C. *et* R. Felder, 1862（外生殖器引自 Wagner，1959-1961）

雄性外生殖器抱器末端齿突明显，数量少，弯曲不明显。

分布：浙江（宁波、舟山、温州）、陕西、甘肃、福建。

40. 古眼蝶属 *Palaeonympha* Butler, 1871

Palaeonympha Butler, 1871: 401. Type species: *Palaeonympha opalina* Butler, 1871.

主要特征：前翅 Sc 脉基部膨大，R_1 与 R_2 脉均自中室顶角附近分出，R_{3-5} 脉共柄，M_1 脉在 R_{3-5} 脉下方发出；后翅 Sc+R_1 与 Rs 脉短，M_3 与 CuA_1 脉从中室下角发出，中间隔了一段中室端脉。雄性外生殖器钩形突粗直，颚形突发达，象牙状；囊形突短；抱器宽大，三角形，末端具明显齿突；阳茎短而弯曲。

分布：古北区、东洋区。世界已知 1 种，中国记录 1 种，浙江分布 1 种。

（103）古眼蝶 *Palaeonympha opalina* Butler, 1871（图 2-51）

Palaeonympha opalina Butler, 1871: 401.

♂正　　　　　♂反

♀正　　　　　♀反

♂ 外生殖器

图 2-51　古眼蝶 *Palaeonympha opalina* Butler, 1871

主要特征： 雌雄同型。雄性：前翅正面底色基部三分之二褐色，端部三分之一浅褐色，M_1 室具 1 眼斑，眼斑周围到臀角具 1 条淡色带，外缘具深褐色波浪形线；后翅底色同前翅，基半部色深端半部色浅，在端半部浅色区域具 4 个眼斑，其中顶角和臀角的眼斑不明显，M_1 室与 CuA_1 室的眼斑发达。反面前翅底色灰白色，具明显褐色中带和外横带，均为直线形；M_1 室具 1 眼斑，眼斑下方具 3 个发育不良的眼斑，周围有菱形褐色区域；后翅底色同前翅，具明显褐色中带和外横带，均为直线形，亚外缘具 5 个眼斑，只有 M_1 室与 CuA_1 室的眼斑发达，眼斑外侧在外缘具深褐色波浪形线。雌性：翅形宽，颜色淡，其余同雄性。

雄性外生殖器抱器宽大，三角形，末端具齿突，端部近抱器背具 1 叶片状内突、边缘被小刺。

分布： 浙江（德清、长兴、临安、淳安、开化、云和、景宁、龙泉、文成、泰顺）、河南、陕西、甘肃、湖北、江西、广东、四川。

41. 蛇眼蝶属 *Minois* Hübner, 1819

Minois Hübner, 1819: 57. Type species: *Papilio phaedra* Linnaeus, 1764.

主要特征： 大型种类。前翅 Sc 脉基部膨大，R_1 与 R_2 脉均自中室顶角附近分出，R_{3-5} 脉共柄，M_1 脉与 R_{3-5} 脉同点发出，中室端脉具一段内凹；后翅 $Sc+R_1$ 与 Rs 脉长，M_3 与 CuA_1 脉从中室下角发出，中间隔了一段中室端脉。雄性外生殖器背兜发达隆起，钩形突细直，末端下弯；颚形突发达，钩状；囊形突短；抱器宽大，抱器背中部具突起，末端具齿；阳茎细长。

分布： 古北区、东洋区。世界已知 5 种，中国记录 5 种，浙江分布 1 种。

（104）蛇眼蝶 *Minois dryas* (Scopoli, 1763)（图 2-52）

Papilio dryas Scopoli, 1763: 153.

Minois dryas: Tong, 1993: 30.

主要特征： 雌雄同型。雄性：前翅正面底色褐色，M_1 室与 CuA_1 室各具 1 眼斑，眼斑黑色，带蓝白色瞳点；后翅底色同前翅，CuA_1 室具 1 眼斑。反面前翅底色浅黄褐色，M_1 室与 CuA_1 室各具 1 眼斑，亚外缘具 1 条不明显褐色带；后翅底色同前翅，外中区具 1 条模糊的深色带，CuA_1 室具 1 不明显的小眼斑。雌性：翅形宽，颜色淡，其余同雄性。

雄性外生殖器钩形突短于背兜长，末端尖、向下；颚形突长，肘状弯曲，末端钝；抱器背基部 1/3 具 1 圆形突起，末端具 2 或 3 大刺。

分布： 浙江（开化、遂昌、龙泉）、黑龙江、吉林、辽宁、北京、河北、山西、山东、河南、陕西、宁夏、甘肃、湖北、四川；朝鲜半岛，日本，西欧。

♂正　　　　　　　　　　♂反

♀正　　　　　　　　　　♀反

♂外生殖器

图 2-52　蛇眼蝶 *Minois dryas* (Scopoli, 1763)

42. 艳眼蝶属 *Callerebia* Butler, 1867

Callerebia Butler, 1867b: 217. Type species: *Erebia scanda* Kollar, 1844.

　　主要特征：中大型种类。复眼无毛，前翅 Sc 脉基部略微膨大，R_1 自中室顶角靠基部一段发出，R_2 自中室顶角附近分出，R_{3-5} 脉共柄，M_1 与 R_{3-5} 脉同点发出，中室端脉具一段内凹；后翅 $Sc+R_1$ 与 Rs 脉长，M_3 与 CuA_1 脉从中室下角发出，中间隔了一段中室端脉。雄性外生殖器背兜发达隆起，钩形突发达；颚形突细尖，钩状；囊形突短；抱器梯形，近末端处具突起，末端平伸，背面具齿突；阳茎中等长度，弯曲。

　　分布：古北区、东洋区。世界已知 12 种，中国记录 7 种，浙江分布 1 种。

（105）多斑艳眼蝶 *Callerebia polyphemus* (Oberthür, 1877)（图 2-53）

Erebia polyphemus Oberthür, 1877: 33.

Callerebia annada: Chou, 1994: 399.

主要特征： 雌雄同型。雄性：前翅正面底色黑色，顶角区 M_{1-2} 室具 1 大眼斑，眼斑黑色，带 2 个蓝白色瞳点，外围具橙红色圈，橙红色圈下方往下延伸到 M_3 室，外缘浅褐色；后翅底色同前翅，外缘浅褐色，CuA_1 室具 1 小眼斑。反面前翅底色浅棕褐色，眼斑特征同正面，橙红色圈外围黑色区域延伸到臀角；后翅底色灰白色，带大量波浪状黑褐色纹路，具模糊的黑褐色中带和外横带，外缘黑褐色。雌性：翅形宽，颜色淡；后翅眼斑大，其余同雄性。

雄性外生殖器钩形突约为背兜长的 2 倍；颚形突细尖，端部上弯；抱器腹端指状突出，其余部分被小齿；阳茎中等长度，弯曲。

分布： 浙江（遂昌）、陕西、甘肃、湖北、湖南、福建、四川、贵州、西藏。

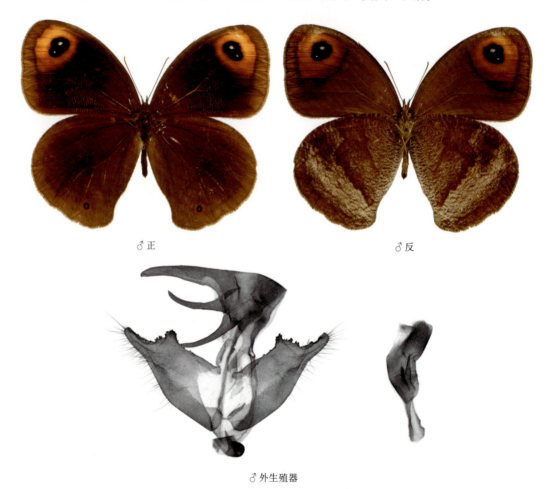

♂正　　　　　　　　　　　　♂反

♂外生殖器

图 2-53　多斑艳眼蝶 *Callerebia polyphemus* (Oberthür, 1877)

43. 珍眼蝶属 *Coenonympha* Hübner, 1819

Coenonympha Hübner, 1819: 65. Type species: *Papilio geticus* Esper, 1794.

主要特征： 小型种类。复眼无毛，前翅 Sc、Cu 与 2A 脉基部略微膨大，R_1 脉自中室顶角靠基部一段发出，

R$_2$ 自 R$_{3-5}$ 脉的共柄分出，M$_1$ 在 R$_{3-5}$ 脉下方发出，中室端脉具一段内凹；后翅 Sc+R$_1$ 与 Rs 脉长，M$_3$ 与 CuA$_1$ 脉从中室下角发出，中间隔了一段中室端脉。雄性外生殖器背兜发达隆起，钩形突直；颚形突发达，平直；囊形突短；抱器狭长，末端尖；阳茎短而直。

分布：古北区、东洋区。世界已知 25 种，中国记录 11 种，浙江分布 1 种。

（106）牧女珍眼蝶 *Coenonympha amaryllis* (Stoll, 1782)（图 2-54）

Papilio amaryllis Stoll, 1782: 210.

Coenonympha amaryllis: Tong, 1993: 31.

主要特征：雌雄同型。雄性：前翅正面底色橙黄色，亚外缘 M$_1$ 到 CuA$_1$ 室具 4 个眼斑，M$_1$ 与 CuA$_1$ 室的最明显，其余两个仅有痕迹；后翅底色同前翅，外缘波浪形，亚外缘具 1 列极不明显的眼斑。反面前翅底色稍浅于正面，眼斑比正面明显，眼斑列内侧具暗褐色细外中线，波浪形；后翅底色灰褐色，亚外缘具 1 列眼斑，眼斑内侧具 1 白色外横带，外横带内侧具齿突。雌性：翅形宽，颜色淡，后翅眼斑明显，其余同雄性。

♂正　　　　　　　　♂反

♀正　　　　　　　　♀反

♂外生殖器

图 2-54　牧女珍眼蝶 *Coenonympha amaryllis* (Stoll, 1782)

雄性外生殖器钩形突宽而长，约为背兜长的 2 倍；颚形突基部上弯，余平直，末端尖；抱器长刀状，上缘直，下缘近基部 1/3 处呈钝角。

分布：浙江（余姚）、黑龙江、吉林、辽宁、北京、河北、山西、山东、河南、陕西、甘肃、四川；俄罗斯、朝鲜半岛。

44. 红眼蝶属 *Erebia* Dalman, 1816

Erebia Dalman, 1816: 58. Type species: *Papilio ligea* Linnaeus, 1758.

主要特征：中小型种类。复眼无毛，前翅 Sc 脉基部略微膨大，R_1 脉自中室顶角靠基部一段发出，R_2 自 R_{3-5} 脉共柄的分出点分出，M_1 在 R_{3-5} 脉下方发出；后翅 Sc+R_1 与 Rs 脉长，M_3 与 CuA$_1$ 脉从中室下角发出，中间隔了一段中室端脉。雄性外生殖器背兜发达，钩形突细直，末端微微下弯；颚形突发达，平直；囊形突短；抱器基部较宽，末端尖，背面具齿突；阳茎中等长，末端尖。

分布：古北区、东洋区。世界已知 95 种，中国记录 10 种，浙江分布 1 种。

（107）墨子红眼蝶 *Erebia mozia* Murayama, 1984（图 2-55）

Erebia mozia Murayama, 1984: 25.

主要特征：目前只知雄性。雄性：前翅正面底色黑色，亚外缘 M_{1-2} 与 CuA$_1$ 室各具 1 个眼斑，M_{1-2} 室眼斑大，具 2 个蓝白色瞳点，外围具红色圈，此红色圈与 CuA$_1$ 室眼斑外围的红色圈相接；后翅底色同前翅，外缘圆滑。反面前翅底色稍浅于正面，眼斑形态同正面，比正面明显；后翅底色灰黑色，亚外缘具 1 列不明显的眼斑，均具白色瞳点。

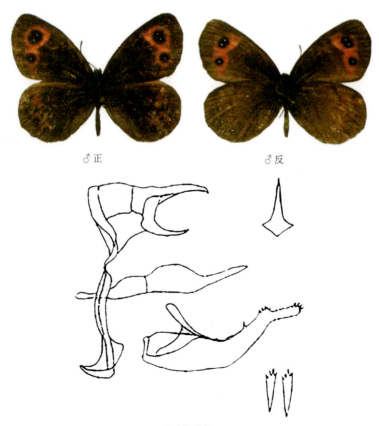

♂ 正　　　　　　　　♂ 反

♂ 外生殖器

图 2-55　墨子红眼蝶 *Erebia mozia* Murayama, 1984（成虫图引自 Tong, 1993；外生殖器引自 Murayama, 1984）

雄性外生殖器颚形突肘状，末端尖；囊形突短；抱器端部窄、斜向上，末端更窄、平直钝、具小刺，上缘具刺。

分布：浙江（余姚）。

45. 矍眼蝶属 *Ypthima* Hübner, 1818

Ypthima Hübner, 1818: 17. Type species: *Ypthima huebneri* Kirby, 1781.

主要特征：中小型种类。复眼无毛，前翅 Sc 脉基部膨大，R_1 脉自中室顶角靠基部一段发出，R_2 自 R_{3-5} 脉共柄的分出点分出，M_1 在 R_{3-5} 脉下方发出；后翅 Sc+R_1 与 Rs 脉长，M_3 与 CuA_1 脉从中室下角发出，中间隔了一段中室端脉。雄性外生殖器背兜发达，钩形突细直，末端微微下弯；颚形突退化；囊形突短；抱器基部较宽，末端尖，背面具齿突；阳茎中等长，末端尖。

分布：古北区、东洋区。世界已知约 160 种，中国记录 56 种，浙江分布 8 种。

分种检索表

1. 后翅反面具 3、4 眼斑或眼斑不显著 ·· 2
- 后翅反面具 5、6 眼斑 ·· 7
2. 体型大，通常具 4 眼斑 ··· 前雾矍眼蝶 *Y. praenubila*
- 体型小，一般具 3 眼斑或眼斑不显著 ·· 3
3. 反面具云雾状纹 ·· 乱云矍眼蝶 *Y. megalomma*
- 反面无云雾状纹 ··· 4
4. 雄性正面性标肉眼不可见 ··· 华夏矍眼蝶 *Y. sinica*
- 雄性正面性标发达 ··· 5
5. 后翅反面细波浪纹细而均匀，底色发灰 ································ 中华矍眼蝶 *Y. chinensis*
- 后翅反面细波浪纹粗，常集中于翅基部和外缘，底色白 ··· 6
6. 前翅顶角眼斑下方浅色区域延伸至臀角上方 ···················· 密纹矍眼蝶 *Y. multistriata*
- 前翅顶角眼斑下方不具浅色区域 ······································ 东亚矍眼蝶 *Y. motschulskyi*
7. 体型大 ·· 幽矍眼蝶 *Y. conjuncta*
- 体型小 ·· 阿矍眼蝶 *Y. argus*

（108）前雾矍眼蝶 *Ypthima praenubila* Leech, 1891（图 2-56）

Ypthima praenubila Leech, 1891c: 66.

主要特征：雌雄同型。雄性：前翅正面底色黑褐色，端半部颜色较淡，性标明显，亚顶角区具 1 带双瞳点的眼斑，周围具黄环；后翅底色同前翅，外缘圆滑，亚外缘具 3 个发达的眼斑。反面前翅密布细波浪纹，眼斑周围的黄环比正面明显；后翅特征同前翅，亚外缘具 4 个眼斑，M_3 室内的最小。雌性：翅形宽，颜色淡，前后翅眼斑周围的黄环更明显，无性标，其余同雄性。

雄性外生殖器钩形突长于背兜，末端尖细；抱器细长，末端尖细，腹端略凹具不明显齿状，背端较平；阳茎细长，基鞘细于端鞘，弯曲方向不同。

分布：浙江（临安、松阳、龙泉、泰顺）、江西、福建、广东、四川；越南。

♂正　　　　　　　　　　♂反

♀正　　　　　　　　　　♀反

♂外生殖器

图 2-56　前雾矍眼蝶 *Ypthima praenubila* Leech, 1891（外生殖器引自 Lang，2022）

（109）幽矍眼蝶 *Ypthima conjuncta* Leech, 1891（图 2-57）

Ypthima conjuncta Leech, 1891c: 66.

♂正　　　　　　　　　　♂反

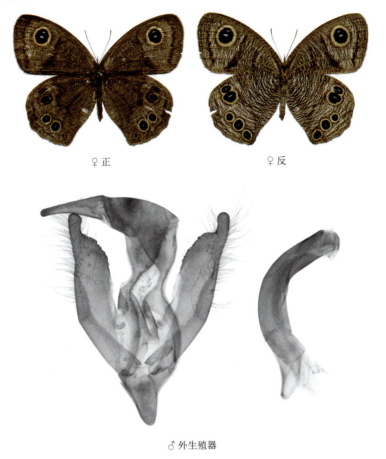

♀ 正　　　　　　　　♀ 反

♂ 外生殖器

图 2-57　幽矍眼蝶 *Ypthima conjuncta* Leech, 1891

主要特征： 雌雄同型。雄性：前翅正面底色黑褐色，端半部颜色较淡，性标明显，亚顶角区具 1 带双瞳点的眼斑，周围具黄环；后翅底色同前翅，外缘圆滑，亚外缘具 3 个发达的眼斑，M_3 与 CuA_1 室的眼斑大而明显。反面前翅密布细波浪纹，眼斑周围的黄环比正面明显；后翅特征同前翅，亚外缘具 5 个眼斑，M_3 与 CuA_1 室的眼斑最大，其余等大。雌性：翅形圆，颜色淡，无性标，其余同雄性。

雄性外生殖器钩形突短于背兜长，末端细而钝；抱器长，基部较宽，抱器腹端粗指状突出，背端钝圆不突出，边缘被小刺；阳茎弧形弯曲。

分布： 浙江（遂昌、庆元、龙泉、泰顺）、陕西、湖北、江西、湖南、福建、广东、广西、四川、贵州、云南；缅甸，越南，老挝。

（110）中华矍眼蝶 *Ypthima chinensis* Leech, 1892（图 2-58）

Ypthima newara var. *chinensis* Leech, 1892: 89.

Ypthima chinensis: Seitz, 1907: 92.

主要特征： 雌雄同型。雄性：前翅正面底色黑褐色，端半部颜色较淡，亚顶角区具 1 带双瞳点的眼斑，周围具黄环，眼斑周围及下方到臀角具大片浅色区域；后翅底色同前翅，外缘圆滑，亚外缘具 2 个发达的眼斑，CuA_1 室的眼斑大而明显，臀角的眼斑较小。反面前翅密布均匀的细波浪纹，底色灰白，眼斑周围的黄环比正面明显；后翅特征同前翅，亚外缘具 3 个眼斑，顶角的眼斑最大。雌性：翅形圆，颜色淡，无性标，其余同雄性。

雄性外生殖器钩形突短于背兜长，末端细而尖；抱器狭长，端部 1/2 多均匀，末端稍尖，被小刺；颚形突细；阳茎直。

分布： 浙江（遂昌、庆元、龙泉、泰顺）、江西、广东、重庆、四川。

♂正　　　　　　　♂反

♀正　　　　　　　♀反

♂外生殖器

图 2-58　中华矍眼蝶 *Ypthima chinensis* Leech, 1892（外生殖器引自 Lang，2022）

（111）密纹矍眼蝶 *Ypthima multistriata* Butler, 1883（图 2-59）

Ypthima multistriata Butler, 1883: 50.

　　主要特征：雌雄同型。雄性：前翅正面底色黑褐色，性标明显，端半部颜色较淡，亚顶角区具 1 带双瞳点的眼斑，周围具黄环，眼斑周围及下方到臀角具大片浅色区域；后翅底色同前翅，外缘圆滑，亚外缘在 M_3 室具 1 眼斑，大而明显。反面前翅密布均匀的细波浪纹，底色白，眼斑周围的黄环比正面明显；后翅特征同前翅，基半部颜色较白，端半部较暗，亚外缘具 3 个眼斑，顶角的眼斑最大，顶角眼斑外侧臀角眼斑内侧一般具 1 条不明显白色带。雌性：翅形圆，颜色淡，性标不明显，其余同雄性。

　　雄性外生殖器钩形突与阳茎近似于中华矍眼蝶，其主要区别在于抱器短，基部宽，中部收缩，之后渐宽，末端平截。

♂正　　　　　　　　　♂反

♀正　　　　　　　　　♀反

♂外生殖器

图 2-59　密纹矍眼蝶 *Ypthima multistriata* Butler, 1883

分布：浙江（临安、遂昌、庆元、龙泉、泰顺）、北京、河北、山东、河南、陕西、甘肃、江苏、安徽、湖北、江西、湖南、福建、台湾、广东、广西、重庆、四川、云南；朝鲜半岛，日本。

（112）华夏矍眼蝶 *Ypthima sinica* Uémura *et* Koiwaya, 2000（图 2-60）

Ypthima sinica Uémura *et* Koiwaya, 2000: 8.

主要特征：小型种类，雌雄同型。雄性：前翅正面底色黑褐色，性标不明显，端半部颜色较淡，亚顶角区具 1 带双瞳点的眼斑，周围具黄环，眼斑周围及下方到臀角具大片浅色区域；后翅底色同前翅，外缘圆滑，亚外缘在 M_3 室具 1 眼斑，大而明显。反面前翅密布黑褐色细波浪纹，眼斑周围的黄环比正面明显；后翅特征同前翅，亚外缘具 3 个眼斑，顶角的眼斑最大。雌性：翅形圆，颜色淡，性标不明显，其余同雄性。

♂正　　　　　♂反

♂外生殖器

图 2-60　华夏矍眼蝶 *Ypthima sinica* Uémura *et* Koiwaya, 2000（引自 Lang，2022）

分布：浙江（临安）、安徽、四川。

（113）阿矍眼蝶 *Ypthima argus* Butler, 1866（图 2-61）

Ypthima argus Butler, 1866: 56.

主要特征：雌雄同型。雄性：前翅正面底色黑褐色，端半部颜色较淡，性标不明显，亚顶角区具 1 带双瞳点的眼斑，周围具黄环；后翅底色同前翅，外缘圆滑，亚外缘具 2 个发达的眼斑在 M_3 与 CuA_1 室，大而明显。反面前翅密布细波浪纹，眼斑周围的黄环比正面明显；后翅特征同前翅，亚外缘具 6 个眼斑，M_3 与 CuA_1 室的眼斑最大，臀角的双联眼斑最小。雌性：翅形圆，颜色淡，无性标，其余同雄性。

♂正　　　　　♂反

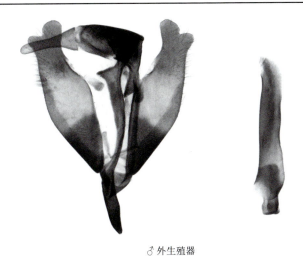

♂外生殖器

图 2-61　阿矍眼蝶 *Ypthima argus* Butler, 1866

雄性外生殖器钩形突端部长指状，末端钝圆；囊形突长；抱器端分裂成 2 钝圆的短突；阳茎直。

分布：浙江（全省）、黑龙江、吉林、辽宁、北京、河北、山西、山东、河南、江苏、安徽、湖北、四川、贵州、云南；俄罗斯，朝鲜半岛，日本。

（114）乱云矍眼蝶 *Ypthima megalomma* Butler, 1874（图 2-62）

Ypthima megalomma Butler, 1874: 236.

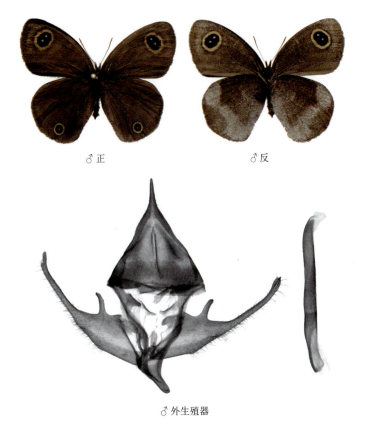

♂正　　　　　　　♂反

♂外生殖器

图 2-62　乱云矍眼蝶 *Ypthima megalomma* Butler, 1874

主要特征：雌雄同型。雄性：前翅正面底色黑褐色，端半部颜色较淡，性标明显，亚顶角区具 1 带双瞳点的眼斑，周围具黄环；后翅底色同前翅，外缘圆滑，亚外缘在 CuA$_1$ 室具 1 眼斑，大而明显。反面前翅细波浪纹近乎消失，眼斑周围的黄环比正面明显；后翅基部、内缘、顶角及 M_1 室到臀角的区域密布白色鳞片形成的云雾状纹。雌性：翅形圆，颜色淡，无性标，反面云雾状纹弱，其余同雄性。

雄性外生殖器钩形突短于背兜，末端尖细；抱器基部宽，末端细长，末端略膨大尖，抱器腹具指状突起，背端中部明显凹陷；阳茎细长较直。

分布：浙江（临安、遂昌）、北京、河北、山东、河南、江苏、安徽。

（115）东亚矍眼蝶 *Ypthima motschulskyi* (Bremer *et* Grey, 1853)（图 2-63）

Satyrus motschulskyi Bremer *et* Grey, 1853b: 8.

Ypthima motschulskyi: Elwes & Edwards, 1893: 16.

主要特征：雌雄同型。雄性：前翅正面底色黑褐色，性标明显，端半部颜色较淡，亚顶角区具 1 带双瞳点的眼斑，周围具黄环；后翅底色同前翅，外缘圆滑，亚外缘在 M_3 室具 1 眼斑、大而明显。反面前翅密布均匀的细波浪纹，底色白，眼斑周围的黄环比正面明显；后翅特征同前翅，基半部颜色较白，端半部较暗，亚外缘具 3 个眼斑，顶角的眼斑最大。雌性：翅形圆，颜色淡，其余同雄性。

雄性外生殖器抱器端 1/2 多窄长，末端稍膨大、平截具齿。

分布：浙江（全省）、北京、河北、河南、安徽、江西、广东；朝鲜半岛，日本。

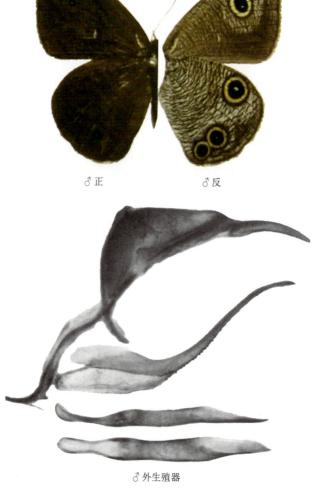

♂正　　　　　♂反

♂外生殖器

图 2-63　东亚矍眼蝶 *Ypthima motschulskyi* (Bremer *et* Grey, 1853)（引自 Lang，2022）

七、喙蝶科 Libytheidae

主要特征：中小型蝴蝶。头小，复眼无毛，下唇须极长，非常显著；触角短，末端膨大；雄性前足退化，跗节只1节，无爪；雌蝶前足正常。前翅顶角突出成钩状，R脉5条，3支基部愈合，A脉1条，基部分叉；后翅外缘锯齿形，A脉2条，肩脉发达；前后翅中室均为开式。雄性外生殖器具上钩突。

世界已知2属14种，中国记录1属3种，浙江分布1种。

46. 喙蝶属 *Libythea* Fabricius, 1807

Libythea Fabricius, 1807: 284. Type species: *Papilio celtis* Laicharting, 1782.

主要特征：身体特征同科，前翅顶角突出成钩状，R_2脉从中室顶角附近发出，R_{3-5}脉共柄，与M_1脉从中室顶角同一点分出；M_2脉从中室末端中央分出，2A脉基部分叉。后翅M_3脉与CuA_1脉从中室下角分出，3A脉短，前后翅中室均为开式。雄性外生殖器上钩突大，抱器宽，端部狭窄；阳茎细长，端部尖，呈"S"形。

分布：东洋区。世界已知11种，中国记录3种，浙江分布1种。

（116）朴喙蝶 *Libythea lepita* Moore, 1857（图2-64）

Libythea lepita Moore, 1857: 240.

主要特征：小型蝴蝶，雌雄同型。雄性：头、胸、腹黑色，头小，复眼无毛，下唇须极长，非常显著；触角短，末端膨大。前翅底色黑褐色，顶角平截，外缘在顶角突出成钩状，中室条橙红色，在末端膨大；亚顶角区具2个小白点，上小下大；亚外缘R_5到M_2室具3个方形斑，最上方的为白色，下方两个为橙红色；中域在M_3与CuA_1室具2个大橙红色斑，M_3室的斑为三角形，有时与中室条接触；CuA_1室斑为四边形；后翅底色黑褐色，外缘锯齿形，中域从Rs室到CuA_2室具1中带，呈"＞"形，一些个体在Rs室无斑。反面前翅类似正面，颜色稍浅，顶角和臀角带灰白色灰褐色鳞片；后翅底色灰褐色，前缘和顶角各具1不明显黑斑，翅基部到中域具1暗灰褐色三角形斑。雌性：同雄性，体型较大。

雄性外生殖器上钩突长刀状；抱器基部宽，端部尖三角，抱器上缘中部"V"形凹入；阳茎细长，端部尖。

分布：浙江（安吉、遂昌、庆元、龙泉、泰顺）、北京、河南、陕西、甘肃、安徽、湖北、江西、湖南、福建、广东、重庆、四川、贵州；朝鲜半岛，日本，印度，不丹，缅甸，越南，老挝，泰国。

♂正　　　　　　　　　♂反

♀正   ♀反

♂外生殖器

图 2-64　朴喙蝶 *Libythea lepita* Moore, 1857

八、珍蝶科 Acraeidae

主要特征：中小型种类。前翅狭长，显著长于后翅；后翅狭长，长卵形，前后翅中室闭式。腹部细长，下唇须圆柱形，前足退化，中后足爪不对称，具化学防御系统。前翅 R 脉 5 条，其中 4 条共柄；A 脉 1 条；后翅肩脉发达，A 脉 2 条；前后翅中室为闭式。

中国记录 1 属 2 种，浙江分布 1 种。

47. 珍蝶属 *Acraea* Fabricius, 1807

Acraea Fabricius, 1807: 284. Type species: *Papilio horta* Linnaeus, 1764.

主要特征：头部复眼无毛，下唇须第 1、2 节淡黄色或白色，第 3 节黑色；中后足爪不对称。前后翅中室狭长，超过翅长度的一半，均为闭式；前翅 R_1 脉从中室末端分出，R_{2-5} 脉共柄，M_1 脉从中室顶角或附近发出，与 M_2 室基部远离；后翅 Rs 与 M_1 脉有短的共柄。雄性外生殖器背兜和钩形突发达，直伸向后；囊形突粗长，抱器小，弧形弯曲；阳茎细长，长约为囊突和抱器长度之和，末端尖。

分布：东洋区、非洲区。世界已知 53 种，中国记录 2 种，浙江分布 1 种。

（117）苎麻珍蝶 *Acraea issoria* (Hübner, 1819)（图 2-65）

Telchinia issoria Hübner, 1819: 27.

Acraea issoria: Tong, 1993: 51.

主要特征：中型蝴蝶，雌雄异型。雄性：头、胸、腹黑色，头胸连接处具橙红色鳞毛；触角长，末端膨大；约为前翅长的一半；前翅底色橙黄色，顶角圆，翅脉黑色，前缘黑色，亚外缘具 1 条黑带，外缘黑色；后翅底色橙黄色，卵圆形，亚外缘具 1 条黑带，外缘黑色。反面类似正面，前翅底色黄白色，外缘无黑带；后翅底色同前翅，外缘具 1 列橙红色斑，两侧镶有黑边。雌性：翅形同雄性，前翅底色黑色，中室内具半透明浅色中室条，在外方三分之一处断开；外中区具 1 列半透明浅色斑，从前缘延伸到 2A 脉；外缘具 1 列浅色小点；后翅底色黄色，翅脉黑色，外缘具 1 列黑斑，黑斑中心具白斑，多为三角形。反面近似雄性反面，颜色稍深。

雄性外生殖器钩形突发达，末端尖，稍下弯；抱器短小，基部宽，中部弧形凹，末端上弯；阳茎细长，末端尖。

分布：浙江（全省）、陕西、湖北、江西、湖南、福建、台湾、广东、海南、广西、四川、云南、西藏；日本，印度，不丹，尼泊尔，缅甸，越南，老挝，泰国，柬埔寨，马来西亚，印度尼西亚。

♂正　　　　　　　　♂反

♀正　　　　　　　　　　♀反

♂外生殖器

图 2-65　苎麻珍蝶 *Acraea issoria* (Hübner, 1819)

九、蛱蝶科 Nymphalidae

主要特征：中大型蝴蝶。头大，复眼大而圆，光滑或有毛，无单眼；下唇须发达，前伸或上举；触角末端膨大，呈锤状；足为步行足，前足退化，一般折叠放置于胸前；中后足胫节与跗节有刺，胫节上有 1 对距。前翅三角形，主脉基部不膨大；前翅中室多为闭式，后翅中室多为开式；R 脉 5 条，A 脉 1 条；后翅 A 脉 2 条。雄性外生殖器具发达的背兜、钩形突和颚形突，抱器形态多样化，阳茎形态多样化。

世界已知 3500 余种，中国记录近 400 种，浙江分布 113 种。

分属检索表

1. 前翅 R_2 与 R_{3-5} 脉共柄，翅橘红色，外缘锯齿状 ···················· **锯蛱蝶属 Cethosia**
- 前翅 R_2 脉自中室上缘分出 ··· 2
2. 前翅 R_3 脉近中室端，前翅顶角尖，后翅具 2 尾突 ·· 3
- 前翅 R_3 脉远离中室端 ··· 4
3. 后翅中室开室，2 刺状尾突一样发达 ································ **尾蛱蝶属 Polyura**
- 后翅中室闭室，仅 M_3 脉处尾突发达 ···························· **螯蛱蝶属 Charaxes**
4. 翅白色，拟似绢斑蝶 ·· **绢蛱蝶属 Calinaga**
- 不如上述 ··· 5
5. 翅短宽，基部具暗色纵线，后翅具尾突与臀叶 ················ **丝蛱蝶属 Cyrestis**
- 不如上述 ··· 6
6. 后翅肩脉与 $Sc+R_1$ 脉常自一点发出或自其基部发出 ·································· 7
- 后翅肩脉自 $Sc+R_1$ 脉上伸出 ·· 16
7. 后翅肩角自 $Sc+R_1$ 脉基部分出，翅反面基部具黑色环状纹 ···························· 8
- 后翅肩角与 $Sc+R_1$ 脉自同一点分出，翅反面斑纹不如上述 ···························· 9
8. 后翅正面具淡色外缘带 ·· **裙蛱蝶属 Cynitia**
- 翅面常有白色带，后翅正面无淡色外缘带 ···················· **翠蛱蝶属 Euthalia**
9. 前翅中室闭室，后翅开室 ··· 10
- 不如上述 ·· 12
10. 后翅反面中部具锯齿状横带，基部具近似于底色的小圆斑 ········ **婀蛱蝶属 Abrota**
- 后翅反面不如上述 ··· 11
11. 后翅反面基部无小黑斑，前缘基部具白带 ························ **带蛱蝶属 Athyma**
- 后翅反面基部有小黑斑，前缘基部无白带 ······················ **线蛱蝶属 Limenitis**
12. 前后翅中室闭室 ·· 13
- 前后翅中室开室 ·· 14
13. 前翅顶角、后翅臀角尖出，翅反面中央具淡色横带贯穿前后翅 ···· **奥蛱蝶属 Auzakia**
- 前后翅具白斑带，翅反面具橘红色外横带 ························ **姹蛱蝶属 Chalinga**
14. 体小型，斑纹紧密结合成带或块 ································ **蟠蛱蝶属 Pantoporia**
- 体中型，斑纹间可见翅脉 ·· 15
15. 后翅前缘、前翅后缘镜区小 ·· **环蛱蝶属 Neptis**
- 上述镜区特别大 ·· **菲蛱蝶属 Phaedyma**
16. 前翅 CuA_1 脉自中室端下角分出，前翅顶角常突出，翅正面多色彩，具光泽 ···· 17
- 前翅 CuA_1 脉自中室端前分出 ·· 25

17. 前翅 R_2 脉自中室上缘发出 ……………………………………………………………………… 18
- 前翅 R_2 与 R_5 脉共柄 ………………………………………………………………………… 23
18. 翅中室闭室，前翅顶角具透明斑 …………………………………………………… 窗蛱蝶属 Dilipa
- 翅中室开室 ……………………………………………………………………………………… 19
19. 后翅 Sc+R_1 脉不达其顶角，雄性翅正面具蓝紫色闪光 …………………………… 闪蛱蝶属 Apatura
- 后翅 Sc+R_1 脉达其顶角 ……………………………………………………………………… 20
20. 翅反面银白色 …………………………………………………………………………… 白蛱蝶属 Helcyra
- 不如上述 ………………………………………………………………………………………… 21
21. 体大型，翅正面中央具蓝紫或蓝黑光泽，前翅端具淡色箭状纹 ………………… 紫蛱蝶属 Sasakia
- 体中型，翅面光泽及斑纹不如上述 …………………………………………………………… 22
22. 翅正面黄褐色，后翅反面自前缘中部至臀角具 1 横带 …………………………… 铠蛱蝶属 Chitoria
- 翅正面黑褐色，后翅反面自顶角至臀角具 1 横带 ………………………………… 迷蛱蝶属 Mimathyma
23. 前翅外缘中部凹，前翅 R_2 与 R_5 脉共柄，翅面具橙色斑 ……………………… 帅蛱蝶属 Sephisa
- 前翅前翅 R_2 与 R_5 脉不共柄 …………………………………………………………………… 24
24. 翅白色，翅脉粗、黑色 …………………………………………………………………… 脉蛱蝶属 Hestina
- 翅橙黄色，具黑色豹斑，翅脉正常 ……………………………………………………… 猫蛱蝶属 Timelaea
25. 下唇须第 3 节短，翅正面具黑豹纹斑 ……………………………………………………………… 26
- 下唇须第 3 节长，斑纹不如上述 ……………………………………………………………… 32
26. 后翅反面有圆形或方形银白色斑 …………………………………………………… 福蛱蝶属 Fabriciana
- 后翅反面无银色斑 ……………………………………………………………………………… 27
27. 雄蝶前翅正面 CuA_1、CuA_2 脉无性标 ……………………………………………… 斐豹蛱蝶属 Argyreus
- 雄蝶前翅正面 CuA_1、CuA_2 脉具性标 ………………………………………………………… 28
28. 后翅反面底色基半部与端半部一致 …………………………………………………………… 29
- 后翅反面底色基半部与端半部不一致 …………………………………………………………… 30
29. 雌雄异型，雄蝶前翅正面 M_3 脉、CuA_1 脉、CuA_2 脉和 A 脉上具性标 …………… 青豹蛱蝶属 Damora
- 雌雄同型，雄蝶前翅正面 CuA_2 脉和 2A 脉具性标，或 CuA_1 脉上也具性标 …… 老豹蛱蝶属 Argyronome
30. 后翅反面枯草色，无银色条纹 …………………………………………………… 云豹蛱蝶属 Nephargynnis
- 后翅反面绿色，具银色条纹 …………………………………………………………………… 31
31. 雄蝶前翅具 4 条性标 …………………………………………………………………… 豹蛱蝶属 Argynnis
- 雄蝶前翅具 3 条性标 …………………………………………………………………… 银豹蛱蝶属 Childrena
32. 触角棒状部不明显，后翅外缘无明显突出 ……………………………………………………… 33
- 触角棒状部明显，翅外缘常具明显突出 ………………………………………………………… 34
33. 翅亚缘具电光状纹 …………………………………………………………………… 电蛱蝶属 Dichorragia
- 翅亚缘具小白斑或蓝斑列 ………………………………………………………… 饰蛱蝶属 Stibochiona
34. 体中大型，复眼无毛 ……………………………………………………………………………… 35
- 体中型，复眼有毛，若光滑，则前后翅具眼斑 ………………………………………………… 36
35. 前翅顶角、后翅臀角尖出，反面似枯叶，自两角具暗带 ………………………… 枯叶蛱蝶属 Kallima
- 不如上述，翅反面亚缘及外缘具白斑列，且外缘月牙斑具暗边 ………………… 斑蛱蝶属 Hypolimnas
36. 复眼光滑，翅面眼斑发达 ………………………………………………………………… 眼蛱蝶属 Junonia
- 复眼被毛 ………………………………………………………………………………………… 37
37. 前翅后缘弧形凹入，外缘中央 "C" 形凹入且具刺状突出 ……………………………………… 38
- 前翅后缘直，外缘稍凹，无刺状突出 …………………………………………………………… 39
38. 前后翅端部具蓝色宽带 …………………………………………………………… 琉璃蛱蝶属 Kaniska
- 翅无此带 ………………………………………………………………………………… 钩蛱蝶属 Polygonia

39. 前翅中下部具橙黄色或红色大斑，后翅 M_3 脉处无突出 ·················· **红蛱蝶属 Vanessa**
- 斑纹不如上述，后翅 M_3 脉处具短突 ·· 40
40. 前翅中室具长纵条，翅反面基部具黑色豹纹斑 ······················ **盛蛱蝶属 Symbrenthia**
- 前翅中室无纵条，翅反面基部具淡色网状线 ······························ **蜘蛱蝶属 Araschnia**

48. 尾蛱蝶属 *Polyura* Billberg, 1820

Polyura Billberg, 1820: 79. Type species: *Papilio pyrrhus* Linnaeus, 1758.

　　主要特征：体中大型；触角较短粗，前翅 R_1 和 R_2 脉从中室端之前分出，R_4 和 R_5 脉自同一点分出，后翅具 2 尾突。雄性外生殖器钩形突宽，末端中央稍凹；颚形突末端愈合；抱器端突短钩状；阳茎极为细长，基鞘远长于端鞘，末端尖；阳基轭片发达。

　　分布：古北区、东洋区、澳洲区。世界已知 26 种，中国记录 8 种，浙江分布 4 种。

分种检索表

1. 前翅正面端部无淡色斑列，顶角具 1 小 1 大淡黄色斑 ···················· **窄斑凤尾蛱蝶 P. athamas**
- 前翅正面端部具淡色斑列 ·· 2
2. 前翅反面中室端斑带 "I" 形 ·· **忘忧尾蛱蝶 P. nepenthes**
- 前翅反面中室端斑带 "Y" 形 ·· 3
3. 前翅正面具亚缘斑列 ·· **大二尾蛱蝶 P. eudamippus**
- 前翅正面不具亚缘斑列 ·· **二尾蛱蝶 P. narcaea**

（118）窄斑凤尾蛱蝶 *Polyura athamas* (Drury, 1773)（图 2-66）

Papilio athamas Drury, 1773: 5.

Polyura athamas: Chou, 1994: 412.

　　主要特征：雌雄同型。雄性：翅正面底色黑褐色，中央自前翅 M_3 至后翅 CuA_1 室具 1 宽楔形黄带；前翅顶角具 1 小 1 大淡黄色斑；后翅亚缘具线形淡色斑列，M_3 与 CuA_2 脉各具 1 尾突。反面底色褐色，翅中央宽带前、内侧围以红褐色带，外侧具月牙形斑纹；后翅亚缘斑列与外缘间具橙色线，其余同正面。雌性：体大，中带更宽。

♂正　　　　　　　　　　　　　♂反

♂外生殖器

图 2-66　窄斑凤尾蛱蝶 *Polyura athamas* (Drury, 1773)

雄性外生殖器钩形突端中央稍尖出；抱器端刺状尖出，背端小弧形凹入。

分布：浙江、福建、广东、海南、香港、广西、四川、云南、西藏；缅甸，越南，老挝，泰国，菲律宾，马来西亚，印度尼西亚等。

（119）忘忧尾蛱蝶 *Polyura nepenthes* (Grose-Smith, 1883)（图 2-67）

Charaxes nepenthes Grose-Smith, 1883: 58.

Polyura nepenthes: Tong, 1993: 32.

主要特征：雌雄同型。雄性：前翅正面底色黑色，前缘黑色，M₃ 脉到内缘及中室内具 1 黄白色大斑；中室端具 2 黄白色小斑，外中区具 1 黄白色斑列，亚外缘区具 1 列黄白色小斑；反面底色白色，中室内具 2 黑点，中室端具 1 断裂的"Ｉ"形条斑；中室端外侧具 2 黑点，外中区具 1 橙色带，外侧具黑边，外缘具橙色边。后翅正面底色黄白色，亚外缘具 2 列黑斑从顶角到臀角，M₃ 与 CuA₂ 脉各具 1 尾突；反面底色同前翅，中区具 1 橙色带，两侧镶有黑点，亚外缘区具 1 橙色带，外侧具 2 列黑斑。雌性：翅形更宽，其余基本同雄性。

雄性外生殖器钩形突端具 1 小缺刻；抱器端突角状，末端稍下弯，抱器背缘稍钝圆突出。

♂正　　　　　　　　　　　　　　　♂反

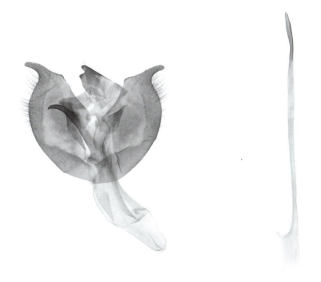

♂ 外生殖器

图 2-67　忘忧尾蛱蝶 *Polyura nepenthes* (Grose-Smith, 1883)

分布：浙江（遂昌、松阳、庆元、景宁）、江西、福建、广东、海南、广西、四川；缅甸，越南，老挝，泰国。

（120）大二尾蛱蝶 *Polyura eudamippus* (Doubleday, 1843)（图 2-68）

Charaxes eudamippus Doubleday, 1843: 218.

Polyura eudamippus: Tong, 1993: 33.

主要特征：雌雄异型。雄性：前翅正面底色黑色，前缘黑色，M_3 脉到内缘及中室内具 1 黄白色大斑；中室内具 1 黄白色小斑，中室端具 2 黄白色小斑，外中区具 1 黄白色斑列，亚外缘区具 1 列黄白色小斑；反面底色白色，中室内具 2 黑点，中室端具 1 断裂的 "Y" 形条斑；外中区具 1 橙色带，"Y" 形条斑与橙色带接触，外侧具黑边，外缘具橙色边。后翅正面底色黄白色，基部黑色，亚外缘具 1 黑带从顶角到臀角，黑带内具黄白色小斑列，基部黑斑与外缘黑带以 1 黑色条相连，黑色条贯穿 CuA_2 室；M_3 与 CuA_2 脉各具 1 尾突；反面底色同前翅，中区具 1 橙色带，亚外缘区具 1 橙色带，外侧具 1 列黑斑。雌性：翅形更宽，其余基本同雄性。

♂ 正　　　　　　　　　　　　　　　♂ 反

♀正　　　　　　　　　　　　　　　　♀反

♂外生殖器

图 2-68　大二尾蛱蝶 *Polyura eudamippus* (Doubleday, 1843)

雄性外生殖器抱器端突细而尖，下弯；阳茎极为细长、末端尖；阳基轭片直，近端具半圆突起，末端尖。

分布：浙江（庆元、泰顺）、湖北、江西、湖南、福建、台湾、广东、海南、广西、四川、贵州、云南、西藏；日本，印度，尼泊尔，孟加拉国，缅甸，越南，老挝，泰国，柬埔寨，马来西亚。

（121）二尾蛱蝶 *Polyura narcaea* (Hewitson, 1854)（图 2-69）

Nymphalis narcaeus Hewitson, 1854: 85.

Polyura narcaea: Tong, 1993: 33.

主要特征：雌雄同型。雄性：前翅正面底色黑色，M$_3$脉到内缘具 1 黄白色大斑；中室端具 1 黄白色方斑，中室内具黄白色条，外中区具 1 黄白色斑列，亚外缘区具 1 列黄白色小斑；反面底色绿白色，中室内具 2

黑点，中室端具 1 条"Y"形条斑；外中区具 1 橙色带，外侧具黑边，外缘具橙色边。后翅正面底色黑色，中域具 1 大块黄白色楔形斑，亚外缘具 1 列斑列，内缘及臀区黄白色，M₃ 与 CuA₂ 脉各具 1 尾突；反面底色同前翅，中区靠基部具 1 橙色带，两侧镶有黑边，亚外缘区具 1 暗色带，外侧具 1 列黑斑。雌性：翅形更宽，其余基本同雄性。

雄性外生殖器与大二尾蛱蝶相似，其主要区别是抱器端突稍粗且短，阳基轭片中央深凹、末端尖。

♂正　　　　　　　　　　　♂反

♂外生殖器

图 2-69　二尾蛱蝶 *Polyura narcaea* (Hewitson, 1854)

分布：浙江（全省）、辽宁、北京、河北、山西、山东、河南、陕西、甘肃、江苏、上海、安徽、湖北、江西、湖南、福建、台湾、广东、海南、香港、广西、四川、贵州、云南、西藏；印度，缅甸，越南，泰国。

49. 螯蛱蝶属 *Charaxes* Ochsenheimer, 1816

Charaxes Ochsenheimer, 1816: 18. Type species: *Papilio jasius* Linnaeus, 1767.

主要特征：脉几乎同时分出；后翅具 2 短尾突。雄性外生殖器背兜小；钩形突宽，端部二分叉；颚形突末端愈合；抱器具端突；阳茎细长，基鞘远短于端鞘，末端被小刺列。

分布：古北区、东洋区、澳洲区、非洲区。世界已知 97 种，中国记录 4 种，浙江分布 1 种。

（122）白带螯蛱蝶 *Charaxes bernardus* (Fabricius, 1793)（图 2-70）

Papilio bernardus Fabricius, 1793: 71.

Charaxes bernardus: Tong, 1993: 33.

主要特征：雌雄异型。雄性：前翅正面底色黑色，前翅中部从中室端到内缘具 1 白色大斑，外中区具零散黄白色斑列；反面底色红褐色，中室内具 3 黑色曲折细线，中区具 1 黑色曲折细线；外中区具 1 黑色曲折细线，外缘具橙色边。后翅正面底色棕红色，外中区靠近前缘具 1 白斑，亚外缘具 1 前粗后细的黑带，内具黄白色小点列；M_3 脉具 1 短尖尾突；反面底色同前翅，具大量曲折细线，外中区具 1 暗色带，外缘具橙色带。雌性：翅形更宽，前翅白斑更大更发达，后翅正面中区具 1 大白斑，M_3 脉尾突更长更粗，反面细线间白色斑纹更明显，其余同雄性。

雄性外生殖器钩形突较短，末端尖，与颚形突等长；囊形突略短于抱器；抱器腹端向下弯曲，末端尖；抱器基部具叶状结构；阳茎细长，端半部具细小刺突，延伸至末端。

分布：浙江（全省）、广东、海南、香港、广西、四川、云南；印度，不丹，尼泊尔，孟加拉国，缅甸，越南，老挝，泰国，柬埔寨，马来西亚。

　　　　♂正　　　　　　　　　　　　　　　　♂反

　　　　♀正　　　　　　　　　　　　　　　　♀反

♂外生殖器

图 2-70　白带螯蛱蝶 *Charaxes bernardus* (Fabricius, 1793)

50. 锯蛱蝶属 *Cethosia* Fabricius, 1807

Cethosia Fabricius, 1807: 280. Type species: *Papilio cydippe* Linnaeus, 1763.

　　主要特征：体中型；R_2 脉与 R_{3-5} 脉共柄并从中室端分出；M_2 脉靠近 M_1 脉发出，M_3 脉与 CuA_1 几乎共同发出；前后翅中室闭式。雄性外生殖器背兜隆起，末端具 2 突；钩形突基部宽，端部指状，下弯；抱器短而简单，阳茎细长。

　　分布：东洋区、澳洲区。世界已知 15 种，中国记录 2 种，浙江分布 1 种。

（123）红锯蛱蝶 *Cethosia biblis* (Drury, 1773)（图 2-71）

Papilio biblis Drury, 1773: 9.

Cethosia biblis: Tong, 1993: 33.

　　主要特征：雌雄异型。雄性：前翅正面底色黑色，外缘锯齿形，前翅中部从中室下到内缘具 1 红色区域，中室内具 5 条曲折黑色条，中室端具 1 白点；外中区具 2 列白斑，靠内为 1 列"＞"形白斑，靠外为 1 列白色小斑，外缘区具 1 列"＞"形白斑；反面底色红褐色，中室内及中室端一共具 3 白色宽条，两侧镶有黑色曲折细线，中区具 1 白色宽条，两侧镶有黑色曲折细线；外中区具 2 列黑色斑纹，外缘具 1 列白色波浪纹。后翅外缘波浪形，正面底色红色，外中区具 1 列黑色斑列，外缘具 1 黑色宽带，黑带内具白色波浪纹；反面底色同前翅，斑纹排列类似前翅。雌性：翅形更宽，前翅底色青黑色，斑纹排列近似雄性，后翅正面外中区黑斑列明显，其余基本同雄性。

　　雄性外生殖器背兜端两侧具长刀状突，端部扁而稍宽，顶端尖；钩形突基部宽，端部分裂，两侧突短、三角形，中突长、细指状，下弯；抱器舌状，抱器腹基部片状，强骨化；阳茎直，基鞘稍长于端鞘，末端尖。

♂正　　　　　　　　　　　　　　♂反

♀正　　　　　　　　　　　　　　♀反

♂外生殖器

图 2-71　红锯蛱蝶 *Cethosia biblis* (Drury, 1773)

分布：浙江（临安）、江西、福建、广东、海南、广西、四川、贵州、云南、西藏；印度，不丹，尼泊尔，缅甸，越南，老挝，泰国，柬埔寨，菲律宾，马来西亚，印度尼西亚。

51. 迷蛱蝶属 *Mimathyma* Moore, 1896

Mimathyma Moore, 1896: 8. Type species: *Athyma chevana* Moore, 1866.

　　主要特征：体中大型；R$_{1-2}$ 脉在中室端之前分出；中室开式。雄性外生殖器背兜窄；钩形突端部细，末端尖；囊形突细长，末端卵圆形膨大；颚形突末端愈合成环状；抱器近平行四边形，末端具突；阳茎极为细长。

　　分布：古北区、东洋区。世界已知 5 种，中国记录 4 种，浙江分布 2 种。

（124）迷蛱蝶 *Mimathyma chevana* (Moore, 1866)（图 2-72）

Athyma chevana Moore, 1866: 763.

Mimathyma chevana: Tong, 1993: 34.

♂正　　　　　　　　　　　　♂反

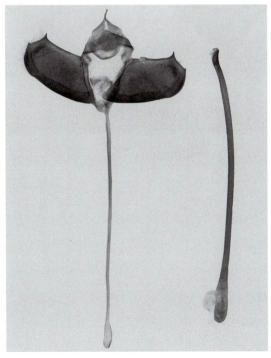

♂外生殖器

图 2-72　迷蛱蝶 *Mimathyma chevana* (Moore, 1866)

　　主要特征：雌雄同型。雄性：前翅正面底色黑色，斑纹白色，中室内具 1 中室条，中室端具 2 白斑；外中区具 4 白斑，排列曲折；亚顶区具 2 白斑，亚外缘具 1 列排列曲折的白点；反面底色前半部银白色后半部黑色，中室内具 3 个深色点，中室端具 2 白色宽斑，外中区具 1 棕色斜斑，斜斑外侧具 2 白斑，外中区具 4 白斑，排列曲折，其周围底色为黑色；外缘具 1 棕色带。后翅外缘波浪形，正面底色黑色，中区具 1 白色斑列，亚外缘具 1 白色弧形斑列；反面底色白色，外中区具 1 棕色带，外缘具棕色边。雌性：翅形更宽，其余基本同雄性。

　　雄性外生殖器钩形突端部细而尖；抱器外缘近直，两侧角突小而尖；囊形突，阳茎细长，约为抱器长的 3 倍。

　　分布：浙江（临安、淳安、遂昌、泰顺）、黑龙江、吉林、辽宁、内蒙古、北京、天津、河北、山西、山东、河南、陕西、甘肃、湖北、江西、湖南、福建、广西、四川、云南；俄罗斯，朝鲜。

（125）白斑迷蛱蝶 *Mimathyma schrenckii* (Ménétriès, 1859)（图 2-73）

Adolias schrenkii [= *schrenckii*] Ménétriès, 1859b: 215.

Mimathyma schrenckii: Tong, 1993: 34.

♂ 正　　　　　　　　　　　　　　　　　♂ 反

♂ 外生殖器

图 2-73　白斑迷蛱蝶 *Mimathyma schrenckii* (Ménétriès, 1859)

主要特征：雌雄同型。雄性：前翅正面底色黑色，中室端具 3 白斑；外中区具 2 白斑，亚顶区具 2 小白斑；反面底色黑紫色，中室内具深色点，中室端具 3 白色宽斑，外中区具 2 白斑，白斑内侧具 2 方形红斑，靠近顶角处亚外缘具 3 白斑。后翅外缘波浪形，正面底色黑色，中区具 1 白色大斑，斑周围具蓝色晕；反面底色白色，外中区具 1 橙色弧形带，两侧具黑边，外缘具橙色边。雌性：翅形更宽，其余基本同雄性。

雄性外生殖器与迷蛱蝶相似，其主要区别是钩形突端部长而粗，囊形突、阳茎至少是抱器长的 3.5 倍。

分布：浙江（临安、淳安、遂昌、泰顺）、黑龙江、吉林、辽宁、内蒙古、北京、天津、河北、山西、山东、河南、陕西、甘肃、湖北、江西、湖南、福建、广西、四川、云南；俄罗斯，朝鲜。

52. 闪蛱蝶属 *Apatura* Fabricius, 1807

Apatura Fabricius, 1807: 280. Type species: *Papilio iris* Linnaeus, 1758.

主要特征：体中型；前翅 R_{1-2} 脉在中室端之前分出，中室开式；前翅反面 CuA_1 室具眼斑，雄性翅正面具紫或蓝色光泽。雄性外生殖器钩形突锥状；囊形突细长，长于抱器长；颚形突肘状弯曲，末端愈合，尖；抱器不规则四边形，末端具突起；阳茎极为细长，基鞘稍粗，阳基轭片心状。

分布：古北区、东洋区。世界已知 5 种，中国记录 5 种，浙江分布 1 种。

（126）柳紫闪蛱蝶 *Apatura ilia* (Denis *et* Schiffermüller, 1775)（图 2-74）

Papilio ilia Denis *et* Schiffermüller, 1775: 172.

Apatura ilia: Chou, 1994: 427.

主要特征：雌雄同型，分为正常型与黄色型。雄性：正常型：前翅正面底色黄褐色，中室内及中室端具紫色鳞，中室内具 4 个黑点，中室端外侧具 3 个黄白斑，CuA_1 至 2A 室各具 1 白斑，周围具有紫色闪光，亚顶角具 2 小白斑，CuA_2 室及 2A 室外侧具 2 黑点；反面底色黄色，斑纹基本同正面。后翅外缘波浪形，正面底色黄褐色，中区具 1 白色条，斑周围具蓝色晕，亚外缘具 1 列黑斑，CuA_1 室具 1 黑点；反面底色黄色，斑纹类似正面。黄色型：斑纹排列基本同正常型，区别在于不具紫色闪光，翅面更黄。雌性：翅形更宽，其余基本同雄性。

雄性外生殖器抱器三角形、末端尖，抱器背稍拱；阳茎长，稍弯。

♂正　　　　　　　　　♂反

♂ 外生殖器

图 2-74 柳紫闪蛱蝶 *Apatura ilia* (Denis *et* Schiffermüller, 1775)

分布：浙江（全省）、黑龙江、吉林、辽宁、内蒙古、北京、天津、河北、山西、山东、河南、陕西、甘肃、湖北、江西、湖南、福建、广东、广西、四川、云南；俄罗斯，朝鲜。

53. 铠蛱蝶属 *Chitoria* Moore, 1896

Chitoria Moore, 1896: 10. Type species: *Apatura sordida* Moore, 1866.

主要特征：体中型；前翅 R_{1-2} 脉在中室端之前分出；前后翅 M_1 脉与 M_2 脉近同一点发出，前后翅中室开式。雄性外生殖器背兜宽阔；钩形突基部宽，端部细尖；囊形突细长，约 3 倍于骨环高；颚形突末端不愈合，抱器椭圆形，末端具尖突；阳茎极为细长，背面弯曲。

分布：古北区、东洋区。世界已知 8 种，中国记录 7 种，浙江分布 2 种。

（127）武铠蛱蝶 *Chitoria ulupi* (Doherty, 1889) （图 2-75）

Potamis ulupi Doherty, 1889a: 125.

Chitoria ulupi: Tong, 1993: 34.

主要特征：雌雄异型。雄性：前翅顶角突出，正面底色黄色，中室端附近具 1 黑色大斑，顶角区黑色，有 2 个黄色亚顶角斑；CuA_1 室具 1 黑色小圆点，CuA_2 室具 1 黑色大圆点，M_3 室基部及 CuA_2 室靠亚外缘处各具 1 模糊黑斑并与 CuA_2 室黑色大圆点相连，CuA_2 室基部黑色，2A 室大部黑色；反面底色黄色，斑纹基本同正面。后翅正面底色黄色，亚外缘具 1 列黑斑，由顶角延伸到臀角，斑块依次变小；CuA_1 室具 1 黑点；反面底色黄色，亚外缘黑斑列几乎不可见，外中区具 1 橙色线从前缘延伸到臀角，CuA_1 室具 1 眼斑；其他斑纹类似正面。雌性：翅形更宽，底色青黑色，斑纹白色或黄色，中室端 3 白斑，亚顶角区具 2 白斑，CuA_1 到 2A 室各具 1 白斑，排列弯曲；亚外缘具 1 列模糊白斑列；后翅底色同前翅，中区具 1 白带从前缘到臀角，外侧具 1 列黄点，亚外缘及外缘各具 1 列黄白点，反面底色青色，斑纹基本同正面。

雄性外生殖器钩形突基部两侧渐收缩，三角形；抱器背端具小刺突，外缘近端刺处稍凹，腹端钝圆，稍突出；阳茎中部弧形下弯。

♂正　　　　　　　　　　♂反

♂外生殖器

图 2-75　武铠蛱蝶 *Chitoria ulupi* (Doherty, 1889)

分布：浙江（临安、开化、遂昌）、辽宁、陕西、甘肃、湖北、江西、福建、台湾、广东、广西、四川、贵州、云南、西藏；朝鲜半岛，印度，不丹，缅甸，越南，老挝。

（128）栗铠蛱蝶 *Chitoria subcaerulea* (Leech, 1891)（图 2-76）

Apatura subcaerulea Leech, 1891b: 29.

Chitoria subcaerulea: Chou, 1994: 434.

主要特征：雌雄异型。雄性：前翅顶角突出，正面底色黄色，中室端附近具 1 黑色大斑，顶角区黑色，有 2 个黄色亚顶角斑；CuA_1 室具 1 黑色圆点；反面底色黄色，斑纹基本同正面。后翅正面底色黄色，亚外缘具 1 列黑斑，由顶角延伸到臀角，斑块依次变小；CuA_1 室具 1 黑点；反面底色黄色，亚外缘黑斑列几乎不可见；其他斑纹类似正面。雌性：翅形更宽，底色青黑色，斑纹白色或黄色，中室端具 3 白斑，亚顶角区具 2 白斑，M_3 到 2A 室各具 1 白斑，排列弯曲；亚外缘具 1 列模糊白斑列；后翅底色同前翅，中区具 1 白带从前缘到臀角，外侧具 1 列黄点，亚外缘及外缘各具 1 列黄白点，反面底色绿白色，白色斑纹内侧多 1 橙色边，其他斑纹基本同正面。

雄性外生殖器与武铠蛱蝶相似，主要区别是钩形突基部两侧近平行，抱器背端外缘不凹。

♂正　　　　　　　　　　　　　　♂反

♂外生殖器

图 2-76　栗铠蛱蝶 *Chitoria subcaerulea* (Leech, 1891)

分布：浙江（临安）、辽宁、福建、广东、广西、重庆、四川、贵州、云南、西藏；朝鲜，印度，不丹，缅甸，越南，老挝。

54. 窗蛱蝶属 *Dilipa* Moore, 1857

Dilipa Moore, 1857: 201. Type species: *Apatura morgiana* Westwood, 1850.

主要特征：体中型；前翅 R_2 与 R_5 脉共柄；后翅 Rs 脉在 M_1 脉之前分出；前后翅中室闭式；前翅顶角有透明斑。雄性外生殖器背兜宽阔；钩形突锥状，端部细尖；囊形突细长；颚形突端部愈合；抱器三角形，抱器背端具小尖突；阳茎极为细长，背面弯曲。

分布：古北区、东洋区。世界已知 2 种，中国记录 2 种，浙江分布 1 种。

（129）明窗蛱蝶 *Dilipa fenestra* (Leech, 1891)（图 2-77）

Vanessa fenestra Leech, 1891b: 26.

Dilipa fenestra: Tong, 1993: 34.

主要特征：雌雄异型。雄性：前翅顶角突出，正面底色黄色，中室内具 1 黑色圆点，中室端附近具 1

黑色大斑，亚顶角区黑色，有 2 个白色亚顶角斑；CuA_1 室具 1 黑色大圆点，CuA_2 室具 1 黑色斑，CuA_1 室基部及 CuA_2 室靠基部各具 1 黑斑，外缘具黑色带；反面底色黄褐色，具大量黑色细条，斑纹基本同正面。后翅正面底色黄色，基部和内缘黑色，亚缘具 1 列黑斑；外缘黑色；反面底色黄褐色，中区具 1 深褐色纵线从前缘延伸到臀角。雌性：翅形更宽，底色黄色，斑纹黑色，中室内具 1 黑斑，中室端具 1 大黑斑，亚顶角区黑色，有 3 个白色亚顶角斑；CuA_1 室具 1 黑色大圆点，圆点内具 1 蓝色瞳点；CuA_2 室基部到 2A 室基部黑色；后翅底色同前翅，基部黑色，亚外缘区具 1 黑色宽带从 M_2 脉延伸到臀角，黑带内部具白点，外缘具黑边，反面底色同雄性，斑纹基本同雄性。

雄性外生殖器颚形突肘状弯曲，末端愈合、钝圆；抱器背端突小刺状，垂直背缘；颚形突约为抱器长的 2 倍；阳茎细长，中央微弧形，末端尖。

♂正　　　　　　　　　♂反

♂外生殖器

图 2-77　明窗蛱蝶 *Dilipa fenestra* (Leech, 1891)

分布：浙江（杭州）、辽宁、北京、河北、山西、河南、陕西、湖北、四川；俄罗斯，朝鲜。

55. 帅蛱蝶属 *Sephisa* Moore, 1882

Sephisa Moore, 1882: 240 (repl. *Castalia* Westwood, 1850). Type species: *Limenitis dichroa* Kollar, 1844.

主要特征：体中型；前翅 R_2 与 R_5 脉共柄；后翅 Rs 脉在 M_1 脉之前分出；前后翅中室闭式。雄性外生殖器背兜宽阔；钩形突锥形，端尖细；囊形突细长，为骨环高的 2 倍多；颚形突端部愈合，舌状；抱器不规则四边形，背端具小尖突；阳茎极为细长，稍弯曲。

　　分布：古北区、东洋区。世界已知 4 种，中国记录 3 种，浙江分布 2 种。

（130）黄帅蛱蝶 *Sephisa princeps* (Fixsen, 1887)（图 2-78）

Apatura princeps Fixsen, 1887: 289.

Sephisa princeps: Tong, 1993: 35.

♂正　　　　　　　　　　　　　　　♂反

♀正　　　　　　　　　　　　　　　♀反

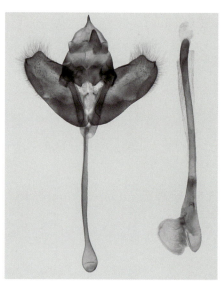

♂外生殖器

图 2-78　黄帅蛱蝶 *Sephisa princeps* (Fixsen, 1887)

主要特征：雌雄异型。雄性：前翅正面底色黑色，中室内具 2 黄色不规则斑，中室端附近具 3 黄色方斑，亚顶角区有 2 个黄色亚顶角斑；亚外缘具 1 列黄色斑，M_3 到 2A 室具黄斑，CuA_1 室黄斑中央具 1 黑色大圆点；反面底色黑色，斑纹基本同正面。后翅正面底色黑色，中室及周围翅室基部具黄斑；亚外缘具 1 列黄斑；反面底色黑色，斑纹排列类似正面。雌性：翅形更宽，后翅反面斑纹几乎全为白色，其他基本同雄性。

雄性外生殖器抱器背端钝圆直角，腹端稍突出；阳茎基鞘粗，端鞘细长。

分布：浙江（临安、淳安、开化、遂昌、松阳、龙泉、泰顺）、黑龙江、吉林、河南、陕西、甘肃、安徽、湖北、江西、四川、贵州、云南；俄罗斯，朝鲜半岛。

（131）帅蛱蝶 *Sephisa chandra* (Moore, 1857)（图 2-79）

Castalia chandra Moore in Horsfield & Moore, 1857: 200.

Sephisa chandra: Tong, 1993: 35.

主要特征：雌雄异型。雄性：前翅正面底色黑色，中室内具 1 块状黄斑，中室端外侧具 1 白色斑列，从前缘到 CuA_2 脉；亚顶角区具 2 小白斑，亚外缘区具 1 列模糊白斑，CuA_1 室到 2A 室各具 1 黄斑，斑列排列为弧形；反面底色较淡，斑纹排列基本同正面。后翅底色黑色，中室及中室附近翅室基部具黄斑，中室内黄斑中具 1 黑点；亚外缘具 1 列黄斑从顶角延伸到臀角；反面翅基部具数个白斑，近外缘 1 列白斑，其他斑纹排列基本同正面。雌性：翅形更宽，前翅正面底色黑色，顶角区颜色较淡；基部紫色，中室内具 1 黄色斑，中室端附近具 2 白色斑，亚顶角区有 3 个白色亚顶角斑；外中区和亚外缘各具 1 列白斑，M_3 到 2A 室具白斑，CuA_1 室与 CuA_2 室白斑上具紫色鳞；反面底色黑色，斑纹基本同正面。后翅正面底色黑色，中室周围翅室基部的白斑被紫色鳞覆盖；外中区及亚外缘各具 1 列被紫色鳞覆盖的白斑；反面底色黑色，斑纹排列类似正面，外中区斑列为黄色。

♂ 正　　　　　　　　　　　　　♂ 反

♀ 正　　　　　　　　　　　　　♀ 反

♂外生殖器

图 2-79　帅蛱蝶 *Sephisa chandra* (Moore, 1857)

雄性外生殖器与黄帅蛱蝶相似，主要区别是抱器背端弧形钝角，不突出。

分布：浙江（临安、淳安、开化、遂昌、松阳、龙泉、泰顺）、黑龙江、吉林、河南、陕西、甘肃、安徽、湖北、江西、四川、贵州、云南；俄罗斯，朝鲜半岛。

56. 白蛱蝶属 *Helcyra* Felder, 1860

Helcyra Felder, 1860: 450. Type species: *Helcyra chionippe* Felder, 1860.

主要特征：体中型；前翅 R_{1-2} 脉在中室端之前分出；后翅 Rs 脉在 M_1 脉之前分出；前后翅中室开式；翅反面银白或灰绿色。雄性外生殖器钩形突长，基部宽，端部细而尖，略向下弯；囊形突极长；颚形突带状，端部愈合；抱器近三角形，抱器端突小而尖，略上弯；阳茎极为细长，背面弯曲，具角状器。

分布：古北区、东洋区。世界已知 10 种，中国记录 4 种，浙江分布 2 种。

（132）傲白蛱蝶 *Helcyra superba* Leech, 1890（图 2-80）

Helcyra superba Leech, 1890: 189.

主要特征：雌雄同型。雄性：前翅正面底色黑色，基半部白色，中室端带 1 黑点，亚顶角区具 2 白斑；反面底色白色，可透见正面斑纹，无其他斑纹。后翅底色白色，外中区具 1 列小黑点，外缘区具 1 列黑色波浪纹；反面底色白色，可透见正面斑纹，外中区斑列微弱，无其他斑纹。雌性：翅形更宽，后翅正面外缘区黑色波浪纹更粗更明显，其余斑纹同雄性。

雄性外生殖器钩形突端部细而尖；囊形突极长，约为骨环高的 5 倍；抱器端突小刺状；阳茎稍弯曲，具角状器。

♂正　　　　　　　　　　♂反

♂外生殖器

图 2-80　傲白蛱蝶 *Helcyra superba* Leech, 1890

分布：浙江（临安、淳安、遂昌、龙泉、泰顺）、陕西、湖北、江西、台湾、广西、四川。

（133）银白蛱蝶 *Helcyra subalba* (Poujade, 1885)（图 2-81）

Apatura subalba Poujade, 1885: ccvii.

Helcyra subalba: Tong, 1993: 35.

　　主要特征：雌雄同型。雄性：前翅正面底色黑褐色，中室下角具 1 白斑，亚顶角区具 2 白斑；反面底色银灰色，中室下角具 1 白斑，亚顶角区具 2 白斑，臀角具 1 黑褐色大斑，大斑上方具 1 黑褐色小点。后翅正面底色黑褐色，前缘具模糊小白斑；反面底色银灰色，无斑纹。雌性：翅形更宽，后翅正面前缘白斑明显，其余斑纹同雄性。

　　雄性外生殖器与傲白蛱蝶相似，主要不同是钩形突稍粗；囊形突短，约为骨环高的 4 倍。

♂正　　　　　　　　　　　　　♂反

♂外生殖器

图 2-81　银白蛱蝶 *Helcyra subalba* (Poujade, 1885)

分布：浙江（临安、淳安、遂昌、龙泉、泰顺）、河南、湖北、江西、福建、广东、广西、四川；越南。

57. 脉蛱蝶属 *Hestina* Westwood, 1850

Hestina Westwood, 1850: 281. Type species: *Papilio assimilis* Linnaeus, 1758.

主要特征：体中型；前翅 R_2 与 R_5 脉共柄，有时源于一点；后翅 Rs 脉在 M_1 脉之前分出；前后翅中室开式；翅正面暗褐色，基部 2/3 多具长条形淡色斑。雄性外生殖器背兜宽阔；钩形突端部细而尖；囊形突细长，约为骨环高的 2 倍；颚形突端部愈合，末端稍尖；抱器宽，具端突；阳茎长，无角状器。

分布：古北区、东洋区。世界已知 6 种，中国记录 3 种，浙江分布 2 种。

（134）脉蛱蝶 *Hestina assimilis* (Linnaeus, 1758)（图 2-82）

Papilio assimilis Linnaeus, 1758b: 479.

Hestina assimilis: Tong, 1993: 35.

♂正　　　　　　　　　　　　♂反

♂外生殖器

图 2-82　脉蛱蝶 *Hestina assimilis* (Linnaeus, 1758)

主要特征：雌雄同型。雄性：正常型：前翅正面底色黑色，斑纹淡绿白色，中室基部具条斑，中间具1块状斑，中室端具2小点，中室外侧中带由零散的斑块组成，外横带由零散斑块组成，但斑块比中带的小，亚外缘及外缘各具1列小点；反面底色淡于正面，斑纹排列同正面。后翅正面底色同前翅，各个翅室基部具淡绿白色条斑，亚外缘区具3个淡绿白色小斑，小斑后方为4个红色圆点，红色圆点外侧具1列淡绿白色小斑；反面颜色稍淡，斑纹排列同正面。淡色型：正面底色白色，翅脉黑色，斑纹少，白色且模糊；后翅正面底色斑纹类似前翅；反面底色偏黄，无明显斑纹。雌性：正常型：翅形更宽，其余斑纹同雄性；淡色型：翅形更宽，其余斑纹同雄性。

雄性外生殖器钩形突端部刺状，短；抱器端半圆凹入，背端突钝、突出不明显，腹端突尖；阳茎长，端部稍弯。

分布：浙江（全省）、黑龙江、辽宁、北京、河北、山西、山东、河南、陕西、江苏、上海、安徽、湖北、江西、湖南、福建、台湾、广东、海南、香港、广西、四川、贵州、云南；朝鲜半岛，日本。

（135）拟斑脉蛱蝶 *Hestina persimilis* (Westwood, 1850)（图 2-83）

Diadema persimilis Westwood, 1850: 281.

Hestina persimilis: Chou, 1994: 449.

♂正　　　　　　　　　　　♂反

♂外生殖器

图 2-83　拟斑脉蛱蝶 *Hestina persimilis* (Westwood, 1850)

　　主要特征：雌雄同型。雄性：正常型：前翅正面底色黑色，斑纹淡绿白色，中室基部具条斑，中间具 1 块状斑，中室端具 2 小点，中室外侧中带由零散的斑块组成，外横带由零散斑块组成，但斑块比中带的小、亚外缘及外缘各具 1 列小点；反面底色淡于正面，斑纹排列同正面。后翅正面底色同前翅，各个翅室基部具狭窄的淡绿白色条斑，亚外缘区及外缘区各具 1 列淡绿白色小斑；反面底色同正面，斑纹排列同正面，斑纹比正面宽。淡色型：正面底色白色，翅脉黑色，斑纹少，白色且模糊；中室内具 1 黑色横纹；后翅正面底色斑纹类似前翅；反面底色偏黄，无明显斑纹。雌性：正常型：翅形更宽，颜色淡，其余斑纹同雄性；淡色型：翅形更宽，其他基本同雄性。

　　雄性外生殖器与脉蛱蝶相似，主要区别是抱器背端突明显突出，腹端突短指状、末端钝。

　　分布：浙江、辽宁、北京、河北、河南、陕西、湖北、湖南、福建、广西、四川、贵州、云南、西藏；朝鲜半岛，日本，巴基斯坦，克什米尔，印度，不丹，尼泊尔，缅甸，越南，老挝，泰国。

58. 紫蛱蝶属 *Sasakia* Moore, 1896

Sasakia Moore, 1896: 39. Type species: *Diadema charonda* Hewitson, 1863.

　　主要特征：大型种类；前翅 R_2 与 R_5 脉共柄，有时同时分出；后翅 Rs 脉在 M_1 脉之前先分出；前后翅中室开式；雄性外生殖器背兜宽阔，钩形突端部细短，囊形突细长，颚形突端部愈合，抱器三角形、具端突，阳茎细长。

分布：古北区、东洋区。世界已知 2 种，中国记录 2 种，浙江分布 2 种。

（136）紫蛱蝶 *Sasakia charonda* (Hewitson, 1863)（图 2-84）

Diadema charonda Hewitson, 1863: 20.

Sasakia charonda: Kudrna, 1974: 103.

　　主要特征：雌雄异型。雄性：前翅正面底色黑色，基半部具紫色闪光，中室内具 2 白斑，CuA_{1-2} 室各具 1 圆形大白斑，中室端斑纹黄色，亚顶角区具 2 黄色小斑，M_3 与 CuA_1 室各具 1 黄斑，亚外缘具 1 列小黄斑；反面底色基部三分之二黑色、端部三分之一黄绿色，斑纹基本同正面。后翅底色黑色，中室及附近具紫色闪光，中室内具 1 白斑，M_1 室具 1 白斑，外中区具 1 列排列曲折的小黄点，亚外缘区具 1 列黄色小圆点，臀角具粉红色斑；反面底色黄绿色，斑纹排列近似正面，但颜色为底色。雌性：翅形更宽，翅面斑纹基本为白色，无黄色斑。

♂正　　　　　　　　　　♂反

♀正

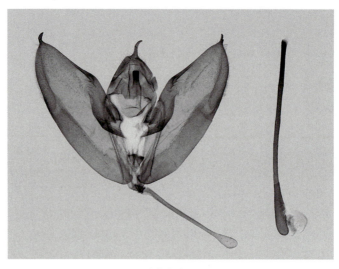

♂外生殖器

图 2-84　紫蛱蝶 *Sasakia charonda* (Hewitson, 1863)

　　雄性外生殖器抱器端部近似等腰三角形，顶端具细刺突；囊形突约等长于骨环高；阳茎细长，末端平。
　　分布：浙江（临安、普陀、遂昌、景宁、龙泉、泰顺）、辽宁、北京、河北、山西、河南、陕西、湖北、福建、台湾、广东、广西、四川、云南；朝鲜半岛，日本，越南。

（137）黑紫蛱蝶 *Sasakia funebris* (Leech, 1891)（图 2-85）

Euripus funebris Leech, 1891b: 27.

Sasakia funebris: Tong, 1993: 36.

　　主要特征：雌雄同型。雄性：前翅正面底色黑色，基半部黑色，中室内具隐约的红色条，端半部具长的白色箭头形纹，反面底色同正面，中室内红条清晰，中室端具蓝白色斑，中室下方具 1 蓝白色斑，CuA_{1-2} 室一共具 3 蓝白色小斑。后翅底色黑色，端半部具白色条；反面底色黑色，翅基部具红色环状纹，其余斑纹类似正面。雌性：翅形更宽，其余同雄性。
　　雄性外生殖器与紫蛱蝶非常相似，其不同之处在于抱器宽，背缘直，腹缘端部弧形向上，小突起位于背端；囊形突明显长于骨环高。

♂正　　　　　　　　　　　　　　　　♂反

♀正　　　　　　　　　♀反

♂外生殖器

图 2-85　黑紫蛱蝶 *Sasakia funebris* (Leech, 1891)（外生殖器引自 Chou and Li，1993）

分布：浙江（遂昌、景宁、泰顺）、湖南、福建、广西、四川、云南；印度。

59. 猫蛱蝶属 *Timelaea* Lucas, 1883

Timelaea Lucas, 1883: XXXV. Type species: *Melitaea maculata* Bremer *et* Grey, 1852.

主要特征：体中型；前翅 R_2 与 R_5 脉共柄；后翅 Rs 脉在 M_1 脉之前分出；前后翅中室开式；翅正面黄色，密布黑斑。雄性外生殖器背兜窄，钩形突较长，囊形突细长，颚形突膜质、不愈合，抱器宽、末端二分叉，阳茎极为细长。

分布：古北区、东洋区。世界已知 2 种，中国记录 2 种，浙江分布 2 种。

（138）猫蛱蝶 *Timelaea maculata* (Bremer *et* Grey, 1852)（图 2-86）

Melitaea (?) *maculata* Bremer *et* Grey, 1852: 59.

Timelaea maculata: Tong, 1993: 51.

　　主要特征：雌雄同型。雄性：前翅正面底色黄色，翅面密布黑色斑点，中室内具 5 个圆斑，外中列、亚外缘列及外缘列均由大小不一的黑斑组成；反面底色同正面，斑纹基本同正面，靠顶角的前缘区具 2 白斑。后翅底色黄色，黑斑排布类似前翅；反面底色黄色，斑纹排列近似正面，基部、前缘及中区具白色区域。雌性：翅形更宽，其他基本同雄性。

♂ 正　　　　　　　　　　♂ 反

♀ 正　　　　　　　　　　♀ 反

♂ 外生殖器

图 2-86　猫蛱蝶 *Timelaea maculata* (Bremer *et* Grey, 1852)

雄性外生殖器囊形突长，基部垂直弯曲，约5倍于骨环高；抱器背缘自基部弧形拱起、末端半椭圆形突出，腹端具小尖突，中央内膜强脊起、折叠；阳茎细长。

分布：浙江（杭州）、北京、河北、河南、陕西、甘肃、青海、江苏、安徽、湖北、江西、福建、四川。

（139）白裳猫蛱蝶 *Timelaea albescens* (Oberthür, 1886)（图 2-87）

Argynnis maculata var. *albescens* Oberthür, 1886b: 18.

Timelaea albescens: Tong, 1993: 50.

♂正　　　　　　　　♂反

♀正　　　　　　　　♀反

♂外生殖器

图 2-87　白裳猫蛱蝶 *Timelaea albescens* (Oberthür, 1886)

主要特征：雌雄同型。雄性：前翅正面底色浅黄色，翅面密布黑色斑点，中室内具 4 个圆斑，外中列、亚外缘列及外缘列均由大小不一的黑斑组成；反面底色同正面，斑纹基本同正面，靠中室下方的中域在黑斑之间具 2 白斑。后翅底色黄色，黑斑排布类似前翅，中室周围具白斑；反面底色黄色，斑纹排列近似正面，基半部为白色区域。雌性：翅形更宽，其他基本同雄性。

雄性外生殖器与猫蛱蝶相似，主要区别是抱器背缘中央弧形内凹，端突半球形，腹端突极小。

分布：浙江（临安、淳安、建德、缙云、景宁、龙泉、泰顺）、湖北、江西、湖南、福建、台湾、四川。

60. 电蛱蝶属 *Dichorragia* Butler, 1869

Dichorragia Butler, 1869: 614. Type species: *Adolias nesimachus* Doyère, 1840.

主要特征：体中型种类。前翅 R_2 自中室端独立分出；M_2 脉近 M_1 远 M_3 脉；后翅 Rs 脉先于 M_1 脉分出；前后翅中室闭式；翅正面中央具蓝色光泽，前翅端部具箭状白纹。雄性外生殖器背兜宽，钩形突端部细、钩形下弯，囊形突较长，颚形突愈合，抱器舌状，末端钝圆，阳茎直，中等长度。

分布：古北区、东洋区。世界已知 3 种，中国记录 2 种，浙江分布 1 种。

（140）电蛱蝶 *Dichorragia nesimachus* (Doyère, 1840)（图 2-88）

Adolias nesimachus Doyère, 1840: pl. 139bis.

Dichorragia nesimachus: Chou, 1994: 457.

主要特征：雌雄同型。雄性：前翅正面底色黑色，翅面具墨绿色闪光，中室前后缘共具 4 个白斑，中室端有时具 2 个小白斑，中室端外侧具 3 个白色条斑，中室下方 M_3 到 2A 室各具 1 白斑，亚顶角区到内缘具 1 列白斑，亚外缘区具 1 列箭形纹，外侧具 1 列小白点；反面底色比正面淡，斑纹基本同正面。后翅

♂正　　　　　　　　　　　♂反

♀正　　　　　　　　　　　♀反

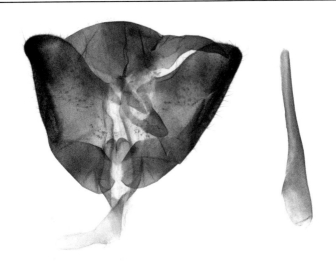

♂ 外生殖器

图 2-88　电蛱蝶 *Dichorragia nesimachus* (Doyère, 1840)

正面底色同前翅，基半部具紫色光泽；中室内具 3 个白斑；外中列排列曲折，由零散白斑组成，外中列外侧具 1 列黑斑；亚外缘列具 1 列箭形纹，外侧具 1 列小白点；反面底色近似正面，斑纹类似正面。雌性：翅形更宽，其他基本同雄性。

雄性外生殖器抱器板状，末端稍窄，钝圆；阳茎直，基部粗。

分布：浙江（临安、淳安、开化、遂昌、龙泉、泰顺）、湖北、湖南、台湾、海南、广西、四川、云南、西藏；朝鲜半岛，日本，印度，不丹，尼泊尔，孟加拉国，缅甸，越南，老挝，泰国，柬埔寨，菲律宾，马来西亚，印度尼西亚。

61. 饰蛱蝶属 *Stibochiona* Butler, 1869

Stibochiona Butler, 1869: 614. Type species: *Hypolimnas coresia* Hübner, 1826.

主要特征：体中型；前翅 R_{2-5} 脉共柄；M_2 脉自中室端中央发出；前后翅中室闭式；翅亚缘具白斑。雄性外生殖器背兜宽，钩形突长而直，囊形突中等长度，颚形突愈合，抱器三角形，阳茎直而短。

分布：古北区、东洋区。世界已知 2 种，中国记录 1 种，浙江分布 1 种。

（141）素饰蛱蝶 *Stibochiona nicea* (Gray, 1846)（图 2-89）

Adolias nicea Gray, 1846: 13.

Stibochiona nicea: Tong, 1993: 36.

主要特征：雌雄同型。雄性：前翅正面底色黑褐色，翅面具蓝色闪光，中室内具 3 条蓝色横带，中室端外侧具 4 个白色小斑，弧形排列最后并入外中列；外中列由 1 列白色小点组成；外侧具蓝色闪光鳞，亚外缘具 1 列大白点；反面底色比正面淡，M_3 到 CuA_2 室具额外的 1 个白斑，其余斑纹基本同正面。后翅正面底色同前翅，具蓝紫色光泽；外中区具 1 列蓝色斑，亚外缘到外缘具 1 列发达白色方斑，方斑内侧具蓝色鳞，中央具 1 黑点；反面底色近似正面，外中区和亚外缘区具白色小点列，外缘区白斑内部凹陷。雌性：翅形更宽，其他基本同雄性。

雄性外生殖器钩形突基部宽，梯形，端部窄，两侧平行，末端中央稍凹；抱器三角形，末端稍尖，抱器腹基部长方形，上方骨化程度高，被小刺。

♂正　　　　　　　　　　　　　　♂反

♀正　　　　　　　　　　　　　　♀反

♂外生殖器

图 2-89　素饰蛱蝶 *Stibochiona nicea* (Gray, 1846)

分布：浙江（遂昌、泰顺）、安徽、湖北、湖南、广西、四川、贵州、云南、西藏；克什米尔，印度，不丹，尼泊尔，孟加拉国，缅甸，越南，老挝。

62. 豹蛱蝶属 *Argynnis* Fabricius, 1807

Argynnis Fabricius, 1807: 283. Type species: *Papilio paphia* Linnaeus, 1758.

主要特征：体中型；前翅 R_2 脉先于 R_{3-5} 脉自中室端发出，M_2 脉稍近 M_1 脉，CuA_2 脉近 CuA_1 脉；前

后翅中室闭式；翅正面橙黄色，密布黑斑；后翅反面具淡色带。雄性外生殖器背兜宽，钩形突端部鸡冠状、具长刺，抱器平行四边形、背端突呈锤状，阳茎直而短、开口处具椭圆形被毛角状器。

　　分布：古北区、东洋区。世界已知 1 种，中国记录 1 种，浙江分布 1 种。

（142）豹蛱蝶 *Argynnis paphia* (Linnaeus, 1758)（图 2-90）

Papilio paphia Linnaeus, 1758b: 481.

Argynnis paphia: Tong, 1993: 36.

　　主要特征：雌雄异型。雄性：前翅正面底色橙色，斑纹黑色，中室内具 3 弯曲横带，中室端具 1 端带，外侧具 2 小斑，M_3 到 2A 脉上具性标，翅脉明显加粗；M_{2-3} 室各具 1 黑斑，外中区具 1 列黑斑，亚外缘具 1 列黑斑，外缘具黑边；反面底色较淡，近顶角处底色绿色，黑斑排列类似正面，但顶角处无黑斑。后翅底色橙色，中室端、中室内及中室周围具黑条，外中区具 5 个黑斑，排列曲折；亚外缘具 1 列排列为弧形的黑斑，从顶角延伸到臀角；外缘具黑边；反面底色绿色，基部、中区和外中区各具 1 白色带，亚外缘在 M_3 和 CuA_1 室各具 1 白斑，外缘具白边。雌性：翅形更宽，前翅正面底色黄色，顶角区黑色；顶角区以内斑纹排列类似雄性，黑斑更大；反面底色淡于正面，斑纹基本同正面。后翅正面底色黄色，斑纹排列类似雄性；反面底色绿色，斑纹类似雄性。

　　雄性外生殖器钩形突基部宽、中央具菱形膜区，端部细、背中央膨大、具长刺，末端尖，如鸡冠状；抱器长方形，末端分叉，背端突向上向后伸出、背面平且被小刺，腹端方形，上缘具 2 刺突，上角指状被长毛，下角钝圆，抱器背拱。

♂正　　　　　　　　　　　　　♂反

♀正　　　　　　　　　　　　　♀反

♂外生殖器

图 2-90　豹蛱蝶 *Argynnis paphia* (Linnaeus, 1758)

分布：浙江（临安、淳安、开化、缙云、遂昌、龙泉、泰顺）、黑龙江、吉林、辽宁、北京、河北、陕西、甘肃、湖北、江西、湖南、台湾、四川、贵州、云南、西藏；俄罗斯，朝鲜半岛，日本，吉尔吉斯斯坦，哈萨克斯坦，西亚，高加索，西欧，北非。

63. 斐豹蛱蝶属 *Argyreus* Scopoli, 1777

Argyreus Scopoli, 1777: 431. Type species: *Papilio hyperbius* Linnaeus, 1763.

主要特征：体中型；前翅 R_2 脉先于 R_{3-5} 脉自中室端发出，M_2 脉稍近 M_1 脉，CuA_2 脉在翅基下 CuA_1 脉间；前后翅中室闭式；翅正面橙黄色，密布黑斑；前翅反面基部橙红色，后翅反面具褐色斑纹且有些斑纹具黑边。雄性外生殖器背兜宽，钩形突端部锥状，抱器平行四边形、端部三分叉，阳茎直而短、开口处具椭圆形被毛角状器。

分布：古北区、东洋区、新北区、旧热带区。世界已知 1 种，中国记录 1 种，浙江分布 1 种。

（143）斐豹蛱蝶 *Argyreus hyperbius* (Linnaeus, 1763)（图 2-91）

Papilio hyperbius Linnaeus, 1763: 408.

Argyreus hyperbius: Tong, 1993: 37.

主要特征：雌雄异型。雄性：前翅正面底色橙色，斑纹黑色，中室内具 3 弯曲横带，中室端具 1 端带，中带由零散黑斑组成，排列为"Z"形，外中区具 1 列黑斑，亚外缘具 1 列黑斑，外缘具 1 列黑斑；反面底色不均一，近顶角处及内缘处底色黄绿色，其余区域近正面底色；黑斑排列类似正面，但顶角处无黑斑，具 4 个白斑。后翅底色橙色，中室内具黑条，中区列由 6 个黑斑组成；外中区具 5 个黑斑，弧形排列；亚外缘具 1 列排列为弧形的黑斑，从顶角延伸到臀角；外缘具黑边；反面底色黄绿色，基部、中区和外中区具不规则白斑，白斑通常都饰有黑边，亚外缘具 1 列褐色小点，内有白点，外缘具黑边。雌性：翅形更宽，体型更大。前翅正面底色基半部黄色、端半部黑色，顶角区具 1 倾斜白带从前缘延伸到 M_3 脉；黑斑排列近似雄性；反面底色类似雄性，具白带的区域内侧底色为黑色，斑纹基本同正面。后翅正面底色橙黄色，斑纹排列类似雄性；反面底色黄绿色，斑纹类似雄性。

雄性外生殖器钩形突中央膜区条形；抱器端三分叉，上 2 突长指状、分别被小刺，下突短小，抱器背内缘隆起被小刺；阳茎角状器大毛块中央伸出小指状。

♂正　　　　　　　　♂反

♀正　　　　　　　　♀反

♂外生殖器

图 2-91　斐豹蛱蝶 *Argyreus hyperbius* (Linnaeus, 1763)

分布：浙江（全省）、北京、河北、河南、陕西、甘肃、江苏、上海、安徽、湖北、江西、湖南、福建、台湾、广东、海南、香港、广西、四川、贵州、云南、西藏；日本，巴基斯坦，克什米尔，印度，不丹，尼泊尔，孟加拉国，缅甸，越南，老挝，泰国，柬埔寨，菲律宾，斯里兰卡，马来西亚，印度尼西亚，澳大利亚，巴布亚新几内亚，北非。

64. 老豹蛱蝶属 *Argyronome* Hübner, 1819

Argyronome Hübner, 1819: 32. Type species: *Papilio laodice* Pallas, 1771.

主要特征：体中型；前翅 R_2 脉先于 R_{3-5} 脉自中室端发出，M_2 脉近 M_1 脉，CuA_2 脉在翅基下 CuA_1 脉间；前后翅中室闭式；翅正面橙黄色，密布黑斑；后翅反面基半部色淡，端半部色深；雄性前翅 CuA_2 与 2A 脉中部具性标。雄性外生殖器背兜宽，具背兜侧突，囊形突宽短，钩形突端部细长而尖，抱器平行四边形、端部三分叉且被尖刺，阳茎直而短、开口处具毛斑样角状器。

分布：古北区、东洋区。世界已知 3 种，中国记录 2 种，浙江分布 1 种。

（144）老豹蛱蝶 *Argyronome laodice* (Pallas, 1771)（图 2-92）

Papilio laodice Pallas, 1771: 470.

Argyronome laodice: Higgins & Riley, 1970: 325.

主要特征：雌雄同型。雄性：前翅正面底色橙色，斑纹黑色，中室内具 3 弯曲横带，中室端具 1 端带，中带由零散黑斑组成，排列为 "Z" 形，CuA_2 及 2A 脉上具性标，翅脉膨大；外中区具 1 列黑斑，亚外缘具 1 列黑斑，外缘具 1 列黑斑；反面底色不均一，近顶角处及内缘处底色黄绿色，其余区域淡橙色；黑斑排列类似正面，但顶角处无黑斑。后翅底色橙色，中室内具黑斑，中区列由 6 个黑斑组成，排列曲折；外中区具 5 个黑斑，曲折排列，M_{2-3} 室斑靠外；亚外缘具 1 列排列为弧形的黑斑，从顶角延伸到臀角；外缘具 1 列黑斑；反面底色黄绿色，基部具红带，外中区 1 列互相连接的白斑列，在中室端附近比较微弱，亚外缘具雾状白色鳞，内有黄绿色点。雌性：翅形更宽，体型更大。前翅正面底色橙色，亚顶角区具 1 小白斑；黑斑排列近似雄性；反面底色类似雄性，亚顶角区具 1 小白斑，其余斑纹基本同正面。后翅正面底色橙色，斑纹排列类似雄性；反面底色黄绿色，基部红带更发达，白斑列的白斑更发达，其余斑纹类似雄性。

♂ 正　　　　　　　　　　　　♂ 反

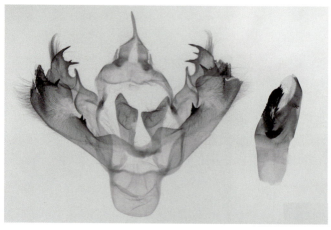

♂ 外生殖器

图 2-92　老豹蛱蝶 *Argyronome laodice* (Pallas, 1771)

雄性外生殖器钩形突端部细尖；抱器端二分叉，背端突具 3 细尖刺，腹端突角状、内侧基具 1 刺突，抱器腹上缘具刺突。

分布：浙江（富阳、开化、缙云、遂昌、龙泉、泰顺）、黑龙江、吉林、辽宁、内蒙古、北京、河北、山西、河南、陕西、宁夏、甘肃、青海、新疆、江苏、上海、湖北、江西、湖南、福建、广西、四川、云南、西藏；俄罗斯，朝鲜半岛，日本，哈萨克斯坦，克什米尔，印度，缅甸，西欧。

65. 云豹蛱蝶属 *Nephargynnis* Shirôzu *et* Saigusa, 1973

Nephargynnis Shirôzu *et* Saigusa, 1973: 111. Type species: *Argynnis anadyomene* C. *et* R. Felder, 1862.

主要特征：体中型；前翅 R_2 脉先于 R_{3-5} 脉自中室端发出，M_2 脉近 M_1 脉，CuA_2 脉在翅基下 CuA_1 脉间；前后翅中室闭式；翅正面橙黄色，密布黑斑；翅反面前翅顶角及后翅具草绿色斑纹；雄性前翅 CuA_2 脉具性标。雄性外生殖器背兜宽短，钩形突端部细长而尖，抱器端部二分叉、背端突细长棒状、腹端突角状，阳茎稍弯、开口处具毛斑样角状器。

分布：古北区、东洋区。世界已知 1 种，中国记录 1 种，浙江分布 1 种。

（145）云豹蛱蝶 *Nephargynnis anadyomene* (C. *et* R. Felder, 1862)（图 2-93）

Argynnis anadyomene C. and R. Felder, 1862: 25.

Nephargynnis anadyomene: Shirôzu and Saigusa, 1973: 111.

主要特征：雌雄异型。雄性：前翅顶角突出，正面底色橙色，斑纹黑色，中室内具 3 弯曲横带，中室端具 1 端斑，中带由零散黑斑组成，排列为 "L" 形，CuA_2 脉上具性标，翅脉膨大；外中区具 1 列黑斑，亚外缘具 1 列黑斑，外缘具 1 列黑斑；反面底色黄绿色，黑斑排列类似正面，但顶角处无黑斑，亚外缘和外缘的黑斑列完全缺失。后翅底色橙色，中室内具黑斑，中区列由 6 个黑斑组成，排列曲折；外中区具 6 个黑斑，弧形排列；亚外缘具 1 列排列为弧形的黑斑，从顶角延伸到臀角；外缘具 1 列黑斑；反面底色黄绿色，近前缘具 1 白斑，后方具 1 列排列为弧形的微弱白点，亚外缘具雾状白鳞区。雌性：翅形更宽，体型更大。前翅正面底色橙色，亚顶角区具 1 小白斑；黑斑排列近似雄性；反面底色类似雄性，亚顶角区具 1 小白斑，其余斑纹基本同正面。后翅正面底色橙色，斑纹排列类似雄性；反面底色黄绿色，其余斑纹类似雄性。

雄性外生殖器钩形突端部细长而尖，中央膜区椭圆形；抱器端分叉，背端突细长、棒状、末端稍膨大且被小刺，腹端突尖角状突出，抱器基部具指状突起。

♂正　　　　　　　　　♂反

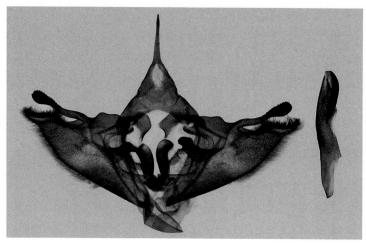

♂ 外生殖器

图 2-93　云豹蛱蝶 *Nephargynnis anadyomene* (C. *et* R. Felder, 1862)

分布：浙江（富阳、开化、缙云、遂昌、龙泉、泰顺）、黑龙江、吉林、辽宁、甘肃、安徽、湖北、江西、湖南、福建；俄罗斯，朝鲜半岛，日本。

66. 青豹蛱蝶属 *Damora* Nordmann, 1851

Damora Nordmann, 1851: 439. Type species: *Damora paulina* Nordmann, 1851 = *Argynnis sagana* Doubleday, 1847

　　主要特征：体中型；前翅 R_2 脉先于 R_{3-5} 脉自中室端发出，M_2 脉近 M_1 脉，CuA_2 脉稍近 CuA_1 脉；前后翅中室闭式；翅正面橙黄色，密布黑斑；后翅反面基半部色淡，端半部色深；雄性前翅 M_3 至 2A 脉中部具性标。雄性外生殖器背兜宽短，钩形突中部瘤状突起、端部背面隆起具刺，抱器平行四边形、端部分叉、背端突粗指状被刺，中突舌状、腹端不突出，阳茎角状器发达。

　　分布：古北区、东洋区。世界已知 3 种，中国记录 1 种，浙江分布 1 种。

（146）青豹蛱蝶 *Damora sagana* (Doubleday, 1847)（图 2-94）

Argynnis sagana Doubleday, 1847: pl. 21.

Damora sagana: Lewis, 1974: 345.

　　主要特征：雌雄异型。雄性：前翅正面底色橙色，斑纹黑色，中室内具 1 弯曲横带、1 黑色斑，中室端具 1 端带，M_3 到 2A 脉上具性标，翅脉明显加粗；中区列由零散黑斑组成，排列为"L"形，外中区具 1 列黑斑，亚外缘具 1 列黑斑，外缘具 1 列黑斑；反面底色近正面，近顶角处底色绿色，黑斑排列类似正面，但顶角区无黑斑。后翅底色橙色，中室端具黑条，外中区具 6 个黑斑，排列曲折；亚外缘具 1 列排列为弧形的黑斑，从顶角延伸到臀角；外缘具由菱形黑斑组成的斑列；反面底色近正面，基部及中区具红色细线，外中区具 1 微弱白斑带，在中室端附近断开，外侧具 1 列深褐色点，顶角和臀角区具雾状白鳞。雌性：翅形更宽，前翅正面底色青黑色，中室内具楔形白斑，中室端外侧具 3 方形白斑，亚顶角区 1 白斑，M_2 至 CuA_2 室具白斑，亚外缘从 M_2 至 CuA_2 室具 4 个白色圆点；反面颜色青色，斑纹类似正面。后翅正面底色类似前翅，中区具 1 白带从前缘延伸到内缘上方，白带外侧具 1 列黑斑，亚外缘具 1 列白斑；反面底色青黑色，基部具雾状白斑，中室上方具 1 方形白斑，中室内具 1 白条，中区具 1 白带，类似正面，亚外缘在顶角及臀角区具雾状白鳞。

　　雄性外生殖器钩形突中部具 2 片突，端部背面隆起、具刺；抱器背端突拇指状、被刺，腹端上角舌状突出、下角钝圆，抱器背拱起，抱器基部具 2 突起。

　　分布：浙江（萧山、建德、宁海、余姚、开化、缙云、遂昌、龙泉、泰顺）、黑龙江、吉林、辽宁、河南、陕西、甘肃、江苏、上海、湖北、江西、湖南、福建、广西、四川、贵州、云南、西藏；俄罗斯，蒙古国，朝鲜半岛，日本。

♂正　　　　　　　　　　♂反

♀正　　　　　　　　　　♀反

♂外生殖器

图 2-94　青豹蛱蝶 *Damora sagana* (Doubleday, 1847)

67. 银豹蛱蝶属 *Childrena* Hemming, 1943

Childrena Hemming, 1943: 30. Type species: *Argynnis childreni* Gray, 1831.

　　主要特征：体中型；前翅 R_2 脉先于 R_{3-5} 脉自中室端发出，M_2 脉近 M_1 脉，CuA_2 脉近 CuA_1 脉；前后

翅中室闭式；翅正面橙黄色，密布黑斑；后翅青绿色，具白色网状纹；雄性前翅 CuA_1、CuA_2 及 2A 脉中部具性标。雄性外生殖器钩形突端部剑状，抱器端部分叉、背端突细且被刺、腹端突粗大，阳茎具发达的角状器。

　　分布：古北区、东洋区。世界已知 2 种，中国记录 2 种，浙江分布 1 种。

（147）银豹蛱蝶 *Childrena childreni* (Gray, 1831)（图 2-95）

Argynnis childreni Gray, 1831: 33.

Childrena childreni: Lewis, 1974: 132.

　　主要特征：雌雄异型。雄性：前翅正面底色橙色，斑纹黑色，中室内具 3 弯曲横带、1 黑色斑，中室端具 1 端带，CuA_1 到 2A 脉上具性标，翅脉明显加粗；中区列由 3 个零散黑斑组成，排列为 "L" 形，外中区具 1 列黑斑，亚外缘具 1 列黑斑，外缘具 1 列互相接触的菱形黑斑；反面底色近正面，近顶角处底色绿色，黑斑排列类似正面，但顶角区无黑斑，具 4 个白斑。后翅底色橙色，中室端具黑斑，中区具 6 个黑斑，排列曲折；外中区具 5 个黑斑，排列成弧形；亚外缘具 1 列排列为弧形的黑斑，从顶角延伸到臀角；外缘具黑边；反面底色绿色，基部至外缘具大量白色条纹，外中区白条最发达明显，在中室端附近错位断开。雌性：翅形更宽，体型更大。前翅正面底色青黑色，黑色斑纹比雄性发达，排列类似雄性；反面颜色黄绿色，在顶角区具 2 列白斑，其余斑纹类似正面；后翅正面底色类似前翅，黑色斑纹比雄性发达，排列类似雄性；反面底色绿色，基部至外缘具大量白色条纹，外中区白条最发达明显，在中室端附近错位断开，顶角区下方具 3 个暗色圆斑，臀角区上方具 1 暗色圆斑。

♂正　　　　　　　　　　　　　　♂反

♀正　　　　　　　　　　　　　　♀反

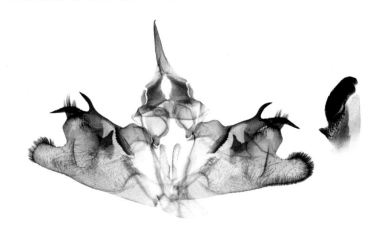

♂ 外生殖器

图 2-95　银豹蛱蝶 *Childrena childreni* (Gray, 1831)

雄性外生殖器抱器端三分叉，背端突具 2 大刺、顶端的长，中突基部具刺突、末端钝圆、被长毛，腹端突长于中突，末端钝圆。

分布：浙江（萧山、建德、余姚、开化、缙云、庆元、龙泉、泰顺）、甘肃、湖北、福建、广西、四川、贵州、云南、西藏；克什米尔，印度，尼泊尔，缅甸。

68. 福蛱蝶属 *Fabriciana* Reuss, 1920

Fabriciana Reuss, 1920: 192. Type species: *Papilio niobe* Linnaeus, 1758.

主要特征：体中型；前翅 R_2 脉先于 R_{3-5} 脉自中室端发出，M_2 脉稍近 M_1 脉，CuA_2 脉近 CuA_1 脉；前后翅中室闭式；翅正面橙黄色，密布黑斑；后翅反面有白色斑；雄性前翅 CuA_1 和 CuA_2 或 CuA_2 脉具性标。雄性外生殖器背兜宽，具背兜侧突，囊形突宽短，钩形突中部具尖角形裂缝、末端下弯刀刃状，抱器端深裂、背端突细长、具抱器内突，阳茎短、具被大齿的角状器。

分布：古北区、东洋区。世界已知 15 种，中国记录 5 种，浙江分布 2 种。

（148）灿福蛱蝶 *Fabriciana adippe* (Denis *et* Schiffermüller, 1775)（图 2-96）

Papilio adippe Schiffermüller, 1775: 176.

Fabriciana adippe: Reuss, 1920: 236.

主要特征：雌雄同型。雄性：前翅正面底色橙色，斑纹黑色，中室内具 3 弯曲横带，中室端具 1 端带，CuA_{1-2} 脉上具性标，有时只有 CuA_2 脉上有，翅脉明显加粗；中区列由 5 个零散黑斑组成，排列为"Z"形，外中区具 1 列黑斑，亚外缘具 1 列黑斑，外缘具黑边；反面底色近正面，近顶角处底色绿色，黑斑排列类似正面，但顶角区无黑斑。后翅底色橙色，中室端及中室内具黑斑，中区具 1 曲折细黑带，中间断裂；外中区具 3 个黑斑，排列成弧形；亚外缘具 1 列"M"形黑斑，排列为弧形，从顶角延伸到臀角；外缘在每条翅脉末端处具菱形黑斑；反面底色黄绿色，基部至外缘具大量白色斑，排列成弧状，外中区白斑列外侧具 3 个红褐色斑。雌性：翅形更宽，体型更大。前翅正面底色橙色，黑色斑纹比雄性发达，排列类似雄性；反面底色近正面，近顶角处底色绿色，在顶角区具 4 个白斑，其余斑纹类似正面。后翅正面底色类似前翅，黑色斑纹比雄性发达，排列类似雄性；反面底色黄绿色，基部至中区具大量白色斑，外中区白斑列最发达明显，在中室端附近斑纹骤然变小，白斑列外侧具 1 列红褐色斑，亚外缘具 1 列银白色斑从顶角延伸到臀角。

♂正　　　　　　　　　　♂反

♂外生殖器

图 2-96　灿福蛱蝶 *Fabriciana adippe* (Denis *et* Schiffermüller, 1775)

雄性外生殖器钩形突中部背面隆起，端部细尖；抱器背端突细长，腹端突长于中突，末端钝圆。

分布：浙江（临安、缙云、庆元、龙泉）、黑龙江、吉林、辽宁、北京、河北、山东、河南、陕西、甘肃、新疆、江苏、上海、湖北、江西、湖南、四川、云南、西藏；俄罗斯，蒙古国，朝鲜半岛，日本，吉尔吉斯斯坦，哈萨克斯坦，西欧。

（149）蟾福蛱蝶 *Fabriciana nerippe* (C. *et* R. Felder, 1862)（图 2-97）

Argynnis nerippe C. *et* R. Felder, 1862: 24.

Fabriciana nerippe: Reuss, 1920: 232.

主要特征：雌雄同型。雄性：前翅正面底色橙色，斑纹黑色，中室内具 3 弯曲横带，中室端具 1 端带，CuA_{1-2} 脉上具性标，翅脉明显加粗；中区列由 5 个零散黑斑组成，排列为"Z"形，外中区具 1 列黑斑，亚外缘具 1 列黑斑，外缘具黑边；反面底色近正面，近顶角处底色绿色，黑斑排列类似正面，但顶角区无黑斑。后翅底色橙色，中室端及中室内具黑斑，中区具 1 曲折细黑带；外中区具 3 个黑斑，排列成弧形；亚外缘具 1 列宽"N"形黑斑，排列为弧形，从顶角延伸到臀角；外缘在每条翅脉末端处具黑斑；反面底色黄绿色，基部至外缘具大量白色斑，外中区白斑列最发达明显，在中室端附近斑纹骤然变小，白斑列外侧具红褐色斑。雌性：翅形更宽，前翅正面底色橙色，黑色斑纹比雄性发达，排列类似雄性；反面底色近正面，近顶角处底色绿色，在顶角区具数个白斑，其余斑纹类似正面。后翅正面底色类似前翅，黑色斑纹比雄性发达，排列类似雄性；反面底色深黄绿色，基部至中区具大量白色斑，外中区白斑列外侧具 3 个红褐色斑。

雄性外生殖器钩形突中部隆起，端部尖细；抱器腹末突出，抱器背末近直角并向外伸出凸起；阳茎具刺状角状器。

♂正　　　　　　　　　　　　♂反

♀正　　　　　　　　　　　　♀反

♂外生殖器

图 2-97 蟾福蛱蝶 *Fabriciana nerippe*（C. *et* R. Felder, 1862）

分布：浙江（临安、淳安、龙泉）、黑龙江、吉林、辽宁、北京、河北、陕西、湖北、四川、云南；俄罗斯，朝鲜，日本。

69. 翠蛱蝶属 *Euthalia* Hübner, 1819

Euthalia Hübner, 1819: 41. Type species: *Papilio lubentina* Cramer, 1777.

主要特征：体中或大型；前翅 R_1、R_2 脉自中室端前发出，R_1 与 Sc 脉大部愈合或不愈合或仅雌性出现愈合；前后翅中室开式或闭式；翅反面基部具黑色环状纹。雄性外生殖器背兜宽；钩形突长，末端下弯；

囊形突中等长度；抱器长，末端具各种突起和齿；阳茎直而短，角状突有或无；阳基轭片"U"形。

分布：古北区、东洋区。世界已知 100 多种，中国记录 60 种，浙江分布 19 种。

分种检索表

（150）拟鹰翠蛱蝶 *Euthalia yao* Yoshino, 1997（图 2-98）

Euthalia anosia yao Yoshino, 1997: 4.

Euthalia yao: Lang, 2009: 497.

主要特征： 雌雄异型。雄性：前翅正面底色黑褐色，顶角突出，中室内具 3 弯曲横带，外中区到外缘被灰蓝色鳞；反面底色灰白色，中室内黑色细线不规则，从顶角到内缘具 1 黑褐色斜带。后翅底色褐色，中室端具黑圈，M$_2$ 脉到内缘的区域被灰蓝色鳞；反面底色同前翅，基部具数个不规则黑圈；亚外缘具 1 列排列成弧形的黑斑。雌性：翅形更宽，体型更大。前翅正面底色同雄蝶，中室端具 4 个白斑，倾斜排列；反面底色同雄蝶，白斑清晰可见，其余斑纹类似雄性。后翅正面底色类似雄性，斑纹类似雄性，反面底色同前翅，亚外缘黑斑列更发达。

雄性外生殖器抱器端钝圆，阳基轭片两侧臂端部矩形膨大，上缘直、被小刺，内侧角大刺状。

♂正　　　　　　　♂反

♀正　　　　　　　♀反

♂外生殖器

图 2-98　拟鹰翠蛱蝶 *Euthalia yao* Yoshino, 1997

分布： 浙江（临安、开化、遂昌、庆元、泰顺）、湖北、福建、海南、广西、四川、云南。

（151）珀翠蛱蝶 *Euthalia pratti* Leech, 1891（图 2-99）

Euthalia pratti Leech, 1891a: 4.

　　主要特征： 雌雄同型。雄性：前翅正面底色橄榄绿色，中室内具 2 黑色环，前缘到 M_1 室具 1 条白色斜带，亚顶角区具 2 个白斑；反面底色基部灰白色，其余部分青黑色，中室内具黑色不规则细线，中室端具黑环，中带及亚顶角斑同正面。后翅底色同前翅，中室端具黑圈，靠近前缘在 Rs 室及 M_1 室各具 1 白斑；反面底色灰白色，顶角区橄榄绿色，基部具数个不规则黑圈及弯曲黑线；近前缘处白斑同正面。雌性：翅形更宽，体型更大，斑纹基本同雄性。

　　雄性外生殖器钩形突背面中部脊起，端部细尖、稍下弯，如鸭头；抱器长刀形，背缘直，腹缘端 2/3 弧形向外，末端角状、具小刺；阳茎端部刺状。

♂ 正　　　　　　　　　　　　　　　♂ 反

♂ 外生殖器

图 2-99　珀翠蛱蝶 *Euthalia pratti* Leech, 1891

　　分布： 浙江（开化、遂昌、松阳、泰顺）、湖北、江西、湖南、福建、广东、四川、云南。

（152）捻带翠蛱蝶 *Euthalia strephon* Grose-Smith, 1893（图 2-100）

Euthalia strephon Grose-Smith, 1893: 216.

主要特征：雌雄异型。雄性：前翅正面底色橄榄绿色，中室内具 2 黑色环，黑色环之间具 1 白色斑，靠近前缘在中室外侧具 2 白斑，亚顶角区具 2 个白斑，M_2 脉到内缘具 1 条宽而模糊的淡色斑带；反面底色黄绿色，斑纹类似正面，M_2 脉到内缘的淡色斑带两侧底色为黑色。后翅底色同前翅，从前缘到 CuA_2 脉具 1 内部弯曲的淡黄色斑带；反面底色黄绿色，基部具数个不规则黑圈及弯曲黑线；从前缘到 CuA_2 脉具 1 内部弯曲的淡色斑带。雌性：翅形更宽，体型更大。前翅正面底色深，中室端外侧具 4 个白斑，M_3 室具 1 白斑，亚顶角区具 2 白斑；反面底色淡橄榄绿色，斑纹类似正面。后翅正面底色类似前翅，近前缘具 2 淡黄褐色宽斑；反面底色淡橄榄绿色，基部具数个不规则黑圈及弯曲黑线，中区具 1 列灰白色斑列。

雄性外生殖器钩形突背中央平；抱器背基部稍凹，抱器腹端部 2/3 半球形外拱，末端尖、具小刺；阳茎具 1 被刺的板刷状角状器。

♂正　　　　　　　　　　♂反

♂外生殖器

图 2-100　捻带翠蛱蝶 *Euthalia strephon* Grose-Smith, 1893

分布：浙江（泰顺）、福建、广东、海南、重庆、四川；缅甸，泰国。

（153）连带翠蛱蝶 *Euthalia continentalis* Koiwaya, 1996（图 2-101）

Euthalia insulae continentalis Koiwaya, 1996c: 244.

Euthalia continentalis: Yokochi, 2012: 25.

主要特征：雌雄同型。雄性：前翅正面底色橄榄绿色，中室内具 2 黑色环，黑色环之间具 1 白色斑，前缘到内缘具 1 条淡黄色斑带，亚顶角区具 2 个淡黄色斑，亚顶角斑外侧具 1 条前窄后宽的深色带；反面底色黄褐色，斑纹类似正面，臀角区附近黑斑发达。后翅底色同前翅，中区从前缘到 2A 脉具 1 淡黄色斑带；反面底色黄褐色，基部具数个不规则黑圈及弯曲黑线；淡色斑带类似正面，外侧具 1 黑色外横带。雌性：翅形更宽，体型更大。前翅正面底色深橄榄绿色，斑纹类似雄性；反面底色淡灰褐色，斑纹类似正面。后翅正面底色类似前翅，斑纹类似雄性，中带锯齿形更明显；反面底色淡灰褐色，基部具数个不规则黑圈及弯曲黑线，中区具 1 列灰白色斑列，外侧具 1 黑色外横带。

　　雄性外生殖器钩形突长，端部细、下弯；抱器端部近 1/2 腹缘弧形向外，末端宽钝，具小刺；阳茎基鞘粗，端鞘尖刺状，具刺状角状器。

♂正　　　　　　　　　　　　　　　　　　♂反

♂外生殖器

图 2-101　连带翠蛱蝶 *Euthalia continentalis* Koiwaya, 1996（引自 Yokochi，2012）

　　分布：浙江（丽水）、福建、广东。

（154）明带翠蛱蝶 *Euthalia yasuyukii* Yoshino, 1998（图 2-102）

Euthalia yasuyukii Yoshino, 1998: 3.

　　主要特征：雌雄同型。雄性：前翅正面底色橄榄绿色，中室内具 2 黑色环，前缘到内缘具 1 条淡黄色斑带，亚顶角区具 2 个淡黄色斑，亚顶角斑外侧具 1 条前窄后宽的深色带；反面底色黄褐色，斑纹类似正面，臀角区附近黑斑发达。后翅底色同前翅，中区从前缘到 2A 脉具 1 淡黄色斑带；反面底色黄褐色，基部具数个不规则黑圈及弯曲黑线；淡色斑带类似正面，外侧具 1 黑色外横带。雌性：翅形更宽，体型更大。前翅正面底色深橄榄绿色，斑纹类似雄性，斑带纯白，不发黄；反面底色淡灰褐色，斑纹类似正面。后翅正面底色类似前翅，斑纹类似雄性，中带锯齿形更明显，亚外缘区黑斑列明显；反面底色淡灰褐色，基部具数个不规则黑圈及弯曲黑线，中区具 1 列白色斑列，外侧具 1 黑色外横带。

雄性外生殖器钩形突背中部强隆起，端部细尖，下弯；抱器背缘直，腹缘中部弧形外拱，末端宽钝、密被小齿，前侧角内扭。

♂正　　　　　　　　　　　　　　　　♂反

♂外生殖器

图 2-102　明带翠蛱蝶 *Euthalia yasuyukii* Yoshino, 1998

分布：浙江（临安、松阳、庆元、龙泉）、江苏、安徽、湖南、福建、广东、广西。

（155）华东翠蛱蝶 *Euthalia rickettsi* Hall, 1930（图 2-103）

Euthalia tibetana rickettsi Hall, 1930: 159.

Euthalia rickettsi: Yokochi, 2012: 15.

主要特征：雌雄同型。雄性：前翅正面底色深橄榄绿色，中室内具 2 黑色环，前缘到内缘具 1 条纯白色斑带，亚顶角区具 2 个纯白色斑，亚顶角斑外侧具 1 条前窄后宽的深色带；反面底色黄褐色，斑纹类似正面，臀角区附近黑斑发达。后翅底色同前翅，中区从前缘到 2A 脉具 1 纯白色斑带；反面底色黄褐色，基部具数个不规则黑圈及弯曲黑线；淡色斑带类似正面，外侧具 1 从顶角延伸到臀角的黑色外横带，在臀角区明显、其他地方模糊。雌性：翅形更宽，体型更大。前翅正面底色浅橄榄绿色，斑纹类似雄性，斑带纯白，不发黄；反面底色黄褐色，斑纹类似正面，臀角区附近黑斑发达。后翅正面底色类似前翅，斑纹类似雄性，中带锯齿形更明显，外侧具绿色雾状鳞；反面底色淡黄褐色，基部具数个不规则黑圈及弯曲黑线，中区具 1 列白色斑列，外侧具 1 从顶角延伸到臀角的黑色外横带，在臀角区明显、其他地方模糊。

　　雄性外生殖器与明带翠蛱蝶非常相似，其主要不同之处在于抱器端向一侧圆形膨大，外、腹缘具小齿。

♂正　　　　　　　　　　　　　　♂反

♂外生殖器

图 2-103　华东翠蛱蝶 *Euthalia rickettsi* Hall, 1930

　　分布：浙江（临安、松阳、龙泉）、陕西、安徽、湖南、福建、广东、广西。

（156）内带翠蛱蝶 *Euthalia intusfascia* Yokochi, 2012（图 2-104）

Euthalia intusfascia Yokochi, 2012: 15.

　　主要特征：雌雄同型。雄性：前翅顶角突出，正面底色深橄榄绿色，中室内具 2 黑色环，前缘到内缘具 1 条纯白色斑带，亚顶角区具 2 个纯白色斑，亚顶角斑外侧具 1 条前窄后宽的深色带；反面底色黄褐色，斑纹类似正面，臀角区附近黑斑发达。后翅底色同前翅，中区从前缘到 2A 脉具 1 纯白色斑带，外侧锯齿消失；反面底色黄褐色，基部具数个不规则黑圈及弯曲黑线；淡色斑带类似正面，外侧具 1 从顶角延伸到臀角的黑色外横带，在臀角区明显、其他地方模糊，黑色外横带及其靠近白色中带。雌性：翅形更宽，体型更大。前翅正面底色浅橄榄绿色，斑纹类似雄性，斑带纯白，不发黄；反面底色黄褐色，斑纹类似正面，臀角区附近黑斑发达。后翅正面底色类似前翅，斑纹类似雄性，中带锯齿形出现但不明显，外侧具绿色雾状鳞；反面底色淡黄褐色，基部具数个不规则黑圈及弯曲黑线，中区具 1 列白色斑列，外侧具 1 从顶角延伸到臀角的黑色外横带，在臀角区明显、其他地方模糊，黑色外横带极其靠近白色中带。

　　雄性外生殖器钩形突长，背面隆起不明显，末端尖；抱器中部弧形外拱，端部渐窄，抱器腹端具齿；阳茎基鞘长于端鞘，端部刺状，具刺状角状器。

分布: 浙江 (丽水)、广东。

♂正　　　　　　　　　　　♂反

♂外生殖器

图 2-104　内带翠蛱蝶 *Euthalia intusfascia* Yokochi, 2012 (引自 Yokochi, 2012)

(157) 东方翠蛱蝶 *Euthalia orientalis* Yokochi, 2012 (图 2-105)

Euthalia orientalis Yokochi, 2012: 21.

♂正　　　　　　　　　　　♂反

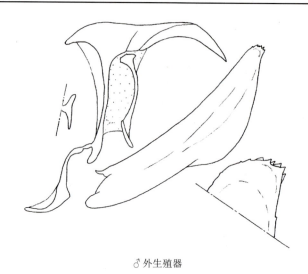

♂外生殖器

图 2-105 东方翠蛱蝶 *Euthalia orientalis* Yokochi, 2012（引自 Yokochi，2012）

主要特征：雄性：前翅正面底色橄榄绿色，中室内具 2 黑色环，前缘到内缘具 1 条淡黄色斑带，亚顶角区具 2 个淡黄色斑，亚顶角斑外侧具 1 条前窄后宽的深色带；反面底色黄褐色，斑纹类似正面，臀角区附近黑斑发达。后翅底色同前翅，中区从前缘到 2A 脉具 1 淡黄色斑带；反面底色黄褐色，基部具数个不规则黑圈及弯曲黑线；淡色斑带类似正面，外侧具 1 黑色外横带。雌性：未知。

雄性外生殖器与内带翠蛱蝶非常相似，其主要区别是抱器稍宽，末端齿多且大。

分布：浙江（丽水）。

（158）太平翠蛱蝶 *Euthalia pacifica* Mell, 1935（图 2-106）

Euthalia nara pacifica Mell, 1935: 243.

Euthalia pacifica: Koiwaya, 1996c: 248.

主要特征：雌雄异型。雄性：前翅顶角突出，正面底色深橄榄绿色，中室内具 2 黑色环，外中区具 1 条前窄后宽的浅色带；反面底色黄褐色，斑纹类似正面，臀角区附近黑斑发达。后翅臀角突出，底色同前翅，中区从前缘到 CuA$_1$ 脉具 1 黄色斑带，呈逗号形，前宽后急剧收窄；反面底色黄褐色，基部具数个不规则黑圈及弯曲黑线；中区具 1 由数个大小相同的灰色斑组成的淡色斑带。雌性：翅形更宽，体型更大。前翅顶角明显突出，正面底色红褐色，前缘到 CuA$_1$ 室具 1 条白色斑带，前宽后窄，亚顶角区具 2 白斑；反面底色黄绿色，斑纹类似正面，臀角区附近黑斑发达。后翅正面底色橄榄绿色，近前缘区具 2 宽的浅色斑；反面底色黄绿色，基部具数个不规则黑圈及弯曲黑线，中区具 1 列白色斑列。

雄性外生殖器抱器船状，末端钝圆，抱器腹端部弧形外拱；阳茎端刺状，角状器分叉、被刺。

♂正   ♂反

♂ 外生殖器

图 2-106　太平翠蛱蝶 *Euthalia pacifica* Mell, 1935

分布：浙江（丽水）、湖北、福建、广东、广西、重庆、四川。

（159）布翠蛱蝶 *Euthalia bunzoi* Sugiyama, 1996（图 2-107）

Euthalia nara bunzoi Sugiyama, 1996: 6.

Euthalia bunzoi: Koiwaya, 1996c: 249.

主要特征：雌雄异型。雄性：前翅正面底色深橄榄绿色，中室内具 2 黑色环，外中区具 1 条前窄后宽的浅色带，中室内黑环之间及周围颜色稍浅；反面底色黄褐色，斑纹类似正面，臀角区附近黑斑发达。后翅臀角突出，底色同前翅，中区从前缘到 CuA$_1$ 室具 1 黄色大斑，中室端具 1 黑色纹；反面底色黄褐色，基部具数个不规则黑圈及弯曲黑线；中区具 1 条灰白色斑组成的淡色斑带，亚外缘具 1 条从顶角延伸到臀角的黑带。雌性：翅形更宽，体型更大。前翅正面底色橄榄绿色，前缘到 CuA$_1$ 室具 1 条白色斑带，前宽后窄，亚顶角区具 2 白斑；反面底色黄绿色，斑纹类似正面，臀角区附近黑斑发达。后翅正面底色橄榄绿色，近前缘区具 2 个模糊的浅色斑；反面底色黄绿色，基部具数个不规则黑圈及弯曲黑线，中区具 1 白色斑列。

雄性外生殖器与太平翠蛱蝶相似，其不同之处在于抱器稍窄，端部稍上弯，抱器腹端部不如太平翠蛱蝶拱出多；阳茎角状器条状、被刺。

分布：浙江（丽水）、湖北、湖南、福建、广东、广西、重庆、四川、云南。

♂ 正　　　　　　　　　　♂ 反

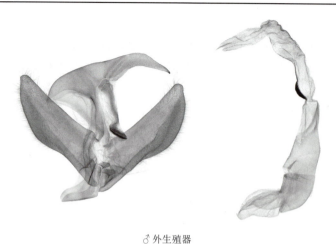

♂ 外生殖器

图 2-107　布翠蛱蝶 *Euthalia bunzoi* Sugiyama, 1996

（160）峨眉翠蛱蝶 *Euthalia omeia* Leech, 1891（图 2-108）

Euthalia nara omeia Leech, 1891b: 29.

Euthalia omeia: Koiwaya, 1996c: 248.

　　主要特征：雌雄异型。雄性：前翅正面底色橄榄绿色，中室内具 2 黑色环，中室内黑环之间及周围颜色稍浅；反面底色黄绿色，斑纹类似正面，臀角区附近黑斑发达。后翅臀角突出，底色同前翅，中区从前缘到 CuA_1 室具 1 黄色大斑；反面底色黄绿色，基部具数个不规则黑圈及弯曲黑线；亚外缘具 1 条从顶角

♂ 正　　　　　　　　　　　　　　　　♂ 反

♂ 外生殖器

图 2-108　峨眉翠蛱蝶 *Euthalia omeia* Leech, 1891

延伸到臀角的黑带。雌性：翅形更宽，体型更大。前翅正面底色橄榄绿色，前缘到 CuA_1 室具 1 条白色斑带，宽窄一致；亚顶角区具 2 白斑；反面底色浅橄榄绿色，斑纹类似正面，臀角区附近黑斑发达。后翅正面底色橄榄绿色，近前缘区具 2 个白斑；反面底色浅橄榄绿色，基部具数个不规则黑圈及弯曲黑线，中区具 1 白色斑列。

雄性外生殖器与太平翠蛱蝶相似，主要区别是抱器端窄、稍上弯；阳茎角状器毛笔状。

分布：浙江（丽水）、江西、福建、广东、广西、四川；老挝。

（161）嘉翠蛱蝶 *Euthalia kardama* (Moore, 1859)（图 2-109）

Adolias kardama Moore, 1859: 80.

Euthalia kardama: Chou, 1994: 495.

主要特征：雌雄同型。雄性：前翅正面底色橄榄绿色，中室内具 2 黑色环，前缘到内缘具 1 条由零散白斑组成的纯白色斑带，亚顶角区具 2 个纯白色斑，亚顶角斑外侧具 1 条深色带；反面底色黄绿色，斑纹类似正面，臀角区附近黑斑发达。后翅底色同前翅，中区从前缘到 CuA_2 脉具 1 由零散白斑组成的纯白色斑带，斑带外侧具淡蓝色雾状鳞区，淡蓝色鳞区外侧具 1 列黑斑；反面底色黄绿色，基部具数个不规则黑圈及弯曲黑线；淡色斑带类似正面。雌性：翅形更宽，体型更大，斑纹基本同雄性。

雄性外生殖器抱器狭，抱器背缘直，抱器腹端 2/3 稍弧形拱，末端收缩，上、下缘近平行，外缘锯齿状。

分布：浙江、陕西、甘肃、湖北、福建、广东、广西、重庆、四川、贵州、云南。

♂ 正　　　　　　　　　　♂ 反

♂ 外生殖器

图 2-109　嘉翠蛱蝶 *Euthalia kardama* (Moore, 1859)

（162）孔子翠蛱蝶 *Euthalia confucius* (Westwood, 1850)（图 2-110）

Adolias confucius Westwood, 1850: 291.

Euthalia confucius: Chou, 1994: 496.

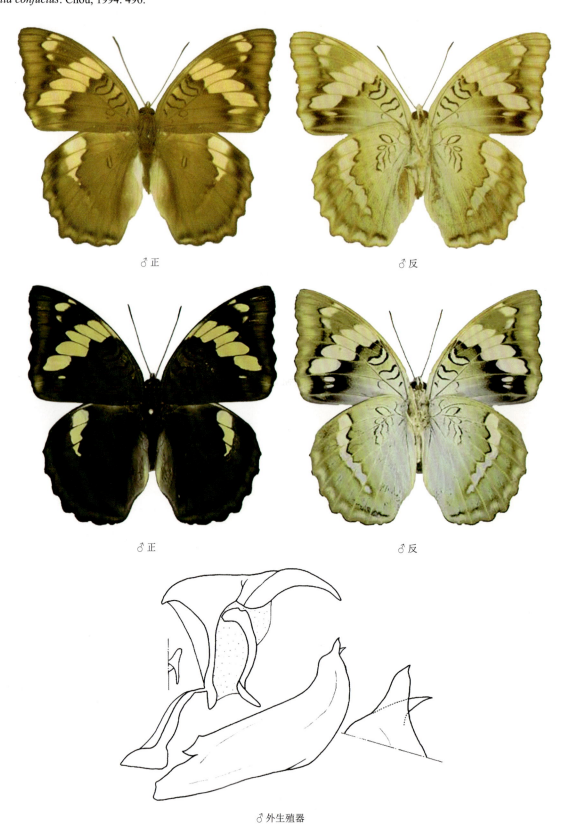

♂正 ♂反

♂正 ♂反

♂外生殖器

图 2-110 孔子翠蛱蝶 *Euthalia confucius* (Westwood, 1850)（外生殖器引自 Yokochi，2012）

　　主要特征：雌雄同型。雄性：前翅正面底色橄榄绿色，中室内具 2 黑色环，前缘到 CuA$_2$ 室具 1 条浓黄色宽斜带，亚顶角区具 3 个浓黄色斑；反面底色绿白色，斑纹类似正面。后翅底色同前翅，中室端具黑圈，从前缘到 CuA$_1$ 脉具 1 浓黄色斑带，内侧弯曲；反面底色绿白色，斑纹基本同正面。雌性：翅形更宽，体型更大，斑纹基本同雄性。

　　雄性外生殖器抱器端部弧形上弯，抱器背、腹端刺状突出，且腹端突大；阳茎角状器密被小刺。

　　分布：浙江、湖北、江西、湖南、福建、广东、四川、云南。

（163）连平翠蛱蝶 *Euthalia linpingensis* Mell, 1935（图 2-111）

Euthalia linpingensis Mell, 1935: 245.

　　主要特征：雌雄同型。雄性：前翅正面底色橄榄绿色，中室内具 2 黑色环，前缘到 CuA$_1$ 室具 4 个纯白斑，亚顶角区具 2 个纯白色斑，亚顶角斑外侧具 1 条深色带；反面底色黄绿色，斑纹类似正面，外中区黑带发达，在臀角区扩大为黑斑。后翅底色同前翅，中区从前缘到 M$_1$ 室具 3 个纯白色斑，亚外缘具 1 黑带；反面底色黄绿色，基部具数个不规则黑圈及弯曲黑线；淡色斑带延伸到 M$_3$ 室。雌性：翅形更宽，体型更大，斑纹基本同雄性。

　　雄性外生殖器抱器背缘端部中央稍弧形向上、近端稍弧形向内，抱器腹端部弧形向外，末端具 2 列锯齿。

♂正　　　　　　　　　　　♂反

♀正　　　　　　　　　　　♀反

♂外生殖器

图 2-111　连平翠蛱蝶 *Euthalia linpingensis* Mell, 1935

分布：浙江（丽水）、湖南、福建、广东、广西。

（164）矛翠蛱蝶 *Euthalia aconthea* (Cramer, 1777)（图 2-112）

Papilio aconthea Cramer, 1777: 59.

Euthalia aconthea: Chou, 1994: 490.

　　主要特征：雌雄同型。雄性：前翅正面底色黑褐色，中室内具 1 黑斑，中室端外侧具 2 白斑，M_3 与 CuA_1 室基部各具 1 白斑，亚顶角区具 2 白斑，中室端到 2A 脉具 1 黑色宽带；反面底色灰褐色，斑纹类似正面。后翅底色同前翅，中区具 1 黑色宽带，内部弯曲；亚外缘区具 1 列黑点从顶角延伸到臀角；反面底色灰褐色，基部具数个不规则黑圈及弯曲黑线；亚外缘区具 1 列黑点从顶角延伸到臀角。雌性：翅形更宽，体型更大。前翅正面中室端外侧具 4 个白斑，CuA_1 室不具白斑，其余斑纹基本同雄性。

　　雄性外生殖器囊形突长，抱器平行四边形，外缘斜向上，背端钝圆、锐角；阳茎端鞘长于基鞘的 2 倍，末端刺状，角状器刺状。

　　分布：浙江（缙云、遂昌）、福建、广东、海南、云南。

♂正　　　　　　　　　　　　　　♂反

♂正　　　　　　　　　　　　　　♂反

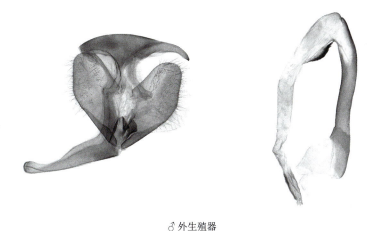

♂外生殖器

图 2-112　矛翠蛱蝶 *Euthalia aconthea* (Cramer, 1777)

（165）红裙边翠蛱蝶 *Euthalia irrubescens* Grose-Smith, 1893（图 2-113）

Euthalia irrubescens Grose-Smith, 1893: 216.

　　主要特征：雌雄同型。雄性：前翅正面底色黑褐色，中室内具 1 红斑，中室端具 1 红斑，端半部翅室内具白鳞和黑条；反面底色黑褐色，斑纹类似正面。后翅正面底色同前翅，臀角具 1 红斑；反面底色黑褐色，基部具 4 个不规则红斑；外缘区具 1 列红点从 M_3 脉延伸到内缘。雌性：翅形更宽，体型更大，颜色稍浅，其余斑纹基本同雄性。

♂正　　　　　　　　♂反

♂外生殖器

图 2-113　红裙边翠蛱蝶 *Euthalia irrubescens* Grose-Smith, 1893（外生殖器引自白水隆，1960）

雄性外生殖器钩形突端部细尖，下弯；抱器近基部 1/3 稍弧形外拱，端部背、腹缘近平行，末端锯齿状，中央 2 齿最大；阳茎角状器刺状。

分布：浙江（松阳、庆元）、湖北、福建、台湾、广东、广西、四川。

（166）黄翅翠蛱蝶 *Euthalia kosempona* Fruhstorfer, 1908（图 2-114）

Euthalia sahadeva kosempona Fruhstorfer, 1908: 118.

Euthalia kosempona: Chou, 1994: 497.

主要特征：雌雄异型。雄性：前翅正面底色深橄榄绿色，中室内具 2 黑色环，黑色环之间具 1 白色斑，前缘到内缘具 1 淡黄色斜带，前缘到 CuA$_2$ 脉为直线，2A 室斑错位内移，亚顶角区具 3 淡黄色斑；反面底色黄褐色，斑纹类似正面。后翅正面底色同前翅，从前缘到 CuA$_2$ 脉具 1 内部弯曲的淡黄色斑带，边缘参差不齐；反面底色黄褐色，基部具数个不规则黑圈及弯曲黑线；从前缘到 CuA$_2$ 脉具 1 内部弯曲的淡色斑带，与正面类似，淡色斑带外侧具 1 黑色带。雌性：翅形更宽，体型更大。前翅正面底色深，从前缘到 CuA$_2$ 脉具 1 纯白色直斑带，亚顶角区具 2 白斑；反面底色淡橄榄绿色，斑纹类似正面。后翅正面底色类似前翅，中区具 3 纯白色小斑；反面底色淡橄榄绿色，基部具数个不规则黑圈及弯曲黑线，中区具 1 列纯白色斑列。

雄性外生殖器钩形突中部隆起，端部细而尖，下弯，如鸭头；抱器长刀状，背缘近直，腹缘中部弧形外拱，近端凹，末端窄、稍下弯、具小齿；阳茎角状器弱。

分布：浙江（临安、泰顺）、陕西、湖北、江西、福建、台湾、广东、重庆、四川、云南。

♂正　　　　　　　　　　　　　　♂反

♀正　　　　　　　　　　　　　　♀反

♂ 外生殖器

图 2-114　黄翅翠蛱蝶 *Euthalia kosempona* Fruhstorfer, 1908（外生殖器引自 Yokochi，2012）

（167）褐蓓翠蛱蝶 *Euthalia hebe* Leech, 1891（图 2-115）

Euthalia hebe Leech, 1891a: 4.

　　主要特征：雌雄异型。雄性：前翅正面底色深橄榄绿色，中室内具 2 淡黄色斑，前缘到内缘具 1 排列曲折的淡黄色带，前缘到 CuA_1 脉为弧线，CuA_2 到 2A 室斑错位内移，淡黄色带周围底色发黑，外缘区底色浅，亚顶角区具 3 个淡黄色斑；反面底色绿白色，斑纹类似正面。后翅正面底色同前翅，从前缘到 2A 脉具 1 内部弯曲的淡黄色斑带，边缘参差不齐，外缘区具淡色带；反面底色绿白色，基部具数个不规则黑圈及弯曲黑线；从前缘到 CuA_2 脉具 1 内部弯曲的淡色斑带，与正面类似，外缘区具 1 列淡色斑。雌性：翅形更宽，体型更大。前翅正面底色红褐色，从前缘到 CuA_2 脉具 1 弧形深黄色斑带，亚顶角区具 2 白斑；反面底色淡橄榄绿色，斑纹类似正面，臀角处颜色发黑。后翅正面底色类似前翅，中区靠前缘具 2 淡黄色小斑；反面底色淡橄榄绿色，基部具数个不规则黑圈及弯曲黑线，中区具 2 个纯白色斑。

　　雄性外生殖器钩形突中部微隆起，端部细而尖，下弯；抱器长刀状，背缘近直，内凹，腹缘中部弧形外拱，近端凹，末端窄，具 5 个小齿。

♂ 正　　　　　　　　　　　　　　　　♂ 反

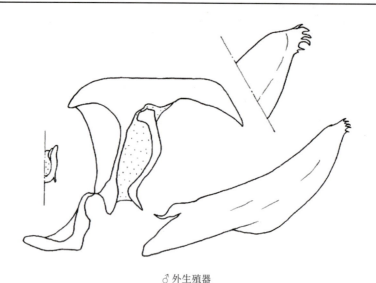

♂ 外生殖器

图 2-115　褐蓓翠蛱蝶 *Euthalia hebe* Leech, 1891（引自 Yokochi, 2012）

分布：浙江、湖北、福建、广东、重庆、四川。

注：《浙江蝶类志》中图示的本种为广东翠蛱蝶的误定，同时并未有文献记载浙江具体何处有分布，故本种在浙江的存在暂时存疑，有待进一步的调查。

（168）广东翠蛱蝶 *Euthalia guangdongensis* Wu, 1994（图 2-116）

Euthalia patala guangdongensis Wu in Chou, 1994: 493.

Euthalia guangdongensis: Lang, 2012b: 224.

主要特征：雌雄异型。雄性：前翅正面底色深橄榄绿色，中室内具 2 淡黄色斑，前缘到内缘具 1 狭窄的排列曲折的淡黄色带，前缘到 CuA_1 脉为弧线，CuA_2 到 2A 室斑错位内移，亚外缘区底色浅，亚顶角区具 3 个淡黄色斑；反面底色绿白色，斑纹类似正面。后翅正面底色同前翅，从前缘到 2A 脉具 1 内部弯曲的淡黄色斑带，边缘参差不齐，外缘区具淡黄色带；反面底色绿白色，基部具数个不规则黑圈及弯曲黑线；从前缘到 CuA_2 脉具 1 内部弯曲的淡色斑带，与正面类似，外缘区具 1 列淡色斑。雌性：翅形更宽，体型更大。前翅正面底色橄榄绿色，从前缘到 CuA_2 脉具 1 弧形深黄色或浅黄色斑带，亚顶角区具 2 白斑；反面底色黄绿色，斑纹类似正面，臀角处颜色发黑。后翅正面底色类似前翅，中区靠前缘具 2 白色斑；反面底色黄绿色，基部具数个不规则黑圈及弯曲黑线，中区具 1 列纯白色斑。

雄性外生殖器抱器长刀状，背缘近直，腹缘中部弧形向外，末端栉齿状。

♂ 正　　　　　　　　　　　　　　　♂ 反

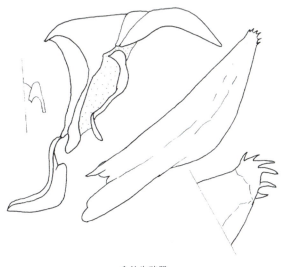

♂外生殖器

图 2-116　广东翠蛱蝶 *Euthalia guangdongensis* Wu, 1994（外生殖器引自 Yokochi，2012）

分布：浙江（遂昌、龙泉）、江西、福建、广东、广西、四川、贵州、云南。

70. 裙蛱蝶属 *Cynitia* Snellen, 1895

Cynitia Snellen, 1895: 20 (repl. *Felderia* Semper, 1888). Type species: *Felderia phlegethon* Semper, 1888.

主要特征：中型种类；前翅 R_1 脉及 R_2 脉均从中室端之前发出，R_1 脉与 Sc 脉大部愈合；中室开式或闭式；前后翅中室开式；翅反面基部斑纹如翠蛱蝶，但翅正面具淡色外缘边，前翅窄、后翅宽。雄性外生殖器背兜宽而长，钩形突长，末端细而尖下弯，囊形突短，抱器简单，窄长而稍上弯，末端圆滑，阳茎直而短，具角状突。

分布：东洋区。世界已知约 10 种，中国记录 4 种，浙江分布 1 种。

（169）绿裙蛱蝶 *Cynitia whiteheadi* (Crowley, 1900)（图 2-117）

Kirontisa whiteheadi Crowley, 1900: 506.

Cynitia whiteheadi: Lang, 2012b: 238.

主要特征：雌雄同型。雄性：前翅正面底色黑褐色，中室端具 3 个淡蓝色斑，M_3 与 CuA_1 室基部具淡蓝色斑，亚顶角区具 1 个淡蓝色斑；亚外缘区 M_2 到臀角具 1 淡蓝色带，越往臀角走越宽；反面底色浓黄色，基部具数个不规则黑圈及弯曲黑线，中域淡蓝色小斑外侧具 1 黑带，在臀角区变宽，淡蓝色带消失，其他

♂正　　　　　　　　　♂反

♀正　　　　　　　　　　　　♀反

♂外生殖器

图 2-117　绿裙蛱蝶 *Cynitia whiteheadi* (Crowley, 1900)

斑纹类似正面。后翅正面底色同前翅，亚外缘具 1 宽淡蓝色带，中具黑斑；反面底色浓黄色，基部具数个不规则黑圈及弯曲黑线；从前缘到 2A 脉具 1 弧形黑斑列。雌性：翅形更宽，体型更大，斑纹基本同雄性。

雄性外生殖器抱器船状，末端钝圆；阳茎短，端膜具毛斑样角状器。

分布：浙江（临安、遂昌、庆元、泰顺）、江西、福建、广东、海南、广西。

71. 线蛱蝶属 *Limenitis* Fabricius, 1807

Limenitis Fabricius, 1807: 281. Type species: *Papilio populi* Linnaeus, 1758.

主要特征：体中型；前翅 R_2 至 R_5 脉共柄，CuA_1 脉近基部具 1A 脉遗留痕迹；后翅 Rs 脉先于 M_1 脉分出；前翅中室闭式，后翅中室开式；斑纹酷似环蛱蝶，但其后翅反面基部具小黑点或细线。雄性外生殖器背兜发达，钩形突锥状、末端尖下弯；囊形突短粗，颚形突窄带状，末端愈合；抱器条状，末端具小齿突，抱器腹具内缘突；阳茎短而细，无角状突。

分布：古北区、东洋区、新北区、澳洲区。世界已知 21 种，中国记录 14 种，浙江分布 7 种。

分种检索表

1. 后翅反面前缘于基部至中横带间白色 ………………………………………………………………… 折线蛱蝶 *L. sydyi*
- 后翅反面前缘于基部至中横带间同底色 ……………………………………………………………………………… 2
2. 后翅正面亚缘带宽，宽于中横带 1/2 或更宽 …………………………………………………… 残锷线蛱蝶 *L. sulpitia*
- 后翅正面亚缘带窄或呈点状 ………………………………………………………………………………………… 3

3. 后翅外横带的斑纹呈点状 ·· 浙江线蛱蝶 *L. zhejiangensis*

\- 后翅外横带的斑纹呈条状 ·· 4

4. 后翅反面基部斑纹线状 ·· 戟眉线蛱蝶 *L. homeyeri*

\- 后翅反面基部斑纹点状 ·· 5

5. 触角背面末端鲜黄色，后翅正面外横带线状或模糊 ·················· 扬眉线蛱蝶 *L. helmanni*

\- 触角背面末端红褐色 ·· 6

6. 后翅反面基部淡色区与中横带于 Rs 脉处分离 ························ 断眉线蛱蝶 *L. doerriesi*

\- 后翅反面基部淡色区沿 Rs 脉与中横带相连 ························ 拟戟线蛱蝶 *L. misuji*

（170）折线蛱蝶 *Limenitis sydyi* Kindermann, 1853（图 2-118）

Limenitis sydyi Kindermann in Lederer, 1853: 357.

主要特征：雌雄同型。雄性：前翅正面底色黑色，中室基部具 1 白色条，中部具 1 白色横条，中室端外侧具 3 白色条斑，亚顶角区具 3 白斑，M_3 到 2A 室各具 1 白斑；亚外缘区 M_2 室到臀角具 1 由彼此分离的白条组成的细白线；反面底色红褐色，外缘区另具 1 列白斑从 M_2 室延伸到臀角，其他斑纹类似正面。后翅正面底色同前翅，中区具 1 白带从前缘延伸到 2A 室，前缘区的斑内移错位，2A 室的斑向外缘延伸；亚外缘具 1 由彼此分离的白条组成的细白线从顶角延伸到臀角；反面底色同前翅反面底色，基部具数个不规则黑点及弯曲黑线；前缘从基部到中带的部分为白色，外中区具 1 列黑斑，亚外缘区和外缘区各具 1 列白斑。雌性：翅形更宽，体型更大。前翅正面中室条更发达，后翅正面亚外缘列更发达，后翅反面亚外缘斑列更发达，上具明显黑斑，其他斑纹基本同雄性。

雄性外生殖器抱器窄船状，端部渐窄，末端稍尖、被小刺，抱器腹内缘突尖三角形、内侧被小刺、末端尖，腹缘基部 1/3 处钝圆突出。

♂ 正　　　　　　　　　　♂ 反

♂ 外生殖器

图 2-118　折线蛱蝶 *Limenitis sydyi* Kindermann, 1853

分布：浙江（临安、淳安、缙云、遂昌、云和、龙泉）、黑龙江、吉林、辽宁、北京、河北、河南、陕西、新疆、上海、江西、湖南、四川、云南；俄罗斯，朝鲜半岛。

（171）残锷线蛱蝶 *Limenitis sulpitia* (Cramer, 1779)（图 2-119）

Papilio sulpitia Cramer, 1779: 37.

Limenitis sulpitia: Tong, 1993: 41.

主要特征：雌雄同型。雄性：前翅正面底色黑色，中室基部具 1 白色条，端部具 1 白色子弹形斑，中室端外侧具 3 白色条斑，M₁ 到 2A 室各具 1 白斑；亚顶角区具 2 白斑；亚外缘区 M₂ 室到臀角具 1 由彼此分离的白条组成的细白线；反面底色红褐色，外缘区另具 1 列白斑从 M₂ 室延伸到臀角，其他斑纹类似正面。后翅正面底色同前翅，中区具 1 白带从前缘延伸到 2A 室；亚外缘具 1 由彼此分离的发达白斑组成的斑列从顶角延伸到臀角；反面底色同前翅反面底色，基部具数个黑点；中区具 1 中带，形态类似正面；外中区具 1 列黑斑，亚外缘区具 1 发达白斑列，外缘区具 1 列细白斑。雌性：翅形更宽，体型更大，斑纹更发达，斑纹排列基本同雄性。

♂正　　　　　　　♂反

♀正　　　　　　　♀反

♂外生殖器

图 2-119　残锷线蛱蝶 *Limenitis sulpitia* (Cramer, 1779)

　　雄性外生殖器抱器船状，端部近等宽，末端钝圆、密被小刺，抱器腹内缘突山峰状、末端稍尖，腹缘近基部钝圆突出。

　　分布：浙江（临安、淳安、余姚、开化、缙云、遂昌、云和、龙泉）、安徽、湖北、江西、福建、台湾、广东、广西、四川、云南；印度，缅甸，越南，老挝，泰国。

（172）扬眉线蛱蝶 *Limenitis helmanni* Kindermann, 1853（图 2-120）

Limenitis helmanni Kindermann in Lederer, 1853: 356.

　　主要特征：雌雄同型，触角背面末端鲜黄色。雄性：前翅正面底色黑色，中室基部具 1 白色条，端部具 1 白色钝角三角形斑，中室端外侧具 3 白色条斑，M$_3$ 到 2A 室各具 1 白斑；亚顶角区具 3 白斑；亚外缘区 M$_2$ 室到臀角具 1 由彼此分离的白条组成的细白线；反面底色红褐色，外缘区另具 1 列白斑从 M$_2$ 室延伸到臀角，其他斑纹类似正面。后翅正面底色同前翅，中区具 1 白斑列从前缘延伸到 2A 室；亚外缘具 1 由彼此分离的白条组成的斑列从顶角延伸到臀角；反面底色同前翅反面底色，基部具数个细小黑点；中区具 1 中带，形态类似正面；外中区在臀角具 2 个发达黑斑，亚外缘区具 1 发达白斑列，外缘区具 1 列细白斑。雌性：翅形更宽，体型更大，斑纹更发达，斑纹排列基本同雄性。

♂ 正　　　　　　　　　　　　♂ 反

♀ 正　　　　　　　　　　　　♀ 反

♂ 外生殖器

图 2-120　扬眉线蛱蝶 *Limenitis helmanni* Kindermann, 1853

雄性外生殖器近似于残锷线蛱蝶，其主要区别是抱器末端稍上弯，抱器腹内缘突山峰状，末端钝圆。

分布： 浙江（临安、淳安、开化、缙云、遂昌、松阳、云和、龙泉）、黑龙江、吉林、辽宁、河北、河南、陕西、甘肃、新疆、湖北、江西、四川；俄罗斯，朝鲜半岛。

（173）戟眉线蛱蝶 *Limenitis homeyeri* Tancré, 1881（图 2-121）

Limenitis homeyeri Tancré, 1881: 120.

主要特征： 雌雄同型，触角背面末端红褐色。雄性：前翅正面底色黑色，中室基部具 1 白色条，端部具 1 白色子弹形斑，中室端外侧具 3 白色条斑，M_3 到 2A 室各具 1 白斑；亚顶角区具 3 白斑；亚外缘区 M_2 室到臀角具 1 由彼此分离的白条组成的细白线；反面底色红褐色，外缘区另具 1 列白斑从 M_2 室延伸到臀角，其他斑纹类似正面。后翅正面底色同前翅，中区具 1 白带从前缘延伸到 2A 室；亚外缘具 1 由彼此分离的发达白斑组成的斑列从顶角延伸到臀角；反面底色同前翅反面底色，基部具数根弯曲细黑条，无黑点；中区具 1 中带，形态类似正面；外中区在臀角具 2 个发达黑斑，亚外缘区具 1 发达白斑列，外缘区具 1 列细白斑，这两列白斑越靠近顶角发达程度越微弱。雌性：翅形更宽，体型更大，斑纹更发达，斑纹排列基本同雄性。

雄性外生殖器与扬眉线蛱蝶相似，其主要区别是抱器端稍窄、小刺稍稀疏，抱器腹内缘突末端稍尖。

♂正　　　　　　　　　　♂反

♂外生殖器

图 2-121　戟眉线蛱蝶 *Limenitis homeyeri* Tancré, 1881

分布： 浙江（遂昌、泰顺）、黑龙江、吉林、辽宁、河北、陕西、宁夏、甘肃、青海、安徽、湖北、江西、福建、四川、云南；俄罗斯，朝鲜半岛。

（174）拟戟线蛱蝶 *Limenitis misuji* Sugiyama, 1994（图 2-122）

Limenitis misuji Sugiyama, 1994: 1.

　　主要特征：雌雄同型，触角背面末端红褐色。雄性：前翅正面底色黑色，中室基部具 1 白色条，端部具 1 白色子弹形斑，中室端外侧具 3 白色条斑，M_3 到 2A 室各具 1 白斑，M_3 室斑通常远小于 CuA_1 室斑；亚顶角区具 3 白斑；亚外缘区 M_2 室到臀角具 1 由彼此分离的白条组成的细白线；反面底色红褐色，外缘区另具 1 列白斑从 M_2 室延伸到臀角，其他斑纹类似正面。后翅正面底色同前翅，中区具 1 白斑列从前缘延伸到 2A 室；亚外缘具 1 由彼此分离的白条组成的斑列从顶角延伸到臀角；反面底色同前翅反面底色，基部具数个大而圆的黑点；中区具 1 中带，形态类似正面；外中区在臀角具 2 个发达黑斑，亚外缘区具 1 发达白斑列，外缘区具 1 列细白斑。雌性：翅形更宽，体型更大，斑纹更发达，斑纹排列基本同雄性。

　　雄性外生殖器与残锷线蛱蝶相似，其不同之处在于抱器端小刺稍稀疏，腹缘端部不内凹。

　　分布：浙江（泰顺）、甘肃、湖北、江西、湖南、福建、四川、云南。

♂正　　　　　　　　　♂反

♂外生殖器

图 2-122　拟戟线蛱蝶 *Limenitis misuji* Sugiyama, 1994

（175）断眉线蛱蝶 *Limenitis doerriesi* Staudinger, 1892（图 2-123）

Limenitis doerriesi Staudinger, 1892: 173.

　　主要特征：雌雄同型，触角背面末端红褐色。雄性：前翅正面底色黑色，中室基部具 1 白色条，端部具 1 白色子弹形斑，中室端通常具 1 红色端纹，外侧具 3 白色条斑，M_3 到 2A 室各具 1 白斑，M_3 室斑通常小于 CuA$_1$ 室斑；亚顶角区具 3 白斑；亚外缘区 M$_2$ 室到臀角具 1 由彼此分离的白条组成的细白线；反面底色红褐色，外缘区另具 1 列白斑从 M$_2$ 室延伸到臀角，其他斑纹类似正面。后翅正面底色同前翅，中区具 1 白斑列从前缘延伸到 2A 室；亚外缘具 1 由彼此分离的白条组成的斑列从顶角延伸到臀角；反面底色同前翅反面底色，基部具数个大而圆的黑点；中区具 1 中带，形态类似正面；亚外缘区具 1 发达白斑列，白斑列各个白斑内侧具 1 黑点；外缘区具 1 列细白斑。雌性：翅形更宽，体型更大，斑纹更发达，斑纹排列基本同雄性。

雄性外生殖器酷似扬眉线蛱蝶，其主要区别是抱器腹缘突出明显，抱器腹内缘突末端稍尖。

分布：浙江（泰顺）、黑龙江、辽宁、安徽、湖北、江西、湖南、广西、四川；俄罗斯。

♂正　　　　　　　　　　♂反

♀正　　　　　　　　　　♀反

♂外生殖器

图 2-123　断眉线蛱蝶 *Limenitis doerriesi* Staudinger, 1892

（176）浙江线蛱蝶 *Limenitis zhejiangensis* Zhou, 1998（图 2-124）

Limenitis zhejiangensis Zhou, 1998: 31.

　　主要特征：雄性：前翅正面底色黑色，中室近端部具 1 白色钝角三角形斑，外侧具 3 白色条斑，M₃ 到 CuA₂ 室各具 1 白斑，亚顶角区具 3 白斑；亚外缘区 M₂ 室到臀角具 1 列白点；反面底色浅黑褐色，外缘区另具 1 列白斑从 M₂ 室延伸到臀角，其他斑纹类似正面。后翅正面底色同前翅，中区具 1 楔形白斑列从 Rs 室延伸到 2A 室；亚外缘具 1 白点列从顶角延伸到臀角；反面底色同前翅反面底色；中区具 1 中带，形态类似正面；亚外缘区具 1 发达白斑列，白斑列各个白斑内侧具 1 黑点；外缘区各具 1 列细白斑。雌性：未知。

　　分布：浙江（龙泉）、四川。

　　注：Lang（2012a）认为本种混杂了 *Limenitis mimica* 与 *Liminitis recurva* 的特征。因为混杂了这 2 种的特征，故极有可能是它们的杂交产物，而前述的 2 种均只在华西及华中地区有分布，且依据 Lang（2012a）的结论，其仅在四川和湖北此 2 种才有同地分布，所以当年用于发表浙江线蛱蝶的标本极有可能是来自四川或湖北而非在龙泉采获。

♂正　　　　　　　　　♂反

图 2-124　浙江线蛱蝶 Limenitis zhejiangensis Zhou, 1998

72. 姹蛱蝶属 *Chalinga* Moore, 1898

Chalinga Moore, 1898: 172. Type species: *Limenitis elwesi* Oberthür, 1884.

　　主要特征：体中型；前翅 R₁ 脉自中室端之前分出，R₂ 与 R₅ 脉共柄；M₂ 脉近 M₁ 脉；后翅 h 脉与 Sc+R₁ 脉自同一点发出；两翅中室闭式；前翅中室具 2 淡色带，后翅反面中室具 3 小黑斑。雄性外生殖器钩形突分为两支；囊形突短粗，颚形突退化；抱器简单，阳茎长，具两组角状突。

　　分布：古北区、东洋区。世界已知 3 种，中国记录 2 种，浙江分布 1 种。

（177）锦姹蛱蝶 *Chalinga pratti* (Leech, 1890)（图 2-125）

Limenitis pratti Leech, 1890: 34.

Chalinga pratti: Lang, 2012b: 210.

　　主要特征：雌雄同型。雄性：前翅正面底色黑色，中室近端部具 1 白色横斑，中室端外侧具 3 白色条斑，M₃ 到 CuA₂ 室各具 1 白斑；亚顶角区具 2 白斑；外中区 M₁ 室到 CuA₂ 脉具 1 曲折的红线，亚外缘区具 1 由零散白条组成的白线；反面底色黑褐色，中室内另外具 2 白斑，外缘区另具 1 列白斑从顶角延伸到臀角，其他斑纹类似正面。后翅正面底色同前翅，中区具 1 白斑列从前缘延伸到 2A 室；外中区具 1 列红斑从前缘延伸到臀角；亚外缘和外缘各具 1 由彼此分离的白条组成的斑列从顶角延伸到臀角；反面底色同前翅反面底色，各翅室基部具白条，中室的白条镶有黑边；中区具 1 中带，形态类似正面；外中区具 1 红带，形态类似正面；亚外缘区具 1 发达白斑列；外缘区具 1 列白斑。雌性：翅形更宽，体型更大，斑纹更发达，斑纹排列基本同雄性。

雄性外生殖器钩形突二分叉，呈粗而长的山羊角状，末端尖；抱器近长方形，背缘中央稍凹入，末端直；阳茎 2 角状器 1 大 1 小。

♂正　　　　　　　　　　　　　　　　♂反

♂外生殖器

图 2-125　锦姹蛱蝶 *Chalinga pratti* (Leech, 1890)

分布：浙江（泰顺）、河北、山西、陕西、甘肃、湖北、四川；俄罗斯，朝鲜半岛。

73. 带蛱蝶属 *Athyma* Westwood, 1850

Athyma Westwood, 1850: 272. Type species: *Papilio leucothoe* Linnaeus, 1758.

主要特征：体中型，雌雄异型或同型；前翅 R_2 脉自中室分出；前翅中室闭式，后翅中室开式；斑纹似环蛱蝶属，但其后翅反面沿 $Sc+R_1$ 脉基部具 1 月牙形白带。雄性外生殖器背兜发达，钩形突圆锥形，末端尖；囊形突短粗，颚形突短粗，末端不愈合；抱器窄船状，抱器腹内缘具发达突起；阳茎短而细，无角状突。

分布：古北区、东洋区。世界已知 35 种，中国记录 14 种，浙江分布 9 种。

分种检索表

1. 前翅反面中室条被黑线截为数段 ···2

- 前翅反面中室条完整··4

2. 雌雄异型，雄蝶自 M_3 室到 2A 室具 1 近似垂直内缘的白斑带，亚缘无斑列 ··············**新月带蛱蝶 *A. selenophora***

- 雌雄同型，雄蝶自 M_3 室到 2A 室白斑带与内缘夹角为锐角，亚缘具斑列 ·····································3

3. 后翅反面外横带内侧具黑点列 ·· 玄珠带蛱蝶 *A. perius*

- 后翅反面外横带内侧不具黑点列 ··· 虬眉带蛱蝶 *A. opalina*

4. 雄蝶前翅正面不具中室条，或只有痕迹 ·· 5

- 雄蝶前翅正面具中室条 ·· 7

5. 雄蝶前翅正面具 2 白斑，无白斑列 ·· 六点带蛱蝶 *A. punctata*

- 雄蝶前翅正面自 M_3 室到 2A 室具白斑列 ·· 6

6. 雄蝶前翅顶角区具 1 红斑 ··· 双色带蛱蝶 *A. cama*

- 雄蝶前翅顶角区不具 1 红斑 ·· 孤斑带蛱蝶 *A. zeroca*

7. 后翅正反面外横带斑列各个斑中央具黑点 ·· 珠履带蛱蝶 *A. asura*

- 后翅正反面外横带斑列各个斑中央不具黑点 ·· 8

8. 后翅反面基部被白色月牙纹完全占据 ··· 玉杵带蛱蝶 *A. jina*

- 后翅反面基部白色月牙纹仅占据 $Sc+R_1$ 室基部 ···································· 幸福带蛱蝶 *A. fortuna*

（178）虬眉带蛱蝶 *Athyma opalina* (Kollar, 1844)（图 2-126）

Limenitis opalina Kollar, 1844: 427.

Athyma opalina: Tong, 1993: 42.

　　主要特征：雌雄同型。雄性：前翅正面底色黑色，中室基部具 1 白色条，被黑线分割为三部分；端部具 1 白色子弹形斑，中室端外侧具 2 白色条斑，M_2 到 2A 室各具 1 白斑，排列倾斜；亚顶角区到臀角具 1 由彼此分离的白条组成的细白线；反面底色红褐色，斑纹类似正面。后翅正面底色同前翅，中区具 1 白带

♂ 正　　　　　　　　　　　　　♂ 反

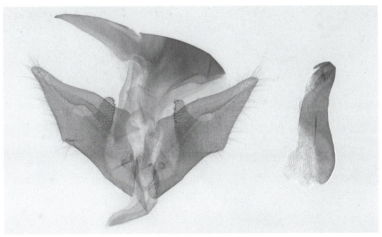

♂ 外生殖器

图 2-126　虬眉带蛱蝶 *Athyma opalina* (Kollar, 1844)

从前缘延伸到 2A 室；亚外缘具 1 由彼此分离的发达白斑组成的斑列从顶角延伸到臀角；反面底色同前翅反面底色，Sc+R$_1$ 室基部具 1 白色月牙形纹；中区具 1 中带，形态类似正面，但斑块彼此愈合；外中区具 1 发达白斑列，亚外缘区具 1 白线。雌性：翅形更宽，体型更大，斑纹更发达，斑纹排列基本同雄性。

　　雄性外生殖器抱器端窄而圆，腹缘中央钝三角稍突出，抱器腹内缘突指状、末端钝圆、稍窄；阳茎基鞘约等于端鞘，端鞘弯而尖。

　　分布：浙江（临安、淳安、开化、缙云、遂昌、庆元、龙泉、泰顺）、甘肃、湖北、江西、湖南、福建、台湾、四川、贵州、云南、西藏；克什米尔，印度，不丹，尼泊尔，缅甸，越南，老挝，泰国。

（179）玄珠带蛱蝶 *Athyma perius* (Linnaeus, 1758)（图 2-127）

Papilio perius Linnaeus, 1758b: 471.

Athyma perius: Tong, 1993: 42.

　　主要特征：雌雄同型。雄性：前翅正面底色黑色，中室基部具 1 白色条，被黑线分割为三部分；端部具 1 白色子弹形斑，中室端外侧具 2 白色条斑，M$_2$ 到 2A 室各具 1 白斑，排列倾斜；亚顶角区到臀角具 1 由彼此分离的白斑组成的斑列；反面底色橙黄色，斑纹类似正面。后翅正面底色同前翅，中区具 1 白带从前缘延伸到 2A 室；亚外缘具 1 由彼此分离的发达白斑组成的斑列从顶角延伸到臀角；反面底色同前翅反面底色，Sc+R$_1$ 室基部具 1 白色月牙形纹，内侧镶有黑边；中区具 1 中带，形态类似正面，但斑块彼此愈合，两侧镶有黑边；外中区具 1 发达白斑列，白斑列内侧具 1 列黑点；外缘区具 1 波浪形白线。雌性：翅形更宽，体型更大，斑纹更发达，斑纹排列基本同雄性。

♂正　　　　　　　　　　　♂反

♂外生殖器

图 2-127　玄珠带蛱蝶 *Athyma perius* (Linnaeus, 1758)

　　雄性外生殖器与虬眉带蛱蝶相似，其主要不同之处在于抱器端稍宽，腹缘端部稍弧形向下，抱器腹内缘突三角形、末端尖。

　　分布：浙江（遂昌、庆元）、江西、福建、台湾、广东、海南、广西、云南；印度，不丹，尼泊尔，缅甸，越南，老挝，泰国，马来西亚，印度尼西亚。

（180）新月带蛱蝶 *Athyma selenophora* (Kollar, 1844)（图 2-128）

Limenitis selenophora Kollar, 1844: 426.

Athyma selenophora: Chou, 1994: 514.

　　主要特征：雌雄异型。雄性：前翅正面底色黑色，中室基部有时具 1 红色条；端部有时具 1 白色小斑，M_3 到 2A 室各具 1 白斑，排列垂直于内缘，两侧有时具蓝色晕；亚顶角区具 3 白斑；反面底色红褐色，中室条被黑线分割为 3 段，中室端具 1 白色大斑；亚外缘区具 1 列从顶角延伸到臀角的小斑列，外缘区具 1 列从 M_2 室延伸到臀角的斑列；其他斑纹类似正面。后翅正面底色同前翅，中区具 1 白带从前缘延伸到 2A 室；外中区具 1 由模糊白斑组成的斑列从顶角延伸到臀角上方；反面底色同前翅反面底色，$Sc+R_1$ 室基部具 1 白色月牙形纹；中区具 1 中带，形态类似正面，但斑块彼此愈合；外中区具 1 发达白斑列，亚外缘区具 1 模糊断裂的白线。雌性：翅形更宽，体型更大。前翅正面底色黑色，中室基部具 1 白色条，被黑线分割为三部分；端部具 1 白色子弹形斑，中室端外侧具 2 白色条斑，M_2 到 2A 室各具 1 白斑，排列倾斜；亚顶角区到臀角具 1 由彼此分离的白斑组成的斑列；反面底色红褐色，外缘区具 1 列从 M_2 室延伸到臀角的斑列，其他斑纹类似正面。后翅正面底色同前翅，中区具 1 白带从前缘延伸到 2A 室；外中区具 1 由彼此分离的发达白斑组成的斑列从顶角延伸到臀角，亚外缘具 1 由模糊白斑组成的斑列从顶角延伸到臀角上方；反面底色同前翅反面底色，$Sc+R_1$ 室基部具 1 白色月牙形纹；中区具 1 中带，形态类似正面，但斑块彼此愈合；外中区具 1 发达白斑列，亚外缘区具 1 中间断裂的白线。

♂正　　　　　　　♂反

♂外生殖器

图 2-128　新月带蛱蝶 *Athyma selenophora* (Kollar, 1844)

雄性外生殖器酷似虬眉带蛱蝶，其主要区别是抱器背缘近直，腹缘中央突出宽大，阳茎端鞘更弯。

分布：浙江（临安、淳安、开化、缙云、遂昌、庆元、龙泉、泰顺）、甘肃、湖北、江西、福建、台湾、湖南、四川、贵州、云南、西藏；印度，克什米尔，不丹，尼泊尔，缅甸，越南，老挝，泰国。

（181）珠履带蛱蝶 *Athyma asura* Moore, 1857（图 2-129）

Athyma asura Moore in Horsfield & Moore, 1857: 171.

主要特征：雌雄同型。雄性：前翅正面底色黑色，中室基部具 1 极细的白色条，被黑线分割为两部分；端部具 1 白斑，中室端外侧具 2 白色条斑，M_2 到 2A 室各具 1 白斑，排列倾斜；亚顶角区到臀角具 1 由彼此分离的白条组成的细白线；反面底色红褐色，外缘区具 1 列从 M_2 室延伸到臀角的斑列，其他斑纹类似正面。后翅正面底色同前翅，中区具 1 白带从前缘延伸到 2A 室；亚外缘具 1 由彼此分离的发达白斑组成的斑列从近顶角处延伸到臀角，每个白斑内部具 1 黑点；反面底色同前翅反面底色，$Sc+R_1$ 室基部具 1 白色月牙形纹；中区具 1 中带，形态类似正面，但斑块彼此愈合；外中区具 1 发达白斑列，每个白斑内部具 1 黑点，亚外缘区具 1 中间断裂的白线。雌性：翅形更宽，体型更大，斑纹更发达，斑纹排列基本同雄性。

雄性外生殖器钩形突渐收缩；抱器窄，末端具小刺，抱器背基部稍拱，抱器腹中央钝三角突出、内缘突明显超出抱器背。

♂正　　　　　　　　　　♂反

♂外生殖器

图 2-129　珠履带蛱蝶 *Athyma asura* Moore, 1857

　　分布：浙江（临安、缙云、遂昌、松阳、庆元、龙泉、泰顺）、湖北、湖南、福建、台湾、海南、广西、四川、贵州、云南、西藏；印度，尼泊尔，缅甸，越南，老挝，泰国，马来西亚，印度尼西亚。

（182）玉杵带蛱蝶 *Athyma jina* Moore, 1857（图 2-130）

Athyma jina Moore in Horsfield & Moore, 1857: 172.

　　主要特征：雌雄同型。雄性：前翅正面底色黑色，中室基部具 1 棒状白色条；中室端外侧具 3 白色条斑，M$_2$ 到 2A 室各具 1 白斑，排列倾斜；亚顶角区到臀角具 1 由彼此分离的白斑组成的白斑列；反面底色红褐色，外缘区具 1 列从顶角延伸到臀角的模糊斑列，其他斑纹类似正面。后翅正面底色同前翅，中区具 1 白带从前缘延伸到 2A 室；亚外缘具 1 由彼此分离的发达白斑组成的斑列从近顶角处延伸到臀角，外缘区具波浪形淡色区域；反面底色同前翅反面底色，翅基部具 1 白色月牙形纹；中区具 1 中带，形态类似正面，但斑块彼此愈合；外中区具 1 发达白斑列，每个白斑内部具 1 黑点，亚外缘区具 1 中间断裂的波浪形白线。雌性：翅形更宽，体型更大，斑纹更发达，斑纹排列基本同雄性。

　　雄性外生殖器抱器背中央弧形稍拱，抱器腹中央半圆形突出明显，抱器端部窄，背腹缘近平行，末端稍尖，抱器腹内缘突长片状、密被小刺。

　　分布：浙江（开化、遂昌、庆元、龙泉、泰顺）、甘肃、新疆、江西、湖南、福建、台湾、广西、四川、云南、西藏；印度，尼泊尔，缅甸，越南，老挝。

♂ 正　　　　　　♂ 反

♂ 外生殖器

图 2-130　玉杵带蛱蝶 *Athyma jina* Moore, 1857

（183）幸福带蛱蝶 *Athyma fortuna* Leech, 1889（图 2-131）

Athyma fortuna Leech, 1889: 107.

主要特征：雌雄同型。雄性：前翅正面底色黑色，中室基部具 1 棒状白色条；中室端外侧具 3 白色条斑并排列为 1 斜带，M₂ 到 2A 室各具 1 白斑，排列倾斜；反面底色红褐色，外缘区具 1 列从 M₂ 室延伸到臀角的模糊斑列，其他斑纹类似正面。后翅正面底色同前翅，中区具 1 白带从前缘延伸到 2A 室；亚外缘具 1 由彼此分离的发达白斑组成的斑列从近顶角处延伸到臀角；反面底色同前翅反面底色，Sc+R₁ 室基部具 1 白色月牙形纹；中区具 1 中带，形态类似正面，但斑块彼此愈合；外中区具 1 发达白斑列，亚外缘区具 1 模糊的波浪形白线。雌性：翅形更宽，体型更大，斑纹更发达，斑纹排列基本同雄性。

♂正　　　　　　　　♂反

♂外生殖器

图 2-131　幸福带蛱蝶 *Athyma fortuna* Leech, 1889

　　雄性外生殖器抱器腹中央稍突出、内缘突长而密被小刺，抱器端部近平行，末端具小齿；阳茎端鞘直而尖。

　　分布：浙江（泰顺、开化、缙云、遂昌、庆元、龙泉）、安徽、湖北、江西、台湾、四川。

（184）双色带蛱蝶 *Athyma cama* Moore, 1857（图 2-132）

Athyma cama Moore in Horsfield & Moore, 1857: 174.

　　主要特征：雌雄异型。雄性：前翅正面底色黑色，中室基部有时具 1 模糊淡色条；CuA₁ 到 2A 室各具 1 大白斑，排列不垂直于内缘，两侧具蓝色晕；中室端外侧具 2 白斑，亚顶角区具 1 小红斑；反面底色红褐色，中室条完整；亚外缘区具 1 列从近顶角处延伸到臀角的小斑列，外缘区 M₂₋₃ 室及臀角具白斑；其他斑纹类似正面。后翅正面底色同前翅，中区具 1 白带从前缘延伸到 2A 室；外中区具 1 由模糊淡色斑组成的斑列从顶角延伸到臀角上方；反面底色同前翅反面底色，Sc+R₁ 室基部具 1 白色月牙形纹；中区具 1 中带，形态类似正面，但斑块彼此愈合；外中区具 1 发达白斑列，亚外缘区具 1 模糊且中间断裂的白线。

雌性：翅形更宽，体型更大。前翅正面底色黑色，斑纹黄色；中室基部具 1 条斑；中室端外侧具 3 条斑，排列为 1 斜带，CuA_1 到 2A 室各具 1 发达大斑，排列倾斜，M_3 室在 CuA_1 室大斑上方具 1 小斑；亚顶角区具 1 小斑；反面底色黄色，外亚缘区具 1 列从近顶角处延伸到臀角的斑列，外缘区具 M_2 室延伸到臀角的模糊斑列，其他斑纹类似正面。后翅正面底色同前翅，中区具 1 斑带从前缘延伸到 2A 室；外中区具 1 由彼此接触的发达斑块组成的斑列从顶角延伸到臀角，亚外缘具 1 由模糊淡色斑组成的斑列从顶角延伸到臀角上方；反面底色同前翅反面底色，$Sc+R_1$ 室基部具 1 淡黄色月牙形纹；中区具 1 淡黄色中带，形态类似正面；外中区具 1 发达淡黄斑列，亚外缘区具 1 中间断裂缺失的淡黄色线。

　　雄性外生殖器与幸福带蛱蝶相似，其主要区别是抱器腹中央钝三角突出，抱器腹内缘突宽而短，稍超过抱器背。

♂正　　　　　　　　　♂反

♀正　　　　　　　　　♀反

♂外生殖器

图 2-132　双色带蛱蝶 *Athyma cama* Moore, 1857

　　分布：浙江（松阳、泰顺）、台湾、海南、广西、云南、西藏；印度，不丹，尼泊尔，缅甸，越南，老挝，泰国。

（185）孤斑带蛱蝶 *Athyma zeroca* Moore, 1872（图 2-133）

Athyma zeroca Moore, 1872: 564.

　　主要特征：雌雄异型。雄性：前翅正面底色黑色，M_3 到 2A 室各具 1 白斑，排列近乎垂直于内缘，两侧具蓝色晕；亚顶角区具 2 淡色斑痕迹；反面底色红褐色，中室条完整，中室端具 1 白色斑；亚顶角区具 2 个弧形条斑，亚外缘区具 1 列从顶角延伸到臀角的小斑列，外缘区具 1 从 M_2 室延伸到臀角的模糊淡色线；其他斑纹类似正面。后翅正面底色同前翅，中区具 1 白带从前缘延伸到 2A 室；外中区及亚外缘区各具 1 模糊淡色带从顶角延伸到臀角上方；反面底色同前翅反面底色，$Sc+R_1$ 室基部具 1 白色月牙形纹；中区具 1 中带，形态类似正面，但斑块彼此愈合；外中区具 1 弧形发达白带，亚外缘区具 1 模糊断裂的白线。雌性：翅形更宽，体型更大。前翅正面底色黑色，斑纹黄色；中室内具 1 棒状条斑；中室端外侧具 2 条斑，排列为 1 斜带，M_3 到 2A 室各具 1 发达大斑，排列倾斜；亚顶角区到 M_2 脉及 M_2 脉到臀角各具 1 斑列，二者不相连，在 M_2 室错位；反面底色橙色，斑纹颜色黄白色，斑纹排列类似正面。后翅正面底色同前翅，中区具 1 斑带从前缘延伸到 2A 室；外中区具 1 由彼此接触的发达斑块组成的斑列从顶角延伸到臀角，亚外缘具 1 由模糊淡色带从顶角延伸到臀角上方；反面底色同前翅反面底色，$Sc+R_1$ 室基部具 1 黄白色月牙形纹；中区具 1 黄白色中带，形态类似正面；外中区具 1 发达淡黄斑列，中带和外横带之间具 1 列发达黑斑；亚外缘区具 1 完整的淡黄色线。

　　雄性外生殖器抱器三角形，基部宽，端部窄，末端稍尖，抱器腹中央钝角突出、内缘突宽大三角形、远超过抱器背。

♂正　　　　　　　　♂反

♂外生殖器

图 2-133　孤斑带蛱蝶 *Athyma zeroca* Moore, 1872

　　分布：浙江（泰顺）、湖南、福建、广东、海南、广西、贵州、云南、西藏；印度，不丹，尼泊尔，缅甸，越南，老挝，泰国。

（186）六点带蛱蝶 *Athyma punctata* Leech, 1890（图 2-134）

Athyma punctata Leech, 1890: 33.

主要特征：雌雄异型。雄性：前翅正面底色黑色，M_3 到 CuA_2 室上端具 1 大白斑，亚顶角区具 2 白斑，彼此接触；反面底色红褐色，中室条完整，中室端具 1 白色子弹形斑；亚外缘区具 1 列从顶角延伸到臀角的模糊小斑列，外缘区具 1 自 M_2 室延伸到臀角的模糊淡色线；其他斑纹类似正面。后翅正面底色同前翅，中区具 1 白带从 Rs 室延伸到 2A 室；反面底色同前翅反面底色，$Sc+R_1$ 室基部具 1 白色长月牙形纹；中区具 1 中带，从前缘延伸到 2A 室；外中区具 1 波浪形白带，亚外缘区具 1 模糊断裂的白线。雌性：翅形更宽，体型更大。前翅正面底色黑色，斑纹淡黄色；中室内具 1 棒状条斑；中室端具 1 三角形斑，外侧具 3 四边形斑，排列为 1 斜带，CuA_1 室具 1 椭圆形大斑；CuA_2 与 2A 室只有斑纹痕迹；反面底色淡橙色，斑纹颜色淡黄白色，斑纹排列类似正面。后翅正面底色同前翅，中区具 1 斑带从前缘延伸到 2A 室；外中区具 1 由彼此接触的发达斑块组成的斑列从近顶角处延伸到臀角；反面底色同前翅反面底色，$Sc+R_1$ 室基部具 1 月牙形纹；中区具 1 黄白色中带，形态类似正面；外中区具 1 发达淡黄斑列，亚外缘区具 1 模糊且中间断裂的斑带。

♂ 正　　　　　　　♂ 反

♂ 外生殖器

图 2-134　六点带蛱蝶 *Athyma punctata* Leech, 1890

雄性外生殖器抱器狭长，抱器腹中央稍突，端部背腹近平行，末端稍上弯，被小刺，抱器腹内缘突远超出抱器背。

分布：浙江（遂昌、泰顺）、甘肃、湖北、福建、广西、四川；越南，老挝。

74. 婀蛱蝶属 *Abrota* Moore, 1857

Abrota Moore in Horsfield & Moore, 1857: 176. Type species: *Abrota ganga* Moore, 1857.

主要特征：体中型，雌雄异型。前翅 R_{3-4} 脉共柄；前翅中室闭式，其上角于 M_1、M_2 脉间有 1 短回脉，后翅中室开式。雄性外生殖器背兜发达，钩形突长，末端下弯带钩；囊形突短粗，颚形突端部窄、愈合；抱器窄条状，末端具齿；阳茎短，末端尖。

分布：古北区、东洋区。世界已知 1 种，中国记录 1 种，浙江有分布。

（187）婀蛱蝶 *Abrota ganga* Moore, 1857（图 2-135）

Abrota ganga Moore in Horsfield & Moore, 1857: 178.

主要特征：雌雄异型。雄性：前翅正面底色橙黄色，中室内具黑圈，中室端具黑色端纹，中室端外侧具模糊黑斑，M_2 到 2A 室均具模糊黑色斑或黑色条，亚外缘具 1 黑色模糊斑列从顶角延伸到臀角；反面底色橙色，中室内具 1 褐色斑，中室端具 1 褐色斑，外中区具 1 褐色带从前缘延伸到内缘；顶角区具 3 个小白点；其他斑纹类似正面。后翅正面底色同前翅，中区具 1 黑带从 Rs 脉延伸到中室；外中区具 1 列黑斑从 Rs 室延伸到内缘；亚外缘区具 1 条波浪形黑线从顶角延伸到臀角；外缘具黑边；反面底色同前翅反面底色，$Sc+R_1$ 室基部及中室内具黑圈；中区具 1 褐色中带，其余斑纹类似正面。雌性：翅形更宽，体型更大。前翅正面底色黑色，斑纹黄色；中室内具 1 棒状条斑；中室端具 1 三角形斑，外侧具 2 四边形斑，排列为

♂正　　　　　　　　　　　　　　　　♂反

♀正　　　　　　　　　　　　　　　　♀反

♂ 外生殖器

图 2-135　婀蛱蝶 *Abrota ganga* Moore, 1857

1 斜带，M_2 室具四边形斑，CuA_1 室到 2A 室具发达斑块，连为斜带；顶角区具 2 白斑，亚外缘区具模糊黄条列，从 M_2 脉延伸到臀角；反面底色淡橙色，斑纹排列类似雄蝶。后翅正面底色同前翅，中区具 1 斑带从前缘延伸到 2A 室；外中区具 1 由彼此接触的发达斑块组成的斑列从顶角延伸到臀角上方；反面底色同前翅反面底色，基部褐色；外中区具褐色波浪形带。

雄性外生殖器抱器端稍窄，锯齿状；阳茎直，末端尖，具角状器。

分布：浙江（遂昌、龙泉、泰顺）、陕西、湖北、江西、湖南、福建、台湾、广东、四川、贵州、云南、西藏；印度，不丹，尼泊尔。

75. 奥蛱蝶属 *Auzakia* Moore, 1898

Auzakia Moore, 1898: 146. Type species: *Limenitis danava* Moore, 1858.

主要特征：体中型，雌雄同型。前翅 R_{3-5} 脉共柄；前后翅中室闭式；前翅顶角稍突出，外缘微凹入；后翅臀角尖出。雄性外生殖器背兜发达，钩形突末端下弯而尖；囊形突短而阔，颚形突细弱，末端愈合；抱器狭长，末端具小刺；阳茎极短。

分布：东洋区。世界已知 1 种，中国记录 1 种，浙江有分布。

（188）奥蛱蝶 *Auzakia danava* (Moore, 1857)（图 2-136）

Limenitis danava Moore in Horsfield & Moore, 1857: 180.

Auzakia danava: Tong, 1993: 44.

主要特征：雌雄异型。雄性：前翅正面底色黑褐色，中室内具 2 淡绿色条斑，中室端外侧具 2 淡绿色斑，外中区具 1 淡绿色细带从 M_3 延伸到 2A 室；顶角区前缘具 1 小白斑，白斑下方的亚外缘区具 1 淡绿色宽带延伸到臀角；反面底色黄褐色，中室内具深色线；顶角区具 1 雾状白斑；白斑下方具 1 黄色波浪线延伸到内缘，其他斑纹类似正面。后翅正面底色同前翅，中区具 1 模糊淡绿色带从前缘延伸到 2A 室；亚外缘具 1 淡绿色宽带从顶角延伸到臀角；反面底色同前翅反面底色，$Sc+R_1$ 室基部与中室内具黑圈；中区具 1 深色细中带；外中区具 1 宽的深色带，亚外缘区具模糊的雾状白鳞带。雌性：翅形更宽，体型更大，斑纹更发达，斑纹排列基本同雄性。

雄性外生殖器抱器端稍窄，边缘具小刺；阳茎极短，末端尖细，基鞘粗，约等长于端鞘。

分布：浙江（遂昌、庆元）、江苏、湖北、江西、福建、广东、四川、云南、西藏；印度，不丹，尼泊尔，缅甸。

♂正　　　　　　　　　　♂反

♀正　　　　　　　　　　♀反

♂外生殖器

图 2-136　奥蛱蝶 *Auzakia danava* (Moore, 1857)

76. 环蛱蝶属 *Neptis* Fabricius, 1807[*]

Neptis Fabricius, 1807: 282. Type species: *Papilio aceris* Esper, 1783.

　　主要特征：体中型；雄性后翅正面与前翅反面具镜区，前翅 R_2 脉从中室发出，不与 R_5 共柄（少部分种类共柄）；前后翅中室开式。雄性外生殖器背兜发达隆起，钩形突端部细长、末端尖；颚形突窄，末端

　　* 该属研究得到国家自然科学基金（No.32070469）资助。

愈合；囊形突宽短；抱器不同种组种变化比较大，通常宽，末端具突起或钩；阳茎短，末端尖，具角状器。

分布：古北区、东洋区、澳洲区、非洲区。世界已知 70 多种，中国记录 54 种，浙江分布 23 种。

分种检索表

21. 前翅正面中室条完整 ·· **啡环蛱蝶 *N. philyra***
- 前翅正面中室条靠端脉处具 1 黑色三角形斑 ·· **司环蛱蝶 *N. speyeri***
22. 后翅反面基部具 1 亚基条 ··· **阿环蛱蝶 *N. ananta***
- 后翅反面基部具 2 亚基条 ·· **弥环蛱蝶 *N. miah***

（189）断环蛱蝶 *Neptis sankara* (Kollar, 1844)（图 2-137）

Limenitis sankara Kollar, 1844: 428.

Neptis sankara: Tong, 1993: 44.

主要特征：有黄色型和白色型，不同只在颜色。雌雄同型。雄性：前翅正面底色黑色，中室内具 1 棒状条；中室端外侧具 3 白色条斑排列为 1 斜带，M_2 室具 1 小点，M_3 到 2A 室各具 1 斑，排列倾斜；反面底色红棕色，外缘区在 M_{1-2} 室及臀角具淡色斑，其他斑纹类似正面。后翅正面底色同前翅，中区具 1 中带从前缘延伸到内缘；亚外缘区 1 由彼此分离的发达斑块组成的斑列从近顶角处延伸到臀角；反面底色同前翅反面底色，前缘基部和翅基部到 Rs 室各具 1 月牙形纹；中区具 1 中带，形态类似正面；外中区具 1 发达斑列，亚外缘区具 1 模糊的亚外缘带。雌性：翅形更宽，体型更大，斑纹更发达，斑纹排列基本同雄性。

♂正　　　　　　　　　　　　　　♂反

♂外生殖器

图 2-137　断环蛱蝶 *Neptis sankara* (Kollar, 1844)

雄性外生殖器抱器背缘直，背端突钩状，钩角近直角、外侧三角突出，腹端突三角形，外缘微弧形、末端稍尖。

分布：浙江（临安、开化、缙云、遂昌、庆元、龙泉、泰顺）、甘肃、湖北、江西、湖南、福建、台湾、四川、云南、西藏；克什米尔，印度，尼泊尔，缅甸，泰国，马来西亚，印度尼西亚。

（190）重环蛱蝶 *Neptis alwina* (Bremer *et* Grey, 1852)（图 2-138）

Limenitis alwina Bremer *et* Grey, 1852: 59.

Neptis alwina: Tong, 1993: 44.

主要特征：雌雄同型。雄性：前翅正面底色黑色，中室内具 1 白色棒状条，棒状条前缘被黑鳞侵入；中室端外侧具 1 曲折的外中斑列，斑列在 M_3 脉和 Cu_2 脉错位，外中列外侧另外具 1 斑列从前缘延伸到 M_2 脉；顶角具 1 白斑，外缘区在 M_{1-2} 室及 M_3 到 CuA_1 室具白色斑；反面底色红棕色，斑纹类似正面。后翅正面底色同前翅，中区具 1 中带从 Rs 室延伸到内缘；亚外缘具 1 由彼此分离的发达斑块组成的斑列从近顶角处延伸到臀角上方；反面底色同前翅反面底色，翅基部到 Rs 室具 1 白色月牙形纹；中区具 1 白色中带，形态类似正面；外中区具 1 发达白色斑列，亚外缘区具 1 中间断开的白色细带。雌性：翅形更宽，体型更大，斑纹更发达，斑纹排列基本同雄性。

雄性外生殖器抱器背缘微弧形上拱，中部具 1 突起，背端突钩状，腹端突末端钝圆。

♂正　　　　　　　　　♂反

♂外生殖器

图 2-138　重环蛱蝶 *Neptis alwina* (Bremer *et* Grey, 1852)

分布：浙江（临安、开化、遂昌、庆元、龙泉、泰顺）、黑龙江、吉林、辽宁、内蒙古、北京、河北、河南、陕西、甘肃、青海、湖北、福建、四川、云南、西藏；俄罗斯，蒙古国，朝鲜半岛。

（191）小环蛱蝶 *Neptis sappho* (Pallas, 1771)（图 2-139）

Papilio sappho Pallas, 1771: 471.

Neptis sappho: Tong, 1993: 45.

主要特征：雌雄同型。雄性：前翅正面底色黑色，中室内具1白色棒状条，棒状条在端脉处被黑线分割；中室端外侧具1三角形斑，三角形斑外侧具1弧形外中区白斑列，亚外缘区在 R₅ 室到臀角具白色斑；反面底色红色，亚外缘区在顶角区到臀角具白色斑，其他斑纹类似正面。后翅正面底色同前翅，中区具1中带从前缘延伸到内缘；亚外缘具1由彼此分离的发达斑块组成的斑列从近顶角处延伸到臀角上方；反面底色同前翅反面底色，前缘基部及翅基部到 Rs 室各具1白色月牙形纹；中区具1白色中带，形态类似正面；外中区具1发达白色斑列，中带和外横带之间另外具1列白斑；亚外缘区具1中间断开的白色细带。雌性：翅形更宽，体型更大，斑纹更发达，斑纹排列基本同雄性。

雄性外生殖器抱器背长方形，背端突弧形钩状，腹端突末端钝圆。

分布：浙江（临安、淳安、开化、缙云、遂昌、松阳、庆元、龙泉、泰顺）、黑龙江、吉林、辽宁、北京、天津、山东、河南、陕西、宁夏、江苏、湖北、江西、湖南、福建、台湾、广东、香港、四川、贵州、云南、西藏；俄罗斯，朝鲜半岛，日本，巴基斯坦，印度，缅甸，泰国，东南欧。

♂正　　　　　　　　　♂反

♂外生殖器

图 2-139　小环蛱蝶 *Neptis sappho* (Pallas, 1771)

（192）中环蛱蝶 *Neptis hylas* (Linnaeus, 1758)（图 2-140）

Papilio hylas Linnaeus, 1758b: 486.

Neptis hylas: Chou, 1994: 533.

主要特征：雌雄同型。雄性：前翅正面底色黑色，中室内具1白色棒状条，棒状条在端脉处被黑线分割；中室端外侧具1三角形斑，三角形斑外侧具1弧形外中区白斑列，亚外缘区在顶角到臀角具白色斑；反面底色橙色，斑纹类似正面。后翅正面底色同前翅，中区具1中带从前缘延伸到内缘；亚外缘具1由彼此分离的发达斑块组成的斑列从近顶角处延伸到臀角上方；反面底色同前翅反面底色，前缘基部及翅基部到 Rs 室各具1白色月牙形纹；中区具1白色中带，形态类似正面；外中区具1发达白色斑列，中带和外横带之间另外具 1 列白斑；亚外缘区具 1 中间断开的白色细带。雌性：翅形更宽，体型更大，斑纹更发达，斑纹排列基本同雄性。

雄性外生殖器近似于小环蛱蝶，主要区别是抱器背近三角形，背端突弯曲处稍有膨大。

分布：浙江（全省）、河南、陕西、江西、福建、台湾、广东、海南、广西、四川、云南、西藏；日本，印度，尼泊尔，缅甸，越南，老挝，泰国，斯里兰卡，马来西亚，印度尼西亚。

♀ 正　　　　　　　　　♀ 反

♂ 外生殖器

图 2-140　中环蛱蝶 *Neptis hylas* (Linnaeus, 1758)

（193）耶环蛱蝶 *Neptis yerburii* Butler, 1886（图 2-141）

Neptis yerburii Butler, 1886: 360.

主要特征：雌雄同型。雄性：前翅正面底色黑色，中室内具 1 白色棒状条，棒状条在端脉处被黑线分割，棒状条上覆盖有黑鳞；中室端外侧具 1 长三角形斑，三角形斑外侧具 1 弧形外中区白斑列，亚外缘区在顶角到臀角具白色斑；反面底色巧克力色，斑纹类似正面。后翅正面底色同前翅，中区具 1 宽中带从前缘延伸到内缘；亚外缘具 1 由彼此分离的发达斑块组成的斑列从近顶角处延伸到臀角上方；反面底色同前翅反面底色，前缘基部及翅基部到 Rs 室各具 1 白色月牙形纹；中区具 1 白色中带，形态类似正面；外中区具 1 发达白色斑列，中带和外横带之间另外具 1 列白斑；亚外缘区具 1 中间断开的白色细带。雌性：翅形更宽，体型更大，斑纹更发达，斑纹排列基本同雄性。

雄性外生殖器近似于中环蛱蝶，其主要不同之处是抱器宽，抱器背背缘与内缘近平行，末端稍弧形收缩，端钩基部斜向上伸。

♂ 外生殖器

图 2-141　耶环蛱蝶 *Neptis yerburii* Butler, 1886

分布：浙江（泰顺）、安徽、湖北、江西、湖南、福建、广东、四川、西藏；巴基斯坦，印度，缅甸，泰国。

（194）珂环蛱蝶 *Neptis clinia* Moore, 1872（图 2-142）

Neptis clinia Moore, 1872: 563.

　　主要特征：雌雄同型。雄性：前翅正面底色黑色，中室内具 1 白色棒状条，棒状条在端脉处被黑线分割；中室端外侧具 1 长三角形斑，三角形斑外侧具 1 弧形外中区白斑列，亚外缘区在顶角到臀角具白色斑；反面底色巧克力色，斑纹类似正面。后翅正面底色同前翅，中区具 1 宽中带从前缘延伸到内缘；亚外缘具 1 由彼此分离的发达斑块组成的斑列从近顶角处延伸到臀角上方；反面底色同前翅反面底色，前缘基部及翅基部到 Rs 室各具 1 白色月牙形纹；中区具 1 白色中带，形态类似正面；外中区具 1 发达白色斑列，中带和外横带之间另外具 1 列白斑；亚外缘区具 1 连续的白色细带。雌性：翅形更宽，体型更大，斑纹更发达，斑纹排列基本同雄性。

　　雄性外生殖器与小环蛱蝶相似，其主要不同之处是抱器窄，端钩细，基部水平伸出。

　　分布：浙江（遂昌、松阳、泰顺）、湖南、福建、广东、海南、广西、四川、贵州、云南；印度，尼泊尔，缅甸，越南，老挝，泰国，菲律宾，马来西亚，印度尼西亚。

♂ 正　　　　　　　　　　♂ 反

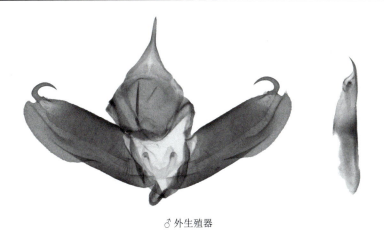

♂ 外生殖器

图 2-142　珂环蛱蝶 *Neptis clinia* Moore, 1872

（195）娑环蛱蝶 *Neptis soma* Moore, 1858（图 2-143）

Neptis soma Moore, 1858: 9.

　　主要特征：雌雄同型。雄性：前翅正面底色黑色，中室内具 1 黄白色棒状条，棒状条在端脉处被黑线分割；中室端外侧具 1 长三角形斑，三角形斑外侧具 1 弧形外中区黄白斑列，亚外缘区在顶角到臀角具黄白色斑；反面底色巧克力色，斑纹类似正面。后翅正面底色同前翅，中区具 1 宽中带从前缘延伸到内缘；亚外缘具 1 由彼此分离的发达斑块组成的斑列从近顶角处延伸到臀角上方；反面底色同前翅反面底色，前缘基部及翅基部到 Rs 室各具 1 白色月牙形纹；中区具 1 白色中带，越往前缘走越宽；外中区具 1 发达白色斑列，中带和外横带之间另外具 1 列白斑；亚外缘区和外缘区各具 1 白色细带。雌性：翅形更宽，体型更大，斑纹更发达，斑纹排列基本同雄性。

♂ 正　　　　　　　　　♂ 反

♂ 外生殖器

图 2-143　娑环蛱蝶 *Neptis soma* Moore, 1858

雄性外生殖器囊形突宽，末端钝圆；抱器窄长，近长方形，抱器背端细指状水平伸出、尖刺直角上弯。

分布：浙江（泰顺）、湖北、湖南、台湾、广东、广西、四川、贵州、云南、西藏；印度，尼泊尔，缅甸，老挝，泰国，马来西亚。

（196）啡环蛱蝶 *Neptis philyra* Ménétriès, 1859（图 2-144）

Neptis philyra Ménétriès, 1859b: 214.

主要特征：雌雄同型。雄性：前翅正面底色黑色，中室内具 1 白色棒状条；中室端外侧具 3 白色条斑排列为 1 斜带，M$_3$ 到 2A 室各具 1 斑，排列成弧形；反面底色红棕色，外缘区在 M$_{1-2}$ 室及臀角具淡色斑，其他斑纹类似正面。后翅正面底色同前翅，中区具 1 中带从 Rs 室延伸到内缘；亚外缘具 1 由彼此分离的发达斑块组成的斑列从近顶角处延伸到臀角；反面底色同前翅反面底色，翅基部到 Rs 室具 1 亚基条；中区具 1 中带，形态类似正面；外中区具 1 发达斑列，亚外缘区具 1 模糊的亚外缘带。雌性：翅形更宽，体型更大，斑纹更发达，颜色淡，斑纹排列基本同雄性。

雄性外生殖器抱器背缘与腹缘稍弧形、近平行，抱器端 "U" 形凹入，二分裂，背端突细指状水平伸出、近直角长刺上弯，腹端突钝圆。

♂ 正　　　　　　　　　　　　♂ 反

♂ 外生殖器

图 2-144　啡环蛱蝶 *Neptis philyra* Ménétriès, 1859

分布：浙江（临安、淳安、缙云、泰顺）、黑龙江、吉林、湖北、台湾、云南；俄罗斯，朝鲜，日本，越南。

（197）司环蛱蝶 *Neptis speyeri* Staudinger, 1887（图 2-145）

Neptis speyeri Staudinger, 1887: 145.

主要特征：雌雄同型。雄性：前翅正面底色黑色，中室内具 1 白色棒状条，上端在靠近端脉的位置具

1 黑色三角形缺刻；中室端外侧具 3 白色条斑排列为 1 斜带，M$_3$ 到 2A 室各具 1 斑，排列成弧形；反面底色红棕色，外缘区在 M$_{1-2}$ 室及臀角具淡色斑，其他斑纹类似正面。后翅正面底色同前翅，中区具 1 中带从 Rs 室延伸到内缘；亚外缘具 1 由彼此分离的发达斑块组成的斑列从近顶角处延伸到臀角；反面底色同前翅反面底色，翅基部到 Rs 室具 1 亚基条；中区具 1 白色中带，形态类似正面；外中区具 1 发达斑列，中带和外横带之间具 1 模糊黑斑带。雌性：翅形更宽，体型更大，斑纹更发达，颜色淡，斑纹排列基本同雄性。

　　雄性外生殖器抱器窄长，末端二分裂，背端突细指状伸出、末端尖，稍下弯，腹端突三角形，末端稍尖。

♂正　　　　　　　　　　　♂反

♂外生殖器

图 2-145　司环蛱蝶 Neptis speyeri Staudinger, 1887

分布：浙江（龙泉、泰顺）、黑龙江、辽宁、广西、云南；俄罗斯，朝鲜半岛，越南。

（198）阿环蛱蝶 *Neptis ananta* Moore, 1858（图 2-146）

Neptis ananta Moore, 1858: 5.

♂正　　　　　　　　　　　♂反

♂ 外生殖器

图 2-146　阿环蛱蝶 *Neptis ananta* Moore, 1858

主要特征：雌雄同型。雄性：前翅正面底色黑色，中室内具 1 橙色棒状条，上端在靠近端脉的位置具 1 黑色三角形缺刻；中室端外侧具 3 橙色条斑排列为 1 斜带，M_3 到 2A 室各具 1 斑，排列成斜带，亚外缘区在 R_5 到 M_2 室及臀角具橙色细条；反面底色红棕色，斑纹类似正面。后翅正面底色同前翅，中区具 1 中带从前缘延伸到内缘；亚外缘具 1 由彼此分离的发达斑块组成的斑列从近顶角处延伸到臀角；反面底色同前翅反面底色，翅基部前缘具 1 月牙形灰白色亚基条；中区具 1 淡黄白色中带，形态类似正面；中带外侧在中带和外横带之间具 1 紫色带；外中区具 1 棕黄色带。雌性：翅形更宽，体型更大，斑纹更发达，颜色淡，斑纹排列基本同雄性。

雄性外生殖器抱器窄船状，背缘近直，腹缘中部稍弧形突出，末端窄而直。

分布：浙江（临安、淳安、龙泉、泰顺）、江西、福建、海南、广西、四川、云南、西藏；印度，不丹，尼泊尔，缅甸。

（199）羚环蛱蝶 *Neptis antilope* Leech, 1890（图 2-147）

Neptis antilope Leech, 1890: 35.

主要特征：雌雄同型。雄性：前翅正面底色黑色，中室内具 1 黄色棒状条；亚顶角区具 3 黄色条斑排列为 1 斜带，M_3 到 2A 室各具 1 斑，排列成弧形；反面底色黄色，斑纹类似正面。后翅正面底色同前翅，中区具 1 中带从前缘延伸到内缘；亚外缘具 1 由彼此分离的发达斑块组成的斑列从近顶角处延伸到臀角；反面底色同前翅反面底色；中区具 1 白色中带，从 Rs 室延伸到内缘；中带外侧在中带和外横带之间具 1 红褐色带；外中区具 1 浅黄色带。雌性：翅形更宽，体型更大，斑纹更发达，颜色淡，斑纹排列基本同雄性。

雄性外生殖器抱器端二分裂，背端突末端二分叉、上角小尖刺、下角尖三角形，腹端突三角伸出、末端稍尖。

♂ 正　　　　　　　　　　　♂ 反

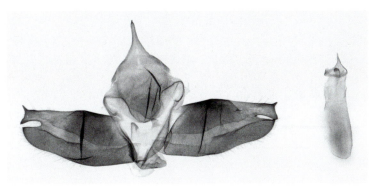

♂ 外生殖器

图 2-147　羚环蛱蝶 *Neptis antilope* Leech, 1890

分布：浙江（缙云、遂昌、云和、龙泉、泰顺）、河北、陕西、湖北、四川、云南。

（200）矛环蛱蝶 *Neptis armandia* (Oberthür, 1876)（图 2-148）

Limenitis armandia Oberthür, 1876: 23.

Neptis armandia: Tong, 1993: 47.

主要特征：雌雄同型。雄性：前翅正面底色黑色，中室内具 1 黄色棒状条；亚顶角区具 3 黄色条斑排列为 1 斜带，M_3 到 2A 室各具 1 斑，排列成斜带；反面底色红棕色，中室条前方区域与中室条同色，M_1 室具 1 白斑，亚外缘从 M_1 室到臀角具白色波浪形纹；其他斑纹类似正面。后翅正面底色同前翅，中区具 1 中带从前缘延伸到内缘；亚外缘具 1 由彼此分离的发达斑块组成的斑列从近顶角处延伸到臀角；反面底色黄色；亚基区具 2 方形红褐色点；中区具 1 黄白色中带，从 Rs 室延伸到内缘；中带外侧在中带和外横带之间具 1 红褐色带，红褐色带上具紫色波浪纹；外中区具 1 浅黄色带。雌性：翅形更宽，体型更大，斑纹更发达，颜色淡，斑纹排列基本同雄性。

♂ 正　　　　　　　　♂ 反

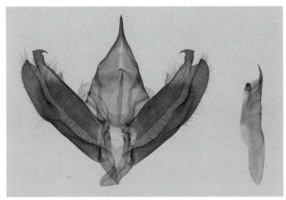

♂ 外生殖器

图 2-148　矛环蛱蝶 *Neptis armandia* (Oberthür, 1876)

雄性外生殖器近似于啡环蛱蝶，其主要区别是背端突水平伸出突粗，上弯钩短小，抱器背近端具 1 三角突。

分布：浙江（遂昌、庆元、龙泉）、陕西、湖北、湖南、广西、四川、贵州、云南、西藏；印度，尼泊尔。

（201）莲花环蛱蝶 *Neptis hesione* Leech, 1890（图 2-149）

Neptis hesione Leech, 1890: 34.

主要特征：雌雄同型。雄性：前翅正面底色黑色，中室内具 1 黄色棒状条；亚顶角区具 3 黄色条斑排列为 1 斜带，M_3 到 2A 室各具 1 斑，排列成斜带；反面底色红棕色，M_1 室具 1 白斑，亚外缘从 M_2 室到臀角具白色条；其他斑纹类似正面。后翅正面底色同前翅，中区具 1 中带从前缘延伸到内缘；亚外缘具 1 由彼此分离的发达斑块组成的斑列从近顶角处延伸到臀角；反面底色红棕色；基部到 $Sc+R_1$ 室具 1 亚基条；中区具 1 黄白色中带，从前缘延伸到内缘；中带外侧在中带和外横带之间具 1 黑色斑带，外缘区具 1 波浪形白色带。雌性：翅形更宽，体型更大，斑纹更发达，颜色淡，斑纹排列基本同雄性。

雄性外生殖器与矛环蛱蝶近似，其主要不同之处在于背端钩突细尖，抱器背近端具宽大三角突、末端稍尖。

分布：浙江（遂昌、龙泉、泰顺）、陕西、湖北、湖南、广西、四川、贵州、云南、西藏；印度，尼泊尔。

♂正　　　　　　　　　　　　　♂反

♀正　　　　　　　　　　　　　♀反

♂外生殖器

图 2-149　莲花环蛱蝶 *Neptis hesione* Leech, 1890（外生殖器引自 Eliot，1969）

（202）折环蛱蝶 *Neptis beroe* Leech, 1890（图 2-150）

Neptis beroe Leech, 1890: 36.

　　主要特征：雌雄异型。雄性：前翅正面底色黑色，中室内具 1 黄色棒状条；亚顶角区具 3 黄色条斑排列为 1 斜带，在前缘的条斑沿着前缘向翅基延长很多；M_3 到 2A 室各具 1 斑，排列成弧形，M_3 室斑与中室条几乎接触；反面底色黄色，斑纹类似正面。后翅前缘向前突出很多；正面底色同前翅，中区具 1 中带从前缘延伸到内缘；亚外缘具 1 由彼此分离的发达斑块组成的斑列从近顶角处延伸到臀角；反面底色黄色；中区具 1 黄白色中带，从 M_1 室斑延伸到内缘；外缘区具 1 弧形波浪形白色带。雌性：翅形更宽，体型更大，斑纹更发达，颜色淡，后翅前缘正常，不突出很多，斑纹排列基本同雄性。

　　雄性外生殖器抱器长椭圆形，末端二分裂，背端突细，腹端突短小三角状，末端稍尖。

♂正　　　　　　　　　　　　　　♂反

♂外生殖器

图 2-150　折环蛱蝶 *Neptis beroe* Leech, 1890

　　分布：浙江（遂昌、龙泉、泰顺）、陕西、湖北、重庆、四川、云南；缅甸。

（203）玛环蛱蝶 *Neptis manasa* Moore, 1857（图 2-151）

Neptis manasa Moore in Horsfield & Moore, 1857: 165.

　　主要特征：雌雄同型。雄性：前翅正面底色黑色，中室内具 1 黄色棒状条；亚顶角区具 3 黄色条斑排列为 1 斜带，前缘在斜带内侧具小白斑；M_3 到 2A 室各具 1 斑，排列成弧形；反面底色橙黄色；亚顶角区斑白色，其他斑纹类似正面。后翅正面底色同前翅，中区具 1 中带从前缘延伸到内缘；亚外缘具 1 由彼此分离的发达斑块组成的斑列从近顶角处延伸到臀角；反面底色橙黄色；中区具 1 黄白色中带，黄白色中带内侧具紫色斑；外横带黄白色，较为模糊；中带外侧在中带和外横带之间具 1 紫色斑带。雌性：翅形更宽，体型更大，斑纹更发达，颜色淡，斑纹排列基本同雄性。

雄性外生殖器抱器长椭圆形，末端二分裂，背端突细尖钩状、下弯，腹端突钝、不伸出。

分布： 浙江（庆元、泰顺）、湖北、福建、广东、海南、广西、四川、云南、西藏；印度，尼泊尔，缅甸，老挝，泰国。

♂正　　　　　　　　　　　　　　　　　♂反

♂外生殖器

图 2-151　玛环蛱蝶 *Neptis manasa* Moore, 1857

（204）蛛环蛱蝶 *Neptis arachne* Leech, 1890（图 2-152）

Neptis arachne Leech, 1890: 38.

主要特征： 雌雄同型。雄性：前翅正面底色黑色，中室内具 1 黄色棒状条；亚顶角区具 3 黄色条斑排列为 1 斜带，前缘在斜带内侧具小白斑；M₃ 到 2A 室各具 1 斑，排列成弧形；反面底色橙黄色；亚顶角区斑白色，前缘斑紫色；亚外缘具 1 红褐色条；其他斑纹类似正面。后翅正面底色同前翅，中区具 1 中带从

♂正　　　　　　　　　　　　　　　　　♂反

♂ 外生殖器

图 2-152　蛛环蛱蝶 *Neptis arachne* Leech, 1890

前缘延伸到内缘；亚外缘具 1 由彼此分离的发达斑块组成的斑列从近顶角处延伸到臀角；反面底色橙黄色；中区具 1 黄白色中带，黄白色中带内侧具紫色斑；中带外侧具 1 红色波浪形斑带，亚外缘具红色波浪形斑带。雌性：翅形更宽，体型更大，斑纹更发达，颜色淡，斑纹排列基本同雄性。

雄性外生殖器钩形突基部宽，端部锥形，末端尖；抱器长，超过钩形突，到端部渐窄，末端平。

分布：浙江（龙泉、泰顺）、陕西、甘肃、湖北、四川、云南。

（205）提环蛱蝶 *Neptis thisbe* Ménétriès, 1859（图 2-153）

Neptis thisbe Ménétriès, 1859b: 214.

主要特征：雌雄同型。雄性：前翅正面底色黑色，中室内具 1 黄色棒状条；亚顶角区具 3 黄色斑排列为 1 斜带，前缘在斜带内侧具小白斑；M$_3$ 到 2A 室各具 1 斑，排列成弧形；反面底色橙黄色；前缘斑紫色；M$_1$ 室具 1 白斑；亚外缘具 1 红褐色条；其他斑纹类似正面。后翅正面底色同前翅，中区具 1 中带从 Rs 室延伸到内缘；亚外缘具 1 棕色斑列从近顶角处延伸到臀角，外缘在臀角具赭色斑；反面底色橙黄色；基部到 Sc+R$_1$ 室基部具 1 白色月牙形亚基条，亚基条末端外侧具紫色小斑；中区具 1 黄色中带，黄白色中带内侧具红褐色斑；中带外侧具红褐色带，外横带紫白色，从顶角延伸到臀角。雌性：翅形更宽，体型更大，斑纹更发达，颜色淡，斑纹排列基本同雄性。

雄性外生殖器抱器端二分叉，背端突短而细、指状，稍长于腹端突，腹端突稍突出，末端稍尖，背缘近端部具 1 短指突。

分布：浙江（遂昌）、黑龙江、吉林、辽宁、湖北、福建、四川、云南；俄罗斯，朝鲜半岛。

♂ 正　　　　　　　　　♂ 反

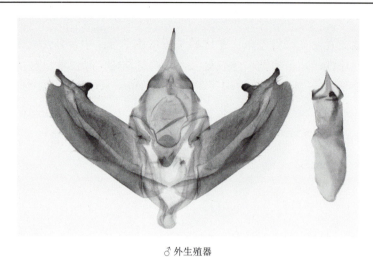

♂外生殖器

图 2-153　提环蛱蝶 *Neptis thisbe* Ménétriès, 1859

（206）黄环蛱蝶 *Neptis themis* Leech, 1890（图 2-154）

Neptis thisbe var. *themis* Leech, 1890: 35.

Neptis themis: Chou, 1994: 548.

　　主要特征：雌雄同型。雄性：前翅正面底色黑色，中室内具 1 黄色棒状条；亚顶角区具 3 黄色斑排列为 1 斜带，前缘在斜带内侧具小白斑；M_3 到 2A 室各具 1 斑，排列成弧形；反面底色橙黄色；前缘斑紫色；M_1 室具 1 白斑；亚外缘具 1 红褐色条；其他斑纹类似正面。后翅正面底色同前翅，中区具 1 中带从 Rs 室

♂正　　　　　　　　　　　　　　♂反

♂外生殖器

图 2-154　黄环蛱蝶 *Neptis themis* Leech, 1890

延伸到内缘；亚外缘具 1 棕色斑列从近顶角处延伸到臀角，外缘在臀角不具赭色斑；反面底色橙黄色；基部到 Sc+R$_1$ 室基部具 1 紫白色月牙形亚基条；中区具 1 黄白色中带；中带外侧具 1 暗褐色带，外横带紫白色，从顶角延伸到臀角。雌性：翅形更宽，体型更大，斑纹更发达，颜色淡，斑纹排列基本同雄性。

雄性外生殖器抱器端深"U"形凹入，背端突镰刀状，柄粗、末端尖，刀细弯而尖，抱器背近端部 1/3 处具 1 细尖小刺。

分布：浙江（临安）、黑龙江、吉林、辽宁、湖北、福建、四川、云南；俄罗斯，朝鲜半岛。

（207）朝鲜环蛱蝶 *Neptis philyroides* Staudinger, 1887（图 2-155）

Neptis philyroides Staudinger, 1887: 146.

主要特征：雌雄同型。雄性：前翅正面底色黑色，中室内具 1 白色棒状条；亚顶角区具 4 白色条斑排列为 1 斜带，前缘在斜带内侧具小白斑；M$_3$ 到 2A 室各具 1 斑，排列成弧形；反面底色橙黄色；前缘斑紫色；M$_1$ 室具 1 白斑；亚外缘具 1 红褐色条；其他斑纹类似正面。后翅正面底色同前翅，中区具 1 中带从 Rs 室延伸到内缘；亚外缘具 1 棕色斑列从近顶角处延伸到臀角；反面底色橙黄色；基部到 Sc+R$_1$ 室基部具 1 紫白色月牙形亚基条；中区具 1 白色中带；外横带白色。雌性：翅形更宽，体型更大，斑纹更发达，颜色淡，斑纹排列基本同雄性。

雄性外生殖器抱器端二分叉，抱器背端部半圆形拱起、端突细小、基部内缘具 1 大刺突，腹端突粗三角状。

分布：浙江（临安）、黑龙江、吉林、河南、陕西、江苏、湖北、台湾、贵州；俄罗斯，朝鲜半岛，越南。

♂正　　　　　　　♂反

♂外生殖器

图 2-155　朝鲜环蛱蝶 *Neptis philyroides* Staudinger, 1887

（208）单环蛱蝶 *Neptis rivularis* (Scopoli, 1763)（图 2-156）

Papilio rivularis Scopoli, 1763: 165.

Neptis rivularis: Tong, 1993: 4.

　　主要特征：雌雄同型。雄性：前翅正面底色黑色，中室内具1白色棒状条；棒状条被底色分割为数段，前缘在斜带内侧具小白斑；M₃到2A室各具1斑，排列成弧形；反面底色红棕色；其他斑纹类似正面。后翅正面底色同前翅，中区具1中带从Rs室延伸到内缘；反面底色红褐色；翅基部到Sc+R₁室基部具1白色亚基条；中区具1白色中带从前缘延伸到内缘；亚外缘带及外缘带模糊，灰白色。雌性：翅形更宽，体型更大，斑纹更发达，颜色淡，斑纹排列基本同雄性。

　　雄性外生殖器抱器端二分叉，背端突指状、末端稍细，腹端突等腰三角形稍突出，末端尖。

　　分布：浙江、黑龙江、吉林、辽宁、内蒙古、北京、河北、陕西、甘肃、青海、新疆、湖北、四川；俄罗斯、蒙古国，朝鲜，日本，吉尔吉斯斯坦，塔吉克斯坦，哈萨克斯坦，高加索，中欧，东欧。

　　注：Lang（2012b）在地图上将浙江北部划入本种分布范围，但并未检视到任何浙江产标本，文字叙述中也未把浙江列入分布地，而且以往的文献也未记载浙江有本种分布，故本种在浙江是否确实有分布还需进一步研究。

♂正　　　　　　　　　♂反

♂外生殖器

图 2-156　单环蛱蝶 *Neptis rivularis* (Scopoli, 1763)

（209）卡环蛱蝶 *Neptis cartica* Moore, 1872（图 2-157）

Neptis cartica Moore, 1872: 562.

　　主要特征：雌雄同型。雄性：前翅正面底色黑色，中室内具1白色棒状条，棒状条在端脉处被黑条分割；中室端外侧具1长三角形斑，三角形斑外侧具1弧形外中区白斑列从前缘延伸到内缘，亚外缘区在顶角到臀角具白色斑；反面底色巧克力色，斑纹类似正面。后翅正面底色同前翅，中区具1宽中带从前缘延伸到内缘；亚外缘具1由彼此分离的发达斑块组成的斑列从近顶角处延伸到臀角上方；反面底色同前翅反面底色，前缘基部具1白色月牙形纹；中区具1白色中带，形态类似正面；外中区具1发达白色斑列，中带和外横带之间另外具1列黑斑；亚外缘区具1连续的白色细带。雌性：翅形更宽，体型更大，斑纹更发达，斑纹排列基本同雄性。

雄性外生殖器抱器端深"U"形深入，背端突马靴状，上弯钩细小而尖。

分布：浙江（泰顺）、福建、海南、广西、云南；印度，不丹，尼泊尔，缅甸，越南，泰国。

♂正　　　　　　　　　　♂反

♂外生殖器

图 2-157　卡环蛺蝶 *Neptis cartica* Moore, 1872

（210）链环蛺蝶 *Neptis pryeri* Butler, 1871（图 2-158）

Neptis pryeri Butler, 1871: 403.

　　主要特征：雌雄同型。雄性：前翅正面底色黑色，中室内具 1 白色棒状条；棒状条被底色分割为数段，前缘在斜带内侧具小白斑；M_3 到 2A 室各具 1 斑，排列成弧形；反面底色红棕色；其他斑纹类似正面。后翅正面底色同前翅，中区具 1 中带从 Rs 室延伸到内缘；亚外缘具 1 发达白色斑列从近顶角处延伸到臀角；反面底色红棕色；基部白色，具数个大圆黑斑；中区具 1 白色中带，外侧镶有黑边；外横带和亚外缘带均为白色。雌性：翅形更宽，体型更大，斑纹更发达，颜色淡，斑纹排列基本同雄性。

　　雄性外生殖器抱器端二分叉，背端突细指状、稍下弧形下弯，腹端突宽、下侧角尖角状，抱器背缘近端具 1 粗刺突、向内。

♂正　　　　　　　　　　♂反

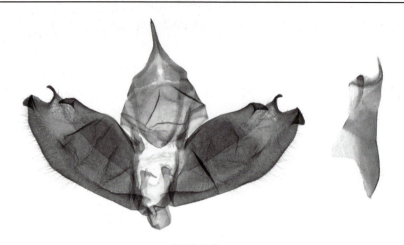

♂ 外生殖器

图 2-158 链环蛱蝶 *Neptis pryeri* Butler, 1871

分布：浙江（全省）、吉林、陕西、上海、安徽、湖北、江西、福建、台湾、贵州；朝鲜半岛，日本。

（211）弥环蛱蝶 *Neptis miah* Moore, 1857（图 2-159）

Neptis miah Moore in Horsfield & Moore, 1857: 164.

♂ 正　　　　　　　♂ 反

♂ 外生殖器

图 2-159 弥环蛱蝶 *Neptis miah* Moore, 1857

主要特征：雌雄同型。雄性：前翅正面底色黑色，中室内具 1 橙色棒状条，亚顶角区具 1 橙色斜带，M_3 到 2A 室各具 1 斑，排列成斜带状；反面底色红棕色，斑纹类似正面。后翅正面底色同前翅，中区具 1

橙色中带从前缘延伸到内缘；亚外缘具 1 橙色斑列从近顶角处延伸到臀角；反面底色同前翅反面底色，翅基部前缘具 1 月牙形灰白色亚基条；中区具 1 淡黄白色中带，形态类似正面；中带外侧在中带和外横带之间具 1 暗褐色带；外中区具 1 棕色带，亚外缘区具 1 连续的黄白色线。雌性：翅形更宽，体型更大，斑纹更发达，颜色淡，斑纹排列基本同雄性。

　　雄性外生殖器抱器端二分叉，背端突稍斜下再弧形上弯、细尖成"C"形，腹突上缘中部浅半圆下凹、末端稍突出且尖。

　　分布：浙江（泰顺）、甘肃、湖南、福建、广东、海南、广西、四川、云南；印度，不丹，缅甸，越南，泰国，马来西亚，印度尼西亚。

77. 菲蛱蝶属 *Phaedyma* Felder, 1861

Phaedyma Felder, 1861: 31. Type species: *Papilio heliodora* Cramer, 1779.

　　主要特征：体中型，酷似环蛱蝶；雄性后翅正面与前翅反面镜区很发达，前翅 R_2 脉从中室发出，不与 R_5 共柄；前后翅中室开式。雄性外生殖器背兜发达隆起，钩形突锥状，末端尖细，短于背兜；颚形突细，末端愈合；囊形突短；抱器端突极度发达、镰刀状弯钩；阳茎短，末端尖，具角状突。

　　分布：古北区、东洋区、澳洲区。世界已知 11 种，中国记录 3 种，浙江分布 1 种。

（212）蔼菲蛱蝶 *Phaedyma aspasia* (Leech, 1890)（图 2-160）

Neptis aspasia Leech, 1890: 37.

Phaedyma aspasia: Eliot, 1969: 118.

♂ 正　　　　　　　　　　♂ 反

♂ 外生殖器

图 2-160　蔼菲蛱蝶 *Phaedyma aspasia* (Leech, 1890)

主要特征：雌雄同型。雄性：前翅正面底色黑色，中室内具 1 黄色棒状条；亚顶角区具 3 黄色斑排列为 1 斜带，前缘在斜带内侧具小黄斑；M₃ 到 2A 室各具 1 斑，排列成弧形，M₃ 室斑几乎与中室条接触；反面底色橙黄色；斑纹黄白色；斑纹排列类似。后翅正面底色同前翅，前缘突出，具银灰色镜区；中带从 M₁ 室延伸到内缘；亚外缘具 1 黄色斑列从近顶角处延伸到臀角；反面底色橙黄色；基部无斑纹；中区具 1 黄白色中带从 Rs 室延伸到内缘；中带与外横带之间具 1 暗灰色波浪形带，外横带黄白色，从顶角延伸到臀角。雌性：翅形更宽，体型更大，斑纹更发达，颜色淡，斑纹排列基本同雄性。

雄性外生殖器抱器椭圆形，抱器背内缘与抱器腹上缘接近并近平行，背端突尖角状半圆环内弯。

分布：浙江（遂昌、松阳、庆元）、四川、云南、西藏；印度，不丹，尼泊尔，缅甸，越南。

78. 蟠蛱蝶属 *Pantoporia* Hübner, 1819

Pantoporia Hübner, 1819: 44. Type species: *Papilio hordonia* Stoll, 1790.

主要特征：体小型，酷似环蛱蝶，但其体明显小，中室条宽。雄性外生殖器背兜发达隆起，钩形突尖细，短于背兜；颚形突细，末端愈合；囊形突短；抱器舌状，抱器背及抱器腹愈合；阳茎短，末端尖，具角状突。

分布：东洋区、澳洲区。世界已知 13 种，中国记录 7 种，浙江分布 1 种。

（213）苾蟠蛱蝶 *Pantoporia bieti* (Oberthür, 1894)（图 2-161）

Neptis bieti Oberthür, 1894: 16.

Pantoporia bieti: Chou, 1994: 531.

主要特征：雌雄同型。雄性：前翅正面底色黑色，中室内具 1 橙黄色棒状条，亚顶角区具 3 个橙黄色斑，M₃ 到 2A 室各具 1 斑，M₃ 室基部具 1 斑与中室条下缘融合；反面底色红棕色，斑纹类似正面。后翅正面底色同前翅，中区具 1 橙黄色中带从 Rs 室延伸到内缘；亚外缘具 1 橙黄色斑列从近顶角处延伸到臀角；反面底色同前翅反面底色，翅基部前缘具 1 月牙形灰白色亚基条，亚基条下方具 2 红褐色斑；中区具 1 淡黄白色中带，形态类似正面；中带外侧在中带和外横带之间具 1 暗褐色带；外中区具 1 黄白色带，亚外缘区具 1 中间断裂的黄白色线。雌性：翅形更宽，体型更大，斑纹更发达，颜色淡，斑纹排列基本同雄性。

♂ 正　　　　　　　　　　♂ 反

♀ 正　　　　　　　　　　♀ 反

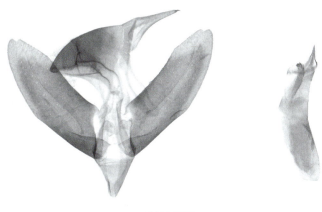

♂ 外生殖器

图 2-161　芯蟠蛱蝶 *Pantoporia bieti* (Oberthür, 1894)

雄性外生殖器抱器窄长，近长方形，抱器末端渐窄，具浅的凹陷。

分布：浙江（遂昌）、湖北、海南、四川、云南、西藏；印度，越南。

79. 丝蛱蝶属 *Cyrestis* Boisduval, 1832

Cyrestis Boisduval in d'Urville, 1832: 117. Type species: *Papilio thyonneus* Cramer, 1779.

主要特征：体中型；前翅 R_2 脉自中室端之前分出，R_3 与 R_5 脉共柄；前后翅中室闭式；翅色淡，具贯穿前后翅的细线，后翅 M_3 脉处具尾突。雄性外生殖器背兜与钩形突完全愈合，钩形突细，末端尖锐；颚形突弱小或缺失；囊形突细长；抱器背突复杂，腹突卵圆形；阳茎细长，无角状突。

分布：东洋区。世界已知 22 种，中国记录 4 种，浙江分布 1 种。

（214）网丝蛱蝶 *Cyrestis thyodamas* Doyère, 1846（图 2-162）

Cyrestis thyodamas Doyère in Cuvier, 1846: pl. 138.

主要特征：雌雄同型。雄性：前翅顶角附近外缘及臀角内凹，正面底色白色，前缘灰色，基部到外中区具大量黑色细线，翅脉黑色，交织成网状斑纹；R_5 到 M_1 室及臀角各具 2 个黄褐色圆点，内具白色点；反面底色白色，斑纹类似正面，但颜色淡。后翅顶角内凹，正面底色同前翅，斑纹类似前翅；外中区具

♂ 正　　　　　　♂ 反

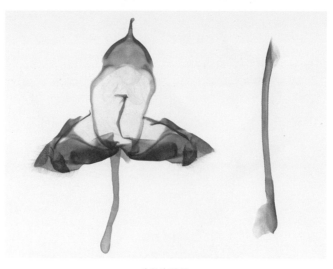

♂外生殖器

图 2-162　网丝蛱蝶 *Cyrestis thyodamas* Doyère, 1846

1 黑褐色带，内具黄褐色斑；M_3 脉后方处具 1 长而弯曲的尾突，臀叶发达，上具黑褐色和黄褐色斑纹；反面底色同前翅反面，斑纹类似正面。雌性：翅形更宽，体型更大，斑纹更发达，斑纹排列基本同雄性。

雄性外生殖器抱器腹端突卵圆形，末端宽钝；抱器背突复杂，基突蟹爪状，端突三角形、被小刺，下弯于腹突内。

分布：浙江（临安、遂昌、庆元、龙泉、泰顺）、江西、广东、海南、广西、四川、贵州、云南、西藏；日本，克什米尔，印度，不丹，尼泊尔，孟加拉国，缅甸，越南，老挝，泰国，柬埔寨，马来西亚，印度尼西亚，阿富汗，巴布亚新几内亚，所罗门群岛。

80. 枯叶蛱蝶属 *Kallima* Doubleday, 1849

Kallima Doubleday, 1849: pl. 52, figs. 2-3. Type species: *Paphia paralekta* Horsfield, 1829.

主要特征：体大型，似枯叶；前翅 R_{1-2} 脉分别自中室端之前发出，R_3 与 R_{4+5} 脉共柄；前后翅中室闭式；前翅顶角、后翅臀角尖出，翅反面具直线连接此两角，如同叶主脉。雄性外生殖器背兜宽而长，钩形突粗壮，末端常二分叉；颚形突细窄；囊形突粗短；抱器端分裂；阳茎细长，直或极弯曲，阳基轭片两侧臀极细长。

分布：东洋区。世界已知 10 种，中国记录 4 种，浙江分布 1 种。

（215）枯叶蛱蝶 *Kallima inachus* (Doyère, 1840)（图 2-163）

Paphia inachus Doyère in Cuvier, 1840: pl. 139.

Kallima inachus: Tong, 1993: 48.

主要特征：雌雄同型。雄性：前翅顶角突出，正面底色黑褐色带蓝色光泽，中室端外侧具 1 橙色宽带从前缘延伸到臀角上方，亚顶角区具 1 白斑，CuA_1 室具 1 黑斑，内有 1 白色透明圆点；反面底色黄褐色，具大量深褐色不规则斑块；中区具 1 不明显深色中带从前缘延伸到内缘，中带外侧具 1 黄褐色环。后翅顶角外突，臀角延长为柄状；正面底色同前翅，前缘具黄色区域，外中区具 1 深色细线从顶角延伸到臀角；反面底色同前翅反面，中区具 1 不明显淡色中带从前缘延伸到臀角。雌性：翅形更宽，体型更大，斑纹排列基本同雄性。

雄性外生殖器抱器端二分叉；背端突板状、外缘稍弧形向上、顶端具 1 小刺突，腹端突细指状；阳茎细长，"C"形弯曲。

♂正　　　　　　　　　　♂反

♀正　　　　　　　　　　♀反

♂外生殖器

图 2-163　枯叶蛱蝶 *Kallima inachus* (Doyère, 1840)

分布：浙江（淳安、遂昌、庆元）、陕西、湖北、江西、湖南、福建、台湾、广东、广西、四川、贵州；日本，印度，不丹，尼泊尔，缅甸，越南，老挝。

81. 斑蛱蝶属 *Hypolimnas* Hübner, 1819

Hypolimnas Hübner, 1819: 45. Type species: *Papilio pipleis* Linnaeus, 1758.

主要特征：体中型；前翅 R_2 脉自中室端之前发出，R_3 与 R_{4+5} 脉共柄；前后翅中室闭式；前翅顶角突出，翅面斑纹淡黄或蓝紫色，具光泽。雄性外生殖器背兜宽，钩形突末端尖锐；颚形突基部宽；囊形突较细长；抱器宽，端部二分叉，背端突宽片状；阳茎长，末端尖锐，无角状突。

分布：东洋区、澳洲区、非洲区。世界已知 24 种，中国记录 2 种，浙江分布 2 种。

（216）金斑蛱蝶 *Hypolimnas misippus* (Linnaeus, 1764)（图 2-164）

Papilio misippus Linnaeus, 1764: 264.

Hypolimnas misippus: Tong, 1993: 48.

主要特征：雌雄异型。雄性：前翅顶角突出，正面底色黑褐色，中室端外侧从 R_5 到 CuA_1 室具 1 白色椭圆形斜斑；顶角区具 1 白色斜斑，斜斑周围具紫色光泽；反面底色基半部红褐色、端半部红棕色，前缘在椭圆形斜斑内侧具 4 个白点，亚外缘区在顶角区白斑下方具 1 弯曲白点列；外缘区具 2 列白点从顶角延伸到臀角。后翅正面底色同前翅，中域具 1 块大白斑，覆盖中室端半部及周围翅室基部区域，周围具紫色光泽；反面底色红棕色，基部具黑点，中区具 1 白色宽带，$Sc+R_1$ 室在白带内侧及中间各具 1 黑斑，亚外缘区具 1 列白点，外缘区具 2 列黑斑从顶角延伸到臀角。雌性：翅形更宽，体型更大。前翅底色基半部橙黄色，顶角到中室端的区域黑色，前缘到 M_3 室具 1 白色斜带；顶角区具 1 白斑，外缘具 2 列白斑；反面除白色斜带内侧沿前缘具 4 个白点以外，其他斑纹基本同正面。后翅底色橙黄色，$Sc+R_1$ 室具 1 黑斑，外缘具黑边，黑边上具 2 列白色斑从顶角延伸到臀角；反面底色类似正面，中室端和基部各具 1 黑色斑，其他斑纹同正面。

雄性外生殖器抱器中部弧形缢缩，背端突小鸟头状，腹端突窄片状，弧形下弯。

分布：浙江（普陀、洞头）、江苏、上海、台湾、广东、海南、广西、云南；印度，尼泊尔，缅甸，老挝，泰国，马来西亚，印度尼西亚，北美洲，非洲，中美洲，南美洲。

♂ 正　　　　　　　　　　　　　　♂ 反

♂ 外生殖器

图 2-164　金斑蛱蝶 *Hypolimnas misippus* (Linnaeus, 1764)

（217）幻紫斑蛱蝶 *Hypolimnas bolina* (Linnaeus, 1758)（图 2-165）

Papilio bolina Linnaeus, 1758b: 479.

Hypolimnas bolina: Chou, 1994: 567.

　　主要特征：雌雄异型。雄性：前翅顶角突出，正面底色黑色，中室端外侧从 R_5 到 M_3 室具 1 白色椭圆形斜斑；顶角区具 2 白色斑，白斑周围均具紫色光泽；反面底色巧克力色，前缘在椭圆形斜斑内侧具 4 个白点，中室端具 1 前宽后窄的斜带，亚外缘区在顶角区白斑下方具 1 弯曲白点列；外缘区具 2 列白斑从顶角延伸到臀角。后翅正面底色同前翅，中室端具 1 白斑，周围具紫色光泽；反面底色巧克力色，外中区具 1 模糊白色带，亚外缘区具 1 列白点及 1 白色雾状带，外缘区具 1 列白色月牙形斑从顶角延伸到臀角。雌性：翅形更宽，体型更大。前翅底色同雄蝶，外中区具 1 列白点从前缘区延伸到臀角，外缘区具 2 列白点从顶角延伸到臀角，越往臀角走越清晰；反面底色较雄性淡，斑纹基本同正面。后翅正面底色同前翅正面，亚外缘区具 1 列白点，外缘区具 2 列白点从顶角延伸到臀角，靠内的 1 列舌形，靠外的 1 列月牙形；反面底色同前翅，斑纹基本同正面。

　　雄性外生殖器抱器背近端部弧形下凹，背端突宽大、蘑菇状、外缘被小刺，腹端突大刺状。

　　分布：浙江（普陀、景宁、洞头）、台湾、广东、海南、香港、广西、云南；日本，印度，尼泊尔，缅甸，老挝，斯里兰卡，马来西亚，印度尼西亚。

♂正　　　　　　　　　　♂反

♀正　　　　　　　　　　　　　　♀反

♂外生殖器

图 2-165　幻紫斑蛱蝶 *Hypolimnas bolina* (Linnaeus, 1758)

82. 红蛱蝶属 *Vanessa* Fabricius, 1807

Vanessa Fabricius, 1807: 281. Type species: *Papilio atalanta* Linnaeus, 1758.

主要特征：体中型；前翅 M_1 脉处稍突出，M_1、M_2 脉接近 R_{3-5} 脉；后翅无明显尾突，反面基部密布鱼鳞样斑纹。雄性外生殖器背兜长而宽，钩形突粗壮，二分叉或不分叉；颚形突发达，末端角状；囊形突短小；抱器宽阔，末端二分裂；阳茎较长，基部粗大，末端尖锐。

分布：世界广布。世界已知 14 种，中国记录 2 种，浙江分布 2 种。

（218）大红蛱蝶 *Vanessa indica* (Herbst, 1794)（图 2-166）

Papilio indica Herbst, 1794: pl.180.

Vanessa indica: Tong, 1993: 48.

主要特征：雌雄同型。雄性：前翅顶角突出，正面底色基部褐色端部黑色，中室内具 1 红色窄横带，中室端具 1 宽红斑，M_3 室基部具 1 红斑，CuA_1 室大部被红斑占据，红斑中央具 1 黑色斑，CuA_2 室靠亚外缘处具 1 方形红斑；亚顶角区具 4 白斑，排列为斜线，顶角区具 4 个小白点；反面底色褐色，斑纹类似正面。后翅正面底色褐色，亚外缘区具 1 红带从 Rs 室延伸到臀角前方；红带内具黑斑；反面底色同前翅反面，中室内具 2 深褐色椭圆形斑，亚外缘区具 2 深褐色圆点，外缘具白色边。雌性：翅形更宽，体型更大，斑纹排列基本同雄性。

雄性外生殖器钩形突末端小"V"形凹入，两侧臀"八"字形；抱器端分叉，背端突三角形，背、腹缘各具 1 刺突，腹端突长而窄角状，腹基突长剑状、末端尖、具小刺；阳茎"L"形。

分布：浙江（全省）、除新疆以外的全国其余省份；俄罗斯，日本，印度，尼泊尔，缅甸，越南，老挝，斯里兰卡，印度尼西亚，马德拉群岛，加那利群岛。

♂正　　　　　　　　♂反

♂外生殖器

图 2-166　大红蛱蝶 *Vanessa indica* (Herbst, 1794)

（219）小红蛱蝶 *Vanessa cardui* (Linnaeus, 1758)（图 2-167）

Papilio cardui Linnaeus, 1758b: 475.

Vanessa cardui: Tong, 1993: 48.

主要特征：雌雄同型。雄性：前翅顶角突出，正面底色基部褐色端部黑色，中室内具 1 红色窄横带，中室端具 1 宽红斑，M_3 室基部具 1 红斑，CuA_1 室大部被红斑占据，红斑中央具 1 黑色斑，CuA_2 室靠亚外缘处及中央的位置各具 1 方形红斑；亚顶角区具 4 白斑，排列为斜线，顶角区具 4 个小白点；反面底色黄褐色，斑纹类似正面。后翅正面底色褐色，亚外缘区具 1 红带从 Rs 室延伸到臀角；红带内具黑斑；反面底色同前翅反面，中室内及翅基部具深褐色椭圆形斑，亚外缘区具 1 列大小不一的深褐色圆点，外缘区具白色边。雌性：翅形更宽，体型更大，斑纹排列基本同雄性。

雄性外生殖器钩形突圆锥形，端部细而短；抱器端分裂，背端突拇指状，腹端突宽大片状、外缘直，两侧角小刺尖出，腹基突长指状、末端尖；阳茎直，端部细尖。

♂正　　　　　　　　　　♂反

♀正　　　　　　　　　　♀反

♂外生殖器

图 2-167　小红蛱蝶 *Vanessa cardui* (Linnaeus, 1758)

分布：浙江（全省），全世界除南极洲和南美洲的各地。

83. 钩蛱蝶属 *Polygonia* Hübner, 1819

Polygonia Hübner, 1819: 36. Type species: *Papilio c-aureum* Linnaeus, 1758.

主要特征：体中型；前翅外缘顶角斜切，M$_1$、CuA$_2$ 脉间半圆形凹入；后翅外缘凹凸不平，M$_3$ 脉处具指状尾突；两翅正面具黑斑。雄性外生殖器背兜长而宽，钩形突锥形；颚形突窄，末端愈合；囊形突短小；抱器宽阔而短，背端和腹端具突起；阳茎较长，基部粗大，末端尖锐。

分布：古北区、东洋区、新北区、非洲区。世界已知 17 种，中国记录 6 种，浙江分布 2 种。

（220）钩蛱蝶 *Polygonia c-aureum* (Linnaeus, 1758)（图 2-168）

Papilio c-aureum Linnaeus, 1758b: 477.

Polygonia c-aureum: Tong, 1993: 49.

主要特征：雌雄同型。雄性：前翅外缘在 M_1 脉及 CuA_2 脉末端突出，正面底色橙色，中室基部具 1 黑色斑，中室中部具 2 黑斑，中室端具 1 宽黑斑，M_3 室基部具 1 红斑，CuA_1 室基部具 1 黑斑，CuA_2 室近基部具 1 黑色斑，亚顶角区具 1 黑色宽斑，下方外中列由零散黑斑组成并从 M_2 室延伸到臀角附近，排列曲折；亚外缘具 1 波浪形黑带从顶角延伸到臀角，外缘具窄黑边；反面底色黄褐色，具大量不规则树皮状纹，亚基带和中带深褐色，较清晰，其他斑纹较模糊。后翅正面底色橙色，中域具 3 发达黑斑；外中区具 1 列黑斑从近顶角处延伸到臀角，亚外缘具黑色波浪形带，外缘具窄黑边，在 M_3 脉末端具 1 尾突；反面底色同前翅反面，中带深褐色，内具 1 白色"C"形纹。雌性：翅形更宽，体型更大，斑纹排列基本同雄性。

雄性外生殖器抱器宽，背端突锥状、末端细尖、弧形上弯，腹端突稍突出、钝三角形，腹基突镰刀状、长。

分布：浙江（全省）、黑龙江、吉林、辽宁、内蒙古、北京、河北、山西、山东、河南、陕西、江苏、上海、安徽、湖北、江西、湖南、福建、台湾、广东、广西、四川、云南；俄罗斯，蒙古国，朝鲜，日本，越南，老挝。

♂正　　　　　♂反

♂外生殖器

图 2-168　钩蛱蝶 *Polygonia c-aureum* (Linnaeus, 1758)

（221）展钩蛱蝶 *Polygonia extensa* (Leech, 1892)（图 2-169）

Grapta c-album var. *extensa* Leech, 1892: 265.

Polygonia extensa: Lang, 2012b: 124.

主要特征：雌雄同型。雄性：前翅外缘在 M_1 脉及 CuA_2 脉末端突出，正面底色橙色，中室内具 2 黑斑，中室端具 1 宽黑斑，M_3 室基部具 1 红斑，CuA_1 室基部具 1 黑斑，CuA_2 室近基部具 1 黑色斑，亚顶角区具 1 黑色宽斑，下方外中列由零散黑斑组成并从 M_2 室延伸到臀角附近，排列曲折；外缘具宽黑边；反面底色黄褐色，具大量不规则树皮状纹，亚基带和中带深褐色，较清晰，其他斑纹较模糊。后翅正面底色橙色，中域具 3 发达黑斑；外中区具 1 列彼此接触的黑斑从近顶角处延伸到臀角，外缘在 M_3 脉末端具 1 尾突；反面底色同前翅反面，中带深褐色，边缘具 1 白色"C"形纹。雌性：翅形更宽，体型更大，斑纹排列基本同雄性。

雄性外生殖器与钩蛱蝶相似，其主要区别是背端长，腹端突明显突出、末端钝圆，腹基突镰刀状、长。

分布：浙江（全省）、江苏、安徽、江西。

♂正 ♂反

♂外生殖器

图 2-169 展钩蛱蝶 *Polygonia extensa* (Leech, 1892)

84. 琉璃蛱蝶属 *Kaniska* Moore, 1899

Kaniska Moore, 1899: 91. Type species: *Papilio canace* Linnaeus, 1763.

主要特征：体中型，翅形酷似钩蛱蝶属，主要区别是前后翅亚缘具蓝色宽带。雄性外生殖器背兜宽，钩形突锥形，端部细长；颚形突窄，末端愈合；囊形突短小；抱器端分裂，背端突与腹基突发达；阳茎较短，中央近 90° 弯曲。

分布：古北区、东洋区。世界已知 1 种，中国记录 1 种，浙江分布 1 种。

（222）琉璃蛱蝶 *Kaniska canace* (Linnaeus, 1763)（图 2-170）

Papilio canace Linnaeus, 1763: 406.

Kaniska canace: Tong, 1993: 49.

　　主要特征： 雌雄同型。雄性：前翅外缘在 M_1 脉及 CuA_2 脉末端突出，正面底色黑色，外中区近前缘具 1 淡蓝色斜斑，亚顶角斑白色，下方具 1 前细后宽的波浪形蓝色带延伸到臀角；反面底色黄褐色，具大量不规则树皮状纹，亚基带和中带黑褐色，较清晰，其他斑纹较模糊。后翅正面底色同前翅，外中区具 1 淡蓝色带从近顶角处延伸到臀角，带内具黑点，外缘在 M_3 脉末端具 1 尾突；反面底色同前翅反面，中带深褐色，内具 1 白色点。雌性：翅形更宽，体型更大，斑纹排列基本同雄性。

　　雄性外生殖器抱器端二分裂，背端突细角状、弧形上弯，两侧背端突呈括号状；腹端突端圆、不突出，腹基突弯刀状、两端窄；阳茎中央弯曲，呈"C"形。

♂正　　　　　　　♂反

♀正　　　　　　　♀反

♂外生殖器

图 2-170　琉璃蛱蝶 *Kaniska canace* (Linnaeus, 1763)

分布：浙江（全省）、黑龙江、吉林、辽宁、内蒙古、北京、河北、山西、山东、河南、陕西、江苏、上海、安徽、湖北、江西、湖南、福建、台湾、广东、广西、四川、云南；俄罗斯，朝鲜，日本，克什米尔，印度，尼泊尔，缅甸，越南，老挝，斯里兰卡，菲律宾，马来西亚，印度尼西亚。

85. 眼蛱蝶属 *Junonia* Hübner, 1819

Junonia Hübner, 1819: 34. Type species: *Papilio lavinia* Cramer, 1775.

主要特征：体中型；前翅 M_1 脉与 R_{4-5} 脉有短共柄，外缘 M_1、CuA_2 脉间内凹；翅面有眼斑，后翅臀角多突出。雄性外生殖器背兜长而宽，钩形突末端尖、向下弯；颚形突下端与阳茎轭片顶端愈合，整体腹面观"H"形；囊形突较适中；抱器窄、末端分裂；阳茎较长，末端尖。

分布：东洋区、新北区、新热带区、澳洲区、非洲区。世界已知 24 种，中国记录 6 种，浙江分布 3 种。

分种检索表

1. 后翅正面具蓝色区域···翠蓝眼蛱蝶 *J. orithya*
- 后翅正面无蓝色区域···2
2. 正面底色橙红色··美眼蛱蝶 *J. almana*
- 正面底色褐色···钩翅眼蛱蝶 *J. iphita*

（223）钩翅眼蛱蝶 *Junonia iphita* (Cramer, 1779)（图 2-171）

Papilio iphita Cramer, 1779: 30.

Junonia iphita: Chou, 1994: 580.

主要特征：雌雄同型。雄性：前翅外缘在 M_1 脉及 CuA_2 脉末端突出，正面底色褐色，基半部颜色深、端半部颜色浅，中区具 1 曲折的黑褐色带，外中区具 1 曲折模糊的黑褐色带，亚顶角区具 2 黄白色小斑，亚外缘区具 1 曲折模糊的黑褐色带；反面底色棕色，亚基带、中带及外横带较清晰，外中区具 1 列黄白色小点。后翅正面底色同前翅，中区具 1 黑褐色直带，外中区具 1 列不发达的眼斑，亚外缘区具 1 弧形黑褐色带，臀角突出成柄状；反面底色同前翅反面，中带深褐色，内具 1 白色点。雌性：翅形更宽，体型更大，颜色更浅，后翅正面眼斑更发达，斑纹排列基本同雄性。

雄性外生殖器抱器端 2 裂，背端突端膨大成近球形，腹突宽、钝圆。

分布：浙江、台湾、海南、广西、四川、贵州、云南、西藏；克什米尔，印度，不丹，尼泊尔，孟加拉国，缅甸，越南，老挝，泰国，柬埔寨，斯里兰卡，马来西亚，印度尼西亚。

♂正　　　　　　　　♂反

♂ 外生殖器

图 2-171　钩翅眼蛱蝶 *Junonia iphita* (Cramer, 1779)

注：Lang（2012b）在地图上将浙江北部划入本种分布范围，但并未检视到任何浙江产标本，文字叙述中也未把浙江列入分布地，而且以往的文献也未记载浙江有本种分布，故本种在浙江是否确实有分布还需要进一步研究。

（224）美眼蛱蝶 *Junonia almana* (Linnaeus, 1758)（图 2-172）

Papilio almana Linnaeus, 1758b: 472.

Junonia almana: Tong, 1993: 49.

主要特征：雌雄同型。具夏型和秋型。夏型：雄性，前翅外缘在 M_1 脉及 CuA_2 脉末端突出，正面底色橙红色，基半部颜色棕色，中室内具 2 黑色条，中室端具 1 黑褐色宽斑，亚顶角区具 1 黑褐色斜带，R_5 室具 1 小眼斑，CuA_1 室具 1 大眼斑，中央具 1 白色瞳点，外缘具深褐色边；反面底色黄色，中室内具 5 条波浪形黑纹，外中线前段波浪形，后端直，内侧具 1 白色条，亚外缘及外缘具 2 条波浪形线，其他斑纹类似正面。后翅正面底色同前翅，中域具 1 大眼斑，亚外缘区具 2 弧形黑褐色波浪形线；反面底色同前翅反面，基部具黑线，中带白色，外中区具 2 个眼斑，上方的一个呈 8 字形，下方的一个正常，其余斑纹同正面。雌性，翅形更宽，体型更大，颜色更浅，后翅正面眼斑更发达，斑纹排列基本同雄性。秋型：雄性：前翅外缘在 M_1 脉及 CuA_2 脉末端的突出更显著，外缘黑褐色边宽，后翅臀角突出成柄状，反面底色黄褐色，类似枯叶，斑纹几乎消失，只留下前后翅中线明显。雌性：翅形更宽，体型更大，颜色更浅，后翅正面眼斑更发达，斑纹排列基本同雄性。

雄性外生殖器钩形突中部隆起，端部尖，下弯；抱器长条状，端部突然收窄，背缘近直，腹缘中部弧形；阳茎角状器弱。

♂ 正　　　　　　　　　　　　　♂ 反

♀正　　　　　　　　　　　　　　　♀反

♂外生殖器

图 2-172　美眼蛱蝶 *Junonia almana* (Linnaeus, 1758)

分布：浙江（全省）、江苏、安徽、湖北、江西、湖南、福建、台湾、广东、海南、广西、四川、贵州、云南；日本，巴基斯坦，克什米尔，印度，不丹，尼泊尔，孟加拉国，缅甸，越南，老挝，泰国，柬埔寨，斯里兰卡，菲律宾，马来西亚，印度尼西亚。

（225）翠蓝眼蛱蝶 *Junonia orithya* (Linnaeus, 1758)（图 2-173）

Papilio orithya Linnaeus, 1758b: 473.

Junonia orithya: Tong, 1993: 50.

主要特征：雌雄同型。雄性：前翅正面底色黑色，中室内具蓝色条斑，中室端外侧具 4 个黄白色斑，排列为 1 斜带，外横带黄白色，从前缘延伸到 CuA$_2$ 脉，M$_1$ 室具 1 围有红边的眼斑，亚外缘具 1 黄白色带从近顶角延伸到臀角；反面底色灰黄色，中室内具 2 橙色带，中室端外侧具 1 黑斑列，M$_1$ 室与 CuA$_1$ 室各具 1 黑色圆斑。后翅正面底色金属蓝色，基部黑色，外中区具 2 黑色眼斑，亚外缘区具 2 波浪形黑线；反面底色同前翅反面，基部具黑线，中带波浪形，深褐色，中带外侧具 1 深褐色区域，内具 2 眼斑。雌性：翅形更宽，体型更大，颜色更浅，后翅正面蓝斑较不发达，斑纹排列基本同雄性。

雄性外生殖器钩形突中部隆起，端部尖，下弯；抱器宽，端部具 1 游离突起，腹缘中部弧形；阳茎角状器弱。

分布：浙江（全省）、江苏、湖北、江西、湖南、福建、台湾、广东、海南、广西、四川、贵州、云南、西藏；日本，印度，尼泊尔，缅甸，越南，老挝，泰国，柬埔寨，斯里兰卡，菲律宾，马来西亚，印度尼西亚，西亚，巴布亚新几内亚，澳大利亚，非洲。

♂正　　　　　♂反

♀正　　　　　♀反

♂外生殖器

图 2-173　翠蓝眼蛱蝶 *Junonia orithya* (Linnaeus, 1758)

86. 盛蛱蝶属 *Symbrenthia* Hübner, 1819

Symbrenthia Hübner, 1819: 43. Type species: *Symbrenthia hippocle* Hübner, 1819.

　　主要特征：体小型，翅正面有橙色带；后翅 M$_3$ 脉处具 1 小尖突，反面亚缘具螺纹斑列；后翅中室闭式，后翅中室开式。雄性外生殖器背兜窄或宽，钩形突末端尖锐并向下弯；颚形突末端愈合或不愈合，囊形突粗长或短细；抱器小，具发达端突或背突，阳茎细长或粗短，末端尖锐。

　　分布：东洋区。世界已知 24 种，中国记录 8 种，浙江分布 2 种。

（226）散纹盛蛱蝶 *Symbrenthia lilaea* (Hewitson, 1864)（图 2-174）

Laogona lilaea Hewitson, 1864: 246.

Symbrenthia lilaea: Tong, 1993: 50.

主要特征： 雌雄同型。雄性：前翅正面底色黑色，中室内具橙黄色条斑，中室端外侧周围翅室基部各具 1 橙黄色斑，外横带橙黄色，从前缘延伸到 M_2 室，外横带外侧具 1 不规则弧形橙黄色带从前缘延伸到臀角附近；反面底色黄色，中室内具 1 红褐色带，内缘到 CuA_1 脉具 1 红褐色断线，其余斑纹红褐色，模糊杂乱。后翅正面底色黑色，中区具 1 橙黄色带，外中区具 1 弧形橙黄色带；M_3 脉末端具尾突；反面底色同前翅反面，基部具红褐色线，内缘及臀角具雾状纹。雌性：翅形更宽，体型更大，颜色更浅，斑纹排列基本同雄性。

雄性外生殖器钩形突锥形，末端尖；抱器卵圆形，端突较同属其他种短。

♂正　　　　　　　　　♂反

♀正　　　　　　　　　♀反

♂外生殖器

图 2-174　散纹盛蛱蝶 *Symbrenthia lilaea* (Hewitson, 1864)

分布： 浙江（庆元、泰顺）、湖北、江西、福建、台湾、广东、海南、广西、四川、贵州、云南、西藏；克什米尔，印度，尼泊尔，缅甸，越南，老挝，马来西亚。

（227）黄豹盛蛱蝶 *Symbrenthia brabira* **Moore, 1872**（图 2-175）

Symbrenthia brabira Moore, 1872: 558.

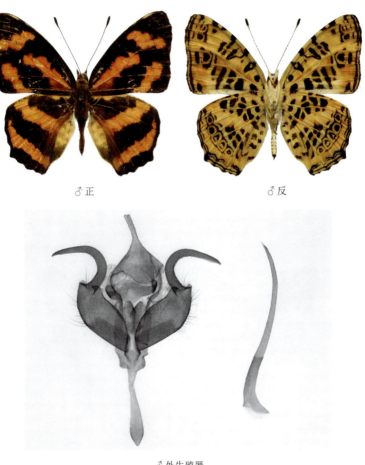

♂ 正　　　　　　　♂ 反

♂ 外生殖器

图 2-175　黄豹盛蛱蝶 *Symbrenthia brabira* Moore, 1872

主要特征：雌雄同型。雄性：前翅正面底色黑色，中室内具橙黄色条斑，中室端外侧具橙黄色斜带，外横带在 M_2 室和臀角附近具黄色斑；反面底色黄色，具大量形态各异的黑点，外缘具黑线。后翅正面底色黑色，中区具 1 橙黄色带，外中区具 1 弧形橙黄色带；M_3 脉末端具短突起；反面底色同前翅反面，具大量形态各异的黑点，外缘具黑线，M_3 室具蓝色鳞。雌性：翅形更宽，体型更大，颜色更浅，斑纹更发达，排列基本同雄性。

雄性外生殖器钩形突端细长，末端平，小 "V" 形裂；抱器椭圆形，端突细长而尖、"C" 形弯曲。

分布：浙江（松阳、庆元、泰顺）、湖北、江西、福建、台湾、广东、广西、四川、贵州、云南；克什米尔，印度，尼泊尔。

87. 蜘蛱蝶属 *Araschnia* **Hübner, 1819**

Araschnia Hübner, 1819: 37. Type species: *Papilio levana* Linnaeus, 1758.

主要特征：体小型；前翅 Sc 与 R_1 脉具 1 段愈合，R_2 与 R_{3+5} 脉共柄；前、后翅中室闭式；翅基部常有蜘蛛网状细纹，反面更明显。雄性外生殖器背兜窄小，钩形突窄，分叉或不分叉；颚形突末端愈合；囊形突细，中等短；抱器卵圆形，末端二分叉；阳茎细长，弯或直。

分布：古北区、东洋区。世界已知 6 种，中国记录 6 种，浙江分布 1 种。

（228）曲纹蜘蛱蝶 *Araschnia doris* Leech, 1892（图 2-176）

Araschnia doris Leech, 1892: 272.

主要特征：雌雄异型。具夏型和春型。夏型：雄性，前翅正面底色黑色，中室内具 4 橙色条，中室端具 1 橙色斑，中区具黄白色中带从前缘延伸到内缘，在中室端断开错位；外中区具橙色条，从前缘延伸到内缘，在 CuA_1 脉断开错位；反面底色黑褐色，斑纹类似正面。后翅正面底色同前翅，中域具 1 黄色中带从前缘延伸到内缘上方，外中区具橙色带，内具黑点，亚外缘具橙色细线；反面底色同前翅反面，中带黄白色，外中区具 4 个红褐色圆斑，大小不一；亚外缘具 1 列黑斑。雌性：翅形更宽，体型更大，颜色更浅，斑纹排列基本同雄性。春型：雄性，前翅中带消失，外中区具橙色宽带，上具黑点，后翅橙色斑更发达，中带细，末端开叉，外中区红褐色圆斑更发达。雌性：翅形更宽，体型更大，斑纹更发达，斑纹排列基本同雄性。

雄性外生殖器抱器背端突细长、末端尖，腹端突角状，末端尖，抱器腹内缘中央稍拱起且被小刺，抱器内中央具 1 三角形突起。

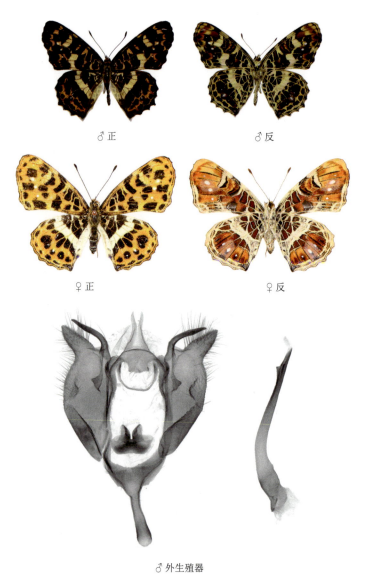

♂正　　　　　　　　　　　♂反

♀正　　　　　　　　　　　♀反

♂外生殖器

图 2-176　曲纹蜘蛱蝶 *Araschnia doris* Leech, 1892

分布：浙江（杭州）、陕西、江苏、湖北、江西、湖南、福建、四川、云南。

88. 绢蛱蝶属 *Calinaga* Moore, 1857

Calinaga Moore in Horisfield & Moore, 1857: 162. Type species: *Calinaga buddha* Moore, 1857.

主要特征：体中型，似绢斑蝶；触角短，约为前翅的 1/3；前翅 R_{1-2} 脉从中室端之前发出，R_3 与 R_{4+5} 脉共柄；前后翅中室闭式；翅暗褐或灰褐色，具淡色斑纹。雄性外生殖器背兜宽阔，钩形突末端尖锐下弯；颚形突缺失，囊形突短；抱器宽阔简单，阳茎短小。

分布：古北区、东洋区。世界已知 6 种，中国记录 6 种，浙江分布 2 种。

（229）大卫绢蛱蝶 *Calinaga davidis* Oberthür, 1879（图 2-177）

Calinaga davidis Oberthür, 1879: 107.

主要特征：雌雄同型。雄性：前翅正面底色浅黑褐色，中室内具半透明灰白色中室条，中室端外侧具 3 半透明灰白色条斑，中室下方及外侧各翅室基部均具灰白色斑，外中区具 1 列椭圆形灰白色斑；反面底色比正面淡，斑纹类似正面。后翅正面底色浅黑褐色，中室灰白色，中室外侧各翅室基部均具灰白色斑，亚外缘具 1 列椭圆形灰白色斑；反面底色淡黄白色，斑纹类似正面。雌性：翅形更宽，体型更大，颜色更浅，斑纹更发达，排列基本同雄性。

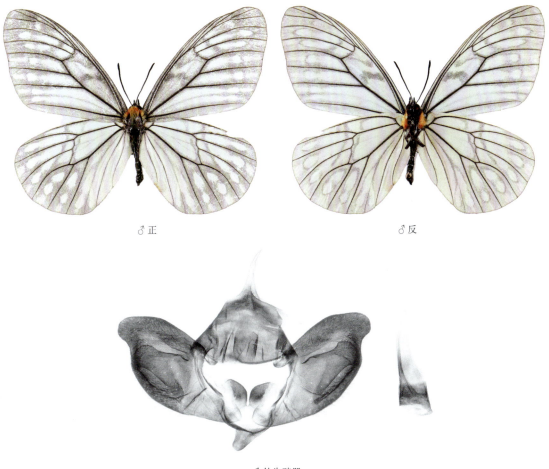

♂ 正　　　　　　　　　　♂ 反

♂ 外生殖器

图 2-177　大卫绢蛱蝶 *Calinaga davidis* Oberthür, 1879

雄性外生殖器抱器端舌形，抱器背缘中部稍弧形拱，腹缘近端内凹；抱器内突舌形。

分布：浙江（松阳、庆元、泰顺）、湖北、湖南、福建、广东、广西、四川、云南。

（230）黑绢蛱蝶 *Calinaga lhatso* Oberthür, 1893（图 2-178）

Calinaga lhatso Oberthür, 1893a: 13.

主要特征：雌雄同型。雄性：前翅正面底色浅黑褐色，中室内具半透明灰白色中室条，中室端外侧具 3 半透明灰白色条斑，中室下方及外侧各翅室基部均具灰白色斑，外中区具 1 列椭圆形灰白色斑从 R_5 室延伸到臀角附近；反面底色比正面淡，斑纹类似正面。后翅正面底色浅黑褐色，中室黄白色，中室外侧各翅室基部均具黄白色斑，亚外缘及外缘各具 1 列椭圆形黄白色斑；反面底色淡黄白色，斑纹几乎不可见。雌性：翅形更宽，体型更大，颜色更浅，斑纹更发达，排列基本同雄性。

雄性外生殖器与大卫绢蛱蝶相似，其主要区别是抱器端窄长，内突近端收缩明显。

♂正　　　　　　　　　　　　　　♂反

♂外生殖器

图 2-178　黑绢蛱蝶 *Calinaga lhatso* Oberthür, 1893

分布：浙江（临安）、陕西、安徽、湖北、云南。

第三章　灰蝶总科 Lycaenoidea

十、蚬蝶科 Riodinidae

主要特征：头小，复眼无毛，有凹入；下唇须细短，前伸；触角细长，末端显著膨大成锤状；雄蝶前足退化，雌蝶前足正常；前翅 R 脉 5 条，后 3 条在基部合并；A 脉 1 条，基部分叉；后翅肩角加厚，肩脉发达，A 脉两条，前后翅中室多为开式。

世界已知 1500 多种，中国记录 30 余种，浙江分布 8 种。

分属检索表

89. 波蚬蝶属 *Zemeros* Boisduval, 1836

Zemeros Boisduval, 1836: pl. 21. Type species: *Papilio allica* Fabricius, 1787.

主要特征：前翅阔，三角形，顶角较尖，外缘波浪形；中室短，闭式，长度约为前翅长的一半；Sc 脉短，R_1 脉独立，R_2 到 R_5 脉与 M_1 共柄；后翅长卵形，顶角阔圆，外缘波浪形；Rs 与 M_1 共柄。雄性外生殖器背兜长而平坦，钩形突发达，颚形突对折，无囊形突，抱器短，具指状抱器铗；阳茎长，基部粗壮，有角状器。

分布：东洋区。世界已知 2 种，中国记录 1 种，浙江分布 1 种。

（231）波蚬蝶 *Zemeros flegyas* (Cramer, 1780)（图 3-1）

Papilio flegyas Cramer, 1780: 158.

Zemeros flegyas: Tong, 1993: 53.

♂正　　　　　　♂反

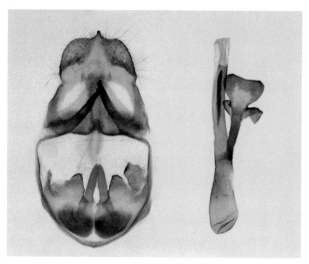

♂外生殖器

图 3-1　波蚬蝶 *Zemeros flegyas* (Cramer, 1780)

主要特征：小型蝴蝶，雌雄同型。雄性：前翅三角形，外缘弧形，波浪状；底色暗红褐色，中室内具1白点，中室端具1白条，中室下方具1白条，中区、外中区和亚外缘区各具1列白斑，白斑列之间通过黑色斑块隔开，缘毛黑白相间；后翅底色和斑纹与前翅基本一致，外缘在 M_3 脉处微微突起。反面与正面类似。雌性：颜色较淡，其余同雄性。

雄性外生殖器钩形突宽巾状，末端中央小尖角突出；颚形突钩状弯曲；抱器三分裂，腹端突长刺状，中突宽三角形，背突狭；阳茎直，角状器粗长刺状，中板锅铲状，阳基轭片叶状。

分布：浙江（临安、开化、遂昌、庆元、龙泉、泰顺）、湖北、江西、湖南、福建、广东、海南、广西、四川、云南、西藏；印度，缅甸，越南，泰国。

90. 尾蚬蝶属 *Dodona* Hewitson, 1861

Dodona Hewitson, 1861: 75. Type species: *Melitaea durga* Kollar, 1844.

主要特征：眼具毛，触角长超过前翅长的一半，末端膨大明显，钝而扁；前翅阔，三角形，顶角较尖，外缘平直或呈弧形；中室短阔，闭式，长度约为前翅长的一半；Sc 脉短，R_1 脉独立，R_2 自中室上角分出，R_{3-4} 从 R_5 脉分出，M_1 从中室上角发出，M_2 脉从中室端脉中央发出；后翅顶角阔圆，外缘在 M_3 脉端前直，随后内弯到臀角呈波状；臀角具瓣状突出，有时具尾突，Rs 与 M_1 共柄。雄性外生殖器背兜中等发达，钩形突三角形，颚形突退化，囊形突短，抱器近长方形，阳茎细长。

分布：东洋区。世界已知19种，中国已知12种，浙江分布1种。

（232）彩斑尾蚬蝶 *Dodona maculosa* Leech, 1890（图 3-2）

Dodona maculosa Leech, 1890: 44.

主要特征：小型蝴蝶，雌雄同型。雄性：前翅三角形，底色黑色；亚顶角区具4个白斑，R_5 室基部及端部各具1个，M_1 与 M_2 室各具1个；中室内具1橙色条，中室端具分开的2个橙色斑，M_3 室具1个橙色斑，CuA_1 室具2个橙色斑，基部及端半部各具1个，CuA_2 室具2个橙色长条斑，内侧的条斑与中室内的条斑对接；后翅长卵形，亚基线不连续，橙色；中线在翅前半部分不明显，后半部分由断裂的2条斑组成，橙色，外中区具3个断裂的短橙色斑；亚外缘具不明显的断裂的橙色线，臀角具瓣状突出，突出的外侧具尾突。反面前翅底色红褐色，中室内的斑在前缘变为白色，其余与正面类似；后翅底色同前翅，亚基线白色，楔形，明显；中线在中室附近断开，只留下前缘的白斑和臀角上方的楔形条；外中线白色，楔形；亚外缘具 1 列黑斑，黑斑外侧在 M_2 室具 1 黑点，镶有白色边；外缘在尾突上方具白色线；沿着内缘具白色条。雌性：颜色较淡，前翅外缘弧形凸出明显，其余同雄性。

雄性外生殖器钩形突三角形，顶端尖；抱器近方形，抱器背、抱器腹及抱器端骨化加厚；阳基轭片发达，"H"形，末端尖；阳茎细而直，具被小刺的角状器。

♂正　　　　　♂反

♀正　　　　　♀反

♂外生殖器

图 3-2　彩斑尾蚬蝶 *Dodona maculosa* Leech, 1890

分布：浙江（临安、遂昌、庆元、泰顺）、陕西、福建、四川。

91. 白蚬蝶属 *Stiboges* Butler, 1876

Stiboges Butler, 1876: 308. Type species: *Stiboges nymphidia* Butler, 1876.

　　主要特征：眼无毛，触角长超过前翅长的一半，末端膨大明显，钝而扁；前翅阔，三角形，顶角较尖，外缘平直或呈弧形；中室短阔，闭式，长度约为前翅长的一半；Sc 脉长，R_1 脉独立，R_2 脉自中室上角分出，R_{3-4} 从 R_5 脉分出，M_1 脉从中室上角发出，与 R_5 脉共起点；M_2 脉从中室端脉中央发出；后翅顶角阔圆，外缘呈波状；Rs 与 M_1 共柄。雄性外生殖器钩形突短，两侧向下延伸，颚形突钩状，囊形突无，抱器短，阳茎粗壮。

　　分布：东洋区。世界已知 2 种，中国记录 2 种，浙江分布 1 种。

（233）白蚬蝶 *Stiboges nymphidia* Butler, 1876（图 3-3）

Stiboges nymphidia Butler, 1876: 309.

　　主要特征：体小型，雌雄同型。雄性：前翅三角形，底色黑色；亚顶角区具 2 个白斑；中室下方到内缘具 1 巨大的白色三角形斑，三角形斑的外缘和靠中室的边均为不规则锯齿形；亚外缘具 1 不明显白斑列，外缘具 3 个明显长条形白斑；后翅近圆形，基半部为白色，边缘不规则；外缘具 1 列白斑。反面同正面。雌性：颜色较淡，前翅顶角不突出，前翅三角形斑顶角平截，前翅外缘弧形凸出明显，其余同雄性。

♂正　　　　　　　　♂反

♀正　　　　　　　　♀反

♂外生殖器

图 3-3　白蚬蝶 *Stiboges nymphidia* Butler, 1876

雄性外生殖器钩形突基部宽，端部锥形，末端细尖；颚形突弯钩状，末端尖；囊形突退化；抱器宽短，背端突小，腹端突宽大角状，末端稍尖；阳茎直，末端尖角状，中板长条形，末端具 2 细长刺突；阳基轭片大刺状。

分布：浙江（庆元）、福建、广东、重庆；印度，不丹，缅甸，越南，印度尼西亚（苏门答腊、爪哇）。

92. 褐蚬蝶属 *Abisara* C. *et* R. Felder, 1860

Abisara C. *et* R. Felder, 1860b: 397. Type species: *Abisara kausambi* C. *et* R. Felder, 1860.

主要特征：复眼具毛，前翅阔，三角形，顶角较尖，外缘圆滑凸出；中室短，闭式；Sc 与 R_1 脉接触，R_2 脉独立，R_3 到 R_5 脉与 M_1 共柄，从中室上角分出；M_3 与 CuA_1 脉基部靠近；后翅长卵形，顶角阔圆，外缘波浪形；M_3 脉处常有尾突或齿状突起；Rs 与 M_1 脉共柄。雄性外生殖器背兜小，钩形突大而发达，颚形突对折，无囊形突，抱器短，近圆形；阳茎长，末端尖，端膜具小刺。

分布：东洋区。世界已知 32 种，中国记录 10 种，浙江分布 5 种。

分种检索表

1. 前翅正面具明显的黄色或白色斜带 ·· 2
- 前翅正面不具明显的黄色或白色斜带 ··· 4
2. 前翅顶角区具 2 白色小点 ··· 黄带褐蚬蝶 *A. fylla*
- 前翅顶角区无白色小点 ·· 3
3. 后翅有尾突 ··· 长尾褐蚬蝶 *A. neophron*
- 后翅无尾突 ··· 白带褐蚬蝶 *A. fylloides*
4. 后翅外缘在 M_1 脉处具突起 ·· 蛇目褐蚬蝶 *A. echerius*
- 后翅外缘在 M_1 脉处不具突起 ·· 白点褐蚬蝶 *A. burnii*

（234）黄带褐蚬蝶 *Abisara fylla* (Westwood, 1851)（图 3-4）

Taxila fylla Westwood, 1851: 422.

Abisara fylla: Tong, 1993: 52.

主要特征：体小中型，雌雄异型。雄性：前翅三角形，底色黑色；顶角区外缘具 2 个小白点；前缘中点到臀角具 1 条黄带；后翅近圆形，外缘在 M_3 脉微微突出，中区具 1 条弧形淡色带；外缘具 1 列深色斑，基部为黑色斑，黑色斑外缘带白点。反面底色和斑纹颜色稍淡，其余同正面。雌性：颜色较淡，前翅顶角不突出，前翅外缘弧形凸出明显，前翅前缘中点到臀角具 1 条白色带，亚外缘具 1 淡色带，淡色带在前缘具 1 白点，其余同雄性。

♂ 正　　　　　　♂ 反

♀ 正　　　　　　　　　　　　　♀ 反

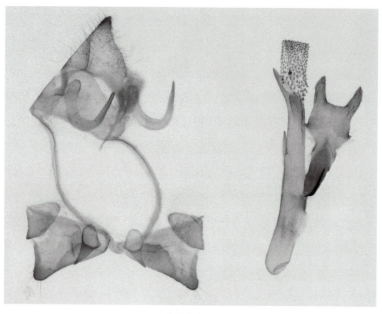

♂ 外生殖器

图 3-4　黄带褐蚬蝶 *Abisara fylla* (Westwood, 1851)

雄性外生殖器钩形突三角形，末端细尖；抱器宽短三角形，背端突小、稍突出，腹端突大；阳茎直，末端尖刺状，端膜密被刺毛，具刺状角状器，阳茎中部具 1 刺突，中板铲状，末端二分叉；阳基轭片短刺状。

分布：浙江（临安、开化、遂昌、庆元、泰顺）、福建、广东、重庆、云南；印度，不丹，尼泊尔，缅甸，越南，泰国。

（235）白带褐蚬蝶 *Abisara fylloides* (Moore, 1902)（图 3-5）

Sospita fylloides Moore, 1902: 81.

Abisara fylloides: Chou, 1994: 605.

主要特征：体中小型，雌雄异型。雄性：前翅三角形，底色黑色；前缘中点到臀角具 1 条黄白色带；后翅近圆形，外缘在 M_3 脉微微突出，中区具 1 条弧形淡色带；外缘具 1 列淡色斑，基部为黑色斑，黑色斑外缘带白点；基半部为白色，边缘不规则；外缘具 1 列白斑。反面底色和斑纹颜色稍淡，其余同正面。雌性：颜色较淡，前翅顶角不突出，前翅外缘弧形凸出明显，前翅前缘中点到臀角具 1 条白色带，其余同雄性。

雄性外生殖器与黄带褐蚬蝶相似，主要不同之处在于抱器端突短，阳茎端平截，中板端不分叉，仅两侧角水平稍突出。

♀正　　　　　　　　　♀反

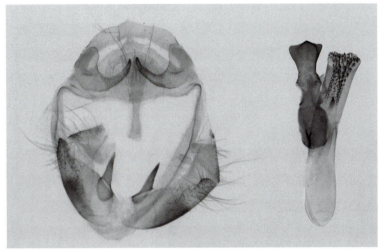

♂外生殖器

图 3-5　白带褐蚬蝶 *Abisara fylloides* (Moore, 1902)

分布：浙江、福建、广东、重庆、四川、云南；越南。

（236）长尾褐蚬蝶 *Abisara neophron* (Hewitson, 1861)（图 3-6）

Sospita neophron Hewitson, 1861: [76].

Abisara neophron: Moore, 1878: 833.

主要特征：体中小型，雌雄同型。雄性：前翅三角形，底色暗褐色；前缘中部至臀角具 1 条白色带；后翅色同前翅，外缘于 M_3 脉指状突出，外横带波浪状、黄白色，具 1 条弧形淡色带；外缘具 1 列淡色斑，基部为黑色斑，黑色斑外缘带白点；基半部为白色，边缘不规则；外缘具 1 列白斑。反面底色和斑纹颜色稍淡，其余同正面。雌性：颜色较淡，前翅顶角不突出，前翅外缘弧形凸出明显，前翅前缘中点到臀角具 1 条白色带，其余同雄性。

♂正　　　　　　　　　♂反

♀正　　　　　　　　　　♀反

♂外生殖器

图 3-6　长尾褐蚬蝶 *Abisara neophron* (Hewitson, 1861)

雄性外生殖器抱器宽，背端钝圆，腹端突出，末端分裂为 2 长刺；阳茎端具几长针，角状器端扫帚样长针。

分布：浙江、福建、广东、广西、云南、西藏；印度，尼泊尔，中南半岛。

（237）蛇目褐蚬蝶 *Abisara echerius* (Stoll, 1790)（图 3-7）

Papilio echerius Stoll, 1790: 140.

Abisara echerius: Tong, 1993: 52.

主要特征：体小型，雌雄异型。雄性：前翅三角形，底色红褐色；基半部色深，端半部色浅；端半部在外缘和亚外缘可见不明显淡色带；后翅长卵形，外缘在 M_3 脉明显突出，基半部色深，端半部色浅；端半部在顶角下方具 2 黑斑，外侧镶有白边；反面底色和斑纹颜色稍淡，前后翅淡色带更加清晰，后翅顶角及臀角各具 2 黑斑，镶有白边，其余同正面。雌性：颜色较淡，前翅顶角不突出，前翅外缘弧形凸出明显，后翅正面顶角下方及臀角各具 2 镶有白边的黑斑，其余同雄性。

雄性外生殖器钩形突端部尖，下弯；背兜侧突细长指状；颚形突细尖、上弯；抱器端二分裂，背端突短小，腹端突细长，末端尖；阳茎轭片"H"形，端部"U"形，骨化，两侧臂细长，顶端尖，基部丝带状、膜质；阳茎端分裂，一侧尖角突出，中部及末端分别具被毛的角状器与被齿的角状器。

分布：浙江（庆元、景宁、泰顺）、福建、海南、香港、广西、云南；印度，缅甸，越南，老挝，泰国，斯里兰卡。

♂正　　　　　　　　　　　♂反

♀正　　　　　　　　　　　♀反

♂外生殖器

图 3-7　蛇目褐蚬蝶 *Abisara echerius* (Stoll, 1790)

（238）白点褐蚬蝶 *Abisara burnii* (de Nicéville, 1895)（图 3-8）

Taxila burnii de Nicéville, 1895: 266.

Abisara burnii: Tong, 1993: 52.

　　主要特征：小型蝴蝶，雌雄异型。雄性：前翅三角形，底色红褐色；外中区可见不明显淡色带；外缘具不明显白色斑列；后翅长卵形，外缘在 M_3 脉微微突出，外中区具 1 列不明显黑斑；端半部在顶角下方具 2 黑斑，外侧镶有白边，M_3 到 CuA_2 室外缘有白边。反面底色和斑纹颜色稍淡，前翅中区与外中区各具 1 列白斑，外缘具断裂的白线；后翅中区具 1 列白斑，外中区具 1 列新月形黑斑，黑斑外侧从 M_3 到 CuA_2 室具"＜"形纹，外缘具白边，其余同正面。雌性：颜色较淡，前翅顶角不突出，其余同雄性。

　　雄性外生殖器钩形突端部尖，下弯；颚形突钩状上弯，末端尖；抱器端二分叉，背端突小而尖，腹端突细长，上弯，末端尖；阳茎粗大，具多列刺毛状角状器；阳基轭片退化。

♂正　　　　　　　　　　　　　　♂反

♀正　　　　　　　　　　　　　　♀反

♂外生殖器

图 3-8　白点褐蚬蝶 *Abisara burnii* (de Nicéville, 1895)

分布：浙江（龙泉、泰顺）、江西、福建、台湾、广东、海南、广西、重庆、四川、云南；印度，缅甸。

十一、灰蝶科 Lycaenidae

主要特征：中小型蝴蝶。头小，复眼相互接近，光滑或有毛；下唇须通常发达，前伸或上举；触角末端膨大成锤状，棒状部通常带白环；身体纺锤形，纤细，覆盖有大量鳞片；足为步行足，前足退化，雌蝶前足具跗节5节及2爪，雄蝶前足只具1节跗节，只1爪；中后足胫节各具1对胫距；前翅三角形，R脉3、4条，A脉1条；后翅A脉2条，有时具1–3条尾突；前后翅中室闭式。雄性外生殖器具钩状发达的颚形突，抱器简单，阳茎形态多样化。

世界已知6000余种，中国记录近600种，浙江分布82种。

分属检索表

17. 翅正面褐色，前后翅具镶白线的斑带 ·· 线灰蝶属 *Thecla*
 - 翅正面底色黄色 ··· 18
18. 前后翅反面具发达的中室端带 ·· 栅灰蝶属 *Japonica*
 - 前后翅中室端带退化 ··· 19
19. 前后翅反面橙色外横带连续，且内侧镶白色波浪边 ··· 赭灰蝶属 *Ussuriana*
 - 雌雄正面斑纹近似，无镶白边的橙色外横带 ··· 工灰蝶属 *Gonerilla*
20. 雌雄斑纹近似 ·· 21
 - 雌雄斑纹相异 ·· 23
21. 翅正面具金属光泽，前翅反面中室端带宽而明显 ··· 晰灰蝶属 *Wagimo*
 - 翅正面无金属光泽 ··· 22
22. 后翅正面亚缘具白色斑，翅反面斑成列或带 ··· 青灰蝶属 *Antigius*
 - 后翅正面亚缘无白色斑，翅反面基部具黑色豹纹斑 ······································· 癞灰蝶属 *Araragi*
23. 后翅反面基部或 CuA$_2$ 室亚基区有斑纹 ··· 24
 - 上述区域无斑纹 ··· 26
24. 后翅 CuA$_2$ 室亚基区有斑纹，前翅反面基部无斑纹 ···························· 璐灰蝶属 *Leucantigius*
 - 后翅 CuA$_2$ 室亚基区有斑纹 ··· 25
25. 前翅反面中室端具 2 暗条，后翅 CuA$_2$ 室亚基区斑纹细 ······························ 冷灰蝶属 *Ravenna*
 - 前翅反面中室端具 1 暗条，后翅 CuA$_2$ 室亚基区斑纹圆 ··················· 三枝灰蝶属 *Saigusaozephyrus*
26. 钩形突不发达或缺 ··· 27
 - 钩形突发达 ··· 28
27. 颚形突短小 ··· 艳灰蝶属 *Favonius*
 - 颚形突长肘状，中部膨大 ·· 金灰蝶属 *Chrysozephyrus*
28. 钩形突细长，不分叉 ·· 何华灰蝶属 *Howarthia*
 - 钩形突短 ··· 29
29. 颚形突发达 ··· 铁灰蝶属 *Teratozephyrus*
 - 颚形突退化 ··· 林灰蝶属 *Hayashikeia*
30. 翅反面具多条褐色横带，带中间具淡色线，后翅臀叶发达 ··················· 银线灰蝶属 *Spindasis*
 - 翅正面大部分具亮蓝光泽，翅反面仅端部具小斑列 ··· 安灰蝶属 *Ancema*
31. 前翅 M$_1$ 与 R$_5$ 脉共柄、接触或靠近 ··· 32
 - 前翅 M$_1$ 与 R$_5$ 脉分离 ··· 33
32. 翅正反面具黑斑 ··· 灰蝶属 *Lycaena*
 - 无上述斑，后翅外缘有红带，雌性前翅常有 1 橙红色大斑 ································· 彩灰蝶属 *Heliophorus*
33. 前翅反面基部具暗条，后翅无尾突 ··· 黑灰蝶属 *Niphanda*
 - 前翅反面基部无暗条，后翅多具尾突 ·· 34
34. 前翅 Sc 与 R$_1$ 脉分离 ··· 35
 - 前翅 Sc 与 R$_1$ 脉不分离 ·· 39
35. 发香鳞特别、长颈瓶状，翅反面具平行白条纹 ··· 亮灰蝶属 *Lampides*
 - 发香鳞正常 ··· 36
36. 雄性外生殖器有颚形突 ··· 37
 - 雄性外生殖器无颚形突 ··· 38
37. 翅反面底色灰褐色，斑纹具明显白环 ··· 琉璃灰蝶属 *Celastrina*
 - 翅反面底色白色或灰色，斑纹不具明显白环 ··· 妩灰蝶属 *Udara*
38. 雄性外生殖器背兜正常 ·· 紫灰蝶属 *Chilades*
 - 雄性外生殖器背兜退化 ·· 棕灰蝶属 *Euchrysops*

39. 雄性外生殖器具明显囊形突，后翅臀角缘毛延长，后翅前缘直 ························· **锯灰蝶属** *Orthomiella*
- 　雄性外生殖器囊形突缺或弱 ··· 40
40. 前翅 Sc 与 R_1 脉由 1 短横脉相连 ··· **雅灰蝶属** *Jamides*
- 　前翅 Sc 与 R_1 脉相连或接触 ·· 41
41. 翅反面无亚基列 ··· **丸灰蝶属** *Pithecops*
- 　翅反面有亚基列及中带 ··· 42
42. 雄性外生殖器钩形突不分裂 ··· 43
- 　雄性外生殖器钩形突分裂 ··· 45
43. 雄性翅正面蓝色，后翅反面基部密被蓝色鳞 ··································· **蓝灰蝶属** *Everes*
- 　雄性翅正面褐色 ··· 44
44. 后翅无尾突 ··· **山灰蝶属** *Shijimia*
- 　后翅有尾突 ··· **玄灰蝶属** *Tongeia*
45. 复眼被毛 ··· **毛眼灰蝶属** *Zizina*
- 　复眼光滑，后翅反面中列点围有白边 ································· **酢酱灰蝶属** *Pseudozizeeria*

93. 蚜灰蝶属 *Taraka* Doherty, 1889

Taraka Doherty, 1889b: 414. Type species: *Miletus hamada* Druce, 1875.

　　主要特征：小型种类，身体纤细。下唇须不对称，喙短而细小，中足胫节膨大，前翅 R_5 脉到达顶角，M_1 脉从中室顶角分出；后翅 Rs 脉近中室顶角分出；雄蝶无第二性征。雄性外生殖器钩形突中央强烈凹陷，无颚形突，抱器腹面大部愈合。

　　分布：古北区、东洋区。世界已知 4 种，中国记录 2 种，浙江分布 1 种。

（239）蚜灰蝶 *Taraka hamada* (Druce, 1875)（图 3-9）

Miletus hamada Druce, 1875: 361.

Taraka hamada: Tong, 1993: 53.

　　主要特征：雌雄同型。雄性：前翅正面灰褐色，中域颜色稍浅，反面斑纹隐约透过；反面底色白色，从基部到外缘具大量大小不同的黑点。后翅正面同前翅，反面底色白色，从基部到亚外缘具大量大小不同的黑点。雌性：大部同雄性，翅更圆，体型更大。

　　雄性外生殖器钩形突深裂为 2 大粗壮突，末端具刺；左右抱器基部约 2/3 愈合，端部"V"形凹入，两侧角状；阳茎基鞘粗，端鞘渐变细，末端尖。

♂正　　　　　　　　♂反

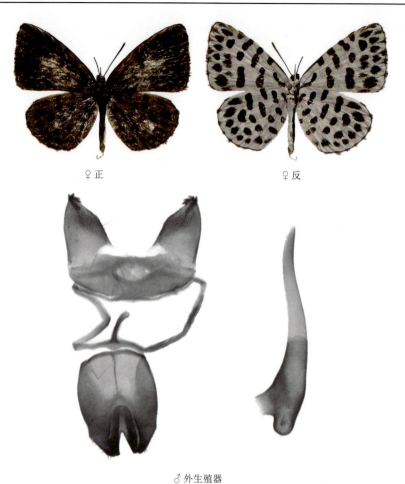

♀正　　　　　　　　　　　　　♀反

♂外生殖器

图 3-9　蚜灰蝶 *Taraka hamada* (Druce, 1875)

分布：浙江（临安、淳安、开化、遂昌、龙泉、泰顺）、江西、福建、台湾、广东、香港、广西；日本，印度，缅甸，越南，老挝，泰国，菲律宾。

94. 银灰蝶属 *Curetis* Hübner, 1819

Curetis Hübner, 1819: 102. Type species: *Papilio aesopus* Fabricius, 1908.

　　主要特征：中型种类；复眼被毛，顶角与臀角突出，前翅 11 条脉，前翅 R_5 脉到达顶角附近的外缘，前缘强弧形；雄蝶无第二性征。雄性外生殖器钩形突发达，颚形突小，抱器背面具 1 中板连接，阳茎端有角状器。

　　分布：古北区、东洋区。世界已知 18 种，中国记录 4 种，浙江分布 1 种。

（240）尖翅银灰蝶 *Curetis acuta* Moore, 1877（图 3-10）

Curetis acuta Moore, 1877a: 50.

　　主要特征：雌雄异型。雄性：前翅正面黑褐色，中室大部橙红色，M_3 室到 2A 室基部橙红色；反面底色银白色，外中区具 1 条模糊的黑鳞带，其他区域密布黑鳞。后翅正面底色同前翅，Sc+R_1 室、Rs 室基部及外缘区黑色，其余区域橙红色；反面底色银白色，中区和外中区具模糊的黑鳞带；其他区域密布黑鳞。雌性：正面橙红色区域被白色取代，前后翅正反面其他区域同雄性。

　　雄性外生殖器钩形突宽大，端部中央突出，短而尖；抱器背半球形拱起，抱器端二分叉，背端突短钩状，腹端突长棒状、被毛，末端钝圆；阳茎端一侧边突出、边缘具小齿，角状器 1 对、密被小刺。

♂正　　　　　　　　　　　♂反

♀正　　　　　　　　　　　♀反

♂外生殖器

图 3-10　尖翅银灰蝶 *Curetis acuta* Moore, 1877

　　分布：浙江（临安、淳安、常山、开化、江山、遂昌、庆元、龙泉、泰顺）、河南、上海、湖北、江西、湖南、福建、台湾、广东、海南、广西；印度，缅甸，越南，老挝，泰国。

95. 青灰蝶属 *Antigius* Sibatani *et* Ito, 1942

Antigius Sibatani *et* Ito, 1942: 318. Type species: *Thecla attilia* Bremer, 1861.

　　主要特征： 中型种类；复眼无毛，前翅 M_1 脉与 R_5 脉在基部不共柄，触角约为前翅长的一半，后翅臀角具明显尾突。雄性外生殖器钩形突二分叉，颚形突细，抱器结构简单，阳茎角状器发达。

　　分布： 古北区、东洋区。世界已知 4 种，中国记录 3 种，浙江分布 2 种。

（241）青灰蝶 *Antigius attilia* (Bremer, 1861)（图 3-11）

Thecla attilia Bremer, 1861: 469.

Antigius attilia: Tong, 1993: 54.

　　主要特征： 雌雄同型。雄性：前翅正面黑色，无斑纹；反面底色银白色，中室端具 1 宽黑条，外横带黑色，近直线形；从前缘延伸到 2A 脉；亚外缘黑带被白色翅脉隔开，中间具 1 白色细带，白色细带从前缘延伸到 CuA 脉，有时细带由各个翅室内的新月形纹组成；外缘区具 1 条完整的黑褐鳞带。后翅正面底色同前翅，从 M_1 室到臀角具 5 个白斑，白斑彼此之间被黑色翅脉分隔，白斑列中间有时具 1 条模糊的黑鳞带贯穿所有白斑；外缘从 Rs 室至 CuA_2 室各具 1 细白条；反面底色银白色，中区具 1 条宽黑带从前缘延伸到 CuA_2 室然后向翅基偏折到达内缘；亚外缘区具 1 列彼此分离的黑斑，黑斑内侧有时具新月形纹，臀角区具 2 橙红斑，分别在 CuA_1 室与 2A 室，红斑内具黑斑，CuA_2 脉上具 1 黑色尾突；外缘具 1 模糊细黑带。雌性：大部分同雄性，后翅正面白色斑纹有时更发达。

　　雄性外生殖器钩形突端部二分叉，"八"字形；背兜侧突小，钝圆；颚形突细长而尖；抱器端平截；阳茎端具 1 刺状角状器。

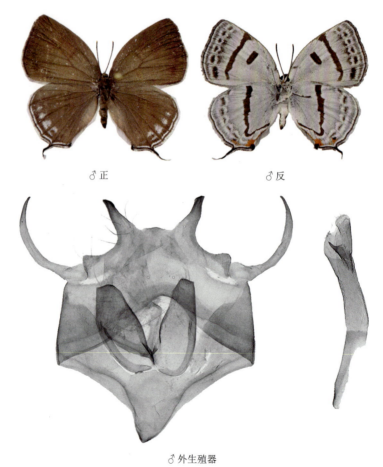

♂正　　　　　　　　　♂反

♂外生殖器

图 3-11　青灰蝶 *Antigius attilia* (Bremer, 1861)

　　分布： 浙江（龙泉）、河南、陕西、江苏、台湾、四川、云南；俄罗斯，蒙古国，朝鲜半岛，日本。

（242）陈氏青灰蝶 *Antigius cheni* Koiwaya, 2004（图 3-12）

Antigius cheni Koiwaya, 2004: 2-5.

主要特征：雌雄同型。雄性：前翅正面黑色，无斑纹，中域颜色较淡；反面底色银白色，中室端具 1 细黑条，外横带黑色，近直线形；从前缘延伸到 2A 脉；亚外缘带从前缘延伸到 2A 脉，前缘到 CuA_2 脉翅脉上具黑色楔形斑，翅室内具椭圆形斑，CuA_2 室具 1 大椭圆形黑斑。后翅正面底色同前翅，从 M_1 室到臀角具 5 个白斑，白斑彼此之间被黑色翅脉分隔，白斑列中间具 1 条模糊的黑带贯穿所有白斑，CuA_1 室具 1 黑色圆斑；外缘从 Rs 室至 CuA_2 室各具 1 细白条；反面底色银白色，外中区具 1 条宽黑带从前缘延伸到 CuA_1 脉然后向翅基错位断裂；CuA_2 室具 1 弧形黑条，2A 脉到内缘具 1 黑条，彼此之间都断开；亚外缘区具 2 列彼此分离的黑斑，顶角具 2 个较大的黑斑，臀角区具 2 橙红斑，分别在 CuA_1 室与 2A 室，红斑内具黑斑，CuA_2 脉上具 1 黑色尾突；外缘具 1 模糊细褐色带。雌性：同雄性。

雄性外生殖器与青灰蝶相似，其主要区别是钩形突端部"U"形，抱器端钝圆；阳茎端具 1 刺状角状器。

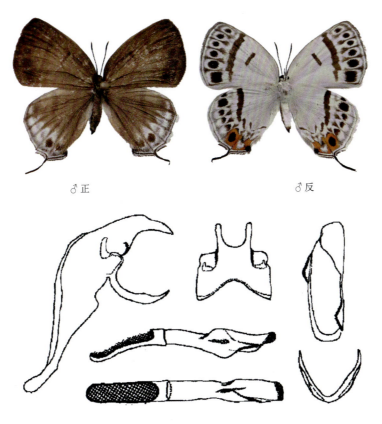

♂ 正　　　　　　　♂ 反

♂ 外生殖器

图 3-12　陈氏青灰蝶 *Antigius cheni* Koiwaya, 2004（外生殖器引自王敏等，2009）

分布：浙江（遂昌、龙泉）、重庆、四川。

96. 癞灰蝶属 *Araragi* Sibatani *et* Ito, 1942

Araragi Sibatani *et* Ito, 1942: 318. Type species: *Thecla enthea* Janson, 1877.

主要特征：中型种类；复眼被短毛，前翅 M_1 脉与 R_5 脉在基部不共柄，触角短于前翅长的一半，后翅臀角具明显尾突。雄性外生殖器钩形突不分叉，颚形突细，抱器扁平，阳茎无角状突。

　　分布：古北区、东洋区。世界已知 3 种，中国记录 3 种，浙江分布 2 种。

（243）癞灰蝶 *Araragi enthea* (Janson, 1877)（图 3-13）

Thecla enthea Janson, 1877: 157.

Araragi enthea: Tong, 1993: 54.

　　主要特征：雌雄同型。雄性：前翅正面黑色，中室端及 M₃ 室具模糊白斑，有时候 CuA₁ 室也有白斑痕迹；反面底色白色，中室端具 1 黑条，中室基部具 1 大黑斑，黑斑上下各具 1 长条形黑斑，外横带黑色，分裂成四部分；亚外缘具 1 列黑点，臀角具 1 橙红色斑；外缘区 M₃ 室到臀角各翅室具 1 白线。后翅正面底色同前翅，无斑纹，外缘 CuA₁₋₂ 室通常具白线；反面底色灰白色，基部具 4 个黑斑，中室端具 1 黑条，外中区具 1 条颜色前深后浅的斑带从前缘延伸到 CuA₂ 脉；CuA₂ 室及 2A 室各具 1 褐色短纹，亚外缘区具 1 列彼此分离的黑斑，黑斑周围有白条，臀角区具橙红斑，从 CuA₁ 室延伸到 2A 室，红斑内具黑斑，CuA₂ 脉上具 1 黑色尾突；外缘具 1 模糊细黑带。雌性：基本同雄性。

♂ 正　　　　　　　♂ 反

♀ 正　　　　　　　♀ 反

♂ 外生殖器

图 3-13　癞灰蝶 *Araragi enthea* (Janson, 1877)

雄性外生殖器钩形突锥状；颚形突指状，上弯；抱器三角形，末端细指状；阳茎基鞘远长于端鞘。

分布：浙江（临安）、北京、河南、陕西、江苏、台湾、四川、云南；俄罗斯，朝鲜半岛，日本。

（244）杉山癞灰蝶 *Araragi sugiyamai* Matsui, 1989（图 3-14）

Araragi sugiyamai Matsui, 1989: 32.

主要特征：雌雄同型。雄性：前翅正面黑色，中室端及 M_3 室具模糊白斑，有时候 CuA_1 室也有白斑痕迹；反面底色灰白色，中室端具 1 黑条，中室基部具 1 大黑斑，外横带黑色，分裂成三部分；亚外缘具 1 列黑点；外缘区从顶角到臀角各翅室具 1 白线。后翅正面底色同前翅，无斑纹，外缘 CuA_{1-2} 室通常具白线；反面底色灰白色，基部具 4 个黑斑，中室端具 1 黑斑，与外中区斑带有接触，外中区具 1 条由彼此分离的斑组

♂正　　　　　　　　♂反

♀正　　　　　　　　♀反

♂外生殖器

图 3-14　杉山癞灰蝶 *Araragi sugiyamai* Matsui, 1989

成的斑带从前缘延伸到 CuA_2 脉；CuA_2 室、2A 室及 3A 室各具 1 褐色短纹，亚外缘区具 1 列彼此分离的黑斑，黑斑周围有白条和新月形纹，臀角区在 CuA_1 室与 2A 室具橙红斑，红斑内具黑斑，CuA_2 脉上具 1 黑色尾突；外缘具 1 模糊细黑带。雌性：基本同雄性。

雄性外生殖器与癞灰蝶相似，主要区别是颚形突长，末端尖；抱器端部约 1/2 长指状。

分布：浙江（临安、开化）、甘肃、四川。

97. 冷灰蝶属 *Ravenna* Shirôzu *et* Yamamoto, 1956

Ravenna Shirôzu *et* Yamamoto, 1956: 360. Type species: *Zephyrus niveus* Nire, 1920.

主要特征：中型种类；复眼被毛，前翅 M_1 脉与 R_5 脉在基部不共柄，触角短于前翅长的一半，后翅臀角明显，具明显尾突。雄性外生殖器钩形突弯曲细长，二分叉，背兜侧突短指状，颚形突细、肘状弯曲，抱器窄长，阳茎无角状突。

分布：古北区、东洋区。世界已知 1 种，中国记录 1 种，浙江分布 1 种。

（245）冷灰蝶 *Ravenna nivea* (Nire, 1920)（图 3-15）

Zephyrus niveus Nire, 1920: 375.

Ravenna nivea: Chou, 1994: 631.

主要特征：雌雄异型。雄性：前翅正面淡紫色，中域颜色稍浅；反面底色银白色，中室端具 2 黑条，外横带 2 条，黑色，亚外缘具 1 列黑点。后翅正面底色同前翅，前缘区黑褐色，无斑纹，外缘 Rs 室到 CuA_2 室通常具白线；反面底色灰白色，基部具 4 条短黑线，中带、外横带黑色；亚外缘区具 1 列彼此分

♂正　　　　　　　　　　　　　　　　♂反

♀正　　　　　　　　　　　　　　　　♀反

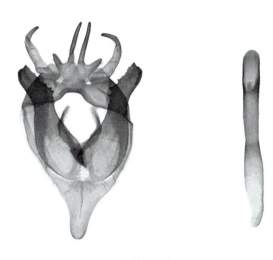

♂ 外生殖器

图 3-15　冷灰蝶 *Ravenna nivea* (Nire, 1920)

离的黑斑，臀角区在 CuA$_1$ 室与 2A 室具橙红斑，红斑内具黑斑，CuA$_2$ 脉上具 1 黑色尾突；外缘具 1 模糊细黑带。雌性：前翅正面中域白色，中室具 1 黑色端斑；后翅中域白色，中室端具 1 黑条，各翅脉末端两侧具黑斑，其余基本同雄性。

雄性外生殖器抱器窄长，抱器下缘中部微弧凹入、上缘端部具小齿且稍向内凹，末端平具小齿；阳茎基鞘约等长于端鞘。

分布：浙江（临安、开化）、福建、台湾、广东、四川、贵州、云南。

98. 三枝灰蝶属 *Saigusaozephyrus* Koiwaya, 1993

Saigusaozephyrus Koiwaya, 1993: 62. Type species: *Zephyrus atabyrius* Oberthür, 1914.

主要特征：中型种类；复眼具毛，前翅 M$_1$ 脉与 R$_5$ 脉在基部不共柄，触角长于前翅长的一半，后翅臀叶无，具明显尾突。雄性外生殖器钩形突细长，颚形突短粗发达，抱器较长，末端扩大；阳茎细长，无角状突。

分布：古北区、东洋区。世界已知 1 种，中国记录 1 种，浙江分布 1 种。

（246）三枝灰蝶 *Saigusaozephyrus atabyrius* (Oberthür, 1914)（图 3-16）

Zephyrus atabyrius Oberthür, 1914b: 48.

Saigusaozephyrus atabyrius: Koiwaya, 1993: 62.

♂ 正　　　　　　　　♂ 反

♀ 正　　　　　　　　　　　♀ 反

♂ 外生殖器

图 3-16　三枝灰蝶 *Saigusaozephyrus atabyrius* (Oberthür, 1914)

主要特征：雌雄异型。雄性：前翅正面中域具暗紫色金属鳞，外缘黑色；反面底色白色，中室端具 1 暗色端条。后翅正面中域具暗紫色金属鳞，前缘、外缘及臀角具宽黑褐色边；反面底色同前翅，中区具 1 断裂的深褐色中线；在臀角区上方变成 "W" 形；亚外缘区内侧具 1 深褐色新月形斑带；CuA$_1$ 室与 2A 室具橙红斑，橙红斑内具黑斑；CuA$_2$ 脉上具 1 黑色尾突，CuA$_2$ 室基部具 1 黑点。雌性：前后翅正面底色灰褐色，中室端及 M$_3$ 室到 CuA$_2$ 室基部具白斑，反面具粗的外横带和亚外缘斑列；后翅正面外缘具 1 列白斑，反面中带宽，亚外缘具 2 列褐色斑，CuA$_2$ 室基部具 1 黑点。

雄性外生殖器钩形突分叉，细长而尖；抱器窄，端部收缩，末端两侧角水平外伸，顶端尖。

分布：浙江（杭州）、陕西、甘肃、四川、云南。

99. 晰灰蝶属 *Wagimo* Sibatani *et* Ito, 1942

Wagimo Sibatani *et* Ito, 1942: 319. Type species: *Thecla signata* Butler, 1882.

主要特征：中型种类，翅正面具金属光泽；复眼被毛，前翅 M$_1$ 脉与 R$_5$ 脉在基部不共柄，触角短于前翅长的一半，后翅臀角明显，具明显尾突。雄性外生殖器钩形突弯曲细长，二分叉，颚形突细，抱器窄长，阳茎长，具角状突。

分布：古北区、东洋区。世界已知 5 种，中国记录 5 种，浙江分布 2 种。

（247）晰灰蝶 *Wagimo signata* (Butler, 1882)（图 3-17）

Thecla signata Butler, 1882: 854.

Wagimo signata: Wang & Fan, 2002: 68.

主要特征：雌雄同型。雄性：前翅正面底色黑色，中域天蓝色；反面底色红褐色，中室端具 2 白条，外横带 2 条，白色，亚外缘带 2 条，白色。后翅正面底色黑褐色，翅面大部为天蓝色区域，翅脉附近为黑褐色；外缘具 1 列白线；反面底色同前翅，基部到中域具 3 条长白线，亚外缘区具 2 列彼此分离的白斑，臀角区在 CuA₁ 室与 2A 室具橙红斑，红斑内具黑斑，CuA₂ 脉上具 1 黑色尾突；外缘具 1 发达白线列。雌性：基本同雄性。

雄性外生殖器钩形突二分叉，细长而尖，"U"形；抱器窄长，抱器长条状，两端稍宽，末端上侧角尖刺状，余平，具小齿。

分布：浙江（临安）、辽宁、北京、河北、陕西、甘肃、四川；俄罗斯，朝鲜半岛，日本，缅甸。

♂正　　　　　♂反

♀正　　　　　♀反

♂外生殖器

图 3-17　晰灰蝶 *Wagimo signata* (Butler, 1882)

（248）朝野晰灰蝶 *Wagimo asanoi* Koiwaya, 1999（图 3-18）

Wagimo asanoi Koiwaya, 1999: 2.

　　主要特征：雌雄同型。雄性：前翅正面底色黑色，中域淡紫色；反面底色深灰褐色，中室端具 2 白条，外横带 2 条、白色，亚外缘带 2 条、白色，CuA_2 室具 1 斜纹伸到中室端条下方。后翅正面底色深灰褐色，中室及附近具淡紫色鳞，外缘具 1 列白线；反面底色同前翅，基部到中域具 3 条长白线，亚外缘区具 2 列彼此分离的新月形白斑，臀角区在 CuA_1 室与 2A 室具橙红斑，红斑内具黑斑，CuA_2 脉上具 1 黑色尾突；外缘具 1 发达白线列。雌性：基本同雄性。

　　雄性外生殖器近似于晰灰蝶，主要区别在于抱器端 2/3 细长，末端尖。

　　分布：浙江（临安、淳安、开化、遂昌）、福建、四川。

♂正　　　　　　　　　　　♂反

♀正　　　　　　　　　　　♀反

♂外生殖器

图 3-18　朝野晰灰蝶 *Wagimo asanoi* Koiwaya, 1999（外生殖器引自 Koiwaya，1999）

100. 璐灰蝶属 *Leucantigius* Shirôzu *et* Murayama, 1951

Leucantigius Shirôzu *et* Murayama, 1951: 17. Type species: *Thecla atayalica* Shirôzu *et* Murayama, 1943.

主要特征：中型种类；复眼被毛，前翅 M_1 脉与 R_5 脉在基部共柄，触角短于前翅长的一半，后翅臀角具明显尾突。雄性外生殖器钩形突二分叉，颚形突细长，抱器扁平，阳茎短，无角状突。

分布：东洋区。世界已知 1 种，中国记录 1 种，浙江分布 1 种。

（249）璐灰蝶 *Leucantigius atayalicus* (Shirôzu *et* Murayama, 1943)（图 3-19）

Thecla atayalica Shirôzu *et* Murayama, 1943: 2.

Leucantigius atayalicus: Wang & Fan, 2002: 64.

主要特征：雌雄异型。雄性：前翅正面黑褐色，无斑纹；反面底色灰白色，中室端具 2 黑条，外横带 2 条、黑色，亚外缘带 1 条、黑色，外缘具 1 列黑点。后翅正面底色同前翅，前缘区黑褐色，无斑纹，外缘 M_3 室到 CuA_2 室通常具白线；反面底色灰白色，基部具 4 条短黑线，中带、外横带黑色；亚外缘区具 1 列彼此分离的黑色新月形斑，臀角区在 CuA_1 室与 2A 室具橙红斑，红斑内具黑斑，CuA_2 脉上具 1 黑色尾突；外缘具 1 列模糊黑斑。雌性：前翅正面中域颜色稍淡，中室具 1 黑色端斑；后翅正面中域颜色稍淡，外缘具 1 列白色弧形斑，反面底色银白色，其余同雄性。

雄性外生殖器钩形突二分叉，牛角状，顶端尖；抱器背端膨大，三角突出；阳茎基鞘与端鞘等长。

分布：浙江（临安、开化）、湖南、福建、台湾、广东、海南。

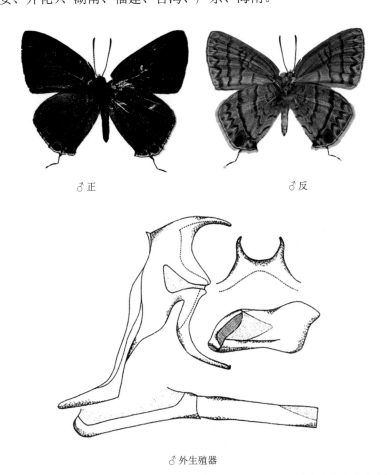

♂正　　　　　　♂反

♂外生殖器

图 3-19　璐灰蝶 *Leucantigius atayalicus* (Shirôzu *et* Murayama, 1943)（外生殖器引自白水隆，1960）

101. 栅灰蝶属 *Japonica* Tutt, 1907

Japonica Tutt, 1907: 277. Type species: *Dipsas saepestriata* Hewitson, 1865.

主要特征：中型种类；复眼被毛，前翅 M_1 脉与 R_5 脉在基部共柄，触角短于前翅长的一半，后翅臀角明显，具明显尾突。雄性外生殖器钩形突退化，颚形突细，抱器长，端部窄，阳茎细长，角状突发达。

分布：东洋区。世界已知 4 种，中国记录 3 种，浙江分布 2 种。

（250）黄栅灰蝶 *Japonica lutea* (Hewitson, 1865)（图 3-20）

Dipsas lutea Hewitson, 1865: 67.

Japonica lutea: Tong, 1993: 55.

主要特征：雌雄同型。雄性：前翅正面大部橙黄色，无斑纹，顶角区及下方区域黑色；反面底色橙红褐色，中室端具 2 白条，外横带 2 条，在 CuA_2 室错开，白色；亚外缘带 3 条，最内侧一条银白色，中间黑色，外侧橙红色，外缘具 1 列黑点。后翅正面大部橙黄色，顶角、CuA_1 室和臀角具黑斑；反面底色同前翅，中带、外横带白色；亚外缘区具 3 列斑，排列同前翅；外缘橙红色带中央具数个黑点，CuA_2 脉上具 1 黑色尾突；外缘具 1 列银白色线。雌性：同雄性。

雄性外生殖器抱器腹端突发达，明显伸出，末端尖；阳茎端鞘长于基鞘，角状器复杂，包括大刺、小齿及被细刺的片状等。

分布：浙江、黑龙江、吉林、辽宁、北京、河北、河南、陕西、甘肃、四川、贵州；俄罗斯，朝鲜半岛，日本。

♂ 正　　　　　　　　　　　♂ 反

♂ 外生殖器

图 3-20　黄栅灰蝶 *Japonica lutea* (Hewitson, 1865)

（251）栅灰蝶 *Japonica saepestriata* (Hewitson, 1865)（图 3-21）

Dipsas saepestriata Hewitson, 1865: 67.

Japonica saepestriata: Tong, 1993: 55.

　　主要特征：雌雄同型。雄性：前翅正面大部橙黄色，无斑纹；反面底色橙黄色，具大量黑斑。后翅正面橙黄色，顶角到 M_3 脉具模糊黑斑，反面底色同前翅，具由黑点组成的中带、外横带、亚外缘斑列；臀角具 1 大块橙色斑，CuA_1 室与 2A 室各具 1 黑斑，CuA_2 脉上具 1 黑色尾突；外缘具 1 列橙黄色线。雌性：同雄性，前翅顶角黑斑发达。

　　雄性外生殖器与拟栅灰蝶相似，主要区别是抱器端部窄长，末端钝圆。

　　分布：浙江、黑龙江、吉林、辽宁、北京、河北、河南、陕西、甘肃、四川、贵州；俄罗斯，朝鲜半岛，日本。

♀ 正　　　　　　　♀ 反

♂ 外生殖器

图 3-21　栅灰蝶 *Japonica saepestriata* (Hewitson, 1865)

102. 工灰蝶属 *Gonerilla* Shirôzu *et* Yamamoto, 1956

Gonerilla Shirôzu *et* Yamamoto, 1956: 339. Type species: *Thecla seraphim* Oberthür, 1886.

　　主要特征：中型种类；复眼被毛，前翅 M_1 脉与 R_5 脉在基部共柄，触角短于前翅长的一半，后翅臀角明显，具明显尾突。雄性外生殖器钩形突退化，颚形突细，抱器长，端部窄，阳茎细长，角状突发达。

　　分布：东洋区。世界已知 4 种，中国记录 4 种，浙江分布 1 种。

（252）工灰蝶 *Gonerilla seraphim* (Oberthür, 1886)（图 3-22）

Thecla seraphim Oberthür, 1886a: 12.

Gonerilla seraphim: Tong, 1993: 56.

♂正　　　　　　　　　　　　　♂反

♀正　　　　　　　　　　　　　♀反

♂外生殖器

图 3-22　工灰蝶 *Gonerilla seraphim* (Oberthür, 1886)

　　主要特征：雌雄同型。雄性：前翅正面大部橙黄色，顶角区及其下方黑色；反面底色橙黄色，具 1 条白色亚缘带，其外侧具数个小白点。后翅正面橙黄色，CuA_1 室具模糊黑点；反面底色同前翅，白色亚缘带在 M_3 到 CuA_1 脉之间弯曲，呈"M"形；亚缘具 1 列橙红色斑，CuA_1 室与顶角各具 1 黑斑，其余黑斑不显著；CuA_2 脉上具 1 黑色尾突；外缘具 1 列银白色线。雌性：同雄性。

　　雄性外生殖器抱器端部窄，末端钝圆；阳茎长，弯曲。

　　分布：浙江（临安）、陕西、四川、云南。

103. 赭灰蝶属 *Ussuriana* Tutt, 1907

Ussuriana Tutt, 1907: 276. Type species: *Thecla michaelis* Oberthür, 1880.

　　主要特征：中型种类；复眼无毛，前翅 M_1 脉与 R_5 脉在基部共柄，触角短于前翅长的一半，后翅臀叶小，具明显尾突。雄性外生殖器背兜侧突发达，钩形突退化，颚形突细，抱器三角形，阳茎粗，无角状突。

　　分布：古北区、东洋区。世界已知 4 种，中国记录 3 种，浙江分布 2 种。

　　注：《浙江蝶类志》中记载浙江有 *Ussuriana gabrielis* 的分布记录，经核对书中图示，记载为 *Ussuriana gabrielis* 的个体实为赭灰蝶 *Ussuriana michaelis* 的误定，而书中记载为赭灰蝶 *Ussuriana michaelis* 的个体实为范赭灰蝶 *Ussuriana fani* 的误定。

（253）范赭灰蝶 *Ussuriana fani* Koiwaya, 1993（图 3-23）

Ussuriana fani Koiwaya, 1993: 10.

　　　　♂正　　　　　　　　　　　　♂反

　　　　♀正　　　　　　　　　　　　♀反

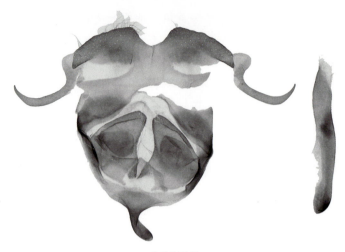

♂外生殖器

图 3-23　范赭灰蝶 *Ussuriana fani* Koiwaya, 1993

主要特征：雌雄异型。雄性：前翅正面底色黑褐色，中室下方 CuA_1 脉到 2A 脉具 1 橙黄色斑；反面底色淡黄色，亚外缘区具 1 列月牙形斑带，斑带两侧具月牙形白斑。后翅正面黑褐色，无斑纹；反面底色同前翅，亚外缘斑带类似前翅，橙红色，内侧具白色月牙形斑、外侧具方形白斑，CuA_1 室与 2A 室各具 1 黑斑；CuA_2 脉上具 1 黑色尾突；外缘具 1 列黑线。雌性：前翅正面底色同雄性，橙黄色斑更大，后翅正面从臀角到 M_1 脉具 1 橙黄色带，变化很大，CuA_1 室与 2A 室各具 1 黑斑。

雄性外生殖器抱器三角形，末端钝，不分叉。

分布：浙江（临安）、河南、陕西、四川。

（254）赭灰蝶 *Ussuriana michaelis* (Oberthür, 1880)（图 3-24）

Thecla michaelis Oberthür, 1880: 19.

Ussuriana michaelis: Chou, 1994: 630.

主要特征：雌雄异型。雄性：前翅正面底色黑褐色，中室下方 CuA_1 脉到 2A 脉具 1 橙黄色斑；反面底色淡黄色，亚外缘区具 1 列月牙形斑带，斑带两侧具月牙形白斑。后翅正面黑褐色，无斑纹；反面底色同前翅，亚外缘斑带类似前翅，橙红色，内侧具白色月牙形斑，外侧具方形白斑，CuA_1 室与 2A 室各具 1 黑斑；CuA_2 脉上具 1 黑色尾突；外缘具 1 列黑线。雌性：前翅正面底色同雄性，橙黄色斑更大，占据翅面三分之二的面积。后翅正面从臀角到顶角具 1 橙黄色带，变化很大，有时完全消失；CuA_1 室与 2A 室各具 1 黑斑。

雄性外生殖器抱器二分叉，上突大刺状，下突三角状。

分布：浙江（临安、泰顺）、吉林、辽宁、陕西、安徽、湖北、福建、台湾、广东、四川；俄罗斯，朝鲜半岛，老挝。

♂正　　　　　　　　　　　　♂反

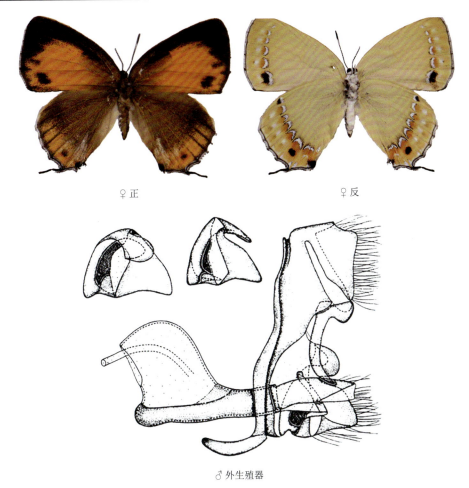

图 3-24　赭灰蝶 *Ussuriana michaelis* (Oberthür, 1880)（外生殖器引自 Shirôzu and Yamamoto，1956）

104. 线灰蝶属 *Thecla* Fabricius, 1807

Thecla Fabricius, 1807: 286. Type species: *Papilio betulae* Linnaeus, 1758.

主要特征： 中型种类；复眼无毛，前翅 M_1 脉与 R_5 脉在基部不共柄，触角短于前翅长的一半，后翅臀叶小，具短尾突。雄性外生殖器背兜侧突与钩形突退化，颚形突强烈弯曲，抱器短粗，阳茎短粗，具小的角状突。

分布： 古北区、东洋区。世界已知 2 种，中国记录 2 种，浙江分布 1 种。

（255）线灰蝶 *Thecla betulae* (Linnaeus, 1758)（图 3-25）

Papilio betulae Linnaeus, 1758b: 482.

Thecla betulae elwesi: Tong, 1993: 57.

主要特征： 雌雄异型。雄性：前翅正面底色黑褐色，无斑纹；反面底色淡橙黄色，中室端具 1 深色端条；外中区具 1 深色弯曲外横带，外侧饰有白线。后翅正面黑褐色，无斑纹，反面底色同前翅，中区及外中区具白线，中区白线直，从前缘延伸到中室下端脉；外中区白线弯曲，从前缘延伸到臀角；外缘在翅脉末端具突起，CuA_1 室与 2A 室各具 1 小黑斑；CuA_2 脉上具 1 黑色尾突。雌性：前翅正面底色同雄性，基部到外中区具大面积橙黄色区域，占据翅面三分之二的面积，有的个体橙黄色区域不大，仅在外中区和前缘明显。后翅正面斑纹变化很大，有时几乎整个后翅正面橙黄色，有时橙黄色完全消失只在臀角区具 3 个橙黄色斑；反面颜色较雄性深，其余同雄性。

雄性外生殖器颚形突钩状弯曲，腹面具小刺；抱器椭圆形，末端小角状突出。

图 3-25　线灰蝶 *Thecla betulae* (Linnaeus, 1758)

分布：浙江（临安）、黑龙江、吉林、辽宁、内蒙古、北京、河北、河南、陕西、宁夏、甘肃、新疆、湖北、四川；俄罗斯，朝鲜半岛，西欧，中亚。

105. 林灰蝶属 *Hayashikeia* Fujioka, 2003

Hayashikeia Fujioka, 2003: 2. Type species: *Thecla courvoisieri* Oberthür, 1908.

主要特征：中型种类；复眼具毛，前翅 M_1 脉与 R_5 脉在基部共柄，触角短于前翅长的一半，后翅无臀叶，具明显尾突。雄性外生殖器钩形突短宽，颚形突退化，抱器较长，阳茎粗长，端膜上具大量棘状颗粒。

分布：古北区、东洋区。世界已知 5 种，中国记录 4 种，浙江分布 1 种。

（256）杉山林灰蝶 *Hayashikeia sugiyamai* (Koiwaya, 2002)（图 3-26）

Howarthia sugiyamai Koiwaya, 2002b: 2.

Hayashikeia sugiyamai: Koiwaya, 2007: 140.

♂正　　　　　　　　♂反

♀正　　　　　　　　♀反

♂外生殖器

图 3-26　杉山林灰蝶 *Hayashikeia sugiyamai* (Koiwaya, 2002)

　　主要特征：雌雄异型。雄性：前翅正面底色黑褐色，基部到亚外缘区三分之二的面积为蓝紫色；反面底色巧克力褐色，外中区和亚外缘区各具 1 列彼此平行的银白色斑带，斑带之间在 CuA$_{1-2}$ 室具长方形黑斑。后翅正面黑褐色，中室及附近具蓝紫色鳞；反面底色同前翅，外中区具 1 银白色外中线，在臀角区上方变成"W"形；亚外缘区内侧具 1 列模糊的白色月牙形斑，外侧具 1 列清晰的白色月牙形斑，CuA$_1$ 室至 2A 室具橙红斑，橙红斑内具黑斑；CuA$_2$ 脉上具 1 黑色尾突；外缘具 1 列银白色线。雌性：前后翅正面底色均比雄性淡，无斑纹，反面同雄性。

　　雄性外生殖器钩形突端部方形，末端中央稍凹；抱器掌状，端部二裂，背端突短小、末端尖，端突近似长方形，末端圆；阳茎稍弯，末端具小刺。

　　分布：浙江（临安、景宁）、湖南、广东、贵州。

106. 何华灰蝶属 *Howarthia* Shirôzu *et* Yamamoto, 1956

Howarthia Shirôzu *et* Yamamoto, 1956: 371. Type species: *Thecla caelestis* Leech, 1890.

　　主要特征：中型种类；复眼具毛，前翅 M$_1$ 脉与 R$_5$ 脉在基部共柄，触角短于前翅长的一半，后翅臀叶无，具明显尾突。雄性外生殖器钩形突窄长，不分叉；颚形突发达，抱器较长，阳茎粗长，端膜上具 1 细长角状器。

　　分布：古北区、东洋区。世界已知 9 种，中国记录 8 种，浙江分布 1 种。

（257）苹果何华灰蝶 *Howarthia melli* (Forster, 1940)（图 3-27）

Zephyrus melli Forster, 1940: 871.

Howarthia melli: Chou, 1994: 628.

　　主要特征：雌雄异型。雄性：前翅正面底色黑褐色，基部到中区为蓝紫色，有时 M$_3$ 室具 1 橙色斑；反面底色红褐色，中室端具 2 白线；外中区和亚外缘区各具 1 列银白色斑带，斑带之间在 CuA$_{1-2}$ 室具长方形黑斑。后翅正面黑褐色，无斑纹；反面底色同前翅，中室端具 2 白线；外中区具 1 银白色外中线，在臀角区上方变成"W"形；亚外缘区内侧具 1 列银白色斑，CuA$_1$ 室至 2A 室具橙红斑，橙红斑内具黑斑和银白色点；CuA$_2$ 脉上具 1 黑色尾突；外缘具 1 列银白色线。雌性：基本同雄性。

　　雄性外生殖器颚形突细长，钩状弯曲；抱器掌状，端突近似长方形，末端圆；阳茎具角状器。

　　分布：浙江（龙泉）、江西、广东、广西、重庆、四川。

♂正　　　　　　　　　　　　　♂反

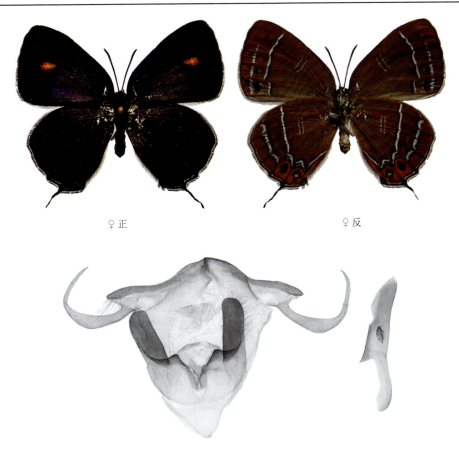

♀ 正　　　　　　　　　　　　♀ 反

♂ 外生殖器

图 3-27　苹果何华灰蝶 *Howarthia melli* (Forster, 1940)

　　注：Ueda 和 Koiwaya（2007）检视了 *Howarthia melli* 的正模，发现其雄性外生殖器与 Hsu 等（2004）图示的 *Howarthia cheni* 一致（钩形突末端扩大，浅内凹，阳茎轭片腹面观 "U" 形），与其图示的所谓 *Howarthia melli*（钩形突末端不扩大，无内凹，阳茎轭片腹面观环形）不同。Chou 和 Wang（1996）描述的 *Howarthia cheni* 的正模标本雄性外生殖器为钩形突末端扩大，浅内凹，图示中阳茎轭片腹面观也为 "U" 形，与 Ueda 和 Koiwaya（2007）描述图示的 *Howarthia melli* 的正模标本雄性外生殖器特征一致。故 *Howarthia cheni* 应该为 *Howarthia melli* 的异名，而 Hsu 等（2004）描述图示的 *Howarthia melli* 可能为一未描述物种。Koiwaya（2007）认为《浙江蝶类志》中图示的闪光金灰蝶雌蝶应该是 *Howarthia cheni*，即本书中的 *Howarthia melli*。

107. 铁灰蝶属 *Teratozephyrus* Sibatani, 1946

Teratozephyrus Sibatani, 1946: 77. Type species: *Zephyrus arisanus* Wileman, 1909.

　　主要特征：中型种类；复眼具毛，前翅 M_1 脉与 R_5 脉在基部共柄，R_4 脉在 R_5 脉中点处分出；后翅臀叶明显，具明显尾突。雄性外生殖器钩形突小，不分叉；颚形突发达，抱器近圆形，末端具长突起；阳茎粗长，端膜上具微弱小刺。

　　分布：古北区、东洋区。世界已知 8 种，中国记录 7 种，浙江分布 1 种。

（258）铁灰蝶 *Teratozephyrus arisanus* (Wileman, 1909)（图 3-28）

Zephyrus arisanus Wileman, 1909: 91.

Teratozephyrus arisanus: Chou, 1994: 629.

主要特征：雌雄同型。雄性：前翅正面黑色，中室端及 M_3 室具橙色斑；反面底色银白色，中室端具 1 宽黑条，外横带黑色，近直线形；从前缘延伸到 2A 脉；亚外缘黑斑列弯曲，内侧具 1 模糊黑带。后翅正面底色同前翅，外缘从 Rs 室至 CuA_2 室各具 1 细白条；反面底色银白色，中区具 1 条宽黑带从前缘延伸到 CuA_2 室，在臀角上方呈"W"形；亚外缘区具 1 宽黑带，黑斑外侧具零散黑斑，臀角区具橙红斑，从 CuA_1 室延伸到 2A 室，在 CuA_2 室红斑较弱，中间为底色，CuA_1 室与 2A 室内红斑内具黑斑，CuA_2 脉上具 1 黑色尾突；外缘具 1 模糊黑带。雌性：大部同雄性，后翅正面白色斑纹有时更发达。

雄性外生殖器抱器卵圆形，端部突出，末端浅裂为 1 小 1 大 2 尖突。

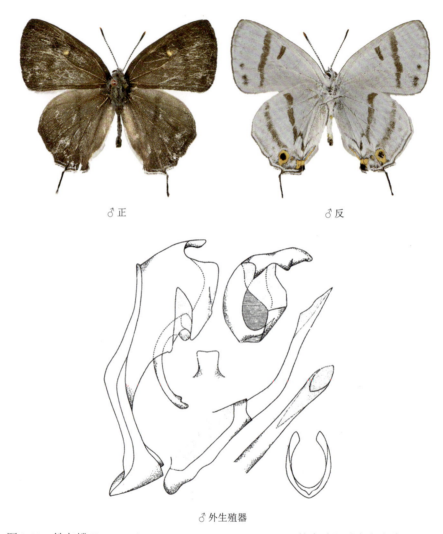

♂正　　　　　　　　　　　　♂反

♂外生殖器

图 3-28　铁灰蝶 *Teratozephyrus arisanus* (Wileman, 1909)（外生殖器引自白水隆，1960）

分布：浙江（临安）、台湾、四川、云南；缅甸。

108. 金灰蝶属 *Chrysozephyrus* Shirôzu *et* Yamamoto, 1956

Chrysozephyrus Shirôzu *et* Yamamoto, 1956: 381. Type species: *Thecla smaragdina* Bremer, 1861.

主要特征：中型种类；复眼具毛，前翅 M_1 脉与 R_5 脉在基部共柄，触角长于前翅长的一半，后翅有臀叶，具明显尾突。雄性外生殖器退化，背兜侧突发达，颚形突发达，抱器宽短、腹突明显；阳茎粗长，末端具小齿突。

　　分布：古北区、东洋区。世界已知 57 种，中国记录 33 种，浙江分布 6 种。

分种检索表

1. 反面底色白色···雷公山金灰蝶 *C. leigongshanensis*

\- 反面底色灰褐色··2

2. 正面金属绿色区域小，颜色暗···幽斑金灰蝶 *C. zoa*

\- 正面金属绿色区域大，颜色亮···3

3. 后翅反面翅基部具白色短条···天目山金灰蝶 *C. tienmushanus*

\- 后翅反面翅基部不具白色短条···4

4. 前翅正面黑边宽···闪光金灰蝶 *C. scintillans*

\- 前翅正面黑边窄···5

5. 前翅正面顶角及外缘黑边明显···黑角金灰蝶 *C. nigroapicalis*

\- 前翅正面顶角及外缘黑边很窄，如线···裂斑金灰蝶 *C. disparatus*

（259）幽斑金灰蝶 *Chrysozephyrus zoa* (de Nicéville, 1889)（图 3-29）

Zephyrus zoa de Nicéville, 1889: 167.

Chrysozephyrus zoa: Wang & Fan, 2002: 101.

　　主要特征：雌雄异型。雄性：前翅正面底色黑褐色，正面金属绿色鳞颜色暗，金属绿色鳞占据中室大部及 M_1 到 2A 室每个翅室至少三分之二的面积；反面底色暗灰褐色，中室端具 1 暗色端条，外横带白色，从前缘延伸到 CuA 脉，内侧具深褐色斑带，臀角区具黑色斑块。后翅正面黑褐色，中室及 M_1 室到 CuA_2 室基部具暗绿色金属鳞；反面底色同前翅，亚基部具 1 白色短条，外中区具 1 银白色外中线，

♂正　　　　　　　　　　　　　　　　♂反

♀正　　　　　　　　　　　　　　　　♀反

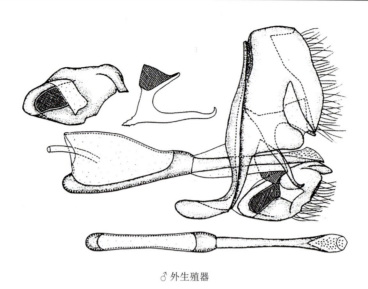

♂ 外生殖器

图 3-29　幽斑金灰蝶 *Chrysozephyrus zoa* (de Nicéville, 1889)（外生殖器引自 Shirôzu and Yamamoto, 1956）

在臀角区上方变成 "W" 形；亚外缘区内侧具 1 列模糊的白色月牙形斑，外侧具 1 雾状白带，CuA$_1$ 室至 2A 室具橙红斑，橙红斑内具黑斑；CuA$_2$ 脉上具 1 黑色尾突；外缘具 1 列银白色线。雌性：前后翅正面底色同雄性，前翅 M$_2$ 室基部具小橙斑，中室大部及 M$_3$ 室到 CuA$_2$ 室基部具暗蓝色鳞；后翅正面无斑纹，反面同雄性。

雄性外生殖器抱器上缘不平，腹端突指状，末端钝，近端具 1 刺突。

分布：浙江（临安、景宁）、四川；印度。

（260）裂斑金灰蝶 *Chrysozephyrus disparatus* (Howarth, 1957)（图 3-30）

Neozephyrus disparatus Howarth, 1957: 259.

Chrysozephyrus disparatus: Chou, 1994: 621.

　　主要特征：雌雄异型。雄性：前翅正面底色黑褐色，正面具亮色金属绿色鳞，金属绿色鳞占据翅面绝大部分面积，顶角及外缘黑色；反面底色灰褐色，中室端有时具 1 暗色端条，外横带白色，从前缘延伸到 CuA$_2$ 脉，内侧具深褐色斑带，臀角区具黑色斑块。后翅正面黑褐色，中域具亮绿色金属鳞，前缘及外缘具宽黑褐色边；反面底色同前翅，外中区具 1 银白色外中线，在臀角区上方变成 "W" 形；亚外缘区内侧具 1 列模糊的白色月牙形斑，外侧具 1 雾状白带，CuA$_1$ 室与 2A 室具橙红斑，橙红斑内具黑斑；CuA$_2$ 脉上具 1 黑色尾突；外缘具 1 列银白色线。雌性：前后翅正面底色同雄性，前翅中室端和 M$_3$ 室基部具橙斑，后翅正面无斑纹，反面同雄性。

♂ 正　　　　　　　　　　　　　♂ 反

♀ 正　　　　　　　　　　　♀ 反

♂ 外生殖器

图 3-30　裂斑金灰蝶 *Chrysozephyrus disparatus* (Howarth, 1957)

雄性外生殖器抱器腹端突末端尖。

分布：浙江（临安）、江西、福建、台湾、四川、云南；印度，缅甸，越南，老挝，泰国。

注：Koiwaya（2007）认为《浙江蝶类志》中图示的裂斑金灰蝶雌性实为考艳灰蝶雌蝶的误定。

（261）闪光金灰蝶 *Chrysozephyrus scintillans* (Leech, 1894)（图 3-31）

Zephyrus scintillans Leech, 1894: 376.

Chrysozephyrus scintillans: Chou, 1994: 622.

　　主要特征：雌雄异型。雄性：前翅正面底色黑褐色，正面具亮色金属绿色鳞，金属绿色鳞占据翅面绝大部分面积，顶角及外缘黑色；反面底色灰褐色，中室端有时具 1 暗色端条，外横带白色，从前缘延伸到 CuA_2 脉，内侧具深褐色斑带，臀角区具黑色斑块。后翅正面黑褐色，中域具亮绿色金属鳞，前缘及外缘具宽黑褐色边；反面底色同前翅，中室端有时具 1 暗色端条，外中区具 1 银白色外中线，在臀角区上方变成"W"形；亚外缘区内侧具 1 列模糊的白色月牙形斑，外侧具 1 雾状白带，CuA_1 室与 2A 室具橙红斑，橙红斑内具黑斑；CuA_2 脉上具 1 黑色尾突；外缘具 1 列银白色线。雌性：前后翅正面底色同雄性，前翅中室端和 M_3 室基部具橙斑，后翅正面无斑纹，反面底色更深，其他同雄性。

　　雄性外生殖器抱器腹边缘弧形外拱，端突短，钝。

♂正　　　　　　　　　　　　　　　♂反

♀正　　　　　　　　　　　　　　　♀反

♂外生殖器

图 3-31　闪光金灰蝶 *Chrysozephyrus scintillans* (Leech, 1894)（外生殖器引自 Howarth，1957）

　　分布：浙江（临安、龙泉）、江西、福建、台湾、广东、海南、广西、四川、贵州；越南。

　　注：《浙江蝶类志》中记载浙江有缪斯金灰蝶 *Chrysozephyrus mushaellus* 的分布记录，经核对书中图示，实为闪光金灰蝶雌蝶的误定。Yoshino（2002）根据找到的幼虫特征认为浙江有瓦金灰蝶 *Chrysozephyrus watsoni* 的分布，但实际上该幼虫是闪光金灰蝶幼虫的误定。

（262）天目山金灰蝶 *Chrysozephyrus tienmushanus* Shirôzu *et* Yamamoto, 1956（图 3-32）

Chrysozephyrus tienmushanus Shirôzu *et* Yamamoto, 1956: 387.

♂正　　　　　　　　　　　♂反

♀正　　　　　　　　　　　♀反

♂外生殖器

图 3-32　天目山金灰蝶 *Chrysozephyrus tienmushanus* Shirôzu *et* Yamamoto, 1956

主要特征：雌雄异型。雄性：前翅正面底色黑褐色，正面具亮色金属绿色鳞，金属绿色鳞占据翅面绝大部分面积，顶角及外缘黑色；反面底色灰褐色，中室端具 1 暗色端条，周围具白色边；外横带白色，从前缘延伸到 CuA$_2$ 脉，内侧具深褐色斑带，臀角区具黑色斑块。后翅正面黑褐色，中域具亮绿色金属鳞，前缘及外缘具宽黑褐色边；反面底色同前翅，亚基部具 1 白色短条，中室端具 1 暗色端条，外中区具 1 银白色外中线，在臀角区上方变成 "W" 形；亚外缘区内侧具 1 列模糊的白色月牙形斑，外侧具 1 雾状白带，CuA$_1$ 室与 2A 室具橙红斑，橙红斑内具黑斑；CuA$_2$ 脉上具 1 黑色尾突；外缘具 1 列银白色线。雌性：前后翅正面底色同雄性，前翅中室端和 M$_3$ 室基部具橙斑，后翅正面无斑纹，反面底色更深，其他同雄性。

雄性外生殖器抱器宽，端部二分叉，抱器背端突大刺状，腹端突指状，末端尖。

分布：浙江（临安）、湖北、四川、贵州。

（263）黑角金灰蝶 *Chrysozephyrus nigroapicalis* (Howarth, 1957)（图 3-33）

Neozephyrus nigroapicalis Howarth, 1957: 242.

Chrysozephyrus nigroapicalis: Chou, 1994: 622.

　　主要特征：雌雄异型。雄性：前翅正面底色黑褐色，正面具亮色金属绿色鳞，金属绿色鳞占据翅面绝大部分面积，顶角及外缘黑色；顶角区黑鳞通过翅脉侵入金属绿色鳞区域；反面底色灰褐色，中室端有时具 1 暗色端条，外横带白色，从前缘延伸到 CuA$_2$ 脉，内侧具深褐色斑带，臀角区具黑色斑块。后翅正面

♂ 正　　　　　　　　　　　　♂ 反

♀ 正　　　　　　　　　　　　♀ 反

♂ 外生殖器

图 3-33　黑角金灰蝶 *Chrysozephyrus nigroapicalis* (Howarth, 1957)（外生殖器引自 Howarth，1957）

黑褐色，中域具亮绿色金属鳞，前缘及外缘具宽黑褐色边；反面底色同前翅，外中区具 1 银白色外中线，在臀角区上方变成"W"形；亚外缘区内侧具 1 列模糊的白色月牙形斑，外侧具 1 雾状白带，CuA_1 室与 2A 室具橙红斑，橙红斑内具黑斑；CuA_2 脉上具 1 黑色尾突；外缘具 1 列银白色线。雌性：前后翅正面底色同雄性，前翅中室端和 M_3 室基部具橙斑痕迹，后翅正面无斑纹，反面同雄性。

　　雄性外生殖器与闪光金灰蝶非常相似，主要不同之处在于抱器端部宽，背端弧形拱起。

　　分布：浙江（临安）、广东、四川；越南。

　　注：Koiwaya（2007）认为《浙江蝶类志》中图示的闪光金灰蝶雄性实为黑角金灰蝶雄蝶的误定。

（264）雷公山金灰蝶 *Chrysozephyrus leigongshanensis* Chou *et* Li, 1994（图 3-34）

Chrysozephyrus leigongshanensis Chou *et* Li, 1994: 623.

　　主要特征：雌雄异型。雄性：前翅正面底色黑褐色，正面具亮色金属绿色鳞，金属绿色鳞占据翅面绝大部分面积，顶角及外缘黑色；反面底色白色，中室端具 1 暗色端条，外横带深褐色，从前缘延伸到 CuA_2 脉，臀角区具黑色斑块。后翅正面黑褐色，中域具亮绿色金属鳞，前缘及外缘具宽黑褐色边；反面底色同前翅，亚基部具 1 褐色短条，外中区具 1 深褐色外中线，在臀角区上方内弯到达内缘；亚外缘区内侧具 1 深褐色弧形带，CuA_1 室与 2A 室具橙红斑，橙红斑内具黑斑；CuA_2 脉上具 1 黑色尾突；雌性：前后翅正面底色同雄性，中室大部及 M_3 室到 CuA_2 室基部具蓝色鳞，后翅正面靠近外缘具 1 列分散的蓝色斑，反面同雄性。

♂正　　　　　　　　　　♂反

♂外生殖器

图 3-34　雷公山金灰蝶 *Chrysozephyrus leigongshanensis* Chou *et* Li, 1994

雄性外生殖器抱器宽，上缘弧形向下，端突尖，向上。

分布：浙江（丽水）、重庆、贵州。

109. 艳灰蝶属 *Favonius* Sibatani *et* Ito, 1942

Favonius Sibatani *et* Ito, 1942: 327. Type species: *Dipsas orientalis* Murray, 1875.

主要特征：中型种类；复眼具毛，前翅 M_1 脉与 R_5 脉在基部共柄，触角长于前翅长的一半，后翅臀叶无，具明显尾突。雄性外生殖器钩形突退化；颚形突发达，抱器较长，阳茎短。

分布：古北区、东洋区。世界已知 11 种，中国记录 8 种，浙江分布 2 种。

（265）里奇艳灰蝶 *Favonius leechina* (Lamas, 2008)（图 3-35）

Thecla orientalis leechi Riley, 1939: 355.

Favonius leechina Lamas, 2008: 48.

主要特征：雌雄异型。雄性：前翅正面具亮色金属蓝绿色鳞，外缘黑色；反面底色白色，中室端具 1 暗色端条，外横带深褐色，从前缘延伸到 CuA_2 脉，臀角区具黑色斑块。后翅正面中域具亮蓝绿色金属鳞，前缘及臀角具宽黑褐色边；反面底色同前翅，外中区具 1 深褐色外中线，外侧饰有白边；在臀角区上方变成"W"形；亚外缘区内侧具 1 深褐色弧形带，两侧具白色饰边；CuA_1 室与 2A 室具橙红斑，橙红斑内具黑斑；CuA_2 脉上具 1 黑色尾突。雌性：前后翅正面底色灰褐色，中室端及 M_3 室到 CuA_2 室基部具灰白色鳞，后翅正面外缘具 1 列白色细线，反面同雄性。

雄性外生殖器抱器近长方形，抱器腹弧形，抱器背端部弧形向下；颚形突发达，基半部膨大，端半部尖细，阳茎基鞘细而长，约等长于端鞘。

♂正　　　　　　　　　　　♂反

♀正　　　　　　　　　　　♀反

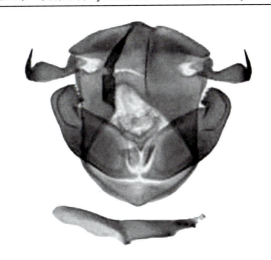

♂ 外生殖器

图 3-35 里奇艳灰蝶 *Favonius leechina* Lamas, 2008

分布：浙江（临安）、陕西、甘肃、湖北、四川、云南。

注：本种长期使用 *leechi* 作为学名，Lamas（2008）指出 *Thecla leechi* Riley 为 *Thecla leechii* de Nicéville 的次原同名，因为二者在 1899 年之后依旧有同属现象，同时《国际动物命名法规》第四版第 23.9.5 条并不适用此种情况，所以他提出 *leechina* 作为本种的新名。

（266）考艳灰蝶 *Favonius korshunovi* (Dubatolov *et* Sergeyev, 1982)（图 3-36）

Neozephyrus korshunovi Dubatolov *et* Sergeyev, 1982: 675.

Favonius korshunovi: Koiwaya, 2007: 267.

主要特征：雌雄异型。雄性：前翅正面具亮色金属蓝绿色鳞，外缘黑色；反面底色灰褐色，中室端具 1 暗色端条，外横带白色，从前缘延伸到 CuA_2 脉，内侧具深褐色饰边；臀角区具黑色斑块。后翅正面中域具亮色金属蓝绿色鳞，前缘及臀角具宽黑褐色边；反面底色同前翅，外中区具 1 深褐色外中线，外侧饰有白边；在臀角区上方变成"W"形；亚外缘区内侧具 1 白色带，内侧具白色饰边；亚外缘区内侧具 1 列模糊的白色月牙形斑，外侧具 1 雾状白带，CuA_1 室与 2A 室具橙红斑，橙红斑内具黑斑；CuA_2 脉上具 1 黑色尾突。雌性：前后翅正面底色黑褐色，前翅中室端及 M_3 室到 CuA_1 室基部具橙斑，后翅正面臀角具白色细线，反面同雄性，颜色更深。

雄性外生殖器抱器窄，抱器腹均匀弧形，抱器背端部弧形向下，末端钝圆；阳茎基鞘细而长，约等长于端鞘。

分布：浙江（临安）、吉林、辽宁、北京、河北、河南、陕西、甘肃、湖北、四川、云南；俄罗斯，朝鲜半岛。

♂ 正   ♂ 反

♀正　　　　　　　　　　　　♀反

♂外生殖器

图 3-36　考艳灰蝶 *Favonius korshunovi* (Dubatolov *et* Sergeyev, 1982)

110. 洒灰蝶属 *Satyrium* Scudder, 1876

Satyrium Scudder, 1876: 106. Type species: *Lycaena fuliginosa* Edwards, 1861.

　　主要特征：中型种类；复眼具毛，前翅 M_1 脉与 R_5 脉在基部不共柄，触角长于前翅长的一半，后翅尾突发达，数量不等。雄性外生殖器钩形突退化；颚形突发达，抱器短或窄长、变化大，阳茎长，角状突发达。

　　分布：古北区、东洋区。世界已知 30 多种，中国记录 28 种，浙江分布 6 种。

　　注：《浙江蝶类志》记录了浙江有乌洒灰蝶 *Satyrium pruni*（当时用的学名为 *Fixsenia pruni*），经核对书中图示，该种实为杨氏洒灰蝶 *Satyrium yangi* 的误定，故浙江目前无乌洒灰蝶的记录。

分种检索表

1. 翅正面除前缘、外缘外淡蓝色 ·· **杨氏洒灰蝶 S. yangi**
- 翅正面黑色，或黑色具红斑 ··· 2
2. 翅正面无性标 ·· **饰洒灰蝶 S. ornata**
- 翅正面具性标 ··· 3
3. 体型大，反面外横带粗 ·· **天目洒灰蝶 S. tamikoae**
- 体型中等，反面外横带细 ··· 4
4. 后翅反面亚缘具 1 列内侧具黑斑的红斑延伸到顶角 ·· **大洒灰蝶 S. grandis**
- 不如上述 ··· 5

5. 后翅反面亚缘具 1 列橙色斑 ·· **波洒灰蝶 *S. bozanoi***

- 后翅反面仅臀角具橙色斑·· **优秀洒灰蝶 *S. eximia***

（267）优秀洒灰蝶 *Satyrium eximia* (Fixsen, 1887)（图 3-37）

Thecla w.album var. *eximia* Fixsen, 1887: 271.

Satyrium eximia: Chou, 1994: 660.

　　主要特征：雌雄异型。雄性：前翅底色黑褐色；中室端具浅色椭圆形性标；反面底色暗褐色，外中线白色，从前缘延伸到 2A 脉。后翅正面底色黑褐色，臀角有时具橙色斑；反面底色暗褐色，外中线从前缘延伸到内缘，在臀角上方变为"W"形；亚外缘具 2 列白色斑列，臀角区从 CuA$_1$ 室到 2A 室具橙红斑，橙红斑外缘具黑斑，CuA$_2$ 脉具 1 长尾突，有时 CuA$_1$ 脉末端外突形成 1 短尾突。雌性：翅形更圆；无性标，后翅臀角具橙色斑，其余同雄性。

♂正　　　　　　　　　　♂反

♀正　　　　　　　　　　♀反

♂外生殖器

图 3-37　优秀洒灰蝶 *Satyrium eximia* (Fixsen, 1887)

雄性外生殖器颚形突钩状，细长而尖；抱器窄长，端部细，末端尖；阳茎长，较直，端部具 2 刺状角状器。

分布： 浙江（萧山、龙泉）、黑龙江、吉林、辽宁、北京、河北、河南、陕西、甘肃、湖北、四川、云南、西藏；俄罗斯，朝鲜半岛，老挝。

（268）大洒灰蝶 *Satyrium grandis* (C. *et* R. Felder, 1862)（图 3-38）

Thecla grandis C. *et* R. Felder, 1862: 24.

主要特征： 雌雄异型。雄性：前翅底色黑褐色；中室端具浅色椭圆形性标；反面底色暗褐色，外中线白色，从前缘延伸到 2A 脉。后翅正面底色黑褐色，无斑纹；反面底色暗褐色，外中线从前缘延伸到内缘，在臀角上方变为"W"形；亚外缘具 1 列内侧具黑斑的红斑，臀角区从 CuA₁ 室到 2A 室具橙红斑，橙红斑外缘具黑斑，CuA₂ 脉具 1 短尾突，CuA₁ 脉末端外突形成 1 极短尾突。雌性：翅形更圆；无性标，后翅臀角具橙色斑，后翅 CuA₁ 脉及 CuA₂ 脉上的尾突远长于雄性，其余同雄性。

♀正　　　　　　　　　　　　♀反

♂外生殖器

图 3-38　大洒灰蝶 *Satyrium grandis* (C. *et* R. Felder, 1862)（外生殖器引自 Bozano，2016）

雄性外生殖器与优秀洒灰蝶相似，其主要区别是抱器端 2/3 均匀渐细；阳茎中央弧形向上弯曲。

分布： 浙江（临安、龙泉）、河南、江苏、江西、福建。

（269）饰洒灰蝶 *Satyrium ornata* (Leech, 1890)（图 3-39）

Thecla ornata Leech, 1890: 40.

Satyrium eximia: Chou, 1994: 660.

主要特征：雌雄异型。雄性：前翅底色黑褐色；中室端及 M_2 室至内缘具 1 块大的橙红色斑；反面底色暗褐色，外中线白色，从前缘延伸到 2A 脉，亚外缘具 1 列围有白圈的黑斑。后翅正面底色黑褐色，无斑纹；反面底色暗褐色，外中线从前缘延伸到内缘，在 CuA_1 脉处错位，并在臀角上方变为"W"形；亚外缘具 1 列内侧具白鳞的黑斑，臀角区从 CuA_1 室到 2A 室具橙红斑，橙红斑外缘具黑斑，CuA_2 脉具 1 长尾突，CuA_1 脉末端外突形成 1 极短尾突。雌性：翅形更圆；前翅橙色斑区域更小，后翅 CuA_1 脉及 CuA_2 脉上的尾突远长于雄性，其余同雄性。

雄性外生殖器抱器端细长，尖刺状；阳茎细长，基鞘约为 1/2 端鞘长，端鞘端稍膨大，具角状器。

分布：浙江（萧山、龙泉）、河南、江苏、江西、福建。

♀正　　　　　　　　♀反

♂外生殖器

图 3-39　饰洒灰蝶 *Satyrium ornata* (Leech, 1890)

（270）杨氏洒灰蝶 *Satyrium yangi* (Riley, 1939)（图 3-40）

Thecla yangi Riley, 1939: 358.

Satyrium yangi: Wang & Fan, 2002: 228.

主要特征：雌雄异型。雄性：前翅底色淡黑褐色；中室及 M_3 室至内缘大部区域具淡蓝色鳞；反面底色黄褐色，外中线白色，从前缘延伸到 2A 脉，亚外缘具 1 列白点，M_3 室到 CuA_2 室的白点外侧具黑斑。后翅正面大部区域淡蓝色，臀角区具黑斑；反面底色黄褐色，外中线从前缘延伸到内缘，在臀角上方变为"W"形；亚外缘具 1 列外侧具黑斑的白点，从顶角到臀角具 1 列橙红斑，橙红斑在臀角区的外缘具黑斑，CuA_2 脉具 1 长尾突。雌性：翅形更圆，其余基本同雄性。

♂正   ♂反

♀正   ♀反

♂外生殖器

图 3-40 杨氏洒灰蝶 *Satyrium yangi* (Riley, 1939)

雄性外生殖器抱器基部约 2/3 不规则长方形，端部突然特化成尖刺状；阳茎细长，直，角状器刺状。

分布：浙江（临安）、福建、广东；老挝。

（271）天目洒灰蝶 *Satyrium tamikoae* (Koiwaya, 2002)（图 3-41）

Fixsenia tamikoae Koiwaya, 2002a: 12.

Satyrium tamikoae: Wu & Hsu, 2017: 1195.

主要特征：雌雄异型。雄性：前翅底色黑褐色；中室端具浅色椭圆形性标；反面底色暗黄褐色，外中线白色，从前缘延伸到 2A 脉。后翅正面底色黑褐色；反面底色暗黄褐色，外中线从前缘延伸到内缘，在臀角上方变为"W"形；亚外缘具 1 列内饰黑斑的橙斑，外侧具 1 列模糊白斑；臀角区从 Cu_1 室到 2A 室具橙红斑，橙红斑外缘具黑斑，CuA_2 脉具 1 长尾突，CuA_1 脉末端外突形成 1 短尾突。雌性：翅形更圆；无性标，后翅反面亚外缘白斑清晰，其余同雄性。

分布：浙江（临安）、陕西、广东、贵州。

♂正　　　　　　　　♂反

♀正　　　　　　　　♀反

图 3-41　天目洒灰蝶 *Satyrium tamikoae* (Koiwaya, 2002)

（272）波洒灰蝶 *Satyrium bozanoi* (Sugiyama, 2004)（图 3-42）

Fixsenia bozanoi Sugiyama, 2004: 4.

Satyrium bozanoi: Huang, 2016: 193.

主要特征：雌雄异型。雄性：前翅底色黑褐色；中室端具暗色椭圆形性标；反面底色暗褐色，外中线白色，从前缘延伸到 2A 脉，在 CuA_2 脉错位。后翅正面底色黑褐色；反面底色暗褐色，外中线从前缘延伸到内缘，在臀角上方变为"W"形；亚外缘具 1 列橙红斑从顶角延伸到臀角，橙红斑内外缘具黑斑，CuA_2 脉具 1 长尾突。雌性：翅形更圆，无性标；后翅臀角具橙色斑，其余同雄性。

雄性外生殖器颚形突钩状弯曲，细而尖；抱器背缘直，抱器端部刺状；阳茎端鞘直、远长于基鞘，具角状器。

分布：浙江（临安）、湖南。

♂正　　　　　　　　　　　♂反

♀正　　　　　　　　　　　♀反

♂外生殖器

图 3-42　波洒灰蝶 Satyrium bozanoi (Sugiyama, 2004)（外生殖器引自李泽建等，2019）

111. 丫灰蝶属 *Amblopala* Leech, 1893

Amblopala Leech, 1893: 341. Type species: *Amblypodina avidiena* Hewitson, 1877.

主要特征：中型种类；复眼无毛，前翅 M_1 脉与 R_5 脉在基部不共柄，触角远短于前翅长的一半，后翅前缘内凹，臀叶极其发达，尾突无。雄性外生殖器颚形突纤细，抱器发达短宽，阳茎粗壮，角状突弱。

分布：古北区、东洋区。世界已知 1 种，中国记录 1 种，浙江分布 1 种。

（273）丫灰蝶 *Amblopala avidiena* (Hewitson, 1877)（图 3-43）

Amblypodia avidiena Hewitson, 1877: 108.

Amblopala avidiena: Tong, 1993: 57.

　　主要特征：雌雄同型。雄性：前翅正面底色黑色，中室及 M_3 室到 2A 室基部具蓝紫色鳞，M_2 室到 M_3 室基部在蓝紫色鳞区外侧具 2 橙色方形斑；反面底色红褐色，中室端具 1 不明显白色端条，外横带白色，靠近亚外缘区，从前缘延伸到 2A 脉。后翅正面中域中室附近具紫色金属鳞；反面底色同前翅，中域从前缘到臀角具 1 大的白色"Y"形斑。雌性：斑纹基本同雄性。

　　雄性外生殖器抱器端部三角形，顶部小刺突，上缘崎岖具小齿。阳茎基鞘长于端鞘，末端尖刺状。

　　分布：浙江（临安、淳安、松阳、龙泉）、河南、陕西、江苏、湖北、江西、台湾、四川、云南；泰国。

♂正　　　　♂反

♀正　　　　♀反

♂外生殖器

图 3-43　丫灰蝶 *Amblopala avidiena* (Hewitson, 1877)

112. 娆灰蝶属 *Arhopala* Boisduval, 1832

Arhopala Boisduval, 1832: 75. Type species: *Arhopala phryxus* Boisduval, 1832.

主要特征:中型到大型种类;复眼无毛,前翅 M_1 脉与 R_5 脉在基部不共柄,触角远短于前翅长的一半,后翅臀叶无或有,尾突无或有。雄性外生殖器钩形突宽短;颚形突刺状,抱器较长,变化大;阳茎粗壮,无角状突。

分布:古北区、东洋区。世界已知 200 多种,中国记录 18 种,浙江分布 3 种。

分种检索表

1. 前翅反面外横带在 M_3 脉处错位内移 ···百娆灰蝶 *A. bazalus*
- 前翅反面外横带连续··2
2. 后翅有尾突···齿翅娆灰蝶 *A. rama*
- 后翅无尾突···小娆灰蝶 *A. paramuta*

(274) 齿翅娆灰蝶 *Arhopala rama* (Kollar, 1844) (图 3-44)

Thecla rama Kollar, 1844: 412.

Arhopala rama: Chou, 1994: 634.

主要特征:雌雄异型。雄性:前翅正面具紫色金属鳞,外缘和顶角黑色;反面底色灰褐色带紫色光泽,中室端具 1 暗色端条,外横带深褐色,由一系列方斑组成,从前缘延伸到 CuA_2 脉;顶角区下方外缘锯齿形。后翅正面中域中室附近具紫色金属鳞;反面底色同前翅,亚基部具 3 个暗色斑;其余斑纹模糊;CuA_2 脉上具 1 黑色短尾突。雌性:前后翅正面底色黑褐色,中室及 M_3 室到 2A 室基部具亮蓝色鳞;后翅正面中域中室附近具亮蓝色鳞,反面同雄性,斑纹更清晰。

雄性外生殖器钩形突宽短,中央小刺突出;抱器端部二分裂,背端突大刺状,腹端突宽,末端钝圆;阳茎稍弯,基鞘长于端鞘。

♂ 正　　　　　　　　　　　　　　♂ 反

♀ 正　　　　　　　　　　　　　　♀ 反

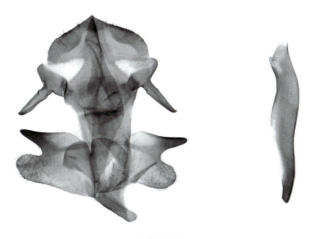

♂ 外生殖器

图 3-44　齿翅娆灰蝶 *Arhopala rama* (Kollar, 1844)

分布：浙江（临安、淳安、开化、遂昌、云和、龙泉、泰顺）、江西、福建、广东、广西、四川、云南；印度，缅甸，越南，老挝，泰国。

（275）小娆灰蝶 *Arhopala paramuta* (de Nicéville, 1884)（图 3-45）

Panchala paramuta de Nicéville, 1884: 81.

Arhopala paramuta: Bethune-Baker, 1903: 135.

主要特征：雌雄异型。雄性：前翅正面前缘和外缘黑褐色，其余具暗紫色金属光泽；反面黄褐色，中室内具 3 暗条斑，外横带连续。后翅正面中域具暗紫色光泽，其余暗褐色；反面底色同前翅，具多条斑列，其中外横带上端不与中横带接触；无尾突。雌性：前翅正面仅中部具暗紫色光泽，后翅正面仅中室内具暗紫色光泽；翅反面同雄性。

♂ 正　　　　　　　　♂ 反

♀ 正　　　　　　　　♀ 反

♂外生殖器

图 3-45　小娆灰蝶 *Arhopala paramuta* (de Nicéville, 1884)

雄性外生殖器与齿翅娆灰蝶相似，主要区别是钩形突中央"U"形深裂；抱器端深裂，两突几乎接触，背端突角状、稍短于腹端突；阳茎直。

分布：浙江、广东、海南、香港、四川、云南；印度，中南半岛等。

（276）百娆灰蝶 *Arhopala bazalus* (Hewitson, 1862)（图 3-46）

Amblypodia bazalus Hewitson, 1862b: 8.

Arhopala bazala: Chou, 1994: 633.

主要特征：雌雄异型。雄性：前翅正面具暗紫色金属鳞，外缘和顶角黑褐色；反面底色灰褐色带紫色光泽，中室内及中室端具 3 暗色斑，外横带深褐色，由一系列方斑组成，从前缘延伸到 CuA_2 脉，在 M_3 脉错位内移；顶角区下方外缘突出，锯齿形。后翅正面中域具暗紫色金属鳞；前缘、外缘及臀角区黑褐色；反面底色同前翅，亚基部具 3 个暗色斑；其余斑纹由块状暗色斑组成；CuA_2 脉上具 1 黑色短尾突；臀叶突出，上面具 1 黑斑。雌性：前后翅正面底色黑褐色，中室及 M_3 室到 2A 室基部具亮蓝色鳞；后翅正面中域中室内具很少的亮蓝色鳞，反面同雄性，斑纹更清晰，具大量暗褐色块状斑，斑周围有白圈。

雄性外生殖器与齿翅娆灰蝶相似，主要区别是抱器端深裂，背端突短小、刺状，腹端突窄、长方形、末端钝圆；阳茎端鞘弯曲。

分布：浙江（临安、淳安、遂昌、庆元、龙泉、泰顺）、江西、福建、广东、广西、四川、云南；印度，缅甸，越南，老挝，泰国，菲律宾，马来西亚。

♀正　　　　　　　　　　♀反

♂外生殖器

图 3-46　百娆灰蝶 *Arhopala bazalus* (Hewitson, 1862)（外生殖器引自白水隆，1956）

113. 花灰蝶属 *Flos* Doherty, 1889

Flos Doherty, 1889b: 412. Type species: *Papilio apidanus* Cramer, 1777.

　　主要特征：中型种类；复眼无毛，前翅 M_1 脉与 R_5 脉在基部不共柄，触角短于前翅长的一半，后翅臀叶弱，尾突无或有。雄性外生殖器钩形突不分叉，颚形突发达，抱器短，端部凹陷，阳茎粗壮，角状突发达。

　　分布：东洋区。世界已知 15 种，中国记录 6 种，浙江分布 1 种。

（277）爱睐花灰蝶 *Flos areste* (Hewitson, 1862)（图 3-47）

Amblypodia areste Hewitson, 1862b: 10.

Flos areste: Wang & Fan, 2002: 141.

　　主要特征：雌雄异型。雄性：前翅正面具亮蓝紫色金属鳞，外缘和顶角黑褐色；反面底色前半部灰褐色带紫色光泽后半部黄褐色，中室内及中室端具 2 贯穿的大暗色斑，外横带深褐色，弧形，从前缘延伸到 CuA_2 脉。后翅正面大部面积为亮蓝紫色金属鳞；前缘、外缘及臀角区黑褐色；反面底色灰褐色带紫色光泽，中室端和外中区具数个黄褐色斑。雌性：前后翅正面底色黑褐色，中室及 M_3 室到 2A 室基部具亮蓝色鳞；后翅正面中域中室内及周围具亮蓝色鳞，反面同雄性，斑纹更清晰。

♂正　　　　　　　　　　　♂反

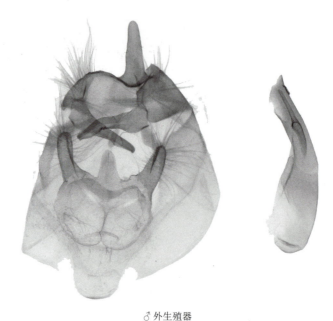

♂外生殖器

图 3-47　爱睐花灰蝶 *Flos areste* (Hewitson, 1862)

雄性外生殖器抱器短，端部裂为 2 指状突，背端突短，腹端突长；阳茎稍弯，具毛笔状角状器。

分布：浙江、广东、广西、四川、云南；印度，不丹，尼泊尔，缅甸，越南，老挝，泰国，马来西亚。

114. 玛灰蝶属 *Mahathala* Moore, 1878

Mahathala Moore, 1878b: 702. Type species: *Amblypodia ameria* Hewitson, 1862.

主要特征：中型种类；复眼无毛，前翅 M_1 脉与 R_5 脉在基部不共柄，触角短于前翅长的一半，后翅前缘内凹，臀叶发达，尾突无或有。雄性外生殖器钩形突宽，端部"八"字形分裂成 2 宽片突；颚形突发达特化，抱器短而粗壮，阳茎粗壮，无角状突。

分布：东洋区。世界已知 2 种，中国记录 2 种，浙江分布 1 种。

（278）玛灰蝶 *Mahathala ameria* (Hewitson, 1862)（图 3-48）

Amblypodia ameria Hewitson, 1862b: 14.
Mahathala ameria: Chou, 1994: 637.

♀正　　　　　　　　　　　　　　　♀反

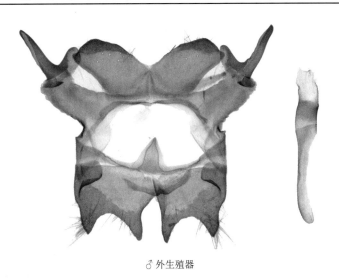

♂ 外生殖器

图 3-48　玛灰蝶 *Mahathala ameria* (Hewitson, 1862)

主要特征：雌雄异型。雄性：前翅正面基部到中域具亮蓝紫色金属鳞，外缘和顶角黑褐色；外缘锯齿形；反面底色前半部深褐色带紫色光泽、后半部淡褐色，中室内及中室端具 4 条白纹，外横带深褐色，周围有白鳞，从前缘延伸到 2A 室。后翅正面中域具亮蓝紫色金属鳞；前缘、外缘及臀角区黑褐色；反面底色深褐色带紫色光泽，臀叶发达，CuA$_2$ 脉上具 1 黑色尾突，臀角区上方具 1 小白点。雌性：前后翅正面底色黑褐色，中室及 M$_3$ 室到 2A 室基部具亮蓝色鳞，后翅正面中域中室内及周围具亮蓝色鳞，反面同雄性。

雄性外生殖器抱器宽短，端部裂为 2 角状突，背端突粗，腹端突细；阳茎基鞘长于端鞘，无角状器。

分布：浙江、台湾、广东、海南、广西、重庆；印度，尼泊尔，缅甸，越南，老挝，泰国。

115. 生灰蝶属 *Sinthusa* Moore, 1884

Sinthusa Moore, 1884: 33. Type species: *Thecla nasaka* Horsfield, 1829.

主要特征：中型种类；复眼被毛，前翅 M$_1$ 脉与 R$_5$ 脉在基部不共柄，触角长于前翅长的一半，后翅臀叶弱，尾突无或有。雄性外生殖器钩形突缺失；颚形突粗壮，抱器结构简单，腹面愈合；阳茎粗壮，无角状突。

分布：古北区、东洋区。世界已知 20 种，中国记录 7 种，浙江分布 2 种。

（279）生灰蝶 *Sinthusa chandrana* (Moore, 1882)（图 3-49）

Hypolycaena chandrana Moore, 1882: 249.

Sinthusa chandrana: Chou, 1994: 655.

主要特征：雌雄异型。雄性：前翅正面基部到中域具暗紫色金属鳞，外缘和顶角黑褐色；反面底色灰褐色，中室端具暗褐色斑块，周围具白条，外横带深褐色，周围有白鳞，从前缘延伸到 2A 室，在 M$_3$ 室断裂错位内折；亚外缘具 1 列深褐色斑列，周围有白鳞。后翅正面中域到外缘具亮蓝紫色金属鳞；前缘区黑褐色；反面底色灰褐色，亚基部具 2、3 个黑点，外横带宽，断裂为四部分；臀叶发达，上具黑斑；CuA$_2$ 脉上具 1 黑色尾突，CuA$_1$ 室具橙斑，内具黑斑。雌性：翅形更圆；前后翅正面底色黑褐色，中室下角及 M$_3$ 室到 CuA$_1$ 室基部具白斑，后翅正面外缘具白鳞，反面同雄性。

雄性外生殖器抱器尖刺状、上缘具长毛。

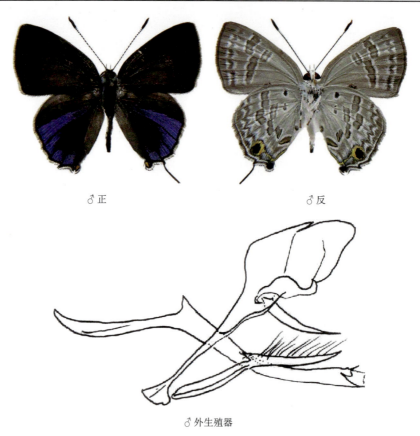

♂正　　　　　　　　　　　　　　♂反

♂外生殖器

图 3-49　生灰蝶 *Sinthusa chandrana* (Moore, 1882)（外生殖器引自王治国，1988）

分布：浙江、福建、台湾、广东、海南、广西、四川；印度，缅甸，越南，老挝，泰国。

（280）浙江生灰蝶 *Sinthusa zhejiangensis* Yoshino, 1995（图 3-50）

Sinthusa zhejiangensis Yoshino, 1995: 3.

　　主要特征：雌雄异型。雄性：前翅底色黑褐色；CuA_2 脉到内缘具天蓝色鳞区；反面底色灰白色，中室端具暗褐色圈，外横带深褐色，由彼此独立的小斑组成，排列曲折。后翅正面前半部黑褐色，后半部具天蓝色鳞区；反面底色灰白色，亚基部具 1 个黑点，中室端具褐色圈；外横带窄，由彼此独立的小斑组成，排列曲折；臀叶弱；CuA_2 脉上具 1 黑色尾突，臀角具橙斑，内具黑斑。雌性：翅形更圆；前翅正面天蓝色鳞区颜色淡，后翅正面天蓝色鳞颜色淡，反面颜色更白，其余基本同雄性。

　　分布：浙江（临安、泰顺）、福建、广东、重庆。

♂正　　　　　　　　　　　　♂反

♀ 正　　　　　　　　　♀ 反

图 3-50　浙江生灰蝶 *Sinthusa zhejiangensis* Yoshino, 1995

116. 三尾灰蝶属 *Catapaecilma* Butler, 1879

Catapaecilma Butler, 1879: 547. Type species: *Hypochrysops elegans* Druce, 1873.

　　主要特征：中型种类；复眼被毛，前翅 M_1 脉与 R_5 脉在基部不共柄，触角长于前翅长的一半，后翅臀叶弱，在 CuA_1、CuA_2 及 1A+2A 脉上各有 1 尾突。雄性外生殖器钩形突缺失；颚形突纤细而长，抱器结构简单；阳茎粗壮，无角状突。

　　分布：古北区、东洋区。世界已知 10 种，中国记录 2 种，浙江分布 1 种。

（281）三尾灰蝶 *Catapaecilma major* Druce, 1895（图 3-51）

Catapaecilma major Druce, 1895: 612.

　　主要特征：雌雄异型。雄性：前翅正面大部分区域具亮紫色金属鳞，顶角及外缘黑褐色；反面底色淡黄褐色，具大量复杂的红褐色斑，斑周围有蓝绿色金属鳞。后翅正面中域到外缘具亮蓝紫色金属鳞，前缘与臀角黑褐色；反面底色同前翅，具大量复杂的红褐色斑，斑周围有蓝绿色金属鳞；CuA_1、CuA_2 及 2A 脉各具 1 黑色尾突，CuA_2 脉上的尾突最长。雌性：翅形更圆；中室及 M_3 室到 2A 室基部具亮蓝色鳞，后翅中室周围具亮蓝色鳞，前后翅正面底色浅黑褐色，反面同雄性。

　　雄性外生殖器背兜端中央 "U" 形凹处，两侧上缘具刺；抱器宽，末端两侧角尖刺，其余被小刺；阳茎粗，无角状器。

♂ 正　　　　　　　　　♂ 反

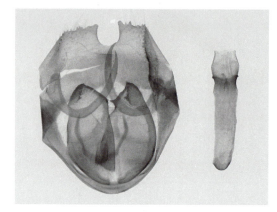

♂外生殖器

图 3-51　三尾灰蝶 *Catapaecilma major* Druce, 1895

分布：浙江（泰顺）、湖南、台湾、广东、海南；印度，缅甸，越南，老挝，泰国。

117. 银线灰蝶属 *Spindasis* Wallengren, 1858

Spindasis Wallengren, 1858: 81. Type species: *Spindasis masilikazi* Wallengren, 1858.

主要特征：中型种类；复眼被毛，前翅 M_1 脉与 R_5 脉在基部不共柄，触角长于前翅长的一半，后翅臀叶发达，CuA_2 脉及 2A 脉各具 1 尾突。雄性外生殖器钩形突缺失、颚形突细长、环状弯曲，抱器背面具突起，末端细，阳茎粗壮，角状突发达，呈小刺状。

分布：古北区、东洋区。世界已知 50 多种，中国记录 10 种，浙江分布 2 种。

（282）银线灰蝶 *Spindasis lohita* (Horsfield, 1829)（图 3-52）

Amblypodia lohita Horsfield, 1829: 106.

Spindasis lohita: Tong, 1993: 58.

主要特征：雌雄异型。雄性：前翅正面 M_3 脉到内缘具亮紫色金属鳞，其余部分黑褐色；反面底色淡黄色，基部具黑条，从亚基部到外中区具 3 条长短不一的黑带，黑带内具亮白色鳞，亚外缘及外缘区各具 1 列黑褐色斑列，斑列内具白鳞。后翅正面中域到外缘具亮蓝紫色金属鳞，臀角具 1 橙色斑，橙色斑外缘具黑斑；前缘区淡黑褐色；反面底色黄色，亚基部、中区和外中区各具 1 条黑褐色宽带，内侧具亮白色金

♂正　　　　　　　　　　♂反

♀ 正　　　　　　　　　♀ 反

♂ 外生殖器

图 3-52　银线灰蝶 *Spindasis lohita* (Horsfield, 1829)

属鳞，亚外缘及外缘区各具 1 列黑褐色斑列，斑列内具白鳞；臀叶橙色，发达，上具黑斑；CuA$_2$ 脉及 2A 脉各具 1 黑色尾突。雌性：翅形更圆；前后翅正面底色黑褐色，反面同雄性。

　　雄性外生殖器抱器基部宽，端部拇指状，末端稍尖；阳茎粗，端部具 1 大刺突及小齿。

　　分布：浙江（临安、淳安、遂昌、松阳、龙泉、泰顺）、福建、台湾、广东、海南、广西、四川；印度，缅甸，越南，老挝，泰国。

（283）豆粒银线灰蝶 *Spindasis syama* (Horsfield, 1829)（图 3-53）

Amblypodia syama Horsfield, 1829: 107.

Spindasis syama: Tong, 1993: 59.

　　主要特征：雌雄异型。雄性：前翅正面 M$_3$ 脉到内缘具亮紫色金属鳞，其余部分黑褐色；反面底色淡黄色，基部具黑条，从亚基部到外中区具 3 条长短不一的黑带，黑带内具亮白色鳞，亚外缘及外缘区各具 1 列黑褐色斑列，斑列内具白鳞。后翅正面中域到外缘具亮蓝紫色金属鳞，臀角具 1 橙色斑，橙色斑外缘具黑斑；前缘区淡黑褐色；反面底色黄色，亚基部具 3 个彼此分离的黑斑，内侧具亮白色金属鳞；中区和外中区各具 1 条黑褐色宽带，内侧具亮白色金属鳞，亚外缘及外缘区各具 1 列黑褐色斑列，斑列内具白鳞；臀叶橙色，发达，上具黑斑；CuA$_2$ 脉及 2A 脉各具 1 黑色尾突。雌性：翅形更圆；前后翅正面底色黑褐色，反面同雄性。

　　雄性外生殖器与银线灰蝶相似，主要不同之处在于抱器背基部具 1 长刺突，抱器端突粗细均匀；阳茎端部无大刺突。

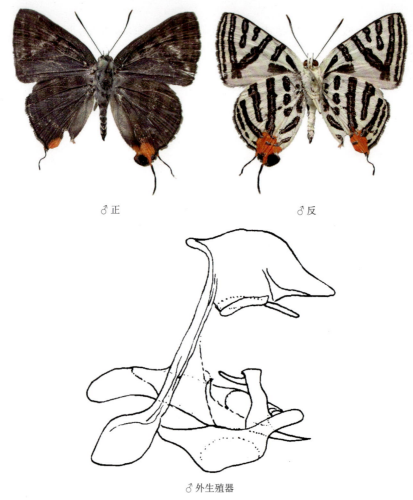

♂正　　　　　　　　　　　　　　　♂反

♂外生殖器

图 3-53　豆粒银线灰蝶 *Spindasis syama* (Horsfield, 1829)（外生殖器引自王治国，1998）

分布：浙江（淳安、椒江、泰顺）、河南、福建、台湾、广东、海南、广西、四川；印度，缅甸，越南，老挝，泰国。

118. 安灰蝶属 *Ancema* Eliot, 1973

Ancema Eliot, 1973: 438 (repl. *Camena* Hewitson, 1860). Type species: *Camena ctesia* Hewitson, 1865.

主要特征：中型种类；复眼被毛，前翅 M_1 脉与 R_5 脉在基部不共柄，触角长于前翅长的一半，后翅臀叶发达，CuA_2 脉及 2A 脉各具 1 尾突，雄性在前翅中室附近及 2A 脉附近各具 1 性标区域。雄性外生殖器背兜端内、中部凹，颚形突纤细而长，抱器左、右愈合，阳茎细长，角状突弱。

分布：古北区、东洋区。世界已知 2 种，中国记录 2 种，浙江分布 1 种。

（284）安灰蝶 *Ancema ctesia* (Hewitson, 1865)（图 3-54）

Camena ctesia Hewitson, 1865: 48.

Ancema ctesia: Tong, 1993: 59.

主要特征：雌雄异型。雄性：前翅底色黑褐色；基部到中域具蓝绿色金属鳞区，中室外方及 2A 脉附近各具 1 发达的黑色性标区域；反面底色银白色，中室端具暗褐色线，外横带深褐色，由彼此独立的小斑组成，排列曲折；后翅正面中域到外缘具蓝绿色金属鳞区；反面底色银白色，亚基部具 1 个黑点，中室端具褐色线；外横带窄，由彼此独立的小斑组成，排列近弧形；臀叶发达；CuA_2 脉及 2A 脉上各具 1 黑色尾突，臀角具橙斑，内具黑斑。雌性：翅形更圆；前翅正面 M_3 脉到内缘基部具天蓝色鳞区，后翅正面后半部具天蓝色鳞区，其余基本同雄性。

雄性外生殖器抱器深裂，左右瓣愈合成"山"字形，中间两长突呈 1 剑状，两侧突短，端部有缺刻及齿；阳茎细长，末端具小刺突。

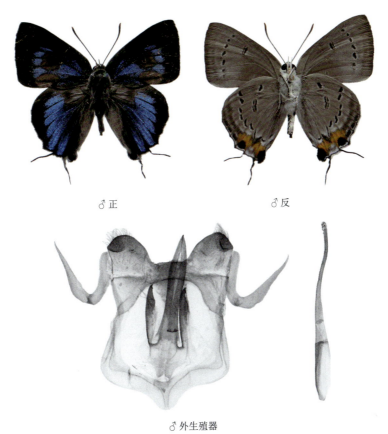

♂正　　　　♂反

♂ 外生殖器

图 3-54　安灰蝶 Ancema ctesia (Hewitson, 1865)

分布：浙江（临安、淳安、遂昌、泰顺）、福建、台湾、广东、重庆、四川、贵州、云南；印度，缅甸，越南，老挝，泰国，马来半岛。

119. 绿灰蝶属 *Artipe* Boisduval, 1870

Artipe Boisduval, 1870: 14. Type species: *Papilio amyntor* Herbst, 1804.

主要特征：中型种类；复眼被毛，前翅 M_1 脉与 R_5 脉在基部不共柄，触角长于前翅长的一半，后翅臀叶发达凸出，CuA_2 脉具 1 尾突，反面底色绿色。雄性外生殖器钩形突宽，端部分裂成 2 小角状突；颚形突粗壮，钩状；两抱器腹面愈合，阳茎细长，角状突发达。

分布：东洋区。世界已知 4 种，中国记录 1 种，浙江分布 1 种。

（285）绿灰蝶 *Artipe eryx* (Linnaeus, 1771)（图 3-55）

Papilio eryx Linnaeus, 1771: 537.

Artipe eryx: Tong, 1993: 59.

　　主要特征：雌雄异型。雄性：前翅底色黑褐色；中室大部及 CuA_1 脉到内缘基部具紫蓝色鳞区；反面底色绿色，外中线白色，由彼此独立的小斑组成。后翅正面前缘基部具椭圆形性标，中域具紫蓝色金属鳞区；反面底色绿色，外横带窄，由彼此独立的白色小斑组成，排列近弧形；臀叶发达，黑色；CuA_2 脉具 1 黑色尾突。雌性：翅形更圆；前翅正面灰褐色，后翅正面底色灰褐色，臀角区到 M_2 室白色，CuA_2 脉具 1 更长更宽的白色尾突，CuA_1 室到臀叶外缘各具 1 黑斑；后翅反面臀角区上方具宽的白色斑列，其余同雄性。

　　雄性外生殖器抱器左右瓣基部愈合，端突细长而尖；阳茎细长，基鞘近等长于端鞘，具刺状角状器。

♀ 正　　　　　　　♀ 反

♂ 外生殖器

图 3-55　　绿灰蝶 *Artipe eryx* (Linnaeus, 1771)

　　分布：浙江（遂昌、松阳、龙泉、泰顺）、江西、台湾、广东、海南、广西、云南；印度，缅甸，越南，老挝，泰国，马来半岛。

120. 燕灰蝶属 *Rapala* Moore, 1881

Rapala Moore, 1881: 105. Type species: *Thecla varuna* Horsfield, 1829.

　　主要特征：中型种类；复眼被毛，前翅 M_1 脉与 R_5 脉在基部不共柄，触角长于前翅长的一半，后翅臀叶发达凸出，CuA_2 脉具 1 尾突。雄性外生殖器颚形突发达，钩状；抱器腹面愈合，阳茎细长，角状突微刺状。

　　分布：东洋区。世界已知 30 多种，中国记录 16 种，浙江分布 3 种。

分种检索表

2. 后翅正面性标与周围色差小，反面外横线宽 ………………………………………… **暗翅燕灰蝶 R. subpurpurea**

- 后翅正面性标与周围色差大，反面外横线细 ……………………………………………… **东亚燕灰蝶 R. micans**

（286）东亚燕灰蝶 *Rapala micans* (Bremer *et* Grey, 1853)（图 3-56）

Thecla micans Bremer *et* Grey, 1853b: 9.

Rapala micans: Fruhstorfer, 1912: 258.

主要特征：雌雄同型。雄性：前翅底色黑褐色；CuA$_1$ 脉到内缘基部具紫蓝色鳞区；反面底色灰褐色，外中线深褐色，从前缘延伸到臀角附近。后翅正面前缘基部具椭圆形性标，中域具紫蓝色金属鳞区；反面底色灰褐色，外横线细、深褐色，在臀角上方呈"W"形；臀叶发达，黑色；CuA$_2$ 脉具 1 黑色尾突，CuA$_1$ 室具 1 橙色斑，橙斑中心为 1 黑斑。雌性：翅形更圆；无性标，其余同雄性。

雄性外生殖器抱器左右瓣基部愈合，端突狭、舌状；阳茎细长，端鞘长于基鞘，开口大、被小刺。

分布：浙江（萧山、临安、遂昌、松阳、龙泉、泰顺）、黑龙江、吉林、辽宁、北京、河北、山东、河南、陕西、甘肃、湖北、江西、湖南、台湾、广东、广西、四川、云南；印度，缅甸，越南，泰国。

♂正　　　　　　　♂反

♂外生殖器

图 3-56　东亚燕灰蝶 *Rapala micans* (Bremer *et* Grey, 1853)

（287）暗翅燕灰蝶 *Rapala subpurpurea* Leech, 1890（图 3-57）

Rapala subpurpurea Leech, 1890: 42.

主要特征：雌雄同型。雄性：前翅底色黑褐色；CuA$_1$ 脉到内缘基部具暗紫蓝色鳞区；反面底色灰褐色，外中线深褐色，从前缘延伸到臀角附近。后翅正面前缘基部具椭圆形性标，中域具暗紫蓝色金属鳞区；反面底色灰褐色，外横线宽、深褐色，在臀角上方呈"V"形；臀叶发达，黑色；CuA$_2$ 脉具 1 黑色尾突，

CuA$_1$ 室具 1 橙色斑，橙斑中心为 1 黑斑。雌性：翅形更圆；无性标，其余同雄性。

雄性外生殖器酷似霓纱燕灰蝶，主要不同之处在于抱器端突长于两瓣愈合的基部长，末端稍尖；阳茎开口"V"形、小。

分布：浙江（临安）、海南、四川。

♂正　　　　♂反

♂外生殖器

图 3-57　暗翅燕灰蝶 *Rapala subpurpurea* Leech, 1890（成虫图引自 Leech，1893）

（288）蓝燕灰蝶 *Rapala caerulea* (Bremer *et* Grey, 1851)（图 3-58）

Thecla caerulea Bremer *et* Grey, 1851: 60.

Rapala caerulea: Tong, 1993: 60.

主要特征：雌雄同型。雄性：前翅正面基本为带紫色光泽的紫蓝色鳞区；反面底色黄褐色，中室端具 1 深褐色条斑；外中线深褐色，从前缘延伸到臀角附近。后翅正面前缘基部具椭圆形性标，中域具紫蓝色金属鳞区；反面底色黄褐色，中室端具 1 深褐色条斑，外中线深褐色，在臀角区上方变成"W"形；臀叶发达，黑色；CuA$_2$ 脉具 1 黑色尾突，CuA$_1$ 室到 2A 室具橙色斑，橙斑中具黑斑。雌性：翅形更圆；正面蓝色区域偏小，无性标，其余同雄性。

雄性外生殖器近似于暗翅燕灰蝶，其主要区别是抱器端突短于两瓣愈合的基部长，末端不收缩，钝圆；阳茎端部膨大，开口大。

分布：浙江（萧山、临安、淳安、镇海、江山、开化、遂昌、松阳、龙泉、泰顺）、黑龙江、吉林、辽宁、北京、河北、山东、河南、陕西、甘肃、湖北、江西、湖南、台湾、广东、广西、四川、云南；俄罗斯、朝鲜半岛。

♀正　　　♀反

♂外生殖器

图 3-58　蓝燕灰蝶 *Rapala caerulea* (Bremer *et* Grey, 1851)

121. 玳灰蝶属 *Deudorix* Hewitson, 1863

Deudorix Hewitson, 1863: 16. Type species: *Dipsas epijarbas* Moore, 1857.

　　主要特征：中型种类；复眼被毛，前翅 M_1 脉与 R_5 脉在基部不共柄，触角长于前翅长的一半，后翅臀叶发达凸出，CuA_2 脉具 1 尾突。雄性外生殖器钩形突宽短，两侧隆起；颚形突发达，钩状；抱器两瓣基部愈合，阳茎细长，角状突发达，具 2 组角状器。

　　分布：东洋区、澳洲区、非洲区。世界已知 60 多种，中国记录 7 种，浙江分布 4 种。

分种检索表

1. 前翅反面外横带于 M_3 脉错位 ·· 三角峰玳灰蝶 *D. sankakuhonis*
- 前翅反面外横带连贯 ··· 2
2. 后翅正面性标外侧不具白斑 ··· 森玳灰蝶 *D. sylvana*
- 后翅正面性标外侧具白斑 ··· 3
3. 后翅正面性标外侧白斑大，常伸入 Rs 室 ··· 邓氏玳灰蝶 *D. dengi*
- 后翅正面性标外侧白斑小，常不进入 Rs 室 ··· 淡黑玳灰蝶 *D. rapaloides*

（289）森玳灰蝶 *Deudorix sylvana* Oberthür, 1914（图 3-59）

Deudorix sylvana Oberthür, 1914a: 54.

　　主要特征：雌雄异型。雄性：前翅底色黑褐色；中室、CuA_1 脉到内缘基部具暗紫蓝色鳞区；反面底色灰黄褐色，外中线深褐色，从前缘延伸到臀角附近。后翅正面前缘基部具椭圆形性标，中域到外缘具暗紫蓝色金属鳞区；反面底色灰黄褐色，中室端具 1 深色端斑，外中线深褐色，在臀角区上方内折到达内缘；臀叶发达，黑色；CuA_2 脉具 1 黑色尾突，CuA_1 室具 1 橙色斑，橙斑中心为 1 黑斑。雌性：翅形更圆；无性标，前翅正面具橙色斑，其余同雄性。

♂正 ♂反

♂外生殖器

图 3-59 森玳灰蝶 *Deudorix sylvana* Oberthür, 1914（外生殖器引自 Lang，2022）

雄性外生殖器抱器三角形，末端尖，左右瓣基部 1/2 多愈合；阳茎细长，1 组内膜角状器长剑状、密被小刺，还具 1 对短的端膜锯齿状角状器。

分布：浙江（临安、庆元）、陕西、湖北、重庆、云南。

（290）三角峰玳灰蝶 *Deudorix sankakuhonis* (Matsumura, 1938)（图 3-60）

Rapala sankakuhonis Matsumura, 1938: 107.

Deudorix sankakuhonis: Wang & Fan, 2002: 199.

主要特征：雌雄异型。雄性：前翅底色黑褐色，无斑纹；反面底色灰黄褐色，外中线深褐色，从前缘延伸到臀角附近，在 M_3 脉处向内错位。后翅正面前缘基部具椭圆形性标，底色黑褐色，无斑纹；反面底色灰黄褐色，中室端具 1 深色端斑，外中线深褐色，在臀角区上方内折到达内缘；臀叶发达，黑色；CuA_2 脉具 1 黑色尾突，CuA_1 室具 1 橙色斑，橙斑中心为 1 黑斑。雌性：翅形更圆；无性标，反面颜色更深，其余同雄性。

雄性外生殖器酷似森玳灰蝶，主要不同之处在于阳茎端腹面角状突出，仅具密被小刺的长角状器。

分布：浙江（临安、庆元）、安徽、福建、台湾、广东、海南、重庆。

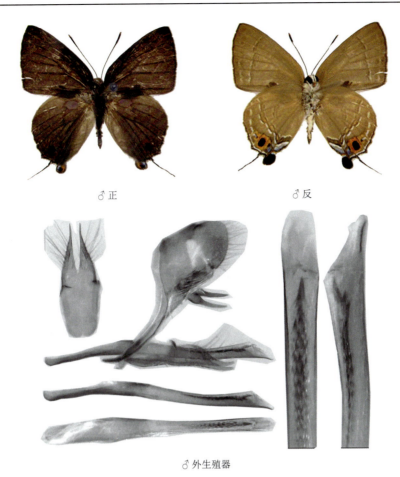

♂ 正　　　　　　　　　　　　♂ 反

♂ 外生殖器

图 3-60　三角峰玳灰蝶 *Deudorix sankakuhonis* (Matsumura, 1938)（引自 Huang，2016）

（291）淡黑玳灰蝶 *Deudorix rapaloides* (Naritomi, 1941)（图 3-61）

Thecla rapaloides Naritomi, 1941: 619.

Deudorix rapaloides: Chou, 1994: 651.

　　主要特征：雌雄异型。雄性：前翅底色黑褐色；CuA_1 脉到内缘基部具暗紫蓝色鳞区；反面底色灰褐色，外中线深褐色，从前缘延伸到臀角附近。后翅正面前缘基部具椭圆形性标，中域到外缘具暗紫蓝色金属鳞区；反面底色灰褐色，中室端具 1 深色端斑，外中线深褐色，在臀角区上方内折到达内缘；臀叶发达，黑色；CuA_2 脉具 1 黑色尾突，CuA_1 室具 1 橙色斑，橙斑中心为 1 黑斑。雌性：翅形更圆；无性标，前翅正面具橙色斑，其余同雄性。

♂ 正　　　　　　　　　　　　♂ 反

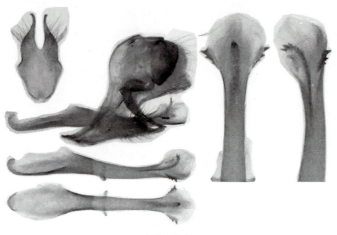

♂外生殖器

图 3-61　淡黑玳灰蝶 *Deudorix rapaloides* (Naritomi, 1941)（引自 Huang et al.，2016）

　　雄性外生殖器酷似森玳灰蝶，主要不同之处在于抱器背上缘崎岖不平；阳茎端腹面钝圆突出，开口大。

　　分布：浙江（临安、庆元）、陕西、湖北、台湾、重庆、云南。

（292）邓氏玳灰蝶 *Deudorix dengi* Huang, Zhu *et* Li, 2016（图 3-62）

Deudorix dengi Huang, Zhu *et* Li, 2016: 185.

♂正　　　　　　　　　　　　♂反

♂外生殖器

图 3-62　邓氏玳灰蝶 *Deudorix dengi* Huang, Zhu *et* Li, 2016（引自 Huang et al.，2016）

主要特征：雌雄异型。雄性：前翅底色黑褐色；CuA_1 脉到内缘基部具蓝色鳞区；反面底色灰褐色，外中线深褐色，从前缘延伸到臀角附近。后翅正面前缘基部具椭圆形性标，底色黑褐色，无斑纹；反面底色灰褐色，中室端具 1 深色端斑，外中线深褐色，在臀角区上方内折到达内缘；臀叶发达，黑色；CuA_2 脉具 1 黑色尾突，CuA_1 室具 1 橙色斑，橙斑中心为 1 黑斑。雌性：翅形更圆；无性标，前翅正面 CuA_1 脉到内缘基部具蓝色鳞区，后翅 M_3 到 CuA_1 室基部具蓝色鳞区，臀角区外缘具蓝鳞，其余同雄性。

雄性外生殖器酷似森玬灰蝶，主要不同之处在于抱器中部半球形膨大；阳茎端腹面端平，开口大。

分布：浙江（临安、庆元）、福建、广西、重庆。

122. 梳灰蝶属 *Ahlbergia* Bryk, 1946

Ahlbergia Bryk, 1946: 50 (repl. *Satsuma* Murray, 1874). Type species: *Lycaena ferrea* Butler, 1866.

主要特征：中型种类；复眼被毛，前翅 M_1 脉与 R_5 脉在基部不共柄，触角长于前翅长的一半，后翅臀叶发达凸出，CuA_2 脉具 1 尾突。雄性外生殖器钩形突缺失；颚形突强壮，钩状；抱器腹面基部愈合，阳茎细长，角状突发达。

分布：古北区、东洋区。世界已知 26 种，中国记录 24 种，浙江分布 3 种。

注：《浙江蝶类志》记录了浙江有齿轮灰蝶 *Novosatsuma pratti*（当时用的学名为 *Ahlbergia pratti*），《中国灰蝶志》采用了此信息。经核对《浙江蝶类志》书中图示，该种实为李老梳灰蝶 *Ahlbergia leechuanlungi* 的误定，故将浙江排除在齿轮灰蝶的分布范围之外。

分种检索表

1. 后翅反面底色黑褐色，前缘具明显白纹 ·· 李老梳灰蝶 *A. leechuanlungi*
- 后翅反面底色红褐色，白纹不明显 ··· 2
2. 前翅正面性标大而显著 ··· 尼采梳灰蝶 *A. nicevillei*
- 前翅性标小，不显著 ·· 南岭梳灰蝶 *A. dongyui*

（293）南岭梳灰蝶 *Ahlbergia dongyui* Huang *et* Zhan, 2006（图 3-63）

Ahlbergia dongyui Huang *et* Zhan, 2006: 168.

主要特征：雌雄同型。雄性：前翅底色黑褐色；前缘具长条形性标；中室及 CuA_1 脉到内缘基部具蓝紫色鳞区；反面底色红褐色，中室端斑及外中线深褐色，亚外缘具深褐色波浪纹；外缘波浪形。后翅正面底色黑褐色，中域具蓝紫色鳞；反面底色红褐色，外中线内侧翅底色深于外中线外侧翅底色；亚基部具深褐色波浪线；中室端具 1 深色端斑，外中线深褐色，强波浪形；臀叶发达，红褐色；外缘波浪形明显。雌性：翅形更圆；无性标，其余同雄性。

♂ 正　　　　　　　　　　　　　　　♂ 反

♀正　　　　　　　　　　　　　　　♀反

♂外生殖器

图 3-63　南岭梳灰蝶 *Ahlbergia dongyui* Huang *et* Zhan, 2006（外生殖器引自 Huang and Zhan，2006）

雄性外生殖器抱器左右瓣基部 1/2 多愈合，抱器背端突针状，腹端突指状、末端稍尖；阳茎端腹面半球形稍膨大，棒状角状器端二分裂，末端具小齿。

分布：浙江（临安、泰顺）、江苏、福建、广东。

（294）李老梳灰蝶 *Ahlbergia leechuanlungi* Huang *et* Chen, 2005（图 3-64）

Ahlbergia leechuanlungi Huang *et* Chen, 2005: 163.

主要特征：雌雄异型。雄性：前翅底色黑褐色；前缘具长条形性标；反面底色暗红褐色，中室端斑及外中线深褐色，外中线靠前缘处外侧具白点。后翅正面底色黑褐色；反面底色黑褐色，前缘、臀角和内缘具白纹；其余斑纹模糊；外缘波浪形明显。雌性：翅形更圆；无性标，前翅正面中室及 CuA_1 脉到内缘基部具蓝色鳞区，后翅中室内及附近具蓝色鳞区，其余同雄性。

雄性外生殖器似南岭梳灰蝶，主要区别是抱器左右瓣基部约 1/3 愈合，抱器背端突、腹端突较尖。

分布：浙江（萧山、淳安、龙泉、泰顺）、福建。

♂正　　　　　　　　　　　　　　♂反

♀正　　　　　　　　♀反

♂外生殖器

图 3-64　李老梳灰蝶 *Ahlbergia leechuanlungi* Huang *et* Chen, 2005

（295）尼采梳灰蝶 *Ahlbergia nicevillei* (Leech, 1893)（图 3-65）

Satsuma nicevillei Leech, 1893: 355.

Ahlbergia nicevillei: Chou, 1994: 655.

　　主要特征：雌雄同型。雄性：前翅底色黑褐色；前缘具浅色的长条形性标；中室及 CuA_1 脉到内缘基部具蓝紫色鳞区；反面底色红褐色，外中线深褐色，波浪形。后翅正面底色黑褐色，中域具蓝紫色鳞；反面底色红褐色，外中线内侧翅底色深于外中线外侧翅底色；外中线深褐色，强波浪形；臀叶发达，红褐色。雌性：翅形更圆；无性标，前后翅正面具大面积蓝色鳞，其余同雄性。

　　雄性外生殖器似李老梳灰蝶，主要区别是抱器背上缘稍弧形膨大，抱器腹端突钝圆，阳茎角状器椭圆形，末端钝圆。

　　分布：浙江（萧山、淳安、龙泉、泰顺）、江苏、湖南、福建、广东。

♂正　　　　　　　　♂反

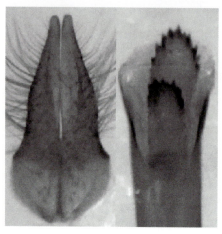

♂ 外生殖器

图 3-65　尼采梳灰蝶 *Ahlbergia nicevillei* (Leech, 1893)（外生殖器引自 Huang and Zhan，2016）

123. 彩灰蝶属 *Heliophorus* Geyer, 1832

Heliophorus Geyer, 1832: 40. Type species: *Heliophorus belenus* Geyer, 1832.

主要特征：中型种类；前翅 R_5 脉在 R_4 脉中间位置发出，M_1 脉与 R_4 脉在基部具一段共柄；后翅 CuA_2 脉通常具 1 尾突。雄性外生殖器钩形突缺失；背兜特化为 2 延长突起；颚形突细长，钩状；抱器在不同种组中变化大；阳茎变化大，从极为细长到较为短粗，末端斜截尖锐。

分布：古北区、东洋区。世界已知 22 种，中国记录 16 种，浙江分布 2 种。

注：《浙江蝶类志》记录了浙江有斜斑彩灰蝶 *Heliophorus epicles*。经核对《浙江蝶类志》书中图示，该种实为浓紫彩灰蝶 *Heliophorus ila* 的误定，故浙江目前无斜斑彩灰蝶的记录。

（296）莎菲彩灰蝶 *Heliophorus saphir* (Blanchard, 1871)（图 3-66）

Thecla saphir Blanchard, 1871: 811.

Heliophorus saphir: Tong, 1993: 61.

主要特征：雌雄异型。雄性：前翅底色黑褐色；基部到中域具大面积蓝紫色鳞；反面底色黄色，外中线及中室端条深褐色；臀角具 1 黑色大圆斑，圆斑上方具 1 小黑色条斑。后翅正面底色黑褐色，中域具蓝紫色鳞；前缘、外缘及内缘区黑色；臀角至 CuA_1 脉具橙红色新月形纹；反面底色黄色，亚基部具数个黑点，外中线及中室端条颜色淡；亚外缘从顶角到臀角具 1 橙红色斑列，内侧具白色新月形纹；CuA_2 脉上具 1 短

♂ 正　　　　　　　　　　♂ 反

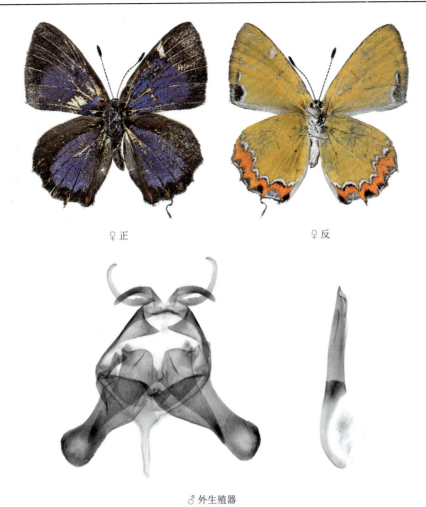

♀ 正　　　　　　　　　♀ 反

♂ 外生殖器

图 3-66　莎菲彩灰蝶 *Heliophorus saphir* (Blanchard, 1871)

尾突。雌性：翅形更圆；前翅正面大部黑色，中室端到 2A 脉具 1 橙红色大斑，内侧弯曲；后翅正面亚缘从顶角到臀角具橙红色新月形纹，反面基本同雄性。

雄性外生殖器背兜侧突长条状；囊形突细长；抱器骨头状，近端部弧形收缩，末端钝圆；阳茎端角状突出，阳基轭片两侧臂尖三角形。

分布：浙江（临安、缙云、松阳、龙泉）、河南、陕西、甘肃、江苏、湖北、四川。

（297）浓紫彩灰蝶 *Heliophorus ila* (de Nicéville *et* Martin, 1896)（图 3-67）

Ilerda ila de Nicéville *et* Martin, 1896: 472.

Heliophorus ila: Chou, 1994: 666.

主要特征：雌雄异型。雄性：前翅底色黑褐色；基部到中域具大面积蓝紫色鳞；反面底色黄色，亚外缘具 1 红色带从顶角延伸到臀角；臀角具 1 黑色条斑，两侧具白鳞。后翅正面底色黑褐色，中室及其附近具蓝紫色鳞；臀角至 CuA$_1$ 脉具橙红色新月形纹；反面底色黄色，亚基部具 2 个黑点，亚外缘从顶角到臀角具 1 红色斑列，斑列内部具雾状白鳞，内侧具白色新月形纹，外侧具黑斑；CuA$_2$ 脉上具 1 长尾突。雌性：翅形更圆；前翅正面大部黑色，中室端到 CuA$_2$ 脉具 1 倾斜橙红色大斑；后翅正面亚外缘从顶角到臀角具橙红色新月形纹，反面基本同雄性。

♂正　　　　　　　　　　　♂反

♂正　　　　　　　　　　　♂反

♂外生殖器

图 3-67　浓紫彩灰蝶 *Heliophorus ila* (de Nicéville *et* Martin, 1896)

　　雄性外生殖器抱器三角形，末端稍尖，抱器基突大刺状；阳茎端细尖，阳基轭片两侧臂尖三角形。

　　分布：浙江（云和、泰顺）、江西、台湾、广东、海南、四川、云南；印度，缅甸，越南，老挝，泰国，马来西亚。

124. 灰蝶属 *Lycaena* Fabricius, 1807

Lycaena Fabricius, 1807: 285. Type species: *Papilio phlaeas* Linnaeus, 1761.

　　主要特征：中型种类；前翅 R_5 脉在 R_4 脉中间位置发出，M_1 脉与 R_4 脉同出一点；后翅 CuA_2 脉有时具 1 尾突。雄性外生殖器钩形突缺失；背兜特化为 2 指状延长突起；颚形突强壮，钩状；抱器在不同种组中变化大，从狭长到短粗皆有；阳茎变化大，从极为细长到较为短粗皆有，末端斜截尖锐。

　　分布：古北区、新北区、非洲区。世界已知 38 种，中国记录 14 种，浙江分布 1 种。

（298）灰蝶 *Lycaena phlaeas* (Linnaeus, 1761)（图 3-68）

Papilio phlaeas Linnaeus, 1761: 285.

Lycaena phlaeas: Tong, 1993: 61.

　　主要特征：雌雄异型。雄性：前翅底色黑褐色；基部到中域具大面积红色鳞；中室内与中室端各具 1 黑点，外中区斑列黑色，断裂为三部分；反面底色基部三分之二橘红色、端部三分之一灰白色，中室内具 3 个黑斑；亚外缘黑斑列的黑斑彼此分离，周围具白圈，分裂为三部分；亚外缘从 M_3 脉到臀角具 4 个黑色斑。后翅正面底色黑褐色，臀角至 M_2 脉具橙红色带；反面底色灰白色，亚基部具 2 个黑点，中区具 3 个黑点，外横带由数个黑点组成；亚外缘从顶角到臀角具 1 红色带，CuA_2 脉上具 1 极短尾突。雌性：翅形更圆；正面斑纹类似雄性；后翅反面亚外缘红色带弱，为新月形斑的联合；其他基本同雄性。

♂正　　　　　　　　　　　　♂反

♀正　　　　　　　　　　　　♀反

♂外生殖器

图 3-68　灰蝶 *Lycaena phlaeas* (Linnaeus, 1761)

雄性外生殖器抱器板状，中央稍弧形收缩，末端宽，钝圆；阳茎端细尖，阳基轭片基部柄短，侧臂矩形，顶端尖，两侧角尖刺。

分布：浙江（萧山、镇海、开化、江山、遂昌、松阳、龙泉、泰顺）和全国除台湾、广东、广西、贵州以外的省份；西欧，北非，北美。

125. 黑灰蝶属 *Niphanda* Moore, 1875

Niphanda Moore, 1875: 572. Type species: *Niphanda tessellata* Moore, 1875.

主要特征：中型种类；前翅 Sc 脉与 R$_1$ 脉分离。雄性外生殖器钩形突缺失；颚形突钩状；抱器长；阳茎强壮，角状突发达。

分布：古北区、东洋区。世界已知 6 种，中国记录 4 种，浙江分布 1 种。

（299）黑灰蝶 *Niphanda fusca* (Bremer *et* Grey, 1853)（图 3-69）

Thecla fusca Bremer *et* Grey, 1853b: 9.

Niphanda fusca: Tong, 1993: 61.

主要特征：雌雄异型。雄性：前翅底色淡蓝色；反面底色灰褐色，中室内及中室端具 2 个黑斑；中室下方具 1 椭圆形大黑斑；外横带黑褐色，在 CuA$_1$ 脉处错位。后翅正面底色同前翅，臀角区具黑斑；反面底色灰褐色，亚基部具 3 个黑点，中区前部具 2 个黑点，其他斑纹模糊。雌性：翅形更圆；前后翅正面底色灰褐色；反面斑纹基本同雄性。

雄性外生殖器抱器长，端部渐窄，指状，末端稍尖；阳茎粗短，末端尖出，具刺状角状器，其中 2 刺粗大；阳基轭片"Y"形，侧臂渐窄，末端稍尖。

♂正　　　♂反

♂外生殖器

图 3-69　黑灰蝶 *Niphanda fusca* (Bremer *et* Grey, 1853)

分布：浙江（萧山、镇海、开化、江山、遂昌、松阳、龙泉、泰顺）、黑龙江、吉林、辽宁、内蒙古、北京、河北、山东、河南、陕西、甘肃、湖北；俄罗斯，朝鲜半岛，日本。

126. 锯灰蝶属 *Orthomiella* de Nicéville, 1890

Orthomiella de Nicéville, 1890b: 15. Type species: *Chilades ? pontis* Elwes, 1887.

主要特征：小型种类；前翅 Sc 脉与 R_1 脉交叉。雄性外生殖器钩形突缺失；背兜微小，颚形突短；抱器长，末端具突起；阳茎长，末端尖。

分布：古北区、东洋区。世界已知 5 种，中国记录 5 种，浙江分布 3 种。

分种检索表

1. 后翅正面前缘天蓝色···闪光锯灰蝶 *O. lucida*
- 后翅正面前缘具暗紫色或黑褐色···2
2. 后翅正面前缘暗紫色···中华锯灰蝶 *O. sinensis*
- 后翅正面前缘黑褐色···锯灰蝶 *O. pontis*

（300）锯灰蝶 *Orthomiella pontis* (Elwes, 1887)（图 3-70）

Chilades ? pontis Elwes, 1887: 446.
Orthomiella pontis: Tong, 1993: 61.

主要特征：雌雄异型。雄性：前翅底色暗紫色，缘毛黑白相间；反面底色灰白色，中室内及中室端具 2 个暗褐色斑；外横带黑褐色，排列曲折。后翅正面底色同前翅，前缘区黑褐色；反面底色灰白色，前缘区具 3 个暗色斑，从翅基部到外中区具大量排列成弧形的暗色斑，亚外缘具 1 列暗褐色新月形斑，外缘缘毛黑白相间。雌性：翅形更圆；前翅正面中室及 CuA_1 脉到内缘基部具蓝色鳞区；后翅底色同前翅，反面斑纹基本同雄性，底色颜色更暗。

♂正　　　　　　♂反

♂外生殖器

图 3-70　锯灰蝶 *Orthomiella pontis* (Elwes, 1887)

雄性外生殖器抱器靴子形，末端平，具小齿，尖端刺下弯；阳茎稍弯曲，末端尖，密被小突。

　　分布：浙江（淳安、遂昌、云和、龙泉）、江西、广东、四川、贵州、云南；印度，缅甸，老挝，泰国。

（301）中华锯灰蝶 *Orthomiella sinensis* (Elwes, 1887)（图 3-71）

Chilades sinensis Elwes, 1887: 446.

Orthomiella sinensis: Chou, 1994: 668.

　　主要特征：雌雄异型。雄性：前翅底色黑褐色，基部到外中区具暗紫色鳞区；反面底色深褐色，中室内及中室端具 2 个暗褐色斑；外中区具 4 个黑褐色斑，排列曲折。后翅正面底色同前翅，前缘区到中室具暗紫色鳞区；反面底色同前翅，前缘区具 2 个暗色斑，从翅基部到中区具大量浅色鳞，外中区具 1 排列曲折弯曲的外横带；亚外缘在臀角附近具 3 个浅色斑。雌性：翅形更圆；前翅正面中室及 CuA_1 脉到内缘基部具蓝色鳞区；后翅底色同前翅，反面斑纹基本同雄性。

　　雄性外生殖器与锯灰蝶相似，主要区别是抱器末端中后部齿小而平，尖端下弯尖刺大。

　　分布：浙江（临安、淳安、遂昌、云和、龙泉）、安徽。

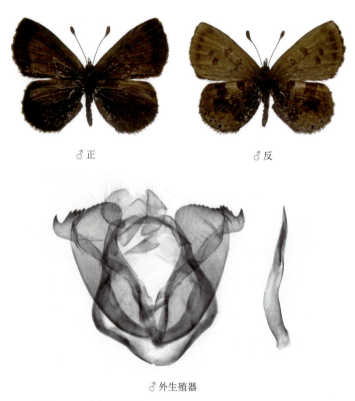

♂正　　　　　　　　　　♂反

♂外生殖器

图 3-71　中华锯灰蝶 *Orthomiella sinensis* (Elwes, 1887)

（302）闪光锯灰蝶 *Orthomiella lucida* Forster, 1942（图 3-72）

Orthomiella lucida Forster, 1942: 580.

　　主要特征：雌雄异型。雄性：前翅底色黑褐色，基部到外中区颜色稍淡；反面底色黄褐色，中室内及中室端具 2 个暗褐色斑；外中区具 5 个黑褐色斑，排列曲折。后翅正面底色同前翅，前缘区到中室上方具亮天蓝色金属鳞区；反面底色同前翅，前缘区基部具 1 个暗色斑，从翅基部到中区具大量浅色鳞，外中区具 1 排列曲折弯曲的外横带；亚外缘在臀角附近具 3 个浅色斑，浅色斑外缘具黑斑。雌性：翅形更圆；前翅正面中室基部及 CuA$_2$ 室基部具蓝紫色鳞区；后翅底色同前翅，中室附近具蓝紫色鳞区，反面斑纹基本同雄性。

　　雄性外生殖器酷似锯灰蝶，主要区别是抱器背缘较直，腹缘弧形凹入幅度大，尖端钝圆角突出明显；阳茎基部中央弯曲。

　　分布：浙江（萧山、龙泉）、湖南、福建、广东。

♂正　　　　　　　　♂反

♂外生殖器

图 3-72　闪光锯灰蝶 *Orthomiella lucida* Forster, 1942

127. 雅灰蝶属 *Jamides* Hübner, 1819

Jamides Hübner, 1819: 71. Type species: *Papilio bochus* Stoll, 1782.

　　主要特征：小型种类；前翅 Sc 脉与 R$_1$ 脉不愈合，有 1 短横脉相接。雄性外生殖器钩形突缺失；背兜发达，中间拱起，颚形突细长；抱器半圆形；阳茎粗。

　　分布：东洋区。世界已知 65 种，中国记录 4 种，浙江分布 1 种。

（303）雅灰蝶 *Jamides bochus* (Stoll, 1782)（图 3-73）

Papilio bochus Stoll, 1782: 210.

Jamides bochus: Tong, 1993: 62.

　　主要特征：雌雄异型。雄性：前翅底色黑褐色，前翅正面中室及 M$_3$ 脉到内缘基部为金属紫蓝色鳞区；反面底色暗黄褐色，中室端具 2 白色端条；外横带双线形，颜色浅，排列曲折。后翅正面大部分面积为金属紫蓝色鳞，前缘区浅褐色；反面底色暗黄褐色，亚基部到外中区具大量排列成弧形的浅色条，CuA$_1$ 室外缘具 1 眼斑，CuA$_2$ 脉上具 1 尾突。雌性：翅形更圆；前翅正面中室下半部及 M$_3$ 脉到内缘基部具蓝色鳞区；后翅底色同前翅，中室到内缘具蓝色鳞，反面斑纹基本同雄性，底色颜色更浅。

图 3-73　雅灰蝶 *Jamides bochus* (Stoll, 1782)（外生殖器引自白水隆，1960）

雄性外生殖器抱器宽，外缘斜向后，腹端钝圆突出，背端突细指状；阳茎粗，具"Y"形角状器。

分布：浙江（松阳、泰顺）、江西、福建、广东、广西、四川、贵州、云南；印度，缅甸，老挝，泰国。

128. 亮灰蝶属 *Lampides* Hübner, 1819

Lampides Hübner, 1819: 70. Type species: *Papilio boeticus* Linnaeus, 1767.

主要特征：小型种类；前翅 Sc 脉与 R_1 脉完全分离，后翅有尾突。雄性外生殖器钩形突缺失；背兜短而发达，颚形突细短；抱器长，基部膨大；阳茎粗大，具发达角状突。

　　分布： 东洋区。世界已知 17 种，中国记录 1 种，浙江分布 1 种。

（304）亮灰蝶 *Lampides boeticus* (Linnaeus, 1767)（图 3-74）

Papilio boeticus Linnaeus, 1767: 789.

Lampides boeticus: Tong, 1993: 62.

　　主要特征： 雌雄异型。雄性：前翅正面大部为紫蓝色鳞区，外缘及顶角具窄黑边；反面底色黄褐色，中室内及中室端具 4 暗褐色条斑；外横带双线形，颜色浅，靠内的一条从前缘延伸到 CuA_2 脉，靠外的一条从前缘延伸到 CuA_1 脉；外缘具 1 褐色弧形带，内侧具白鳞。后翅正面大部分面积为紫蓝色鳞，臀角区具 2 黑点；反面底色黄褐色，亚基部到亚外缘区具大量波浪状深色条，CuA_1 室外缘具 1 眼斑，臀角具 1 黑斑，CuA_2 脉上具 1 尾突。雌性：翅形更圆；前翅正面中室下半部及 M_3 脉到内缘基部具蓝色鳞区；后翅底色同前翅，中室附近具蓝色鳞，反面斑纹基本同雄性。

　　雄性外生殖器抱器端部窄，末端尖、上弯，外缘被小刺；阳茎粗，角状器复杂；阳基轭片"Y"形。

　　分布： 浙江（全省）、秦岭以南各省份；东南亚各国至澳大利亚，西欧，中亚，非洲大陆。

♂ 正　　　　　　　♂ 反

♂ 外生殖器

图 3-74　亮灰蝶 *Lampides boeticus* (Linnaeus, 1767)

129. 酢酱灰蝶属 *Pseudozizeeria* Beuret, 1955

Pseudozizeeria Beuret, 1955: 125. Type species: *Lycaena maha* Kollar, 1844.

　　主要特征： 小型种类；前翅 Sc 脉与 R_1 脉接触，后翅无尾突。雄性外生殖器钩形突缺失；背兜小且窄，侧突大钥匙形；颚形突细长；抱器狭窄，末端上弯；阳茎基部粗大，具发达角状突。

分布：东洋区。世界已知 2 种，中国记录 1 种，浙江分布 1 种。

（305）酢浆灰蝶 *Pseudozizeeria maha* (Kollar, 1844)（图 3-75）

Lycaena maha Kollar, 1844: 422.

Pseudozizeeria maha: Tong, 1993: 62.

　　主要特征：雌雄异型。雄性：前翅正面大部为淡蓝色鳞区，外缘及顶角具宽黑边；反面底色灰白色，中室内具 1 黑点，中室端具 1 暗褐色条斑；外中区具 6 个黑点；外缘具 1 淡褐色弧形带。后翅正面大部分面积为淡蓝色鳞，前缘区黑褐色；反面底色灰白色，亚基部具 3 黑点，中室端具 1 暗褐色条斑，外中区具 8 个黑点，排列为弧形；亚外缘区内侧具 1 列深色新月形斑，外侧具 1 列黑点。雌性：翅形更圆；前翅正面底色黑褐色，中室具稀疏的蓝色鳞；后翅底色同前翅，无斑纹，反面斑纹基本同雄性。

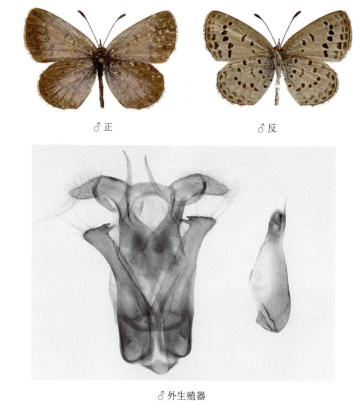

♂正　　　　　　　♂反

♂外生殖器

图 3-75　酢浆灰蝶 *Pseudozizeeria maha* (Kollar, 1844)

　　雄性外生殖器抱器长板形，端部稍窄，外缘近直，具小刺，末端具尖刺、上弯；阳茎基部粗，末端一侧刺状尖出，角状器复杂；阳基轭片"Y"形，基柄短，两侧臂细长、尖。

　　分布：浙江（全省）、秦岭以南各省份；俄罗斯，日本，向南到苏门答腊，向西到伊朗。

130. 棕灰蝶属 *Euchrysops* Butler, 1900

Euchrysops Butler, 1900: 1. Type species: *Hesperia cnejus* Fabricius, 1798.

　　主要特征：小型种类；前翅 Sc 脉与 R_1 脉分离，后翅无尾突。雄性外生殖器钩形突缺失；背兜窄，颚形突细长，强烈弯曲；抱器细长，基部膨大；阳茎细长。

　　分布：东洋区、非洲区。世界已知 27 种，中国记录 1 种，浙江分布 1 种。

（306）棕灰蝶 *Euchrysops cnejus* (Fabricius, 1798)（图 3-76）

Hesperia cnejus Fabricius, 1798: 430.

Euchrysops cnejus: Chou, 1994: 686.

主要特征：雌雄异型。雄性：前翅正面大部为紫蓝色鳞区，外缘及顶角具窄黑边；反面底色灰白色，中室端具 1 暗褐色条斑；外横带由彼此分离的椭圆形深褐色斑组成，从 R_5 脉延伸到 2A 脉；外缘具 1 褐色斑带，从 R_5 脉延伸到 2A 脉。后翅正面大部分面积为紫蓝色鳞，臀角区具 2 黑点，内侧具橙色斑；反面底色灰白色，亚基部具 2–4 个黑点，Sc+R_1 室中部具 1 黑点，中室端具 1 暗褐色条斑，外横带由波浪状深色条组成，亚外缘臀角区上方具 2 列暗色斑列；CuA_{1-2} 室外缘各具 1 眼斑，CuA_2 脉上具 1 尾突。雌性：翅形更圆；前翅正面中室下半部及 M_2 脉到内缘基部具蓝色鳞区；后翅底色同前翅，翅基部具蓝色鳞，反面斑纹基本同雄性。

雄性外生殖器抱器长骨状，中端部细，末端具"U"形缺口；阳茎长，末端"V"形裂开；阳基轭片宽"Y"形。

♂正　　　　　　♀正　　　　　♀反

♂外生殖器

图 3-76　棕灰蝶 *Euchrysops cnejus* (Fabricius, 1798)（成虫图引自江凡等，2001）

分布：浙江（全省）、长江以南各省份；西至印度，南达澳大利亚。

131. 毛眼灰蝶属 *Zizina* Chapman, 1910

Zizina Chapman, 1910: 482. Type species: *Polyommatus labradus* Godart, 1824.

主要特征：小型种类；复眼具毛，前翅 Sc 脉与 R_1 脉接触，后翅无尾突。雄性外生殖器钩形突缺失；背兜向下弯曲，颚形突细长；抱器狭窄而短，端突细上弯，上具长毛；阳茎基部粗大。

分布：东洋区、非洲区。世界已知 5 种，中国记录 2 种，浙江分布 1 种。

（307）毛眼灰蝶 *Zizina otis* (Fabricius, 1787)（图 3-77）

Papilio otis Fabricius, 1787: 73.

Zizina otis: Tong, 1993: 62.

主要特征：雌雄异型。雄性：前翅正面大部为紫蓝色鳞区，外缘及顶角具宽黑边；反面底色灰白色，中室端具 1 暗褐色条斑；外中区具 1 列彼此分散的黑点；外缘具 2 褐色弧形斑列。后翅正面大部分面积为紫蓝色鳞，围有宽黑边；反面底色灰白色，亚基部具 3 黑点，中室端具 1 暗褐色条斑，外中区斑列靠前缘的两个斑内移，不和后续斑点共弧线；亚外缘区内侧具 1 列深色新月形斑，外侧具 1 列深褐色点。雌性：翅形更圆；前翅正面底色黑褐色，无斑纹；后翅底色同前翅，无斑纹，反面斑纹基本同雄性。

雄性外生殖器抱器近长方形，端突细长，末端尖、上弯，基部近腹缘具远长于抱器的针刺；阳茎基部粗，端部细，具 2 条被小刺的角状器。

分布：浙江（遂昌）、福建、广东、广西、云南；日本，向南到新几内亚，向西到印度。

♀ 正　　　　　　　　　　♀ 反

♂ 外生殖器

图 3-77　毛眼灰蝶 *Zizina otis* (Fabricius, 1787)

注：《浙江蝶类志》中图示的毛眼灰蝶实为酢酱灰蝶旱季型的误定。

132. 山灰蝶属 *Shijimia* Matsumura, 1919

Shijimia Matsumura, 1919: 656. Type species: *Lycaena moorei* Leech, 1889.

主要特征：小型种类；前翅 Sc 脉与 R_1 脉有很长一段愈合，R_{4+5} 在 M_1 脉之前分出，后翅无尾突。雄性外生殖器钩形突缺失；背兜发达，囊形突退化；抱器窄长，端部二分裂，端突长；阳茎粗。

分布：古北区、东洋区。世界已知 1 种，中国记录 1 种，浙江分布 1 种。

（308）山灰蝶 *Shijimia moorei* (Leech, 1889)（图 3-78）

Lycaena moorei Leech, 1889: 109.

Shijimia moorei: Tong, 1993: 63.

　　主要特征：雌雄异型。雄性：前翅正面黑褐色；反面底色灰白色，中室端具 1 黑色条斑；外中区具 1 列彼此分散的黑点，排列曲折；外缘具 2 褐色弧形斑列。后翅正面底色同前翅，无斑纹；反面底色灰白色，亚基部具 3 黑点，中室端具 1 暗褐色条斑，外中区斑列靠前缘的两个斑内移，不和后续斑点共弧线；亚外缘区内侧具 1 列黑色新月形斑，外侧具 1 列黑色点。雌性：翅形更圆，其余特征基本同雄性。

　　雄性外生殖器抱器端二分裂，背端突长、弯曲、末端钝圆，腹端突短于背端突、直、末端尖；阳茎粗。

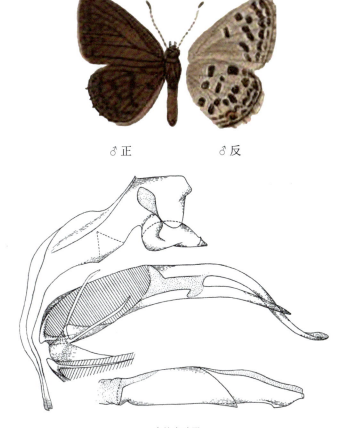

♂正　　　　♂反

♂外生殖器

图 3-78　山灰蝶 *Shijimia moorei* (Leech, 1889)（成虫图引自 Leech，1893；外生殖器引自白水隆，1960）

　　分布：浙江（遂昌、龙泉）、安徽、湖北、江西、台湾；日本。

133. 蓝灰蝶属 *Everes* Hübner, 1819

Everes Hübner, 1819: 69. Type species: *Papilio amyntas* Denis *et* Schiffermüller, 1775.

　　主要特征：小型种类；前翅 Sc 脉与 R_1 脉有一段愈合，R_{4+5} 在 M_1 脉之前分出，后翅有或无尾突。雄性外生殖器钩形突宽；背兜窄，颚形突肘状弯曲；抱器端二分叉；阳茎粗，具角状突。

　　分布：古北区、东洋区。世界已知 13 种，中国记录 4 种，浙江分布 2 种。

（309）蓝灰蝶 *Everes argiades* (Pallas, 1771)（图 3-79）

Papilio argiades Pallas, 1771: 472.

Everes argiades: Tong, 1993: 63.

主要特征：雌雄异型。雄性：前翅正面大部为紫蓝色鳞区，外缘及顶角具黑边；反面底色灰白色，中室端具 1 黑色条斑；外中区具 1 列彼此分散的黑点；外缘具 1 褐色斑列。后翅正面大部分面积为紫蓝色鳞，围有黑边；反面底色灰白色，亚基部具 2 黑点，中室端具 1 淡褐色条斑，外中区斑列靠前缘的两个斑内移，不和后续斑点共弧线；亚外缘区内侧具 3 个红色新月形斑，外侧具 1 列深褐色至黑色的点，CuA_2 脉上具 1 尾突。雌性：翅形更圆；前翅正面底色黑褐色，无斑纹；后翅底色同前翅，臀角区具红色新月形纹，反面斑纹基本同雄性。

　　雄性外生殖器钩形突桃形，末端突小而短；抱器宽，端部二分叉，背端突片状，扭曲，末端钝圆，腹端突细长，鹅颈状，末端尖；阳茎基鞘粗，端鞘细，末端稍尖；阳基轭片"Y"形，基柄长，两侧臂短。

　　分布：浙江（全省）、华北、华中、华西、华东；日本，西欧，中亚。

♂ 正　　　　　　　　♂ 反

♂ 外生殖器

图 3-79　蓝灰蝶 *Everes argiades* (Pallas, 1771)

（310）长尾蓝灰蝶 *Everes lacturnus* (Godart, 1824)（图 3-80）

Polyommatus lacturnus Godart, 1824: 608.

Everes lacturnus: Tong, 1993: 63.

主要特征：雌雄异型。雄性：前翅正面大部为紫蓝色鳞区，外缘及顶角具黑边；反面底色灰白色，中室端具 1 黑色条斑；外中区具 1 列彼此分散的淡褐色斑，近椭圆形；外缘具 1 褐色斑列。后翅正面大部分面积为紫蓝色鳞，围有黑边；反面底色灰白色，亚基部具 2 黑点，中室端具 1 淡褐色条斑，外中区斑列靠前缘的斑黑色，其余斑纹淡褐色；亚外缘区 CuA_{1-2} 室具 2 个红色眼斑，CuA_2 脉上具 1 尾突。雌性：翅形更圆；前翅正面底色黑褐色，无斑纹；后翅底色同前翅，臀角区具红色新月形纹，反面斑纹基本同雄性。

雄性外生殖器与蓝灰蝶相似，其主要区别是钩形突末端小"V"形凹入；抱器背端突端部细，腹端突宽剑状；阳茎端鞘末端粗；阳基轭片"Y"形，基柄短，两侧臂细长、尖。

分布：浙江（遂昌、龙泉）、陕西、湖北、江西、福建、广东、广西、贵州、云南；日本，向西至印度，向南至澳大利亚。

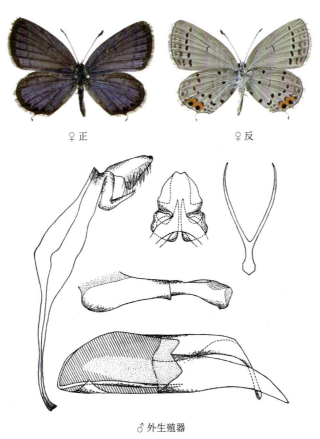

♀ 正　　　　　　　　♀ 反

♂ 外生殖器

图 3-80　长尾蓝灰蝶 *Everes lacturnus* (Godart, 1824)（外生殖器引自白水隆，1960）

134. 玄灰蝶属 *Tongeia* Tutt, 1908

Tongeia Tutt, 1908: 41. Type species: *Lycaena fischeri* Eversmann, 1843.

主要特征：小型种类；前翅 Sc 脉与 R_1 脉有一段愈合，R_{4+5} 在 M_1 脉之前分出，后翅有尾突。雄性外生殖器钩形突宽短，两侧下弯、巾状；颚形突粗，末端尖，下弯；抱器近长方形；阳茎长而弯。

分布：古北区、东洋区。世界已知 16 种，中国记录 14 种，浙江分布 2 种。

（311）点玄灰蝶 *Tongeia filicaudis* (Pryer, 1877)（图 3-81）

Lampides filicaudis Pryer, 1877: 231.

Tongeia filicaudis: Chou, 1994: 676.

主要特征：雌雄同型。雄性：前翅正面底色黑色，无斑纹；反面底色灰白色，中室内具 2 个发达黑斑，中室端具 1 黑色条斑；外横带由彼此分离的椭圆形黑色斑组成，从 R_5 脉延伸到 2A 脉；亚外缘及外缘各具

1 黑色斑带，从 R_5 脉延伸到 2A 脉。后翅正面底色黑色，亚外缘区具 2 列蓝色细条；反面底色灰白色，亚基部具 4 个黑点，中室端具 1 黑色条斑，外横带由零散的黑斑组成，亚外缘臀角区上方具 2 列黑色斑列；CuA_{1-2} 室外缘各具 1 红色斑，CuA_2 脉上具 1 尾突。雌性：翅形更圆；其余基本同雄性。

　　雄性外生殖器钩形突中央小"V"形缺刻；抱器腹中央稍向上突起，抱器端平钝，被刺，下角刺最大；阳茎基鞘粗，长于端鞘，端鞘腹面不平、中央具 1 小突起；阳基轭片"Y"形，基柄很短，两侧臂细长而尖。

♂正　　　　　　　　　　♂反

♀正　　　　　　　　　　♀反

♂外生殖器

图 3-81　点玄灰蝶 *Tongeia filicaudis* (Pryer, 1877)

　　分布：浙江（临安、遂昌、庆元、龙泉）、台湾、长江以北各省份；俄罗斯。

（312）波太玄灰蝶 *Tongeia potanini* (Alphéraky, 1889)（图 3-82）

Lycaena potanini Alphéraky, 1889: 104.

Tongeia potanini: Tong, 1993: 63.

　　主要特征：雌雄同型。雄性：前翅正面底色黑色，无斑纹；反面底色灰白色，中室端具 1 黑色条斑；

外横带分裂为 2 段，第 1 段从 R_5 脉延伸到 CuA_1 脉，第 2 段从 CuA_1 脉延伸到 2A 脉；亚外缘具 1 黑色斑带，外缘具彼此分散的黑点。后翅正面底色黑色，亚外缘区有时具蓝色鳞及红色斑；反面底色灰白色，亚基部具 3 个黑点，中室端具 1 黑色条斑，外横带断裂为 3 段，黑色；亚外缘臀角区上方具 2 列黑色斑列；CuA_1 室外缘具 1 红色眼斑，CuA_2 脉上具 1 尾突。雌性：翅形更圆；其余基本同雄性。

雄性外生殖器抱器端二分叉，背端突尖刺状，腹端突角状。

分布：浙江（临安、遂昌、庆元、龙泉）、我国东南部、南部、西南部其余各省；缅甸，越南，老挝，泰国。

♀正　　　　　　　　　　♀反

♂外生殖器

图 3-82　波太玄灰蝶 *Tongeia potanini* (Alphéraky, 1889)

135. 丸灰蝶属 *Pithecops* Horsfield, 1828

Pithecops Horsfield, 1828: 66. Type species: *Pithecops hylax* Horsfield, 1828.

主要特征：小型种类；前翅 Sc 脉与 R_1 脉有一段愈合，R_{4+5} 在 M_1 脉之前分出。雄性外生殖器钩形突不发达；背兜发达，颚形突细短；抱器狭长；阳茎细，具角状突。

分布：东洋区。世界已知 5 种，中国记录 2 种，浙江分布 2 种。

（313）黑丸灰蝶 *Pithecops corvus* Fruhstorfer, 1919（图 3-83）

Pithecops hylax corvus Fruhstorfer, 1919: 79.

Pithecops corvus: Tong, 1993: 63.

主要特征：雌雄同型。雄性：前翅正面底色黑色，无斑纹；反面底色灰白色，前缘具 2 黑点；外中区具黄色小点，排列为弧形；亚外缘具 1 前粗后细的弧形斑带，外侧具 1 列彼此分离的黑点。后翅正面底色黑色，无斑纹；反面底色灰白色，顶角处具 1 黑色大圆斑，圆斑下方具 1 弧形黄点列；亚外缘臀角区具 1 黄色弧形带，外侧具 1 列大小相同的黑点。雌性：翅形更圆；其余基本同雄性。

雄性外生殖器抱器窄长，抱器腹端弯钩状，背端近直角，外缘直；阳茎基鞘长于端鞘，阳茎端腹面尖角状，角状器被小刺；阳基轭片叉状，基柄细短，两侧臂细尖、括号状。

分布：浙江（临安、遂昌）、江西、台湾、广东、海南、广西、云南；日本，缅甸，越南，老挝，泰国，马来西亚，印度尼西亚。

♂正　　　　　　　　　　♂反

♂外生殖器

图 3-83　黑丸灰蝶 *Pithecops corvus* Fruhstorfer, 1919

（314）蓝丸灰蝶 *Pithecops fulgens* Doherty, 1889（图 3-84）

Pithecops fulgens Doherty, 1889a: 127.

主要特征：雌雄同型。雄性：前翅正面底色黑色，中域具深紫色鳞；反面底色灰白色，前缘具 2 黑点；外中区具黄色小点，排列为弧形；亚外缘具 1 前粗后细的弧形斑带，外侧具 1 列彼此分离的黑点。后翅正面底色黑色，中域具深紫色鳞；反面底色灰白色，顶角处具 1 黑色大圆斑，圆斑下方具 1 弧形黄点列；亚外缘臀角区具 1 黄色弧形带，外侧具 1 列黑点，Rs 室的黑点大于其他翅室里的黑点。雌性：翅形更圆；正面不具深紫色斑，其余同雄性。

雄性外生殖器与黑丸灰蝶相似，主要区别是抱器末端钝圆、被小刺；阳茎端不呈尖角状。

♂正　　　　　　　　　　♂反

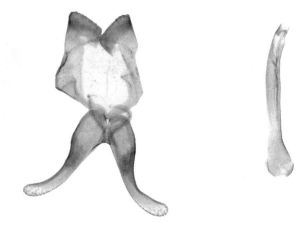

♂ 外生殖器

图 3-84　蓝丸灰蝶 *Pithecops fulgens* Doherty, 1889

分布：浙江（杭州）、江西、台湾、广东、海南；日本，印度，缅甸，越南，老挝，泰国，马来西亚，印度尼西亚。

136. 琉璃灰蝶属 *Celastrina* Tutt, 1906

Celastrina Tutt, 1906: 131. Type species: *Papilio argiolus* Linnaeus, 1758.

主要特征：小型种类；复眼具毛；前翅 Sc 脉与 R_1 脉互相分离，R_{4+5} 在 M_1 脉之前分出。雄性外生殖器钩形突不发达；背兜侧突发达、牛角状，颚形突、囊形突退化；抱器狭长，端部具突起；阳茎细，具角状突。

分布：古北区、东洋区、新北区。世界已知 30 种，中国记录 10 种，浙江分布 3 种。

分种检索表

1. 雄性正面大部具暗紫色鳞片 ··· 大紫琉璃灰蝶 *C. oreas*
- 雄性正面大部具浅紫色鳞片 ·· 2
2. 后翅正面紫色区域内具白色区域 ··· 华西琉璃灰蝶 *C. hersilla*
- 后翅正面紫色区域内不具白色区域 ·· 琉璃灰蝶 *C. argiolus*

（315）琉璃灰蝶 *Celastrina argiolus* (Linnaeus, 1758)（图 3-85）

Papilio argiolus Linnaeus, 1758b: 483.

Celastrina argiolus: Tong, 1993: 64.

主要特征：雌雄异型。雄性：前翅正面大部为浅紫色鳞区，外缘及顶角具窄黑边，顶角黑边稍宽；反面底色灰白色，中室端具 1 暗褐色条斑；外中区具 1 列彼此分散的黑点；外缘具 1 列新月形褐色斑列，斑列外侧为 1 列褐色点。后翅正面大部分面积为淡紫色鳞，围有窄黑边；反面底色灰白色，亚基部具 3 黑点，中室端具 1 暗褐色条斑，外中区斑列靠前缘的两个斑内移，不和后续斑点共弧线；亚外缘区内侧具 1 列黑色新月形斑，外侧具 1 列深褐色点。雌性：翅形更圆；前翅正面底色黑褐色，中室到前缘及 M_2 室到内缘具淡蓝色鳞区；后翅底色同前翅，M_1 室到 CuA_2 室及中室内具淡紫色鳞，前后翅反面斑纹基本同雄性。

雄性外生殖器抱器端二分叉，背端突尖三角形，腹端突长且具粗刺、约为背端突的 3 倍；阳茎端部细，腹面刺状伸出，角状器复杂。

♂正　　　　　　　　♂反

♀正　　　　　　　　♀反

♂外生殖器

图 3-85　琉璃灰蝶 *Celastrina argiolus* (Linnaeus, 1758)（外生殖器引自 Kawazoe and Wakabayashi，1976）

分布：浙江（全省）、黑龙江、吉林、辽宁、北京、河北、山东、河南、陕西、甘肃、湖北、江西、湖南、台湾、广东、广西、四川、云南；俄罗斯，日本，印度，缅甸，越南，泰国，西欧。

（316）华西琉璃灰蝶 *Celastrina hersilla* (Leech, 1893)（图 3-86）

Cyaniris hersilla Leech, 1893: 319.

Celastrina hersilla: Chou, 1994: 681.

主要特征：雌雄异型。雄性：前翅正面大部为浅紫色鳞区，M_3 到 CuA_2 脉之间具模糊白斑；外缘及顶角具窄黑边，顶角黑边稍宽；反面底色灰白色，中室端具 1 暗褐色条斑；外中区具 1 列彼此分散的暗褐色点；外缘具 1 列新月形褐色斑列，斑列很微弱，从臀角延伸到 M_3 脉。后翅正面大部分面积为淡紫色鳞，围有窄黑边，中间具模糊白色区域；反面底色灰白色，亚基部具 3 黑点，中室端具 1 暗褐色条斑，外中区斑列靠前缘的两个斑内移，不和后续斑点共弧线；亚外缘区具 1 列黑点。雌性：翅形更圆；前翅正面底色黑褐色，中室到前缘及 M_2 室到内缘白色；后翅底色白色，前缘区黑褐色，外缘具黑色新月形斑，前后翅反面斑纹基本同雄性。

雄性外生殖器与琉璃灰蝶相似，主要区别是抱器端三分叉，腹端突细长、另 2 突短三角形。

♂正　　　　　　♂反

♀正　　　　　　♀反

♂外生殖器

图 3-86　华西琉璃灰蝶 *Celastrina hersilla* (Leech, 1893)

分布：浙江（临安）、湖北、福建、四川、西藏；印度。

（317）大紫琉璃灰蝶 *Celastrina oreas* (Leech, 1893)（图 3-87）

Cyaniris oreas Leech, 1893: 321.
Celastrina oreas: Tong, 1993: 64.

主要特征：雌雄异型。雄性：前翅正面大部为暗紫色鳞区，外缘及顶角具窄黑边；反面底色灰白色，中室端具 1 暗褐色条斑；外中区具 1 列彼此分散的暗褐色条状点；外缘具 1 列新月形褐色斑列，斑列外侧为 1 列褐色点。后翅正面大部分面积为暗紫色鳞，围有窄黑边；反面底色灰白色，基部具零散蓝绿色鳞，亚基部具 3 黑点，中室端具 1 暗褐色条斑，外中区斑列靠前缘的两个斑内移，不和后续斑点共弧线；亚外缘区内侧具 1 列深色新月形斑，外侧具 1 列深褐色点。雌性：翅形更圆；前翅正面底色黑褐色，中室及 M_2 室到内缘具淡紫色鳞区；后翅底色同前翅，M_1 室到 CuA_2 室及中室内具淡紫色鳞，前后翅反面斑纹基本同雄性，亚外缘斑列较雄性不发达。

　　雄性外生殖器与琉璃灰蝶相似，主要区别是抱器腹端突粗大、上弯、牛角状，背端钝圆，突出不明显。

♂正　　　　　　　　　　　　　♂反

♂外生殖器

图 3-87　大紫琉璃灰蝶 *Celastrina oreas* (Leech, 1893)

　　分布：浙江（临安、泰顺）、福建、广东、广西、云南；日本，向南到新几内亚，向西到印度。

137. 妩灰蝶属 *Udara* Toxopeus, 1928

Udara Toxopeus, 1928: 181. Type species: *Polyommatus dilectus* Moore, 1879.

　　主要特征：小型种类；复眼具毛；前翅 Sc 脉与 R_1 脉互相分离，R_{4+5} 在 M_1 脉之前分出。雄性外生殖器钩形突二分叉；颚形突微弱；抱器狭长，末端上弯；阳茎细，基部弯曲，具角状突。

　　分布：东洋区。世界已知 37 种，中国记录 3 种，浙江分布 2 种。

（318）白斑妩灰蝶 *Udara albocaerulea* (Moore, 1879)（图 3-88）

Polyommatus albocaeruleus Moore, 1879: 139.

Udara albocaerulea: Chou, 1994: 680.

　　主要特征：雌雄异型。雄性：前翅正面大部为浅紫色鳞区，M_3 到 CuA_2 脉之间具白斑；外缘及顶角具窄黑边，顶角黑边稍宽；反面底色灰白色，中室端具 1 暗褐色条斑；外中区 1 列彼此分散的黑点，靠近亚外缘；外缘具 1 列模糊黑点。后翅正面大部分面积为白色鳞，基部少量淡紫色鳞；反面底色灰白色，亚基部具 3 黑点，中室端具 1 暗褐色条斑，外中区斑列靠前缘的两个斑内移，不和后续斑点共弧线；亚外缘区具 1 列黑点。雌性：翅形更圆；前翅正面底色黑褐色，中室及 M_2 室到内缘白色；后翅底色白色，前缘区黑褐色，外缘具黑色点，前后翅反面斑纹基本同雄性。

　　雄性外生殖器钩形突二分叉，角状、末端尖；抱器三角形，末端尖、上弯；阳茎端部收缩，具被小刺的带状角状器。

♂正　　　　　　　　　　♂反

♂外生殖器

图 3-88　白斑妩灰蝶 *Udara albocaerulea* (Moore, 1879)

　　分布：浙江（龙泉、泰顺）、湖北、福建、台湾、广东、香港、广西、重庆、四川、云南；日本，印度，缅甸，越南，老挝，泰国，马来西亚。

（319）妩灰蝶 *Udara dilecta* (Moore, 1879)（图 3-89）

Polyommatus dilectus Moore, 1879: 139.

Udara dilecta: Tong, 1993: 64.

　　主要特征：雌雄异型。雄性：前翅正面大部为浅紫色鳞区，M_3 到 CuA_2 脉之间具白斑；外缘及顶角具窄黑边，顶角黑边稍宽；反面底色灰白色，中室端具 1 暗褐色条斑；外中区具 1 列彼此分散的暗褐色点，靠近亚外缘；亚外缘具 1 列"人"字形斑，外缘具 1 列模糊暗褐色点。后翅正面大部分面积为浅紫色鳞，靠近顶角具 1 模糊大白斑；反面底色灰白色，亚基部具 3 黑点，中室端具 1 暗褐色条斑，外中区斑列靠前缘的两个斑内移，不和后续斑点共弧线；亚外缘区具 1 列暗褐色"人"字纹，外侧具 1 列暗褐色点。雌性：翅形更圆；浅紫色区域比雄性小，白斑面积比雄性大；后翅底色浅紫色，前缘区黑褐色，外缘具黑色点，前后翅反面斑纹基本同雄性。

　　雄性外生殖器抱器长方形，背端突小钩状，向下弯；阳茎具 2 条被小刺角状器，1 宽、1 窄。

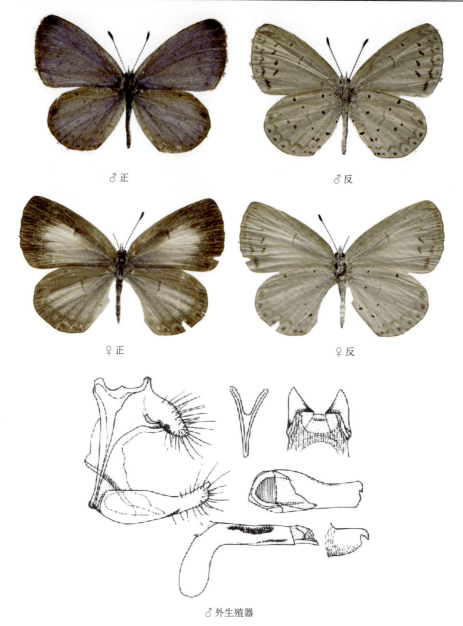

图 3-89　妩灰蝶 *Udara dilecta* (Moore, 1879)（外生殖器引自 Kawazoe and Wakabayashi, 1976）

分布：浙江（临安、遂昌、龙泉、泰顺）、湖北、福建、台湾、广东、香港、广西、重庆、四川、云南；日本，印度，缅甸，越南，老挝，泰国，马来西亚，印度尼西亚，巴布亚新几内亚。

138. 紫灰蝶属 *Chilades* Moore, 1881

Chilades Moore, 1881: 76. Type species: *Papilio lajus* Stoll, 1780.

　　主要特征：小型种类；复眼具毛；前翅 Sc 脉与 R_1 脉互相分离，R_{4+5} 在 M_1 脉之前分出。雄性外生殖器背兜窄，侧突发达；钩形突二分叉；颚形突微弱；抱器宽大，末端具下弯的钩状突起；阳茎短，中部弯曲。
　　分布：东洋区。世界已知 17 种，中国记录 5 种，浙江分布 1 种。

（320）曲纹紫灰蝶 *Chilades pandava* (Horsfield, 1829)（图 3-90）

Lycaena pandava Horsfield, 1829: 84.

Chilades pandava: Chou, 1994: 687.

主要特征：雌雄异型。雄性：前翅正面大部为紫蓝色鳞区，外缘及顶角具黑边；反面底色灰褐色，中室端具 2 白色条；外中区具 1 列彼此接触的淡褐色斑，近方形，两侧饰有白边；外缘具 1 暗褐色斑列，两侧饰有白边。后翅正面大部分面积为紫蓝色鳞，围有黑边，臀角区具 2 个黑斑；反面底色灰褐色，亚基部具 4 黑点，中室端具 1 暗褐色条斑，外中区斑列靠前缘的斑黑色，其余斑纹暗褐色；亚外缘区 CuA$_{1-2}$ 室具 2 个橙色眼斑，CuA$_2$ 脉上具 1 尾突。雌性：翅形更圆；前翅正面底色黑褐色，中室及 M$_2$ 室到内缘紫蓝色；后翅底色同前翅，中室到内缘具紫蓝色鳞区，臀角区具 1 列白色斑，CuA$_1$ 室具 1 橙色眼纹，眼纹上方具数个白色斑，反面斑纹基本同雄性。

雄性外生殖器抱器腹端不明显伸出，抱器背端部微弧形向内，腹端突细指状，末端平钝；阳茎基鞘粗而长，端鞘细。

分布：浙江（杭州）、江西、福建、台湾、广东、香港、广西、云南；日本，印度，缅甸，老挝，泰国，斯里兰卡，菲律宾，马来西亚，印度尼西亚。

♂正　　　　　　♂反

♀正　　　　　　♀反

♂外生殖器

图 3-90　曲纹紫灰蝶 *Chilades pandava* (Horsfield, 1829)

第四章　弄蝶总科 Hesperoidea

十二、弄蝶科 Hesperiidae

主要特征：中小型蝴蝶。头大，复眼前方具长毛，下唇须通常发达；触角末端膨大，多呈钩状；身体纺锤形，粗壮；前翅三角形，R 脉 5 条，均自中室伸出；前后翅中室开式或闭式。

世界广布。世界已知约 4000 种，中国记录近 400 种，浙江分布 43 属 85 种。

分属检索表

17. 体小型；前翅窄、前缘远长于后缘，后翅中室端脉斜向顶角 ·················· **小弄蝶属 *Leptalina***
　- 体中等；前翅宽，后翅中室端脉斜向臀角 ·· 18

18. 前翅 Cu$_2$ 脉分出在 R$_1$ 脉之后或与之对应 ·· 19
　- 前翅 Cu$_2$ 脉分出在 R$_1$ 脉之前 ·· 24

19. 触角端突无或短，前翅有半透明斑 ·· 20
　- 触角端突长，前翅无半透明斑 ·· 21

20. 后翅中室长等于翅长一半，无黄斑 ·································· **锷弄蝶属 *Aeromachus***
　- 后翅中室长短于翅长一半，具黄斑 ····························· **黄斑弄蝶属 *Ampittia***

21. 雄性外生殖器背兜显著短于或等于钩形突长度的一半 ················ **酣弄蝶属 *Halpe***
　- 雄性外生殖器背兜显著长于钩形突长度的一半 ··· 22

22. 触角短于前翅长的一半，触角端突长 ······························· **琵弄蝶属 *Pithauria***
　- 触角不短于前翅长的一半，触角端突短 ··· 23

23. 前翅正面中域斑浓黄色，雄蝶前翅正面无性标 ····················· **讴弄蝶属 *Onryza***
　- 前翅正面中域斑半透明，雄蝶前翅正面具性标 ················· **徘弄蝶属 *Pedesta***

24. 前翅 M$_2$ 脉直 ·· 25
　- 前翅 M$_2$ 脉基部下弯 ·· 32

25. 触角端突前稍收缩 ·· 26
　- 触角端突前不收缩 ·· 30

26. 触角端突短于触角棒部宽度的 2 倍 ··· 27
　- 触角端突长于触角棒部宽度的 2 倍 ··· 28

27. 后翅反面具数个围有黑环的白斑 ································· **旖弄蝶属 *Isoteinon***
　- 后翅反面斑纹不如上述 ·· **须弄蝶属 *Scobura***

28. 后翅中室开式，反面中域具条带 ································· **圣弄蝶属 *Acerbas***
　- 后翅中室闭式，反面中域无条带 ··· 29

29. 前翅正面具大而分离的半透明斑 ································· **蕉弄蝶属 *Erionota***
　- 前翅正面无半透明斑 ··· **玛弄蝶属 *Matapa***

30. 前翅无白色大斑 ··· **腌翅弄蝶属 *Astictopterus***
　- 前翅具白色大斑 ·· 31

31. 前翅中域白色斑连接成带 ··· **袖弄蝶属 *Notocrypta***
　- 前翅中域白色斑分散 ··· **姜弄蝶属 *Udaspes***

32. 翅黑褐色或深褐色，前翅具透明斑 ··· 33
　- 翅黄色或橘红色，或黑色具黄色斑纹，斑大部不透明 ·· 40

33. 中足胫节有刺 ··· 34
　- 中足胫节无刺 ··· 35

34. 后翅反面有白斑 ··· **谷弄蝶属 *Pelopidas***
　- 后翅反面无白斑 ··· **刺胫弄蝶属 *Baoris***

35. 触角短于前翅长的一半 ··· 36
　- 触角长于前翅长的一半 ··· 38

36. 触角端突正常 ··· **拟籼弄蝶属 *Pseudoborbo***
　- 触角端突很小 ··· 37

37. 前翅 CuA$_2$ 室具斑 ··· **籼弄蝶属 *Borbo***
　- 前翅 CuA$_2$ 室无斑 ··· **稻弄蝶属 *Parnara***

38. 后翅反面无斑 ··· **珂弄蝶属 *Caltoris***
　- 后翅反面有斑 ··· 39

39. 前翅 R$_1$ 脉源于 CuA$_1$ 脉和 CuA$_2$ 脉之间 ·· **资弄蝶属 Zinaida**
-　 前翅 R$_1$ 脉与 CuA$_2$ 脉发出点在一条直线上 ··· **孔弄蝶属 Polytremis**
40. 中足胫节无刺 ·· 41
-　 中足胫节有刺 ·· 42
41. 下唇须第 3 节细长，雄蝶前翅无性标 ··· **黄室弄蝶属 Potanthus**
-　 下唇须第 3 节短粗，雄蝶前翅具性标 ··· **长标弄蝶属 Telicota**
42. 触角无端突 ·· **豹弄蝶属 Thymelicus**
-　 触角端突细长 ·· **赭弄蝶属 Ochlodes**

139. 绿弄蝶属 *Choaspes* Moore, 1881

Choaspes Moore, 1881: 158. Type species: *Thymele benjaminii* Guérin-Méneville, 1843.

主要特征：大型种类，身体粗壮。触角长于前翅长的一半；前翅顶角尖，中室与前翅后缘等长，翅正面具绿色鳞，脉纹黑色；后翅臀角瓣状突出，黄色或橘红色；雄蝶后足胫节有黑色毛簇，置于胸部窝内。雄性外生殖器钩形突发达、不分叉，颚形突发达下弯；抱器近椭圆形，阳茎短小而直。

分布：东洋区、澳洲区、非洲区。中国记录 4 种，浙江分布 2 种。

（321）绿弄蝶 *Choaspes benjaminii* (Guérin-Méneville, 1843)（图 4-1）

Thymele benjaminii Guérin-Méneville, 1843: 79.

Choaspes benjaminii: Moore, 1881: 159.

♂正　　　　　　　　　　♂反

♂外生殖器

图 4-1　绿弄蝶 *Choaspes benjaminii* (Guérin-Méneville, 1843)

主要特征：雄性：头、胸、腹具绿毛，下唇须黄色，腹部腹面大部黄色，具黑环。前翅正面基部蓝绿色，有金属光泽，向外缘逐渐变黑；反面具蓝绿色金属光泽，翅脉黑色。后翅正面同前翅正面，但具蓝绿色长毛；臀角外缘橙黄或橘红色；反面大部同前翅，臀角区橘红色，其内侧与中央具黑斑列，其中2A 室中央黑斑大、舌状。雌性：大部同雄性，不同之处在于前翅正面基部绿色，具闪光。

雄性外生殖器抱器端突三角形，顶端尖。

分布：浙江（全省）、河南、陕西、甘肃、安徽、湖北、江西、湖南、福建、台湾、广东、香港、重庆、四川、贵州；日本，印度，不丹，缅甸，越南，老挝，泰国，菲律宾，马来西亚，印度尼西亚。

（322）半黄绿弄蝶 *Choaspes hemixanthus* Rothschild *et* Jordan, 1903（图 4-2）

Choaspes hemixanthus Rothschild *et* Jordan, 1903: 482.

主要特征：与绿弄蝶非常相似，主要不同之处在于绿弄蝶具蓝绿色金属光泽，雄性外生殖器的抱器端突三角形；而该种具金绿色光泽，翅反面尤其明显。雄性外生殖器的抱器端突指状，下弯。

分布：浙江、甘肃、安徽、江西、福建、广东、香港、四川；印度，不丹，尼泊尔，缅甸，越南，老挝，泰国，菲律宾，马来西亚，印度尼西亚，新几内亚岛。

♂正　　　　　　　　　♂反

♂外生殖器

图 4-2　半黄绿弄蝶 *Choaspes hemixanthus* Rothschild *et* Jordan, 1903

140. 暮弄蝶属 *Burara* Swinhoe, 1893

Burara Swinhoe, 1893: 329. Type species: *Ismene vasutana* Moore, 1866.

主要特征：中型到大型种类，身体粗壮。触角短于前翅长的一半。前翅顶角钝，中室短于前翅后缘，CuA_1 脉源于 R_1 脉的前面；后翅 CuA_1 脉源于中室下角，近 M_3 脉起点，M_2 脉存在，Rs 脉相对或稍前于 CuA_2 脉，远前于 CuA_1 脉，臀角无瓣状突出。雄性外生殖器钩形突发达、板状，颚形突发达、端部被小刺，抱器不规则四边形，阳茎长。

分布：古北区、东洋区。中国记录 10 种，浙江分布 3 种。

分种检索表

1. 后翅反面中室青白色，缘毛白色 ·· **白暮弄蝶 *B. gomata***
- 后翅反面绿色 ··· 2
2. 雄蝶前翅有性标 ·· **绿暮弄蝶 *B. striata***
- 雄蝶前翅无性标 ··· **大暮弄蝶 *B. miracula***

（323）白暮弄蝶 *Burara gomata* (Moore, 1866)（图 4-3）

Ismene gomata Moore, 1866: 783.

Burara gomata: Vane-Wright & de Jong, 2003: 55.

主要特征：雄性：头、胸橘黄色，腹部黑白相间，下唇须黄褐色。前翅正面灰褐色，略带蓝色光泽，各翅室内具白鳞，呈放射状排列；反面底色黑色，脉纹白色。后翅正面前缘白色，其余部分同前翅正面；臀角不明显突出；反面大部同前翅，中室具 1 白色粗条，缘毛白色。雌性：同雄性。

雄性外生殖器钩形突末端稍凹入、两侧角三角形，颚形突端部愈合、被小刺，抱器窄长、基角端部尖、抱器腹基部伸出 1 等长于抱器的细长突。

♂正　　　　　　　　　　♂反

♀正　　　　　　　　　　♀反

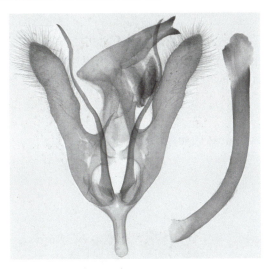

♂ 外生殖器

图 4-3　白暮弄蝶 *Burara gomata* (Moore, 1866)

分布：浙江（泰顺）、陕西、湖北、江西、福建、广东、海南、香港、广西、四川；印度，孟加拉国，缅甸，越南，老挝，泰国，菲律宾，马来西亚，印度尼西亚。

（324）绿暮弄蝶 *Burara striata* (Hewitson, 1867)（图 4-4）

Ismene striata Hewitson, 1867: 86.

Burara striata: Chiba, 2009: 13.

♂正　　　　　　　　　♂反

♂ 外生殖器

图 4-4　绿暮弄蝶 *Burara striata* (Hewitson, 1867)

主要特征：雄性：头、胸橘黄色，腹部黑黄相间，下唇须黄褐色。前翅正面红褐色，2A 脉上方与

CuA$_1$ 脉、CuA$_2$ 脉两边具性标；反面翅脉黑色，其余部分绿色。后翅正面底色同前翅正面，被橘红色长毛，臀角不明显突出；反面同前翅，缘毛橘红色。雌性：同雄性。

雄性外生殖器钩形突末端稍凹入，抱器三角形、腹端突上缘及背端锯齿状、中下部内侧有不小的指状突起。

分布：浙江（遂昌、泰顺）、河南、江苏、上海、江西、四川、云南；朝鲜。

（325）大暮弄蝶 *Burara miracula* (Evans, 1949)（图 4-5）

Bibasis miracula Evans, 1949: 49.

Burara miracula: Chiba, 2009: 13.

♂正　　　　♂反

♀正　　　　♀反

♂外生殖器

图 4-5　大暮弄蝶 *Burara miracula* (Evans, 1949)

主要特征：雄性：头、胸橘黄色，腹部黑黄相间，下唇须黄褐色。前翅正面红褐色，翅脉及翅脉两侧黑色；反面翅脉黑色，其余部分绿色。后翅正面底色同前翅正面；臀角不明显突出；反面同前翅，缘毛黄色。雌性：同雄性。

雄性外生殖器与绿暮弄蝶的主要区别是抱器腹端突钝、上缘被小刺，背端突小、刺状。

分布：浙江、福建、广东、四川；越南。

141. 趾弄蝶属 *Hasora* Moore, 1881

Hasora Moore, 1881: 159. Type species: *Goniloba badra* Moore, 1858.

主要特征：大型种类，身体粗壮。触角长于前翅前缘的一半；雄蝶翅暗褐色；雌蝶前翅通常具半透明斑。前翅顶角尖，中室短于后缘，CuA_1 脉源于 R_1 脉的前面，2A 脉基部弯曲；后翅 M_2 脉存在，臀角瓣状突出。雄性外生殖器钩形突发达、端部分叉成角状，颚形突长而粗，抱器形状不规则，阳茎短小。

分布：东洋区、新热带区、澳洲区。中国记录 7 种，浙江分布 1 种。

（326）无趾弄蝶 *Hasora anura* de Nicéville, 1889（图 4-6）

Hasora anura de Nicéville, 1889: 170.

主要特征：雄性：头、胸、腹黑色，触角裸节黄褐色，端突长、弯曲；下唇须腹面黄褐色。前翅正面黑褐色，顶角 R_4、R_5 室具小白斑，其中 R_4 室更小而模糊；反面斑同正面，颜色不均匀，端部及 CuA_2 脉与后缘间黄褐色，中室端、中室以下与 CuA_2 脉间暗褐色。后翅正面底色同前翅；臀角稍突出；反面底色

♂正　　　　　　　　　　　　♂反

♀正　　　　　　　　　　　　♀反

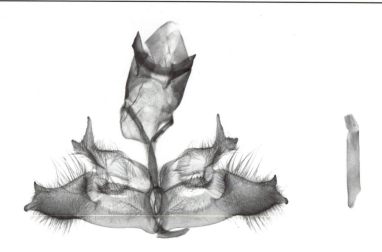

♂外生殖器

图 4-6　无趾弄蝶 *Hasora anura* de Nicéville, 1889

不均匀，基半部红褐色，端半部色淡，CuA$_2$ 室具黄白色条斑；中室基部具 1 小白色圆斑。雌性：翅正反面底色同雄性，前翅正反面 R$_3$、R$_4$、R$_5$ 各具 1 个小白斑，中室端、M$_3$ 与 CuA$_1$ 室各有 1 黄白色大斑。

雄性外生殖器钩形突发达、端部分两叉，呈角状；颚形突宽大；抱器端两分叉、背端突上突长、腹端突下突长；阳茎短小。

分布：浙江（江山、庆元、泰顺）、河南、安徽、江西、湖南、福建、广东、海南、香港、广西、四川；印度，缅甸，越南，老挝，泰国。

142. 带弄蝶属 *Lobocla* Moore, 1884

Lobocla Moore, 1884: 51. Type species: *Plesioneura liliana* Atkinson, 1871.

主要特征：中型种类，身体粗壮。触角长于前翅长的一半，下唇须第 3 节长。前翅顶角钝，中室长于前翅的一半，中域具 1 半透明斜斑带；雄蝶前翅具前缘褶。雄性外生殖器钩形突发达，颚形突发达，长而直，抱器近长方形，阳茎短粗而直。

分布：古北区、东洋区。中国记录 8 种，浙江分布 1 种。

（327）双带弄蝶 *Lobocla bifasciata* (Bremer *et* Grey, 1853)（图 4-7）

Eudamus bifasciatus Bremer *et* Grey, 1853a: 60.

Lobocla bifasciata: Tong, 1993: 66.

　　♂正　　　　　　　　　♂反

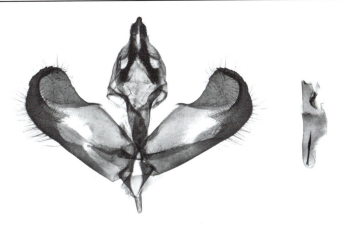

♂ 外生殖器

图 4-7　双带弄蝶 *Lobocla bifasciata* (Bremer *et* Grey, 1853)

主要特征：雌雄同型。雄性：前翅具前缘褶，正面黑褐色，中域有 1 由 5 个半透明斑组成的斜斑带；各个斑由翅脉隔开；亚顶角区具 3 个小白斑，有时 M_1 与 M_2 室也具小白点；反面斑纹同正面，后缘灰白色；亚顶角斑外灰白色。后翅正面底色同前翅正面，无斑纹；反面底色同前翅反面，具灰白色不规则云雾状纹。雌性：同雄性。

雄性外生殖器钩抱器腹端突弯钩状、端部尖被刺，背端突宽、端部与腹端突紧密结合。

分布：浙江（全省）、黑龙江、吉林、辽宁、北京、河南、陕西、甘肃、安徽、湖北、江西、福建、台湾、广东、四川；俄罗斯，朝鲜。

143. 星弄蝶属 *Celaenorrhinus* Hübner, 1819

Celaenorrhinus Hübner, 1819: 106. Type species: *Papilio eligius* Stoll, 1781.

主要特征：中型至大型种类。触角等于或长于前翅长的一半；前翅前缘略呈弧形。翅褐色；前翅具白色透明斑，少数种类具 1 半透明斜斑带，后翅正反面通常具很多黄色斑。雄性外生殖器钩形突发达、末端分叉，颚形突发达、短粗，抱器长、部分种类末端二分裂，阳茎短粗而直。

分布：古北区、东洋区、新北区、新热带区、澳洲区、非洲区。中国记录 21 种，浙江分布 2 种。

（328）斑星弄蝶 *Celaenorrhinus maculosus* (C. *et* R. Felder, 1867)（图 4-8）

Pterygospidea maculosa C. *et* R. Felder, 1867: 528.

Celaenorrhinus maculosus: Chou, 1994: 703.

♂ 正　　　　　　　　♂ 反

♀正　　　　　　　　　　　　　　♀反

♂外生殖器

图 4-8　斑星弄蝶 Celaenorrhinus maculosus (C. et R. Felder, 1867)

主要特征：雄性：前翅正面黑褐色，顶角区具 5 个小白斑，分别于 R_3–R_5、M_1 和 M_2；中央有 5 个白斑，其中中室与 CuA_1 室的大，不交错；M_3 室的白斑小于 M_1 与 M_2 的，CuA_2 室具 3 个白斑；反面斑纹同正面，基部具灰白色放射状纹，后缘灰白色。后翅正面底色同前翅正面，散布大量大小不一的黄斑；反面底色同前翅反面，斑纹与正面类似。雌性：同雄性，翅形更圆。

雄性外生殖器钩形突末端分叉，颚形突肘状弯曲、腹面被小刺，抱器末端上缘具 1 小缺刻，阳基轭片 4 分裂为"W"形、两侧突短小、中突密接细长，轭片基部中央有 1 被小刺的突起。

分布：浙江（临安）、河南、安徽、湖北、江西、福建、广东、四川；越南，老挝。

（329）同宗星弄蝶 *Celaenorrhinus consanguinea* Leech, 1891（图 4-9）

Celaenorrhinus consanguinea Leech, 1891c: 61.

♂正　　　　　　　　　　　　　　♂反

♀正　　　　　　　　　　　　　　♀反

♂外生殖器

图 4-9　同宗星弄蝶 *Celaenorrhinus consanguinea* Leech, 1891

主要特征：雄性：前翅正面黑褐色，顶角区具 3 个小白斑，排列成直线形；CuA_1 室白斑最大，且沿 CuA_2 脉向外突出；M_3 室具 1 白斑，CuA_2 室具 3 个小白斑；反面斑纹同正面。后翅正面底色同前翅正面，有些个体具清晰中室端斑，亚外缘区有弧形浅黄色小斑列；反面斑纹同正面。雌性：同雄性，翅形更圆。

雄性外生殖器钩形突末端分叉，颚形突肘状弯曲、端部愈合、腹面被小刺，抱器末端深裂呈"U"形、背突细长、腹突角状。

分布：浙江（临安、淳安、龙泉）、安徽、湖北、广东、四川、云南。

144. 襟弄蝶属 *Pseudocoladenia* Shirôzu *et* Saigusa, 1962

Pseudocoladenia Shirôzu *et* Saigusa, 1962: 26. Type species: *Coladenia dan fabia* Evans, 1949.

主要特征：中型种类。前翅中域具白色或黄色透明斑，后翅反面褐色，带有黄褐色斑；前后翅中室末端平截。雄性外生殖器钩形突二分叉，背兜侧突发达、角状，颚形突细长、向上弯曲、端部愈合且被小刺，抱器腹突发达、背突退化；阳茎粗短。

分布：古北区、东洋区。中国记录 4 种，浙江分布 1 种。

（330）美襟弄蝶 *Pseudocoladenia decora* (Evans, 1939)（图 4-10）

Coladenia dan decora Evans, 1939: 163.

Pseudocoladenia decora: Huang, 2021: 582.

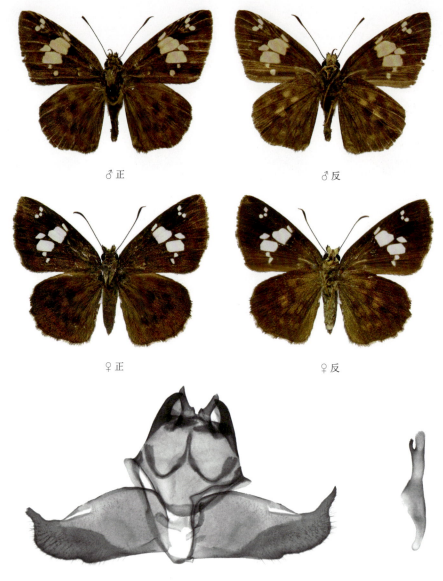

♂正　　　　　　　　　　　　♂反

♀正　　　　　　　　　　　　♀反

♂外生殖器

图 4-10　美襟弄蝶 *Pseudocoladenia decora* (Evans, 1939)

主要特征：雄性：前翅正面红褐色，顶角区具 3 个黄白色小斑，中间的稍小且内移；中室内黄白斑最大，上斑短于下斑，上方具 1 短条斑；CuA$_1$ 室斑矩形，M$_3$ 室斑不规则方形，CuA$_2$ 室具 2 个小斑；反面斑纹同正面。后翅正面底色同前翅正面，中室及亚缘区具模糊的黑斑；反面黄色斑纹较清晰。雌性：前翅的半透明斑白色，其余同雄性。

雄性外生殖器钩形突二分裂，钳状；颚形突细长、肘状弯曲、端部愈合、腹面密布小突起；抱器背端突向上伸长，顶端尖锐，阳茎背部有 1 指状具刺的突起。

分布：浙江（临安）、陕西、安徽、湖北。

145. 白弄蝶属 *Abraximorpha* Elwes *et* Edwards, 1897

Abraximorpha Elwes *et* Edwards, 1897: 123. Type species: *Pterygospidea davidii* Mabille, 1876.

主要特征：大型种类。触角长等于前翅长的一半，后翅后缘与前缘等长，前翅底色暗褐色，具大的白色或灰白色斑纹；后翅底色白色，具暗褐色大斑；后足胫节无毛刷。雄性外生殖器不对称，钩形突、颚形突均向一侧倾斜，其中钩形突末端分裂为 2 短突，颚形突端部愈合，抱器不对称、端部分叉复杂；阳茎细。

　　分布： 古北区、东洋区。中国记录 2 种，浙江分布 1 种。

（331）白弄蝶 *Abraximorpha davidii* (Mabille, 1876)（图 4-11）

Pterygospidea davidii Mabille, 1876: liv.

Abraximorpha davidii: Elwes & Edwards, 1897: 123.

　　主要特征： 雄性：前翅正面底色暗褐色，前缘、顶角及外缘暗褐色，前缘具 1 白色条斑；顶角区具 4 个小白斑，不呈一直线，其外侧靠近外缘 M_1 与 M_2 室具 2 小白斑，中室端、M_3、CuA_1 与 CuA_2 室各具 1 较大的白斑，中室基部具 1 白色射线状纹，中室端横脉处白色，CuA_1 室及 CuA_2 室在亚外缘具 2 个模糊小白斑；反面斑纹同正面。后翅正反面底色白色，分别于基部、中部、亚缘及外缘有大的暗褐色斑列。雌性：同雄性。

　　雄性外生殖器抱器不对称，右瓣腹端突宽大、末端被小刺，顶端尖，基部具 1 圆形突起，背端突细小；左瓣腹端突粗大角状，背端突细小具复杂的分叉；阳茎端具被刺的角状器。

　　分布： 浙江（临安、遂昌、龙泉）、山西、河南、陕西、甘肃、湖北、江西、湖南、福建、广东、海南、香港、广西、四川、云南；缅甸，越南。

♂正　　　　　　　　　　♂反

♀正　　　　　　　　　　♀反

♂外生殖器

图 4-11　白弄蝶 *Abraximorpha davidii* (Mabille, 1876)

146. 梳翅弄蝶属 *Ctenoptilum* de Nicéville, 1890

Ctenoptilum de Nicéville, 1890a: 220. Type species: *Achlyodes vasava* Moore, 1866.

主要特征：中型种类。触角短于前翅长的一半；翅褐色，有数个白色透明斑；前翅中室长于前翅长的一半，前翅外缘在 M_3 脉处向外显著突出，后翅 Rs 脉及 M_3 脉显著外突。雄性外生殖器钩形突端部细、不分裂，颚形肘状弯曲、端部被小刺，抱器宽、末端三分裂；阳茎长而直。

分布：古北区、东洋区。中国记录 1 种，浙江有分布。

（332）梳翅弄蝶 *Ctenoptilum vasava* (Moore, 1866)（图 4-12）

Achlyodes vasava Moore, 1866: 786.

Ctenoptilum vasava: de Nicéville, 1890a: 220.

主要特征：雄性：前翅前缘基部弯曲成弧形，前翅底色黄褐色，中域具数个白色透明斑，中室的透明斑最大，CuA_2 室的透明斑次之，顶角区 R_2–M_2 的白斑呈弧形排列，其中 R_4 室的斑最大，呈楔形；前翅外缘在 M_3 脉向外显著突出；反面斑纹同正面。后翅正面底色同前翅，中域数个白色透明斑以暗纹相隔，中室内的 2 斑最大；Rs 脉及 M_3 脉显著外突；反面斑纹同正面。雌性：斑纹同雄性，前翅较窄。

♂ 正　　　　　♂ 反

♀ 正　　　　　♀ 反

♂ 外生殖器

图 4-12　梳翅弄蝶 *Ctenoptilum vasava* (Moore, 1866)

雄性外生殖器抱器宽、末端三分裂，其中背端突上缘具小刺，中突细而尖，腹突粗而钝，抱器腹基部有 1 大刺；阳茎长，基鞘基部弯曲。

分布：浙江（临安、缙云）、河北、河南、陕西、江苏、江西、四川、云南；印度，缅甸，老挝，泰国。

147. 飒弄蝶属 *Satarupa* Moore, 1866

Satarupa Moore, 1866: 780. Type species: *Satarupa gopala* Moore, 1866.

主要特征：大型种类。触角等于前翅长的一半；下唇须腹面黄色，前伸；前翅中域具大块白色透明斑，前翅中室顶角突出，后翅具宽的白色中域带。雄性外生殖器钩形突发达、端部不分叉，颚形突肘状弯曲、腹面被小刺，囊形突细长，抱器末端二分裂，阳茎细长而直，阳基轭片呈 "V" 形。

分布：古北区、东洋区。中国记录 8 种，浙江分布 2 种。

注：《浙江蝶类志》《中国蝶类志》及《中国动物志 昆虫纲 第五十五卷 鳞翅目 弄蝶科》中均记录了浙江有飒弄蝶 *Satarupa gopala* 的分布，经核对书中图示，所有记载为飒弄蝶的个体均为蛱型飒弄蝶 *Satarupa nymphalis* 的误定，因此飒弄蝶是否在浙江有分布，有待进一步研究。

（333）蛱型飒弄蝶 *Satarupa nymphalis* (Speyer, 1879)（图 4-13）

Tagiades nymphalis Speyer, 1879: 348.

Satarupa nymphalis: Matsumura, 1929: 106.

主要特征：雄性：前翅正面黑褐色，顶角具 5 白斑，R₃–R₅ 室的 3 长条形白斑，呈直线排列，M₁、M₂室的稍小，5 斑呈弧形；CuA₁ 室白斑最大，中室白斑明显小于 M₃ 室白斑，CuA₂ 室具 2 长条形小白斑；反面斑纹同正面。后翅正面底色同前翅正面，中央自 Sc+R₁ 到后缘有 1 宽白带，白带外侧具 1 列互相融合的黑斑列，大部分为椭圆形，靠近顶角的黑斑为圆形；反面基部为白色，Sc+R₁ 室基部具 1 黑斑，白带外侧的黑斑列与正面同。雌性：同雄性，翅形更宽。

♂正　　　　　　　　　　　　♂反

♀正　　　　　　　　　　　　♀反

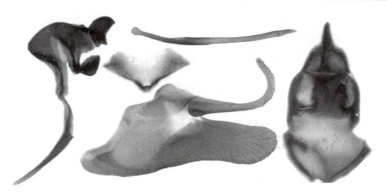

♂外生殖器

图 4-13　峡型飒弄蝶 *Satarupa nymphalis* (Speyer, 1879)

雄性外生殖器钩形突发达、端部不分叉，颚形突肘状弯曲、腹面被小刺，囊形突细长，抱器末端深裂、背端突细长、向上弯曲、腹端突宽板形、末端钝，阳茎细长而直。

分布：浙江（龙泉）、黑龙江、吉林、辽宁、北京、河南、陕西、甘肃、安徽、湖北、江西、福建、四川、西藏；俄罗斯，朝鲜。

（334）密纹飒弄蝶 *Satarupa monbeigii* Oberthür, 1921（图 4-14）

Satarupa monbeigii Oberthür, 1921: 76.

主要特征：雄性：前翅正面黑褐色，顶角区具 5 白斑，R_3–R_5 室的 3 长条形白斑排列成直线；M_1、M_2 室 2 白斑较小，位于前 3 白斑的侧下方；CuA_1 室白斑最大，中室白斑大于 M_3 室白斑，CuA_2 室有 2 不规

♂正　　　　　　　　　　　　　　　　♂反

♀正　　　　　　　　　　　　　　　　♀反

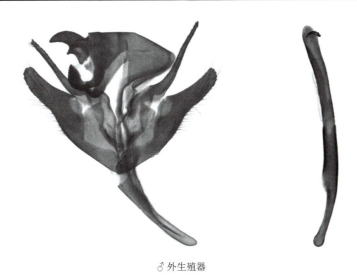

♂外生殖器

图 4-14　密纹飒弄蝶 *Satarupa monbeigii* Oberthür, 1921

则形状的小白斑；反面斑纹同正面。后翅正面底色同前翅正面，中央具 1 宽白带从亚前缘延伸到后缘，白带外侧具 1 列互相融合的黑斑列，靠近顶角的黑斑为圆形；反面基部三分之二为白色，黑斑列与正面相同。雌性：同雄性，翅形更宽。

雄性外生殖器与狭型飒弄蝶的主要区别是抱器背端突细长而直。

分布：浙江（龙泉、泰顺）、江苏、上海、湖北、江西、湖南、广西、贵州；越南，老挝。

148. 瑟弄蝶属 *Seseria* Matsumura, 1919

Seseria Matsumura, 1919: 683. Type species: *Suastus nigroguttatus* Matsumura, 1910(=*Satarupa formosana* Fruhstorfer, 1909).

主要特征：与飒弄蝶非常相似，但其体小，前翅中室无斑，前翅顶角 R_5、M_1 室斑外移。雄性外生殖器钩形突短宽、端部向两侧扩大成角、末端中央稍凹，颚形突发达、末端愈合，囊形突长，抱器端分叉、不对称，阳茎弯曲。

分布：东洋区。世界已知 6 种，中国记录 4 种，浙江分布 1 种。

（335）锦瑟弄蝶 *Seseria dohertyi* (Watson, 1893)（图 4-15）

Satarupa dohertyi Watson, 1893: 46.

Seseria dohertyi: Evans, 1949: 123.

♂正　　　　　　♂反

♂外生殖器

图 4-15　锦瑟弄蝶 *Seseria dohertyi* (Watson, 1893)

主要特征：雄性：前翅正面黑褐色，顶角具 4 小白斑，R_5、M_1 室斑外移，M_2、M_3 室斑等大，CuA_1、CuA_2 室最大且近等大；反面斑纹同正面，后缘中部白色。后翅正面底色同前翅正面，中央具 1 宽白带且其外侧具 1 黑斑列；反面基部为白色，黑斑列与正面相同；腹部背面端部白色。雌性：腹末具毛簇，其余同雄性。

雄性外生殖器钩形突末端中央稍凹，两侧角水平伸出；抱器端三分叉，背端突短、外缘具齿，另两突长刺状；阳茎基鞘及端鞘中央稍弧形下弯；阳基轭片大头针状。

分布：浙江、福建、广东、海南、广西、云南、西藏；印度，越南，老挝等。

149. 捷弄蝶属 *Gerosis* Mabille, 1903

Gerosis Mabille, 1903: 44. Type species: *Coladenia hamiltoni* de Nicéville, 1889.

主要特征：中型种类。下唇须腹面黄色。前翅顶角斑似裙弄蝶，中室端、M_3 室、CuA_1 室有白色透明斑，CuA_1 室的最大。雄性外生殖器钩形突基部短宽、端部细，颚形突发达，弯曲、末端愈合、腹面被小刺；抱器端分叉，阳茎长而直。

分布：古北区、东洋区。中国记录 4 种，浙江分布 2 种。

（336）中华捷弄蝶 *Gerosis sinica* (C. *et* R. Felder, 1862)（图 4-16）

Pterygospidea sinica C. *et* R. Felder, 1862: 30.

Gerosis sinica: Chou, 1994: 710.

主要特征：雄性：腹部背面中央白色。前翅正面黑褐色，顶角具 3 个小白斑，中间的小斑内移；M_1 与 M_2 室具 2 小白斑；中室下角具 1 小白斑，CuA_1 室、CuA_2 室的白斑相连，并延伸至后缘与后翅白带相连；M_3 室具 1 白斑；反面斑纹同正面。后翅正面底色同前翅正面，中域具 1 宽白色带，白色带外缘具 1 列黑色圆点；反面类似正面。雌性：斑纹排列同雄性。

雄性外生殖器钩形突末端钝；抱器端两裂，背端突细、末端尖，腹端突宽大、末端钝圆；阳茎长而直。

分布：浙江（临安、松阳、龙泉、泰顺）、陕西、江苏、湖北、海南、四川、云南；印度，缅甸，越南，老挝，泰国，马来西亚。

♂正　　　　　　　　　　♂反

♂外生殖器

图 4-16　中华捷弄蝶 *Gerosis sinica* (C. *et* R. Felder, 1862)

（337）匪夷捷弄蝶 *Gerosis phisara* (Moore, 1884)（图 4-17）

Satarupa phisara Moore, 1884: 50.

Gerosis phisara: Chou, 1994: 710.

　　主要特征：雄性：腹部背面中央各节之间具窄白色条纹。前翅正面黑褐色，顶角具 3 个小白斑，中间的小斑内移，整体排列成"＜"形；M_1、M_2 室有时具 2 小白斑；中室下角具 1 小白斑，CuA_1 室与 M_3 室具 1 方形白斑，CuA_2 室的白斑常仅有痕迹；反面斑纹同正面。后翅正面底色同前翅正面，中域具 1 白色带；反面类似正面，白色区域大小与正面相近。雌性：斑纹排列基本同雄性，CuA_2 室的白斑发达、显著呈梯形。

　　雄性外生殖器与中华捷弄蝶的主要区别是钩形突末端尖；抱器背端突拇指状、中央最粗，阳茎内有 1 被刺的角状器。

　　分布：浙江（缙云、遂昌、庆元）、湖北、江西、湖南、广东、海南、广西、四川、云南、西藏；印度，孟加拉国，缅甸，越南，老挝，泰国，马来西亚。

♂正　　　　　　　　　　♂反

♀正　　　　　　　　　　　　♀反

♂外生殖器

图 4-17　匪夷捷弄蝶 *Gerosis phisara* (Moore, 1884)

150. 裙弄蝶属 *Tagiades* Hübner, 1819

Tagiades Hübner, 1819: 108. Type species: *Papilio japetus* Stoll, 1781.

　　主要特征：中型种类。前翅中部及端部有白色透明斑，后翅正面臀区同前翅，或淡黄色或白色或中部具宽白带。雄性外生殖器钩形突不分叉，颚形突向上弯曲、末端愈合被小刺，抱器与阳茎形态多样化。
　　分布：古北区、东洋区。中国记录 5 种，浙江分布 2 种。

（338）沾边裙弄蝶 *Tagiades vajuna* Fruhstorfer, 1910（图 4-18）

Tagiades menaka vajuna Fruhstorfer, 1910: 78.

　　主要特征：雄性：前翅正面黑褐色，顶角有 5 个小白斑，R_4 的内移，M_1、M_2 室的斑在 R_5 斑的外侧；中室上方 Sc 室有 1 小白斑，中室端有 1、2 个小白斑；M_3 室具 1 小白斑，有时 CuA_1 室具 1 个小白斑；反面斑纹同正面。后翅正面底色同前翅正面，Rs 脉以下白色，上方与黑色区域交界处具 2 彼此分离的黑斑，外缘有 4 个彼此分离的黑斑；反面类似正面，白色区域更大，延伸到翅基部，在中室内具 1 黑斑，$Sc+R_1$ 室具 2 黑斑，其余斑纹同正面。雌性：同雄性。
　　雄性外生殖器抱器背退化为 1 细小的指状突起，抱器腹端突发达、角状，阳茎基鞘弯曲、端鞘直、稍长于基鞘。
　　分布：浙江（遂昌、平阳）、江西、福建、广东、海南、广西、贵州、云南；印度，孟加拉国，缅甸，越南，老挝，泰国，马来西亚，印度尼西亚。
　　注：本种学名在以往的多数文献中为 *Tagiades litigiosa*，Maruyama（1991）检视模式标本后认为 *Tagiades litigiosa* 是黑边裙弄蝶 *Tagiades menaka* 的异名，并恢复 *Tagiades vajuna* 为有效种。

♂正　　　　　　　　　♂反

♂外生殖器

图 4-18　沾边裙弄蝶 *Tagiades vajuna* Fruhstorfer, 1910

（339）黑裙弄蝶 *Tagiades tethys* (Ménétriès, 1857)（图 4-19）

Pyrgus tethys Ménétriès, 1857: 126.

Tagiades tethys: Huang et al., 2020: 598.

　　主要特征：雄性：前翅正面黑褐色，顶角 3 个小白斑有变异，或大小近似，或中间很小且内移；M_1 与 M_2 室常有 2 小白斑；中室端、CuA_1、CuA_2 室各具 1 大小近似的白斑；M_3 室具 1 白斑；反面斑纹同正面。后翅正面底色同前翅正面，中域具 1 白色带，白色带外缘具黑色圆斑；反面类似正面，白色区域更大，延伸到翅基部，在中室内具 1 黑斑，$Sc+R_1$ 室具 2 个黑斑，其余斑纹同正面。雌性：同雄性。

♂正　　　　　　　　　♂反

♀正　　　　　　　　　♀反

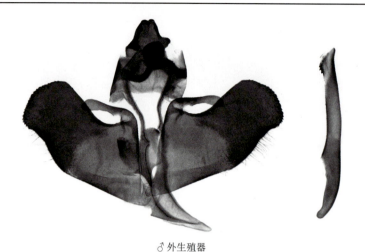

♂ 外生殖器

图 4-19　黑裙弄蝶 *Tagiades tethys* (Ménétriès, 1857)

　　雄性外生殖器抱器背退化为 1 细小的指状突，抱器腹端突发达、长方形、外缘被小刺；阳茎端背面被小刺。

　　分布：浙江（全省）、除新疆和海南以外的各省份；蒙古国，朝鲜半岛，日本，缅甸。

　　注：Huang 等（2020）基于成虫、幼期形态学、分子数据及寄主等综合分析，认为传统上的黑弄蝶应该是裙弄蝶属的一个成员。本志支持此观点。

151. 大弄蝶属 *Capila* Moore, 1866

Capila Moore, 1866: 785. Type species: *Capila jayadeva* Moore, 1866.

　　主要特征：体中大型，前翅中央具白带或透明斑，后翅常具小椭圆黑斑，雌性腹末具毛簇，雄性后足胫节具 1 毛刷。雄性外生殖器钩形突发达、端部二分叉，颚形突肘状弯曲、末端愈合、腹面被小刺，囊形突宽短，抱器端三分叉，阳茎细长而直、末端具被细刺的角状器。

　　分布：东洋区。世界已知 13 种，中国记录 11 种，浙江分布 1 种。

（340）毛刷大弄蝶 *Capila pennicillatum* (de Nicéville, 1893)（图 4-20）

Crossiura pennicillatum de Nicéville, 1893: 351.

Capila pennicillatum: Lewis, 1974: 207.

♂ 正　　　　　　　　　　♂ 反

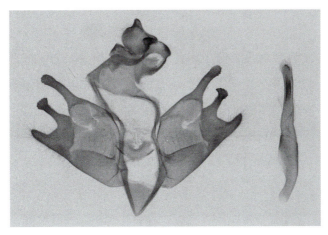

♂ 外生殖器

图 4-20　毛刷大弄蝶 *Capila pennicillatum* (de Nicéville, 1893)

主要特征：雄性：前翅正面褐色，顶角区 R_3–R_5 有小白斑，M_1、M_2 小白斑有或无；翅中央自中室前缘到 CuA_2 室具 1 斜白带，其中两端窄、中央宽；反面斑纹同正面。后翅正、反面底色同前翅，无斑纹，臀角处具毛刷。雌性：中央白带延伸至前缘区，后翅臀角无毛刷，其余同雄性。

雄性外生殖器钩形突发达，端部二分叉；颚形突肘状弯曲，腹面被小刺，末端愈合；抱器端三分裂、背端突窄于腹端突、末端被刺、腹端突末端平直，阳茎直、端部具角状器。

分布：浙江、江西、福建、广东、海南、广西；印度，越南。

152. 窗弄蝶属 *Coladenia* Moore, 1881

Coladenia Moore, 1881: 180. Type species: *Plesioneura indrani* Moore, 1866.

主要特征：体中型，前后翅中域具白色透明斑，个别种类后翅具小黑点，雄性后足胫节通常具 1 毛簇；前后翅中室末端圆。雄性外生殖器钩形突发达、端部不分叉，颚形突肘状弯曲、腹面被小刺，囊形突短小，抱器端分叉，阳茎细长而直、端鞘上常有 1 角状器。

分布：古北区、东洋区。中国记录 11 种，浙江分布 2 种。

注：《浙江蝶类志》记录了绵羊窗弄蝶 *Coladenia agni* 在浙江临安有分布，经核对书中图，实为黄襟弄蝶 *Pseudocoladenia dea* 的雌虫，因此，绵羊窗弄蝶在浙江有无分布有待进一步研究。

（341）花窗弄蝶 *Coladenia hoenei* Evans, 1939（图 4-21）

Coladenia hoenei Evans, 1939: 163.

♂ 正　　　　　　　　♂ 反

♀ 正　　　　　　　　　　　　　　♀ 反

♂ 外生殖器

图 4-21　花窗弄蝶 *Coladenia hoenei* Evans, 1939

　　主要特征：雄性：前翅正面褐色，顶角区 R_3–R_5 有小白斑，M_1、M_2 小白斑有或无；翅中央有 3 个较大的白斑，其中中室的最大；中室端斑上方具 2 个小白斑；CuA_2 室具 2 个小白斑；反面斑纹同正面。后翅正面底色同前翅正面，中室端具 1 大白斑，周围于 $Sc+R_1$ 至 CuA_2 室有黑色晕圈的小白斑，亚外缘区颜色黄褐色；反面斑纹基本同正面。雌性：较雄性斑纹大，其余相似。

　　雄性外生殖器钩形突发达，端部不分叉，颚形突肘状弯曲、腹面被小刺，囊形突短小，抱器端两分裂、背端突窄于腹端突、末端被刺，腹端突末端平直，阳茎细长稍弯、端部有 1 三角形角状器。

　　分布：浙江（泰顺）、河南、陕西、福建。

（342）幽窗弄蝶 *Coladenia sheila* Evans, 1939（图 4-22）

Coladenia sheila Evans, 1939: 163.

　　主要特征：雄性：前翅正面褐色，顶角区具 3 个小白斑，部分个体在 M_1、M_2 室具 2 小白斑，靠近外缘；中室端白斑与 CuA_1 室白斑近似等大，中室端白斑上方具 1 个小白斑，CuA_2 室具 2 个小白斑；反面斑纹同正面。后翅正面底色同前翅正面，除 M_1–M_2 和 Rs 室基部小细黑斑外，其余白斑于中部连成一大白斑；反面臀角具白色鳞，其余同正面。雌性：同雄性。

♂ 正　　　　　　　　　　　　　　♂ 反

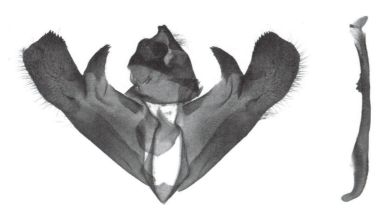

♂外生殖器

图 4-22　幽窗弄蝶 *Coladenia sheila* Evans, 1939

雄性外生殖器钩抱器端两分裂，背端突角状、末端被刺，腹端突宽大、末端钝、被小刺，阳茎基部 1/3 处的角状器上被小刺。

分布：浙江（泰顺）、河南、陕西、福建、广东。

153. 珠弄蝶属 *Erynnis* Schrank, 1801

Erynnis Schrank, 1801: 152. Type species: *Papilio tages* Linnaeus, 1758.

主要特征：小型种类，翅面暗色。触角短而扁，前翅前缘基部极度弯曲，中室弯曲，从 Cu_2 脉到末端近等宽，后翅 Rs 脉外突成角。雄性外生殖器背兜大而隆起；钩形突复杂，颚形突肘状弯曲、端部被小刺，末端远短于钩形突端；颚形突短；抱器末端两裂；阳茎直。

分布：古北区、东洋区、新北区、新热带区。中国记录 4 种，浙江分布 1 种。

（343）深山珠弄蝶 *Erynnis montanus* (Bremer, 1861)（图 4-23）

Hesperia montanus Bremer, 1861: 556.

Erynnis montanus: Tong, 1993: 67.

主要特征：雄性：前翅正面暗褐色，具紫色光泽和灰白与褐色相间的不规则斑列，有前缘褶；顶角具 0–3 个小黄白斑，M_3 与 CuA_1 室具大小相近的暗黄色斑，端部斑列较明显。后翅正面底色较前翅正面深，中室端斑条状，黄色；亚缘及外缘具较大的黄斑列。反面类似正面。雌性：斑纹排列同雄性，前翅反面黄色斑纹发达，后翅正反面斑纹较雄性更大。

♂正　　　　　　　♂反

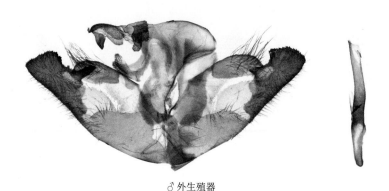

♂ 外生殖器

图 4-23 深山珠弄蝶 *Erynnis montanus* (Bremer, 1861)

雄性外生殖器钩形突基部向两侧伸出 2 片状密被毛的突起，前大、后小，如前后翅，其前方有三角形侧突，端部中央脊起，两侧片下弯，末端具角状突起后弯；颚形突肘状弯曲、端部被小刺，末端分离；抱器不对称，末端两裂，背端突钝圆，右瓣腹端突上缘有 1 粗刺突、顶端钝圆，左瓣上缘有 1 三角形刺突且顶端角状；阳茎直。

分布：浙江（德清、临安、淳安）、黑龙江、吉林、辽宁、北京、河北、山西、山东、河南、陕西、甘肃、青海、江苏、湖北、湖南、四川、云南、西藏；俄罗斯，日本。

154. 花弄蝶属 *Pyrgus* Hübner, 1819

Pyrgus Hübner, 1819: 109. Type species: *Papilio alveolus* Hübner, 1803.

主要特征：小型种类，翅面暗色。触角短而扁，前翅与后翅具大量白色不透明斑，缘毛黑白相间，前翅中室约为前翅长的三分之二，雄蝶前翅具前缘褶，后翅中室开式。与饰弄蝶属 *Spialia* 与点弄蝶属 *Muschampia* 最主要的区别在于前翅无亚缘斑列，M_1、M_2 有小白斑且在顶角斑的外侧，后足胫节有毛刷。雄性外生殖器钩形突长、端部下弯，颚形突端部向上弯曲，抱器末端中央有 1 细长突。

分布：古北区、东洋区、新北区、非洲区。中国记录 9 种，浙江分布 1 种。

（344）星斑花弄蝶 *Pyrgus maculatus* (Bremer *et* Grey, 1853)（图 4-24）

Syrichtus maculatus Bremer *et* Grey, 1853: 61.

Pyrgus maculatus: Kudrna, 1974: 116.

主要特征：雄性：前翅正面暗褐色，前翅具 2 白斑列，靠外侧由 R_3–CuA_2 室白斑组成，其中 CuA_2 有 2 白斑，且 M_1 与 M_2 室的白斑向外移靠近外缘，靠内侧的 1 白斑列自前缘到 CuA_2 室有 5、6 白斑，其中 CuA_1 室基部有斑，中室端横脉处有 1 白条；反面斑纹类似正面，顶角锈红色，翅基部具灰白色鳞。后翅正面底色同前翅，中室端斑条状，其上下各具 1 白斑，亚外缘具 1 列白斑；反面基部与端部灰褐色，中部具 1 白色带，在前缘位置模糊化并扩散到整个前缘，其内侧有 1 大的锈色斑并于其中近前缘有 1 小白点，外侧亚缘区锈色。雌性：同雄性。

雄性外生殖器钩形突长、端部窄、下弯；颚形突端部向上弯曲、腹面具粗刺；抱器末端中央有 1 长椭圆突起，外端钝圆、内端窄、被小齿，抱器腹端突末端膨大；阳茎"S"形弯曲。

分布：浙江（全省）、黑龙江、吉林、辽宁、北京、河北、山西、山东、河南、陕西、甘肃、青海、江苏、湖北、江西、湖南、福建、广东、广西、四川、云南、西藏；俄罗斯，朝鲜半岛，日本。

注：该种以往中文名称为花弄蝶，但是该种并非花弄蝶属 *Pyrgus* 的模式种，因此为了不引起误解，依据前翅斑纹及拉丁学名将其中文名改为星斑花弄蝶。

♂正 ♂反

♀正 ♀反

♂外生殖器

图 4-24 星斑花弄蝶 *Pyrgus maculatus* (Bremer *et* Grey, 1853)

155. 小弄蝶属 *Leptalina* Mabille, 1904

Leptalina Mabille, 1904: 92. Type species: *Steropes unicolor* Bremer *et* Grey, 1852.

主要特征：小型种类；身体纤细，腹部超过后翅后缘，触角短而扁，翅正面黑褐色，无斑纹；后翅反面具银色条纹，前翅中室短，M_2 脉直，CuA_1 脉在 R_2 脉之后分出，后翅中室超过翅长的一半。雄性外生殖器钩形突端部二分叉，颚形发达、端部愈合被刺，抱器末端两裂，阳茎细长。

分布：古北区、东洋区。中国记录 1 种，浙江有分布。

（345）小弄蝶 *Leptalina unicolor* (Bremer *et* Grey, 1852)（图 4-25）

Steropes unicolor Bremer *et* Grey, 1852: 61.

Leptalina unicolor: Kudrna, 1974: 117.

主要特征：雄性：前翅窄，正面黑褐色，无斑纹；反面大部黑褐色，顶角及外缘黄褐色。后翅正面颜色同前翅，无斑纹；反面底色黄褐色，中央自翅基部到外缘有 1 银色条纹。雌性：前翅顶角更尖，其余同雄性。

♂正　　　　　　　　　　♂反

♂外生殖器

图 4-25　小弄蝶 *Leptalina unicolor* (Bremer *et* Grey, 1852)

雄性外生殖器抱器末端两分裂，背端突板状，腹端突角状，末端具小刺；阳茎细长。

分布：浙江（庆元、泰顺）、黑龙江、吉林、辽宁、北京、河北、湖北；俄罗斯，朝鲜半岛，日本。

156. 锷弄蝶属 *Aeromachus* de Nicéville, 1890

Aeromachus de Nicéville, 1890a: 214. Type species: *Thanaos stigmata* Moore, 1878

　　主要特征：小型种类；身体纤细，触角端小，很短；前翅无斑或具模糊的小斑列，后翅中室长度为翅长的一半，后翅反面具清晰或模糊的小斑列或彼此分散的小斑。雄性外生殖器钩形突长，末端圆钝，颚形突弯曲向上。

　　分布：古北区、东洋区。中国记录 12 种，浙江分布 5 种。

　　注：依据黄灏（2009）、Huang 等（2019），转小黄斑弄蝶 *Ampittia nanus* 及橙黄斑弄蝶 *Ampittia dalailama* 于锷弄蝶属中。另《浙江蝶类志》（童雪松，1993）记载的疑锷弄蝶 *Aeromachus dubius*，实为小锷弄蝶 *Aeromachus nanus* 的误定；《中国动物志 昆虫纲 第五十五卷 鳞翅目 弄蝶科》（袁锋等，2015）记载了浙江有疑锷弄蝶的分布，并检视了一对浙江乌岩岭产的标本，但书中生殖器图更接近宽锷弄蝶 *Aeromachus jhora* 而非疑锷弄蝶。目前国内疑锷弄蝶仅记载于海南及云南南部地区（Evans，1949），而国内其他地区被鉴定为疑锷弄蝶的标本多是宽锷弄蝶的误定。

分种检索表

1. 后翅反面斑纹大而清晰 ···2
- 后翅反面斑纹小而模糊 ···3

2. 后翅反面斑纹为浓黄色·· **橙锷弄蝶 *A. dalailama***

- 后翅反面斑纹为黄白色·· **小锷弄蝶 *A. nanus***

3. 后翅反面脉纹加粗·· **河伯锷弄蝶 *A. inachus***

- 后翅反面脉纹不加粗··· **4**

4. 雄蝶具性标··· **黑锷弄蝶 *A. piceus***

- 雄蝶无性标··· **宽锷弄蝶 *A. jhora***

（346）橙锷弄蝶 *Aeromachus dalailama* (Mabille, 1876)（图 4-26）

Cyclopides dalailama Mabille, 1876: lvi.

Aeromachus dalailama: Huang, 2009: 58.

主要特征：雄性：前翅正面黑褐色，顶角具 3 黄斑，排列成直线；中室上角具 1 楔形黄斑，M_3 与 CuA_1 室各具 1 黄斑；反面颜色淡于正面，中室端具 1 楔形黄斑，比正面大，M_1、M_2 也有斑，顶角区外缘具 1 列小黄斑。后翅正面颜色同前翅，中室及端部中央有小黄斑；反面底色黄褐色，具大量大小不一排列成弧形的黄斑，中室端黄斑最大。雌性：同雄性。

♂正　　　　　　　　♂反

♀正　　　　　　　　♀反

♂外生殖器

图 4-26　橙锷弄蝶 *Aeromachus dalailama* (Mabille, 1876)

雄性外生殖器钩形突弹头状、两侧有刺状及钝三角 2 突起，抱器腹端突末端尖。

分布：浙江（临安）、四川。

（347）小锷弄蝶 *Aeromachus nanus* (Leech, 1890)（图 4-27）

Cyclopides nanus Leech, 1890: 49.

Aeromachus nanus: Huang, 2009: 59.

主要特征：雌雄同型。雄性：前翅正面黑褐色，无斑纹，或者顶角区具模糊黄斑痕迹；反面大部黑褐色，颜色淡于正面，中室端具 1 黄斑，顶角区到内缘具 3 个黄斑、其外缘有黄斑列。后翅正面颜色同前翅，无斑纹；反面底色黄褐色，具大量大小不一排列成弧形的黄斑，中室端黄斑最大。雌性：大部同雄性，前翅正面具 3 个顶角斑。

雄性外生殖器钩形突粗、末端钝圆钝、两侧无突起，抱器腹端突端部外缘被刺、末端尖。

分布：浙江（临安）、河南、江苏、安徽、湖北、湖南、福建、广东、四川。

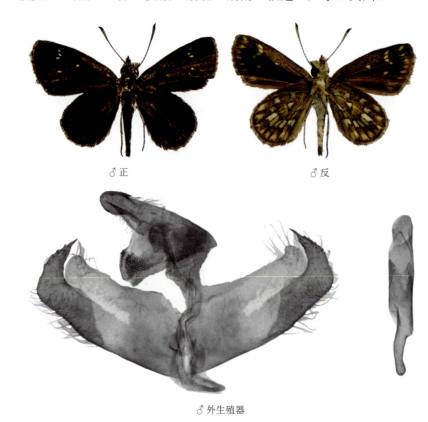

♂正　　　　　　　　　　♂反

♂外生殖器

图 4-27　小锷弄蝶 *Aeromachus nanus* (Leech, 1890)

（348）河伯锷弄蝶 *Aeromachus inachus* (Ménétriès, 1859)（图 4-28）

Pyrgus inachus Ménétriès, 1859b: 217.

Aeromachus inachus: Elwes & Edwards, 1897: 190.

主要特征：雄性：前翅正面黑褐色，R_3–CuA_2 室具 1 列黄白色斑，中室端具 1 黄白色点；反面颜色淡于正面，斑纹类似正面，在顶角区外缘具 1 列模糊斑列。后翅正面颜色同前翅，无斑纹；反面底色黄褐色，端部翅脉明显黄白色，并有 2 列黄白斑，近外缘的较模糊；Sc+R_1 室基部有 1 黄白斑；除中室斑，在所有黄白斑两侧为暗褐色斑。雌性：前翅正面斑纹更宽，其余同雄性。

♂正　　　　　　　　　　♂反

♀正　　　　　　　　　　♀反

♂外生殖器

图 4-28　河伯锷弄蝶 *Aeromachus inachus* (Ménétriès, 1859)

雄性外生殖器钩形突端部两侧有小突起；抱器腹端突发达、三角状、外缘被小刺，顶端尖。

分布：浙江（淳安、遂昌）、黑龙江、吉林、辽宁、北京、河北、山西、山东、河南、陕西、甘肃、江苏、安徽、湖北、江西、湖南、福建、四川、云南；俄罗斯，朝鲜半岛，日本。

（349）黑锷弄蝶 *Aeromachus piceus* Leech, 1894（图 4-29）

Aeromachus piceus Leech, 1894: 618.

主要特征：雄性：前翅正面黑褐色，无斑纹，在 CuA$_1$ 室到 CuA$_2$ 室具 1 浅色细性标，有的个体在中室下角具 1 白点；反面颜色淡于正面，外中区具 1 列模糊的小黄斑，中室下角有时具 1 黄斑，亚外缘区具 1 列模糊斑列。后翅正面颜色同前翅，无斑纹；后翅反面黄褐色，斑纹模糊，有时外中区具 1 模糊黄斑列，亚外缘具 1 列模糊斑。雌性：同雄性。

雄性外生殖器钩形突长、末端两侧有小突起；抱器腹端突发达、三角状，外缘中央稍凹、被小刺，顶端尖。

分布：浙江（遂昌）、河南、江苏、安徽、湖北、湖南、福建、广东、四川。

♂正　　　　　　　　　　♂反

♂外生殖器

图 4-29　黑锷弄蝶 *Aeromachus piceus* Leech, 1894

（350）宽锷弄蝶 *Aeromachus jhora* (de Nicéville, 1885)（图 4-30）

Thanaos jhora de Nicéville, 1885: 122.

Aeromachus jhora: Huang & Wu, 2003: 13.

主要特征：雄性：前翅正面黑褐色，无斑纹；反面颜色淡于正面，外中区与亚外缘区各具 1 列模糊的小淡色斑。后翅正面颜色同前翅，无斑纹；后翅反面青黄色，具模糊淡色斑列。雌性：同雄性。

雄性外生殖器钩形突宽短、末端两侧有 1 小突起；抱器腹端突发达、三角状，外缘被小刺、顶端钝圆。

分布：浙江（泰顺）、湖南、福建、广东、海南、广西、云南；印度，缅甸，越南，老挝，泰国，马来西亚。

♂正　　　　　　　　♂反

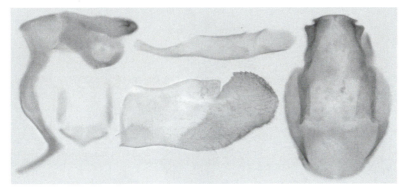

♂ 外生殖器

图 4-30　宽锷弄蝶 *Aeromachus jhora* (de Nicéville, 1885)

157. 黄斑弄蝶属 *Ampittia* Moore, 1881

Ampittia Moore, 1881: 171. Type species: *Hesperia maro* Fabricius, 1798.

　　主要特征：小型种类；前翅具黄色斑纹，前翅 M_1 与 M_2 室不具黄色斑，后翅中室长度短于翅长的一半，后翅 Rs 脉与 M_1 脉上具毛刷。雄性外生殖器钩形突短，末端圆钝内凹。
　　分布：古北区、东洋区。中国记录 3 种，浙江分布 1 种。

（351）钩型黄斑弄蝶 *Ampittia virgata* (Leech, 1890)（图 4-31）

Pamphila virgata Leech, 1890: 47.
Ampittia virgata: Lewis, 1974: pl. 207, fig. 11.

　　主要特征：雄性：前翅正面黑褐色，斑纹黄色，两中室斑连接成钩状，翅基部沿前缘具 1 黄条，上中室斑前方具 2 黄条，顶角斑 3 个，排列成直线形，M_3 与 CuA_1 室各具 1 块状黄斑，CuA_2 室具 1 灰色性标，有时在性标外侧具黄斑；反面底色黑色，斑纹似正面，前缘、顶角及外缘被橙黄色鳞片。后翅正面颜色同前翅，中室内具黄毛，CuA_1 与 CuA_2 室内具黄斑；后翅反面底色黑色，脉纹黄色，具一些黄色弧形斑列。雌性：前翅中室只有中室上斑，其余似雄性。

♂ 正　　　　　　　♂ 反

♀ 正　　　　　　　♀ 反

♂外生殖器

图 4-31　钩型黄斑弄蝶 *Ampittia virgata* (Leech, 1890)

雄性外生殖器钩形突宽短，端部中央"V"形凹入；颚形突端部圆形膨大、被小刺；抱器基角三角形、外侧被小刺，腹端突端部角状、外缘有小齿、顶端尖；阳茎内有刺状角状器。

分布：浙江（临安、遂昌、龙泉、泰顺）、陕西、湖北、江西、湖南、福建、台湾、广东、海南、广西、四川。

158. 酣弄蝶属 *Halpe* Moore, 1878

Halpe Moore, 1878a: 689. Type species: *Halpe moorei* Watson, 1893.

主要特征：小型种类；前翅具白色或黄色透明斑纹，中室斑有或无，前翅中室上角突出，CuA$_2$ 室具性标，M$_2$ 脉基部弯曲。与近似属最主要的区别是前后翅反面有亚缘斑列。雄性外生殖器钩形突宽、端部中央稍分裂，背兜侧突细长，抱器基角常被刺、端突通常分为 2 瓣。

分布：古北区、东洋区。中国记录 18 种，浙江分布 2 种。

（352）峨眉酣弄蝶 *Halpe nephele* Leech, 1893（图 4-32）

Halpe nephele Leech, 1893: 655.

主要特征：雄性：前翅正面黑褐色，斑纹黄白色，仅有楔形的中室上斑，顶角斑 3 个，排列成"＞"形，M$_3$ 与 CuA$_1$ 室各具 1 楔形黄斑，CuA$_2$ 室具 1 淡色性标；反面底色黄褐色，有亚缘斑列，其余斑纹似正面。后翅正面颜色同前翅，无斑纹；后翅反面底色褐色，中域及亚外缘各具 1 列黄白色斑。雌性：基本同雄性。

雄性外生殖器抱器基角钩状，端部宽三角、外缘被小刺，端部两分裂，背端突短小、指状，腹端突发达、中央深"V"形凹入成锐角、上缘及外缘具小齿，外瓣宽三角形、顶端尖。

♂正　　　　　　　♂反

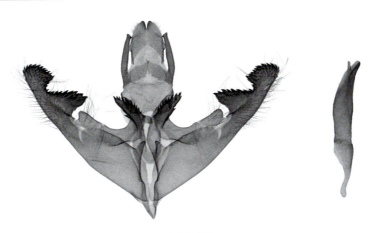

♂ 外生殖器

图 4-32　峨眉酣弄蝶 *Halpe nephele* Leech, 1893

分布：浙江（临安、松阳、庆元）、四川。

（353）地藏酣弄蝶 *Halpe dizangpusa* Huang, 2002（图 4-33）

Halpe dizangpusa Huang, 2002: 109.

　　主要特征：与峨眉酣弄蝶非常相似。雄性：前翅正面黑褐色，斑纹黄白色，上中室斑楔形，亚顶角斑 3 个，排列成"＞"形，M_3 与 CuA_1 室各具 1 楔形黄斑，CuA_2 室具 1 淡色性标；反面底色黄褐色，斑纹类似正面，亚外缘多 1 列黄斑。后翅正面颜色同前翅，无斑纹；后翅反面底色褐色，中域及亚外缘各具 1 列黄白色斑。雌性：基本同雄性，翅形更圆。

♂ 正　　　　　　　　　　♂ 反

♂ 外生殖器

图 4-33　地藏酣弄蝶 *Halpe dizangpusa* Huang, 2002

　　雄性外生殖器与峨眉酣弄蝶非常相似，主要区别是抱器基角端三角窄，腹端突中央凹入成钝角，外瓣窄、顶端钝。

　　分布：浙江（临安）、安徽、江西、湖南、福建、海南、广西、四川、贵州。

159. 琵弄蝶属 *Pithauria* Moore, 1878

Pithauria Moore, 1878a: 689. Type species: *Ismene murdava* Moore, 1866.

　　主要特征：中型种类；身体粗壮，触角端突极其细长，是触角棒部直径的 3 倍多；前翅具黄白色透明斑纹。雄性外生殖器 1 对钩形突端部细而尖，侧突上下二分裂，抱器对称。

　　分布：东洋区。中国记录 4 种，浙江分布 1 种。

　　注：《浙江蝶类志》中记载了浙江有黄标琵弄蝶 *Pithauria marsena* 和槁翅琵弄蝶 *Pithauria stramineipennis*。作者经核对书中认为，黄标琵弄蝶 *Pithauria marsena* 实为三点徘弄蝶 *Pedesta kuata* 的误定，槁翅琵弄蝶 *Pithauria stramineipennis* 实为拟槁琵弄蝶 *Pithauria linus* 的误定。

（354）拟槁琵弄蝶 *Pithauria linus* Evans, 1937（图 4-34）

Pithauria stramineipennis linus Evans, 1937: 18.

　　主要特征：雄性：翅正面黑褐色，基部被长黄白色鳞毛。前翅顶角斑 2 个，上小下大，M_3 与 CuA_1 室各具 1 小黄斑；后翅无斑。翅反面底色黄褐色，斑纹类似正面；后翅反面被蓝绿色鳞，Rs、M_3 与 CuA_1 室有时具小斑。雌性：似雄性。

　　雄性外生殖器钩形突端部深裂成"U"形，两侧臂细而尖；背兜侧突二分裂；抱器基角刺突状，端部两裂，腹端突端部具 2 刺突、外长内短；阳茎末端尖，边缘有齿。

♂正　　　　　　　♂反

♂外生殖器

图 4-34　拟槁琵弄蝶 *Pithauria linus* Evans, 1937

分布：浙江（泰顺）、甘肃、福建、广东、广西、四川；越南。

160. 讴弄蝶属 *Onryza* Watson, 1893

Onryza Watson, 1893: 92. Type species: *Halpe meiktila* de Nicéville, 1891.

主要特征：小型种类；前翅具黄色斑纹，前翅 M_1 与 M_2 室不具黄色斑，中室具 2 黄斑，后翅反面具大量黑色小条斑。雄性外生殖器钩形突末端二分叉，颚形突短粗，抱器端边缘锯齿状。

分布：东洋区。中国记录 2 种，浙江均有分布。

（355）拟讴弄蝶 *Onryza pseudomaga* Zhu, Mao *et* Chen, 2017（图 4-35）

Onryza pseudomaga Zhu, Mao *et* Chen, 2017: 95.

主要特征：雄性：前翅正面黑褐色，斑纹黄色，中室上下斑连接成钩状，顶角斑 3 个，排列成直线形，M_3 与 CuA_1 室各具 1 块状黄斑；反面底色 CuA_1 室基部及以下暗褐色，其余黄色，斑纹类似正面。后翅正面颜色同前翅，中央具黄毛，M_3 和 CuA_1 室具黄斑；后翅反面底色黄色，散生黑色小点。雌性：前翅顶角钝圆，CuA_2 室具 1 三角形黄斑，其余同雄性。

♂正　　　　　　　　♂反

♀正　　　　　　　　♀反

♂外生殖器

图 4-35　拟讴弄蝶 *Onryza pseudomaga* Zhu, Mao *et* Chen, 2017

雄性外生殖器钩形突末端 1/3 凹入成 "U" 形，抱器腹端突外缘不直、被小齿突，阳茎端有被刺的角状器。

分布：浙江（临安）、广东、广西。

（356）讴弄蝶 *Onryza maga* (Leech, 1890)（图 4-36）

Pamphila maga Leech, 1890: 48.

Onryza maga: Lewis, 1974: pl. 208, fig. 20.

主要特征：雄性：前翅正面黑褐色，斑纹黄色，中室上下斑连接成梯形，顶角斑 3 个，排列成直线形，M_3 与 CuA_1 室各具 1 块状黄斑；反面底色在中室以下暗褐色，其余黄色，斑纹类似正面。后翅正面颜色同前翅，中室内具黄毛，M_3 和 CuA_1 室具黄斑；后翅反面底色黄色，散生的多数黑斑为长条形。雌性：前翅 CuA_2 室具 1 小黄斑，其余同雄性。

雄性外生殖器钩形突稍窄于拟讴弄蝶、末端 1/2 凹入成 "V" 形，抱器腹端突外缘直，阳茎无角状器。

♂正　　　　　　　　　　　♂反

♂外生殖器

图 4-36　讴弄蝶 *Onryza maga* (Leech, 1890)

分布：浙江（临安）、陕西、湖北、福建、台湾、广东。

161. 徘弄蝶属 *Pedesta* Hemming, 1934

Pedesta Hemming, 1934a: 38. Type species: *Isoteinon masuriensis* Moore, 1878.

主要特征：中型种类；触角长为前翅长的一半，前翅具白色或黄色透明斑纹，中室斑有或无，雄蝶在前翅多数种类 CuA_2 室具性标。雄性外生殖器钩形突宽，二分裂，颚形突发达，末端被小刺，抱器不对称。

分布：古北区、东洋区。中国记录 21 种，浙江分布 3 种。

　　注：依据 Huang 等（2019），曾属于陀弄蝶属 *Thoressa* 与徘弄蝶属 *Pedesta* 的中国已知种类，除分布于香港的黑斑陀弄蝶 *Thoressa monastyskyi* 外，均属于徘弄蝶属。

分种检索表

1. 后翅反面仅 Rs、M_3 和 CuA_1（有时 $Sc+R_1$）室有小黄斑 ···**三点徘弄蝶 *P. kuata***
- 后翅反面斑大而多 ··2
2. 后翅反面底色褐色，斑纹与底色反差明显 ···**花裙徘弄蝶 *P. submacula***
- 后翅反面底色黄色，斑纹与底色反差不明显 ···································**栾川徘弄蝶 *P. luanchuanensis***

（357）三点徘弄蝶 *Pedesta kuata* (Evans, 1940)（图 4-37）

Halpe kuata Evans, 1940: 230.

Pedesta kuata: Huang et al., 2019: 172.

　　主要特征：雄性：前翅正面黑褐色，基部具黄绿色毛，斑纹黄白色，中室上下斑融合，顶角斑 3 个、R_3 室的很小，M_3 与 CuA_1 室各具 1 长条黄斑，CuA_2 室性标毛斑状；反面底色中室以下黑褐色、以上黄绿色，斑纹同正面。后翅正面颜色同前翅，中央被长黄绿色毛，有时 M_3 室具黄斑；后翅反面底色黄绿色，Rs、M_3 和 CuA_1 室有黄色斑点，有时 $Sc+R_1$ 室基部具 1、2 个黄白色点。雌性：基本同雄性。

♂正　　　　　　　　　　♂反

♂外生殖器

图 4-37　三点徘弄蝶 *Pedesta kuata* (Evans, 1940)

雄性外生殖器背兜侧突短小；抱器不对称，右瓣基角不分叉、被刺，腹端突长条状、外缘被齿突，左瓣基角二分叉且被刺，腹端突两侧角尖、外缘锯齿状。

分布：浙江（临安）、福建。

（358）花裙徘弄蝶 *Pedesta submacula* (Leech, 1890)（图 4-38）

Halpe submacula Leech, 1890: 48.

Pedesta submacula: Huang et al., 2019: 172.

主要特征：雄性：前翅正面黑褐色，斑纹黄白色，中室上下斑相接触，顶角斑 0–3 个，M_3 与 CuA_1 室各具 1 块状黄斑，前翅 CuA_2 室具灰色毛斑性标；反面底色黑褐色，有淡黄色亚缘斑列，其余斑纹类似正面。后翅正面颜色同前翅，中室具黄毛，Rs、M_3 和 CuA_1 室黄白斑；后翅反面底色黑褐色，中室、$Sc+R_1$ 至 CuA_2 室具 1–3 个黄白色条斑。雌性：前翅顶角稍钝，正面 CuA_2 室具 1 小的三角形黄斑、基部具 1 小点，前后翅反面斑纹更发达，其余同雄性。

雄性外生殖器背兜侧突细长；抱器不对称，右瓣基角长刺状，腹端突三分叉、外突粗且被小刺，内侧 2 刺状突起无刺，左瓣腹端突仅 2 侧角突、外侧突粗、被小刺，内侧突粗刺状、光滑。

分布：浙江（临安、淳安、遂昌、庆元、龙泉）、河南、陕西、甘肃、江苏、湖北、福建、广东、广西；越南。

♂正　　　　　　　　♂反

♂外生殖器

图 4-38　花裙徘弄蝶 *Pedesta submacula* (Leech, 1890)

（359）栾川徘弄蝶 *Pedesta luanchuanensis* (Wang *et* Niu, 2002)（图 4-39）

Ampittia luanchuanensis Wang *et* Niu, 2002: 278.

　　主要特征：雄性：前翅正面黑褐色，斑纹黄色，中室上下斑相接触，中室下斑长，楔形；顶角斑 3 个，排列成直线形，M₃ 与 CuA₁ 室各具 1 长条状黄斑，CuA₂ 室具性标；反面底色黑褐色，前缘、顶角至 CuA₁ 室大部分橙黄色，斑纹类似正面。后翅正面颜色同前翅，中域密布黄色鳞，中室、M₃ 和 CuA₁ 室具黄斑；后翅反面底色黄褐色，Sc+R₁ 至 CuA₂ 室有形状不一的黄斑。雌性：未知。

　　雄性外生殖器背兜侧突短小；抱器稍不对称，仅左右瓣基角末端不同，右瓣分叉、左瓣不分叉，抱器腹突长条状，外缘被刺。

♂ 正　　　　　　　　♂ 反

♂ 外生殖器

图 4-39　栾川徘弄蝶 *Pedesta luanchuanensis* (Wang *et* Niu, 2002)

　　分布：浙江（泰顺）、河南、海南。

162. 旖弄蝶属 *Isoteinon* C. *et* R. Felder, 1862

Isoteinon C. *et* R. Felder, 1862: 30. Type species: *Isoteinon lamprospilus* C. *et* R. Felder, 1862.

　　主要特征：中型种类；触角长为前翅长的一半，棒部细，端突短钝；前翅具白色或黄色透明斑纹，无性标；后翅 M₂ 脉消失，正面无斑，反面有多个白斑。雄性外生殖器钩形突末端二分裂，抱器突分裂。

　　分布：东洋区、非洲区。中国记录 1 种，浙江有分布。

（360）旖弄蝶 *Isoteinon lamprospilus* C. *et* R. Felder, 1862（图 4-40）

Isoteinon lamprospilus C. *et* R. Felder, 1862: 30.

　　主要特征：雄性：前翅正面黑褐色，斑纹白色，中室上下斑愈合，顶角斑 3 个，排列成直线形，M₃ 与 CuA₁ 室各具 1 白斑，CuA₂ 室具 1 黄白斑；反面底色黑褐色，前缘及顶角被黄褐色毛，斑纹同正面。后翅正面颜色同前翅，无斑纹；后翅反面底色黄褐色，有多个白斑，常为基部 1 个，中域 3 个，端部 5 个，且均有黑色晕圈。雌性：基本同雄性。

雄性外生殖器钩形突末端二分裂、中央膜质，颚形突发达、末端强骨化、密被小刺，抱器腹端突末端密被小黑刺。

分布：浙江（临安、淳安、宁海、开化、遂昌、龙泉、泰顺）、安徽、湖北、江西、湖南、福建、台湾、广东、海南、香港、广西、四川；日本，中南半岛。

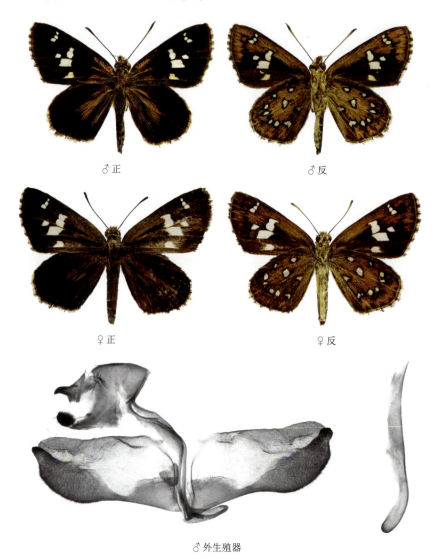

♂正　　　　　　　　　♂反

♀正　　　　　　　　　♀反

♂外生殖器

图 4-40　旖弄蝶 *Isoteinon lamprospilus* C. *et* R. Felder, 1862

163. 须弄蝶属 *Scobura* Elwes *et* Edwards, 1897

Scobura Elwes *et* Edwards, 1897: 204. Type species: *Hesperia cephala* Hewitson, 1876.

主要特征：小型或中型种类；触角长为前翅长的一半，前翅具白色或黄色透明斑纹，性标有或无，前翅 Sc 脉与 R_1 脉靠近，M_2 脉直，M_3 脉接近 CuA_1 脉远离 M_2 脉。雄性外生殖器钩形突细长，末端不分叉。

分布：古北区、东洋区。中国记录 10 种，浙江分布 1 种。

（361）离斑须弄蝶 *Scobura lyso* (Evans, 1939)（图 4-41）

Isoteinon lyso Evans, 1939: 165.

Scobura lyso: Devyatkin, 2004: 62.

　　主要特征： 雄性：前翅正面黑褐色，斑纹白色，中室末端具 2 白斑，彼此分离；顶角斑 3 个，M_2 至 CuA_2 室各具 1 白斑，CuA_1 室最大，长方形；反面底色黑褐色，中室上方及顶角被黄褐色鳞，斑纹同正面。后翅正面颜色同前翅，M_1+M_2 室与 CuA_1 室各具 1 白斑，M_1+M_2 室白斑较大；后翅反面底色黄褐色，除了与正面相同的两个白斑外，$Sc+R_1$ 至 CuA_2 及中室端室具黑斑。雌性：前翅顶角钝圆，中室、CuA_1 室白斑更大，其余基本同雄性。

　　雄性外生殖器抱器基角长针状，腹端突方形，上缘被小齿突、内侧角分裂为 2 大刺突；阳基轭片 "U" 形、两侧臂密被刺。

♂正　　　　　　　　　　　　♂反

♂外生殖器

图 4-41　离斑须弄蝶 *Scobura lyso* (Evans, 1939)

　　分布： 浙江（安吉、临安）。

164. 圣弄蝶属 *Acerbas* de Nicéville, 1895

Acerbas de Nicéville, 1895: 381. Type species: *Hesperia anthea* Hewitson, 1868.

　　主要特征： 中型种类；触角等于或长于前翅前缘的一半，下唇须第 3 节短；前翅具白色透明斑纹；后翅中室短于其长度的一半，M_2 脉消失，反面常有淡色横带。雄性外生殖器钩形突宽、端部背两侧分裂出稍宽的背侧突，末端稍长于背侧突、中央浅 "V" 形；颚形突肘状弯曲、端部被小刺；囊形突短。

　　分布： 东洋区。中国记录 1 种，浙江有分布。

（362）萨圣弄蝶 *Acerbas saralus* **(de Nicéville, 1889)（图 4-42）**

Parnara sarala de Nicéville, 1889: 173.

Acerbas saralus: Zhang et al., 2022: 37.

主要特征： 雄性：前翅正面黑褐色，斑纹白色，中室末端具 2 白斑，彼此分离；M_2 至 CuA_2 室各具 1 白斑，CuA_1 室白斑块状、最大，位于中室白斑下方；反面底色黑褐色，中室斑上方具 1 黄色斑，其余斑纹同正面。后翅正面颜色同前翅，中域具 1 白带，两端不明显，臀角缘毛橘黄色；后翅反面底色黑褐色，中域具 1 黄色横带，在 2A 室断开。雌性：基本同雄性。

雄性外生殖器抱器腹突发达、钩状；腹端突端缘平、被小刺、顶端尖，其内侧有 1 三角形突起；阳茎直，基鞘长于端鞘。

分布： 浙江（遂昌）、安徽、福建、海南、广西、四川；印度，缅甸，越南，泰国。

注： 本种原放于珞弄蝶属 *Lotongus*，中文名珞弄蝶，但其形态学特征更近似于圣弄蝶属 *Acerbas* 的模式种而非珞弄蝶。依据 Cong 等（2019）、Zhang 等（2022）和 Zhu 等（2023）的研究结果及形态学特征，我们支持将该种转入圣弄蝶属，即中国目前没有珞弄蝶属的分布。

♂ 正　　　　　　　　　　♂ 反

♂ 外生殖器

图 4-42　萨圣弄蝶 *Acerbas saralus* (de Nicéville, 1889)

165. 蕉弄蝶属 *Erionota* Mabille, 1878

Erionota Mabille, 1878a: 34. Type species: *Papilio thrax* Linnaeus, 1767.

主要特征： 大型种类，体粗壮。触角长为前翅长的一半；前翅狭长、具黄色或白色透明斑纹，中室长于前翅长的一半且上角突出。雄性外生殖器钩形突宽、端部二分叉，背兜侧突角状，阳茎粗壮。

分布： 东洋区。中国记录 3 种，浙江分布 1 种。

（363）黄斑蕉弄蝶 *Erionota torus* Evans, 1941（图 4-43）

Erionota torus Evans, 1941: 158.

　　主要特征：雄性：前翅正面黑褐色，有 3 黄斑，彼此分离，CuA_1 室斑矩形、最大；反面底色黄褐色，中央暗褐，其余同正面。后翅正面颜色同前翅，无斑纹；后翅反面底色黄褐色，无斑纹。雌性：基本同雄性。

　　雄性外生殖器抱器端部二分叉，背端突长、指状，腹端突强骨化，上缘不平且具小突起，顶端尖；阳茎端部喇叭状、边缘被小齿。

　　分布：浙江（龙泉、泰顺）、安徽、福建、台湾、海南、广西、四川、贵州、云南；印度，缅甸，越南，泰国，马来西亚。

♂正　　　　　　　　　♂反

♀正　　　　　　　　　♀反

♂外生殖器

图 4-43　黄斑蕉弄蝶 *Erionota torus* Evans, 1941

166. 玛弄蝶属 *Matapa* Moore, 1881

Matapa Moore, 1881: 163. Type species: *Ismene aria* Moore, 1865.

主要特征：小型种类，无斑纹。触角长为前翅长的一半，多数种类前翅雄性具性标；中室上角尖出，中室长于前翅长的一半；后翅中室闭式，下角尖出；M_2 脉消失。雄性外生殖器钩形突复杂，背兜中央有指状突起，抱器基部内褶、常被小刺，阳茎端被刺。

分布：东洋区。中国记录 6 种，浙江分布 1 种。

（364）玛弄蝶 *Matapa aria* (Moore, 1866)（图 4-44）

Ismene aria Moore, 1866: 784.

Matapa aria: Moore, 1881: 164.

主要特征：雄性：前翅正面暗褐色，顶角突出，无斑纹，性标暗灰色，细；反面前缘与顶角锈褐色，其余暗褐色，无斑纹。后翅正面颜色同前翅，无斑纹；后翅反面底色锈褐色，无斑纹。雌性：腹部末端有橘黄色毛撮，其余同雄性。

雄性外生殖器背兜中央突起片状；抱器基部内褶、常被小刺，腹端突三角形，两侧角钝圆，外缘中央有突起；阳茎端右侧发达。

分布：浙江（温州）、江西、福建、台湾、广东、海南、广西、云南；印度，越南，泰国，缅甸，马来西亚，斯里兰卡，印度尼西亚。

♂ 正　　　　　　　　　♂ 反

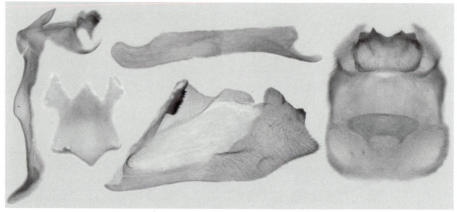

♂ 外生殖器

图 4-44　玛弄蝶 *Matapa aria* (Moore, 1866)

167. 腌翅弄蝶属 *Astictopterus* C. *et* R. Felder, 1860

Astictopterus C. *et* R. Felder, 1860b: 401. Type species: *Astictopterus jama* C. *et* R. Felder, 1860.

主要特征：中型种类，暗褐色无斑纹，有时顶角有斑；前翅 R_1 脉基部稍上拱，前翅 CuA_2 脉比 R_1 脉先分出，近 CuA_1 脉远基部，中室闭式。雄性外生殖器钩形突窄小，末端二分叉。

分布：东洋区。中国记录 1 种，浙江有分布。

（365）腌翅弄蝶 *Astictopterus jama* C. *et* R. Felder, 1860（图 4-45）

Astictopterus jama C. *et* R. Felder, 1860b: 401.

主要特征：雄性：前翅正面黑褐色，无斑纹或顶角有 3 个斑，排列成直线形；反面底色黑褐色，无斑纹。后翅正面颜色同前翅，无斑纹；后翅反面底色红褐色到暗褐色，密布黄色鳞。雌性：同雄性。

雄性外生殖器钩形突窄小，末端二分叉；颚形突上弯，端部腹面被小刺；抱器腹端突发达，端缘平直且具小齿，两侧角尖。

♂正　　　　　　　♂反

♀正　　　　　　　♀反

♂外生殖器

图 4-45　腌翅弄蝶 *Astictopterus jama* C. *et* R. Felder, 1860

分布：浙江（临安、开化、遂昌、松阳）、湖北、江西、福建、广东、海南、广西、云南；日本，印度，不丹，缅甸，越南，老挝，泰国，菲律宾，印度尼西亚。

168. 袖弄蝶属 *Notocrypta* de Nicéville, 1889

Notocrypta de Nicéville, 1889: 188. Type species: *Plesioneura curvifascia* C. *et* R. Felder, 1862.

主要特征：中型种类，黑色，前翅具白色透明斜带，前翅 M_2 脉基部弯曲，接近 M_3 脉而远离 CuA_1 脉，中室长不及翅长一半。雄性外生殖器钩形突深裂为 2 长细突，颚形突宽，向上弯曲，端部愈合。

分布：古北区、东洋区。中国记录 4 种，浙江分布 2 种。

（366）宽纹袖弄蝶 *Notocrypta feisthamelii* (Boisduval, 1832)（图 4-46）

Thymele feisthamelii Boisduval, 1832: 159.

Notocrypta feisthamelii: Wynter-Blyth, 1957: 489.

主要特征：雄性：前翅正面黑褐色，中域中室、CuA_1、CuA_2 室白色透明斑组成 1 宽斜带，顶角无或具 1–3 个小白斑，有时 M_2、M_3 有小白点；反面底色黑褐色，宽斜带伸达前缘，其余斑纹同正面。后翅正面颜色同前翅，无斑纹；后翅反面底色暗褐色，无斑纹。雌性：同雄性，斑更发达。

♂ 正　　　　　　　　♂ 反

♀ 正　　　　　　　　♀ 反

♂ 外生殖器

图 4-46　宽纹袖弄蝶 *Notocrypta feisthamelii* (Boisduval, 1832)

雄性外生殖器钩形突深裂为 2 长细突；颚形突端部愈合、钝圆；抱器腹端突 2 指状突起细，内侧突与上缘较近。

分布：浙江（庆元、泰顺）、福建、台湾、广东、海南、广西、四川、云南；印度，不丹，缅甸，越南，老挝，泰国，菲律宾，马来西亚，印度尼西亚。

（367）袖弄蝶 *Notocrypta curvifascia* (C. *et* R. Felder, 1862)（图 4-47）

Plesioneura curvifascia C. *et* R. Felder, 1862: 29.

Notocrypta curvifascia: de Nicéville, 1889: 188.

主要特征：雄性：前翅正面黑褐色，中域中室、CuA_1、CuA_2 室白色透明斑组成 1 宽斜带，顶角常有 3 小白斑，排列成直线形，M_1、M_2 与 M_3 室通常具小白点；反面底色黑褐色，宽斜带终止于 R 脉不到达前翅前缘，亚缘区从顶角到 CuA_1 室被淡紫色鳞片，其余斑纹同正面。后翅正面颜色同前翅，无斑纹；后翅反面底色暗褐色，近基部及近外缘底色黑色。雌性同雄性。

♂正　　　　　　　　　　♂反

♀正　　　　　　　　　　♀反

♂外生殖器

图 4-47　袖弄蝶 *Notocrypta curvifascia* (C. *et* R. Felder, 1862)

雄性外生殖器非常近似于宽纹袖弄蝶，主要区别是颚形突末端尖；抱器腹端突内侧突粗、内缘于中部突出，且该突出距上缘较远。

分布：浙江（普陀、遂昌、龙泉）、河南、江西、福建、台湾、广东、海南、香港、广西、四川、云南、西藏；日本，巴基斯坦，印度，不丹，缅甸，越南，老挝，泰国，斯里兰卡，马来西亚，印度尼西亚。

注：该种的中文名在以往的中文文献中多为曲纹袖弄蝶，但作为袖弄蝶属 *Notocrypta* 的模式种，中文名应与属名相同，即改为袖弄蝶。

169. 姜弄蝶属 *Udaspes* Moore, 1881

Udaspes Moore, 1881: 177. Type species: *Papilio folus* Cramer, 1775.

主要特征：大型种类，黑色，触角长不及前翅长的一半，前翅中域斑不连续，R_3–M_3 室有白斑，后翅白斑或 Rs–CuA_2 室的斑连接为 1 大斑或 M_2 处有 1 小斑，前翅 CuA_2 脉从中室中央发出。雄性外生殖器与袖弄蝶属相似，钩形突二分叉，颚形突宽大、上弯，端部愈合。

分布：古北区、东洋区。中国记录 2 种，浙江分布 1 种。

（368）姜弄蝶 *Udaspes folus* (Cramer, 1775)（图 4-48）

Papilio folus Cramer, 1775: 118.

Udaspes folus: Watson, 1893: 114.

主要特征：雄性：前翅正面黑褐色，中室具 1 矩形大白斑，CuA_1、CuA_2 室各有 1 大白斑，顶角具斑 5 个，M_2 与 M_3 室方形白斑外移，M_3 室具 1 近椭圆形白斑；反面底色淡黑褐色，其余斑纹同正面。后翅正面颜色同前翅，中室端具 1 大白斑，大白斑上方具 1 小方形白斑，下方具 3 个彼此连接的长方形白斑；后翅反面底色褐色，中室及中室以下基半部白色，其余同正面。雌性：同雄性。

♂正　　　　　　　　　　♂反

♀正　　　　　　　　　　♀反

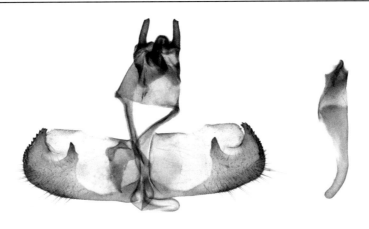

♂ 外生殖器

图 4-48　姜弄蝶 *Udaspes folus* (Cramer, 1775)

雄性外生殖器非常近似袖弄蝶，主要区别是钩形突短于背兜；抱器腹端突的外侧突端部粗短、三角状。

分布：浙江（景宁）、江苏、江西、福建、台湾、广东、海南、香港、广西、四川、云南；日本，巴基斯坦，印度，不丹，缅甸，越南，老挝，泰国，柬埔寨，印度尼西亚。

170. 谷弄蝶属 *Pelopidas* Walker, 1870

Pelopidas Walker, 1870: 56. Type species: *Pelopidas midea* Walker, 1870.

主要特征：中型种类，黑褐色。前翅顶角与后翅臀角突出，触角短，不及前翅长的一半，前翅具白色透明斑，部分种类雄虫于前翅正面具线状性标。雄性外生殖器钩形突二分叉，背面弧形凹，基部上翘、着生长毛；颚形突紧贴钩形突，端部被小刺；囊形突长。

分布：古北区、东洋区、新热带区、澳洲区、非洲区。中国记录 7 种，浙江分布 4 种。

注：《浙江蝶类志》中记载了浙江有近赭谷弄蝶 *Pelopidas subochracea* 的分布，经核对书中图，该种实为孔弄蝶 *Polytremis lubricans* 的误定。

分种检索表

1. 雄蝶前翅正面无性标···**古铜谷弄蝶 *P. conjuncta***
- 雄蝶前翅正面具性标··2
2. 后翅正面有斑···**中华谷弄蝶 *P. sinensis***
- 后翅正面无斑···3
3. 性标长，与中室斑连线的延长线相交·······················**隐纹谷弄蝶 *P. mathias***
- 性标短，与中室斑连线的延长线不相交····················**南亚谷弄蝶 *P. agna***

（369）古铜谷弄蝶 *Pelopidas conjuncta* (Herrich-Schäffer, 1869)（图 4-49）

Goniloba conjuncta Herrich-Schäffer, 1869: 195.

Pelopidas conjuncta: Tong, 1993: 69.

主要特征：雄性：前翅正面黄褐色，无线状性标；斑纹淡黄色，分别是中室 2 个小斑，M_2 至 CuA_2 室各有 1 个斑，其中 CuA_1 室最大，顶角具 3 个小斑，排列成弧形；反面底色黄褐色，斑纹同正面。后翅正面颜色同前翅，无斑纹；后翅反面底色黄褐色，斑纹有变异，无或 2–4 个小点，中室基部具 1 个小点。雌性：同雄性。

　　雄性外生殖器抱器宽，背端突末端钝圆，腹端突端部弧形上弯与背端突紧密结合、其内缘被小刺；阳茎端分裂，具 1 个长条状角状器与 2 个被刺小突起。

♂正　　　　　　　　　　　　　　　♂反

♂外生殖器

图 4-49　古铜谷弄蝶 *Pelopidas conjuncta* (Herrich-Schäffer, 1869)

　　分布：浙江（泰顺）、福建、台湾、广东、海南、香港、广西；印度，缅甸，越南，老挝，泰国，斯里兰卡，菲律宾，马来西亚，印度尼西亚。

（370）中华谷弄蝶 *Pelopidas sinensis* (Mabille, 1877)（图 4-50）

Gegenes sinensis Mabille, 1877: 232.

Pelopidas sinensis: Evans, 1949: 438.

　　主要特征：雄性：前翅正面褐色，中室具 2 小斑，M$_2$ 至 CuA$_1$ 室各具 1 个斑，大小依次变大，顶角具斑 2–3 个；CuA$_2$ 室具 1 条几乎与外缘平行的性标，不与中室斑连线的延长线相交；反面底色褐色，斑纹同正面。后翅正面颜色同前翅，M$_1$–CuA$_1$ 室有小白斑，排列成直线形，有时 Rs 室有小斑；后翅反面底色褐色，中室基部、Rs 有斑，其余同正面。雌性：CuA$_2$ 室常有 2 小白斑，上小下大，其余斑纹同雄性。

　　雄性外生殖器与古铜谷弄蝶非常相似，其主要区别为抱器背端突末端方，腹端突末端尖、伸达背端突上缘；阳茎的角状器为 1 长而宽的骨状及 1 被刺的小突起；阳基轭片宽片状，两侧缘弧形。

　　分布：浙江（建德、遂昌）、辽宁、北京、河南、上海、江西、福建、台湾、广东、海南、香港、广西、四川、云南；印度，缅甸，越南，老挝，泰国。

♂ 正　　　　　　　　♂ 反

♀ 正　　　　　　　　♀ 反

♂ 外生殖器

图 4-50　中华谷弄蝶 *Pelopidas sinensis* (Mabille, 1877)

（371）隐纹谷弄蝶 *Pelopidas mathias* (Fabricius, 1798)（图 4-51）

Hesperia mathias Fabricius, 1798: 433.

Pelopidas mathias: Tong, 1993: 72.

主要特征：雄性：前翅正面深褐色，基部具绿色鳞毛；斑纹小，分别是中室 2 个，M_2 至 CuA_1 室各 1 个，依次变大，顶角 3 个，有时仅 2 个；CuA_2 室具 1 倾斜灰色线状性标，与中室斑连线的延长线相交；反面底色褐色，斑纹同正面。后翅正面颜色同前翅，无斑纹；后翅反面底色褐色，$Sc+R_1$、Rs、M_2 至 CuA_1 室各具 1 小斑，中室基部有 1 小点。雌性：CuA_2 室有 1 或 2 个小斑，其余斑纹同雄性。

雄性外生殖器与中华谷弄蝶非常相似，但其抱器窄，背端突末端钝圆；阳茎的角状器长、等长于阳茎端鞘的长度。

分布：浙江（全省）、辽宁、北京、河南、上海、江西、福建、台湾、广东、海南、香港、广西、四川、云南；朝鲜，日本。

♂正 ♂反

♂外生殖器

图 4-51 隐纹谷弄蝶 *Pelopidas mathias* (Fabricius, 1798)

（372）南亚谷弄蝶 *Pelopidas agna* (Moore, 1866)（图 4-52）

Hesperia agna Moore, 1866: 791.

Pelopidas agna: Chou, 1994: 728.

主要特征：雄性：前翅正面深褐色，基部具绿色鳞毛；中室具 2 个小斑，M_2 至 CuA_1 室各具 1 个斑，大小依次变大，顶角具斑 3 个，排列成弧形，有时仅具 2 个斑；CuA_2 室具 1 倾斜的性标，不与中室斑连线的延长线相交；反面底色褐色，斑纹同正面。后翅正面颜色同前翅，无斑纹；后翅反面底色褐色，Rs 至 CuA_1 室各具 1 小斑，近弧形排列，中室基部具 1 小点。雌性：CuA_2 室有 1 或 2 个小斑，其余斑纹同雄性。

雄性外生殖器与隐纹谷弄蝶非常相似，主要区别是抱器背端突末端方，上侧角上翘明显。

♂正 ♂反

♀正　　　　　　　　　　♀反

♂外生殖器

图 4-52 南亚谷弄蝶 *Pelopidas agna* (Moore, 1866)

分布：浙江（全省）、福建、台湾、广东、海南、香港、广西；印度，缅甸，越南，泰国，斯里兰卡，菲律宾，马来西亚，印度尼西亚。

171. 刺胫弄蝶属 *Baoris* Moore, 1881

Baoris Moore, 1881: 165. Type species: *Hesperia oceia* Hewitson, 1868.

主要特征：外形近似于谷弄蝶属 *Pelopidas*，其主要区别在于后翅正反面无斑，雄虫前翅正面无性标，后翅正面基部有明显的长毛刷，与此相对的前翅反面有 1 淡色晕圈。雄性外生殖器钩形突端部稍裂、基部上翘成角状，颚形突端部分离，抱器腹端突发达，常有角状后突。

分布：东洋区。中国记录 4 种，浙江分布 1 种。

（373）黎氏刺胫弄蝶 *Baoris leechii* (Elwes *et* Edwards, 1897)（图 4-53）

Parnara leechii Elwes *et* Edwards, 1897: 274.

Baoris leechii: Evans, 1949: 448.

主要特征：雄性：前翅正面暗褐色，斑纹白色，顶角尖；顶角斑 3 个，R_5 室的稍外移；两中室斑近似等大、平行；M_2 至 CuA_1 室各具 1 斑，其中 CuA_1 室的最大，不规则梯形，3 斑间等距离，有时 CuA_2 室有 1 小斑；前翅反面前半部被赭绿色鳞片，CuA_2 脉以下灰白色且中央有暗色小椭圆形斑。后翅正面底色同前翅，中室有暗褐色毛刷；反面密被赭绿色鳞片。雌性：前翅中室下斑稍长于上斑，后翅正面无毛刷，其余同雄性。

♂正　　　　　　　　　　　　♂反

♀正　　　　　　　　　　　　♀反

♂外生殖器

图 4-53　黎氏刺胫弄蝶 *Baoris leechii* (Elwes *et* Edwards, 1897)

雄性外生殖器钩形突基部不呈角状；抱器腹端突末端不直、被齿状突起、内侧角细长，角状后突细而尖；阳茎端两裂、被小刺。

分布：浙江、河南、陕西、上海、江西、湖南、福建、广东、四川。

172. 拟籼弄蝶属 *Pseudoborbo* Lee, 1966

Pseudoborbo Lee, 1966: 223. Type species: *Hesperia bevani* Moore, 1878.

主要特征：中型种类，体细弱。下唇须第 3 节细长，仅有 1 小的中室上斑，雄蝶无性标，前翅 M_3 在 M_2 脉与 CuA_1 的中间，后翅 CuA_1 近 M_3 远 CuA_2。雄性外生殖器钩形突末端不分裂，颚形突直，阳茎极其细长、有长而直的针状与不规则片状角状器。

分布：东洋区、澳洲区。中国记录 1 种，浙江有分布。

（374）拟籼弄蝶 *Pseudoborbo bevani* (Moore, 1878)（图 4-54）

Hesperia bevani Moore, 1878a: 688.

Pseudoborbo bevani: Lee, 1966: 223.

主要特征：雄性：前翅正面深褐色；中室常有 1 中室上斑，M_3 与 CuA_1 室各具 1 小斑，顶角斑 3 个；反面底色黄褐色，斑纹同正面。后翅正面颜色同前翅，无斑纹；后翅反面底色黄褐色，端部 Rs、M_3 和 CuA_1 室常有 1 小斑。雌性：同雄性。

♂正　　　　　　　　♂反

♀正　　　　　　　　♀反

♂外生殖器

图 4-54　拟籼弄蝶 *Pseudoborbo bevani* (Moore, 1878)

雄性外生殖器钩形突末端不分裂，颚形突直、其末端达钩形突端，阳茎极其细长、有长而直的针状角状器。

分布：浙江（平阳）、江西、福建、台湾、海南、四川、贵州、云南；印度，缅甸，越南，老挝，泰国，印度尼西亚。

173. 籼弄蝶属 *Borbo* Evans, 1949

Borbo Evans, 1949: 44. Type species: *Hesperia borbonica* Boisduval, 1833.

主要特征：中小型种类，体粗壮。触角长短于前翅长的一半，雄蝶无性标，中室斑有或无，CuA_2 室有 1 小黄斑。雄性外生殖器钩形突末端分裂，颚形突短，阳茎扁宽、无角状器。

分布：东洋区、澳洲区、非洲区。中国记录 1 种，浙江有分布。

（375）籼弄蝶 *Borbo cinnara* (Wallace, 1866)（图 4-55）

Hesperia cinnara Wallace, 1866: 361.

Borbo cinnara: Evans, 1949: 437.

♂正　　　　　　　　♂反

♀正　　　　　　　　♀反

♂外生殖器

图 4-55　籼弄蝶 *Borbo cinnara* (Wallace, 1866)

主要特征： 雄性：前翅正面深褐色；顶角尖，中室 1、2 个小斑或无斑，M_2 至 CuA_1 室各具 1 个斑，依次变大，顶角斑 3 个，排列成弧形，CuA_2 室有 1 小黄斑；反面底色黄褐色，斑纹同正面。后翅正面颜色同前翅，无斑纹；后翅反面底色黄褐色，Rs、M_3 和 CuA_1 室各具 1 小斑，近弧形排列，有时 M_1 与 M_2 室也有小斑。雌性：同雄性。

雄性外生殖器钩形突基部有 1 刺状背兜中突；颚形突短，末端不达钩形突端；抱器宽短，腹端突端部内侧被小刺，顶端细指状；阳茎扁短、无角状器。

分布： 浙江（萧山、遂昌、龙泉）、江西、福建、台湾、广东、海南、云南；日本，印度，缅甸，越南，老挝，泰国，菲律宾，马来西亚，印度尼西亚，所罗门群岛，澳大利亚。

174. 稻弄蝶属 *Parnara* Moore, 1881

Parnara Moore, 1881: 166. Type species: *Eudamus guttatus* Bremer et Grey, 1853.

主要特征： 中小型种类。触角长短于前翅长的一半，Cu_2 脉基部接近中室端部，远离翅基部，雄蝶无性标。雄性外生殖器背兜背部具 1 刺状端突；钩形突端部背两侧有突起，末端不分裂，舌状。

分布： 古北区、东洋区、澳洲区、非洲区。中国记录 5 种，浙江分布 2 种。

注：《浙江蝶类志》记载了浙江有 *Parnara naso* 的分布，依据中文名幺纹稻弄蝶，应该是 *Parnara naso bada* 亚种，也就是目前的幺纹稻弄蝶 *Parnara bada*。作为前者仅分布于非洲（Chiba and Eliot, 1991; Huang et al., 2019）；作为后者，依据《浙江蝶类志》中图 696 至图 699，前翅有很小的中室上斑及后翅斑纹的特征，应该为挂墩稻弄蝶 *Parnara batta*。

（376）直纹稻弄蝶 *Parnara guttata* (Bremer *et* Grey, 1853)（图 4-56）

Eudamus guttatus Bremer *et* Grey, 1853: 60.

Parnara guttata: Leech, 1893: 609.

主要特征： 雄性：前翅正面深褐色；顶角发达突出，中室通常具 2 小长条斑，有时下斑消失，R_3–R_5、M_2–CuA_1 有白斑，排成直角，且 CuA_1 室斑最大；反面底色黄褐色，斑纹同正面。后翅正面颜色同前翅，M_1 至 CuA_1 斑长条形，排列成 1 直线或 M_2 室斑稍内移；后翅反面底色黄褐色，中室经常具 1 模糊小点，其余斑纹同正面。雌性：同雄性。

雄性外生殖器背兜背端突细长；抱器背端突上缘直，腹端突末端尖。

分布： 浙江（全省）、黑龙江、吉林、辽宁、北京、山东、江苏、安徽、江西、福建、台湾、广东、海南、香港、广西、云南；俄罗斯，日本，朝鲜半岛。

♂正　　　　　　　　♂反

♀正　　　　　　　　　　　　♀反

♂外生殖器

图 4-56　直纹稻弄蝶 *Parnara guttata* (Bremer *et* Grey, 1853)

（377）挂墩稻弄蝶 *Parnara batta* Evans, 1949（图 4-57）

Parnara guttatus batta Evans, 1949: 433.

Parnara batta: Devyatkin & Monastyrskii, 2002: 150.

　　主要特征：与直纹稻弄蝶非常相似，主要区别是斑小，中室斑常为 2 小点或仅中室上斑，M_2–CuA_1 室斑彼此分离，后翅 M_1、M_2 室斑纹很小，上移，仅内缘与另两斑在一直线上，反面有时退化为有黑色晕圈的小点。

　　雄性外生殖器与直纹稻弄蝶非常相似，主要区别是背兜背端突粗短，抱器背端突上缘弧形下弯，其顶端完全被腹端突包围。

　　分布：浙江（临安、宁海、庆元）、上海、江西、福建、广东、海南、广西、贵州、云南、西藏；越南。

♂正　　　　　　　　　　♂反

♀正　　　　　　　　　♀反

♂ 外生殖器

图 4-57　挂墩稻弄蝶 *Parnara batta* Evans, 1949

175. 珂弄蝶属 *Caltoris* Swinhoe, 1893

Caltoris Swinhoe, 1893: 323. Type species: *Hesperia kumara* Moore, 1878.

主要特征：中型种类，黄褐、褐或暗褐色，多数种后翅无斑，触角长为前翅长的一半，中足胫节无刺。雄性外生殖器钩形突末端浅分裂，背面两侧突弧形凹，基部上翘，似谷弄蝶属的种类，阳茎弯曲。

分布：东洋区、澳洲区。中国记录 7 种，浙江分布 3 种。

分种检索表

1. 翅面无透明斑，翅室具黑色条纹 ………………………………………………………………… 黑纹珂弄蝶 *C. septentrionalis*
- 翅面具透明斑，翅室无黑色条纹 ……………………………………………………………………………………………… 2
2. 翅底色黑褐色，抱器背腹端突等长 ……………………………………………………………………… 放踵珂弄蝶 *C. cahira*
- 翅底色棕褐色，抱器背端突远长于腹端突 ……………………………………………………………… 雀麦珂弄蝶 *C. bromus*

（378）黑纹珂弄蝶 *Caltoris septentrionalis* Koiwaya, 1996（图 4-58）

Caltoris septentrionalis Koiwaya, 1996c: 275.

主要特征：雄性：前翅正面黑褐色，无斑纹；反面底色淡于正面，各翅室具 1 黑色纵条纹。后翅正面颜色同前翅，无斑纹；后翅反面底色同前翅，各翅室具 1 黑色纵条纹。雌性：同雄性。

♂正　　　　　　　　　　♂反

♂外生殖器

图 4-58　黑纹珂弄蝶 *Caltoris septentrionalis* Koiwaya, 1996

雄性外生殖器抱器端两裂，背端突不伸出腹端突，腹端突端部细指状、顶端被小刺，阳茎基部弯曲、端部两侧被小刺。

分布：浙江（泰顺）、陕西。

（379）放踵珂弄蝶 *Caltoris cahira* (Moore, 1877)（图 4-59）

Hesperia cahira Moore, 1877b: 593.

Caltoris cahira: Tong, 1993: 71.

主要特征：雄性：前翅正面深褐色，顶角发达突出；中室斑 2 个，M_2 至 CuA_1 室各具 1 个斑，依次变大，顶角 1–2 个；反面底色黑褐色，斑纹同正面。后翅正面颜色同前翅，无斑纹；后翅反面底色黑褐色。雌性：前翅正面 CuA_1 室斑大、沿 CuA_2 脉尖出，CuA_2 室有 1 小斑，其余同雄性。

♂正　　　　　　　　　　♂反

♀正　　　　　　　　　　　♀反

♂外生殖器

图 4-59　放踵珂弄蝶 *Caltoris cahira* (Moore, 1877)

雄性外生殖器抱器端两裂，背端突伸出腹端突、末端尖；腹端突下角伸出、钝圆，端部短而细的指状、末端被小刺，阳茎弯曲、端部两侧被小刺。

分布：浙江（宁海、泰顺）、江西、福建、台湾、广东、海南、广西、四川、云南；印度，缅甸，越南，泰国，马来西亚。

（380）雀麦珂弄蝶 *Caltoris bromus* (Leech, 1894)（图 4-60）

Parnara bromus Leech, 1894: 614.

Caltoris bromus: Chou, 1994: 727.

主要特征：雄性：前翅正面褐色，顶角发达突出，无斑或仅 M_3、CuA_1 室有小斑或斑正常：中室斑 2 个，M_2 至 CuA_1 室各有 1 斑，依次变大，顶角斑常 3 个，其中 R_3 室最小，有时消失；反面底色棕褐色，斑纹同正面。后翅正面颜色同前翅，无斑纹；后翅反面底色棕褐色，CuA_1 室有时具 1 小斑。雌性：前翅正面 CuA_2 室具斑，大部同雄性。

♂正　　　　　　　　　　　♂反

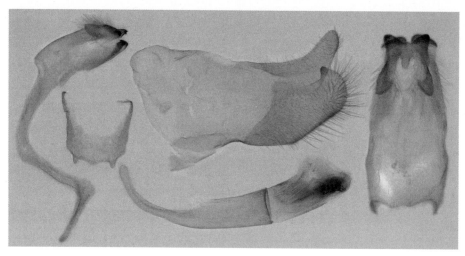

♂ 外生殖器

图 4-60　雀麦珂弄蝶 *Caltoris bromus* (Leech, 1894)

雄性外生殖器与放踵珂弄蝶相似，不同之处在于抱器背端突伸出，长于腹端突，腹端突下角不向外伸出，端部突起很小，阳茎弯曲、端部两侧被小刺。

分布：浙江、海南、香港、广西、四川、云南；印度，缅甸，越南，泰国，马来西亚，印度尼西亚。

176. 资弄蝶属 *Zinaida* Evans, 1937

Zinaida Evans, 1937: 64. Type species: *Parnara nascens* Leech, 1893.

主要特征：中型种类。下唇须第 3 节细长，前翅 R_1 脉发出点在 CuA_1 脉和 CuA_2 脉发出点之间。雄性外生殖器钩形突二分裂，两突起的基部彼此接触；颚形突直、紧贴钩形突腹面；阳茎末端二分裂，每侧被刺。

分布：古北区、东洋区。中国记录 14 种，浙江分布 8 种。

分种检索表

1. M_2–CuA_1 室及后翅斑较大，雄性无性标 ·· 2
- 上述斑纹较小，雄性性标有或无 ·· 4
2. M_2–CuA_1 室斑不重叠，中室下斑大于上斑 ··· **硕资弄蝶 Z. gigantea**
- 上述斑纹多少有重叠，中室斑等大或下斑向基部尖出 ··· 3
3. 雄性中室下斑向基部尖出 ··· **刺纹资弄蝶 Z. zina**
- 雄性中室上下斑等大，不尖出 ··· **透纹资弄蝶 Z. pellucida**
4. 雄性无性标，后翅反面密布白色鳞片 ·· **白缨资弄蝶 Z. fukia**
- 雄性有性标 ·· 5
5. 性标断裂，前翅中室常 1 斑，后翅反面斑纹白色 ·· **资弄蝶 Z. nascens**
- 性标连续，有 2 中室斑 ·· 6
6. 前翅下中室斑在上中室斑右后方，靠近翅基部 ··· **松井资弄蝶 Z. matsuii**
- 不如上述 ·· 7
7. M_2–CuA_1 室斑小，彼此远离 ··· **黑标资弄蝶 Z. mencia**
- M_3–CuA_1 室斑大，彼此接触或稍重叠 ··· **济公资弄蝶 Z. jigongi**

（381）资弄蝶 *Zinaida nascens* (Leech, 1893)（图 4-61）

Parnara nascens Leech, 1893: 614.

Zinaida nascens: Evans, 1937: 64.

　　主要特征：雄性：前翅正面黑褐色，翅面斑纹小；通常 1 中室上斑，M_2 至 CuA_1 室各具 1 斑，顶角斑 2、3 个，CuA_2 室具 1 条倾斜的断裂性标；反面底色黑褐色，斑纹同正面。后翅正面颜色同前翅，M_1 至 CuA_1 室各具 1 斑，排列不直；后翅反面底色黑褐色，斑纹同正面。雌性：前翅正面 CuA_2 室有斑，有时中室斑有 2 斑，其余同雄性。

　　雄性外生殖器钩形突二分裂，左右两突的基部彼此接触；抱器腹端突端部上缘凸凹不平、顶端尖；阳茎末端二分裂，两侧臂等长、被小刺，具角状器。

　　分布：浙江（庆元）、湖北、广西、四川、贵州、云南。

♂正　　　　　　　　♂反

♂外生殖器

图 4-61　资弄蝶 *Zinaida nascens* (Leech, 1893)

（382）松井资弄蝶 *Zinaida matsuii* (Sugiyama, 1999)（图 4-62）

Polytremis matsuii Sugiyama, 1999: 11.

Zinaida matsuii: Fan et al., 2016: 13.

　　主要特征：雄性：前翅正面深褐色；中室斑 2 个，中室下斑在上斑的侧后方且向翅基部伸长，M_2 至 CuA_1 室各具 1 斑，依次变大，顶角具斑 3 个，中间的内移，CuA_2 室具 1 条倾斜的黄白色性标；反面底色深褐色，斑纹同正面。后翅正面颜色同前翅，M_1 至 CuA_1 室各具 1 斑，曲折排列；后翅反面底色深褐色，斑纹同正面。雌性：前翅正面 CuA_2 室具斑，中室下斑椭圆形，其余同雄性。

♂正　　　　　　　　　　　　　♂反

♀正　　　　　　　　　　　　　♀反

♂外生殖器

图 4-62　松井资弄蝶 *Zinaida matsuii* (Sugiyama, 1999)

　　雄性外生殖器钩形突二分裂，左右两突的基部彼此接触；抱器腹端突外缘平，顶端尖、被小刺；阳茎末端二分裂，两侧臂被刺、不等长。

　　分布：浙江、湖北、广西、四川、贵州、云南。

（383）济公资弄蝶 *Zinaida jigongi* (Zhu, Chen *et* Li, 2012)（图 4-63）

Polytremis jigongi Zhu, Chen *et* Li, 2012: 64.

Zinaida jigongi: Tang et al., 2017: 10.

♂正　　　　　　　　　　　　　♂反

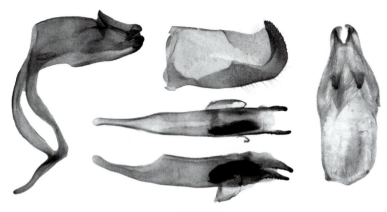

♂外生殖器

图 4-63　济公资弄蝶 *Zinaida jigongi* (Zhu, Chen *et* Li, 2012)

主要特征：雄性：前翅正面棕褐色；中室斑 2 个，下斑较上斑稍大；M_2 至 CuA_1 室各具 1 个斑，后两斑较大、几相接，顶角具斑 3 个，R_5 室的明显外移，CuA_2 室具 1 条倾斜的细灰白色性标，常二分裂；反面底色棕褐色，斑纹同正面。后翅正面颜色同前翅，M_1 至 CuA_1 室各具 1 斑，M_2 室明显内移；后翅反面底色棕褐色，斑纹同正面。雌性：未知。

雄性外生殖器钩形突二分裂，左右两突的基部彼此接触；抱器腹端镰刀状、端部宽大、边缘变小；阳茎末端二分裂，两侧臂等长、被刺，具角状器。

分布：浙江（临安）。

（384）白缨资弄蝶 *Zinaida fukia* Evans, 1940（图 4-64）

Zinaida theca fukia Evans, 1940: 230.

Zinaida fukia: Tang et al., 2017: 10.

♂正　　　　　　　　♂反

♀正　　　　　　　　♀反

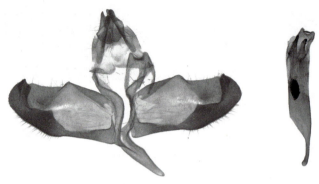

♂ 外生殖器

图 4-64　白缨资弄蝶 *Zinaida fukia* Evans, 1940

主要特征：雄性：前翅正面棕褐色；中室斑 2 个，等大；M_2 至 CuA_1 室各具 1 斑，依次变大，顶角斑 3 个，弧形排列，CuA_2 室具 1、2 个白斑；反面底色棕褐色，散布有灰白色鳞，斑纹同正面。后翅正面颜色同前翅，M_1 至 CuA_1 室各具 1 个斑，M_2 室斑稍内移；后翅反面底色棕褐色，被灰白色鳞片，斑纹同正面。雌性：同雄性。

雄性外生殖器钩形突二分裂，左右两突的基部彼此接触；抱器腹端突的端部半圆形、边缘被小刺，顶端尖；阳茎末端二分裂，两侧臂等长、被刺，具角状器。

分布：浙江（临安）、安徽、江西、福建、广东、广西、四川。

（385）黑标资弄蝶 *Zinaida mencia* (Moore, 1877)（图 4-65）

Pamphila mencia Moore, 1877a: 52.

Zinaida mencia: Evans, 1937: 65.

♂ 正　　　　　　　　　♂ 反

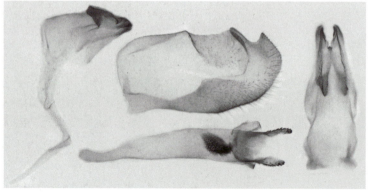

♂ 外生殖器

图 4-65　黑标资弄蝶 *Zinaida mencia* (Moore, 1877)

主要特征：雄性：前翅正面褐色；中室斑 2 个，等大；M_2 至 CuA_1 室各具 1 斑，顶角具斑 2、3 个，CuA_2 室具 1 条倾斜的黄白色性标；反面栗褐色，斑纹同正面。后翅正面颜色同前翅，M_1 至 CuA_1 室各具 1 斑，小、排列成直线；后翅反面底色绿褐色，斑纹同正面。雌性：CuA_2 室具白斑，其余同雄性。

　　雄性外生殖器与模式种资弄蝶非常相似，其主要区别是抱器腹端突末端上缘平滑凹入、外侧角短、三角形，内侧角长、指状。

　　分布：浙江（临安、宁海）、上海、安徽、江西。

（386）透纹资弄蝶 *Zinaida pellucida* (Murray, 1875)（图 4-66）

Pamphila pellucida Murray, 1875a: 172.

Zinaida pellucida: Fan et al., 2016: 13.

　　主要特征：雄性：前翅正面褐色，顶角发达突出；中室斑 2 个，等大；M_2 至 CuA_1 室各具 1 个斑，依次变大，后两斑有重叠，顶角具斑 3 个，R_5 室明显外移；反面底色前缘及顶角区黄褐色，余黑褐色，斑纹同正面。后翅正面颜色同前翅，M_1 至 CuA_1 室各具 1 斑，排列成直线；后翅反面底色黄褐色，斑纹同正面。雌性：同雄性。

　　雄性外生殖器钩形突短、左右侧突不接触；颚形突长于钩形突，端部细尖；抱器背端突末端钝圆，腹端突端部外缘有凹陷；阳茎端不分裂，无角状器。

♂正　　　　　　　　♂反

♂外生殖器

图 4-66　透纹资弄蝶 *Zinaida pellucida* (Murray, 1875)

　　分布：浙江（临安、宁海）、黑龙江、吉林、辽宁、上海、安徽、江西、福建、广东；俄罗斯，朝鲜半岛，日本。

（387）刺纹资弄蝶 *Zinaida zina* (Evans, 1932)（图 4-67）

Baoris zina Evans, 1932: 416.

Zinaida zina: Tang et al., 2017: 11.

　　主要特征：雄性：前翅正面深褐色，基部被黄绿色毛；顶角发达突出，具斑 3 个，排列成弧形；中室斑 2 个，中室下斑向翅基伸，长于中室上斑，并与 CuA$_1$ 室斑不重叠；M$_2$ 至 CuA$_1$ 室各具 1 斑，依次变大；CuA$_2$ 室具 1 黄白色斑；反面底色黄褐色，斑纹同正面。后翅正面颜色同前翅，臀区被黄绿色毛；M$_1$ 至 CuA$_1$ 室各具 1 斑，曲折排列；后翅反面底色黄褐色，斑纹同正面。雌性：前翅中室下斑同上斑，不向翅基伸，其余同雄性。

　　雄性外生殖器与透纹资弄蝶相似，主要区别是颚形突末端钝圆，稍长于钩形突；抱器背端突上翘、稍尖，腹端突端部外缘弧形；阳茎端稍分裂，无角状器。

　　分布：浙江（临安、庆元）、黑龙江、吉林、辽宁、河南、湖北、江西、福建、广东、广西、四川；俄罗斯。

♂正　　　　　　　　　　　　　　　♂反

♀正　　　　　　　　　　　　　　　♀反

♂外生殖器

图 4-67　刺纹资弄蝶 *Zinaida zina* (Evans, 1932)

（388）硕资弄蝶 _Zinaida gigantea_ (Tsukiyama, Chiba _et_ Fujioka, 1997)（图 4-68）

Polytremis gigantea Tsukiyama, Chiba _et_ Fujioka, 1997: 292.

Zinaida gigantea: Tang et al., 2017: 9.

主要特征： 雄性：前翅正面深褐色；顶角发达突出，中室斑 2 个，中室下斑大于中室上斑，并与 CuA$_1$ 室斑有重叠；M$_2$ 至 CuA$_1$ 室各具 1 斑，依次变大；前翅正面 CuA$_2$ 室具 1 黄白色三角形斑，顶角斑 3 个，弧形排列；反面底色黄褐色，斑纹同正面。后翅正面颜色同前翅，M$_1$ 至 CuA$_1$ 室各具 1 斑，曲折排列；后翅反面底色黄褐色，斑纹同正面。雌性：同雄性。

雄性外生殖器钩形突二分裂，左右两突的基部彼此接触；囊形突细长；抱器背端突末端钝圆，腹端突发达，顶端尖；阳茎端鞘分裂，两侧臂端部被刺，基鞘 2/3 细长，无角状器。

分布： 浙江（临安）、福建、广东、四川。

♂正　　　　　　　　♂反

♂外生殖器

图 4-68　硕资弄蝶 _Zinaida gigantea_ (Tsukiyama, Chiba _et_ Fujioka, 1997)

177. 孔弄蝶属 _Polytremis_ Mabille, 1904

Polytremis Mabille, 1904: 136. Type species: _Gegenes contigua_ Mabille, 1887 (=_Goniloba lubricans_ Herrich-Schäffer, 1869).

主要特征： 中型种类，翅面斑纹黄白色，下唇须第 3 节细长，前翅 R$_1$ 脉发出点与 CuA$_2$ 脉发出点相对，后翅 M$_3$、CuA$_1$ 和 CuA$_2$ 脉基部及 2A 脉中部膨大。雄性外生殖器钩形突分裂为 4 突起，且基部彼此不接触；阳茎弯曲末端分裂不明显。

分布：古北区、东洋区。中国记录 1 种，浙江有分布。

（389）孔弄蝶 *Polytremis lubricans* (Herrich-Schäffer, 1869)（图 4-69）

Goniloba lubricans Herrich-Schäffer, 1869: 195.

Polytremis lubricans: Wynter-Blyth, 1957: 485.

主要特征：雄性：前翅正面深褐色；顶角发达突出，斑纹黄色，中室斑 2 个，彼此分离，等大；M_2 至 CuA_1 室各具 1 斑，CuA_1 室斑最大、多为长楔形；CuA_2 室具 1 黄色斑，顶角斑 2、3 个；反面底色黄褐色，斑纹同正面。后翅正面颜色同前翅，M_1 至 CuA_1 室斑纹有变异，2–4 个，M_1、M_2 室斑通常存在且紧靠在一起；后翅反面底色黄褐色，斑纹同正面。雌性：前翅 CuA_1 室斑较方或沿 CuA_2 脉尖出，其余同雄性。

雄性外生殖器钩形突一侧二分裂，颚形突发达，与钩形突明显分离；抱器末端尖、被尖刺；阳茎端稍分裂、边缘被小刺，无角状器。

♂正　　　　　　　　　　　　♂反

♀正　　　　　　　　　　　　♀反

♂外生殖器

图 4-69　孔弄蝶 *Polytremis lubricans* (Herrich-Schäffer, 1869)

分布：浙江（宁波）、陕西、湖北、江西、福建、台湾、广东、香港、广西、四川、云南；印度、缅甸、越南、老挝、泰国、马来西亚、印度尼西亚。

178. 黄室弄蝶属 *Potanthus* Scudder, 1872

Potanthus Scudder, 1872: 75. Type species: *Hesperia omaha* Edwards, 1863.

主要特征：小型种类；下唇须第 3 节长；触角短，端突钩状；前翅翅面具黄色斑，中室斑远离端部黄斑带，中室上角尖出，CuA_2 脉近中室端远离翅基部。雄性外生殖器背兜与钩形突愈合；颚形突退化；阳茎中等长度。

分布：古北区、东洋区。中国记录 21 种，浙江分布 5 种。

分种检索表

1. 体型小，前翅 M_1 室斑与端斑相连，钩形突末端稍窄 ·· 孔子黄室弄蝶 *P. confucius*
- 体型中等，钩形突不如上述···2
2. 前翅 M_1、M_2 室斑与 M_3 室斑分离，钩形突末端三角形·································· 断纹黄室弄蝶 *P. trachalus*
- 钩形突末端非三角形···3
3. 钩形突细长，两侧弧形凹入 ·· 曲纹黄室弄蝶 *P. flavus*
- 钩形突两侧不凹入··4
4. 钩形突末端两侧角钝，中央凹陷 ·· 仰光黄室弄蝶 *P. juno*
- 钩形突末端两侧角尖，上缘不平·· 严氏黄室弄蝶 *P. yani*

（390）孔子黄室弄蝶 *Potanthus confucius* (C. *et* R. Felder, 1862)（图 4-70）

Pamphila confucius C. *et* R. Felder, 1862: 29.
Potanthus confucius: Wynter-Blyth, 1957: 480.

♂正　　　　　♂反

♂外生殖器

图 4-70　孔子黄室弄蝶 *Potanthus confucius* (C. *et* R. Felder, 1862)

主要特征：雄性：前翅正面黑褐色；斑纹黄色、宽，前缘大部黄色；顶角具 3 黄斑，M_1、M_2 室斑分别与顶角斑与端带相连；反面底色中室以上黄褐色、以下暗褐色，斑纹同正面。后翅正面颜色同前翅，Rs 至 CuA_2 室黄斑带近弧形，Sc+R_1 与中室各有 1 黄斑；后翅反面底色黄色，斑纹同正面。雌性：斑纹类似雄性。

　　雄性外生殖器钩形突宽，端部稍收缩、末端稍凹；囊形突长；抱器背端弧形下弯、稍圆形突出，抱器腹突角状尖出；阳茎基鞘长于端鞘。

　　分布：浙江（临安、开化、缙云、遂昌、松阳、龙泉、泰顺）、湖北、江西、湖南、福建、台湾、广东、香港；印度，尼泊尔，缅甸，越南，老挝，泰国，斯里兰卡，马来西亚，印度尼西亚。

（391）断纹黄室弄蝶 *Potanthus trachalus* (Mabille, 1878)（图 4-71）

Pamphila trachala Mabille, 1878b: 237.

Potanthus trachalus: Chou, 1994: 742.

　　主要特征：雄性：翅正面暗褐色。前翅 M_1、M_2 室斑与前后黄斑分离；后翅 Sc+R_1 室有斑，Rs 室无斑或模糊。后翅反面端部黄斑外黑斑模糊。雌性：斑纹类似雄性。

　　雄性外生殖器钩形突窄、长，末端更细、鸟嘴状；抱器腹突末端细尖、被小刺；阳茎短。

　　分布：浙江、安徽、湖北、江西、福建、广东、海南、香港、广西、四川、云南、西藏。

♂正　　　　　　　　♂反

♂外生殖器

图 4-71　断纹黄室弄蝶 *Potanthus trachalus* (Mabille, 1878)

（392）曲纹黄室弄蝶 *Potanthus flavus* (Murray, 1875)（图 4-72）

Pamphila flava Murray, 1875b: 4.

Potanthus flavus: Kudrna, 1974: 118.

♂正　　　　　　　♂反

♂外生殖器

图 4-72　曲纹黄室弄蝶 *Potanthus flavus* (Murray, 1875)

主要特征：雄性：前翅正面黑褐色；斑纹黄色，前缘大部黄色；M_1 至 M_2 室斑与端带在一条线上并与顶角斑连接；顶角 3 黄斑排列近直线形；反面底色前缘、顶角及外缘部分黄褐色，其余黑褐色，斑纹同正面。后翅正面颜色同前翅，Rs 室有时有斑，Sc+R_1 室有斑；后翅反面底色褐色，端带外侧有黑斑。雌性：斑纹类似雄性，翅形较圆。

雄性外生殖器钩形突基部 5/6 渐窄、梯形，近端 1/6 倒梯形、末端不直、浅 "V" 形；抱器背端突稍向外拱，腹端突末端细尖、被小刺；阳茎短。

分布：浙江、黑龙江、吉林、辽宁、北京、河北、山东、陕西、甘肃、湖北、江西、湖南、福建、广东、四川、云南；俄罗斯，朝鲜半岛，日本，印度，缅甸，越南，老挝，泰国，马来西亚。

（393）仰光黄室弄蝶 *Potanthus juno* (Evans, 1932)（图 4-73）

Padraona juno Evans, 1932: 403.

Potanthus juno: Eliot, 1992: 381.

主要特征：雄性：前翅正面黑褐色；斑纹黄色，斑纹较狭窄；M_1、M_2 室斑与端带在一直线上，且与顶角斑不相连，顶角 3 黄斑，排列近直线形；反面底色下半部黑褐色、上半部黄褐色，斑纹同正面。后翅正面颜色同前翅，Rs 室无斑，Sc+R_1 室有斑；后翅反面底色黄色，端带外侧无黑斑。雌性：斑纹类似雄性，翅形更圆。

雄性外生殖器与曲纹黄室弄蝶相似，主要区别是钩形突基部 3/4 渐窄、梯形，端部 1/4 细、均匀、末端稍凹；抱器背端突钝圆伸出，腹端突端部细长尖、被小刺。

分布：浙江、广东、海南；印度，缅甸，越南，老挝，泰国，马来西亚。

♂正　　　　　　　　　　♂反

♂外生殖器

图 4-73　仰光黄室弄蝶 *Potanthus juno* (Evans, 1932)

（394）严氏黄室弄蝶 *Potanthus yani* Huang, 2002（图 4-74）

Potanthus yani Huang, 2002: 116.

主要特征：雄性：前翅正面黑褐色；斑纹黄色；M_1、M_2 室黄斑与顶角和端带相连，但明显外移不与端带在一直线上；反面底色下半部黑褐色、上半部黄褐色，斑纹同正面。后翅正面颜色同前翅，Rs 与 $Sc+R_1$ 室有斑，中室黄斑椭圆形；后翅反面底色黄色，斑纹同正面。雌性：斑纹类似雄性，翅形更圆。

雄性外生殖器与曲纹黄室弄蝶非常相似，主要区别是钩形突宽，自基部起渐窄、仅端部很少许均匀；抱器背端突钝圆伸出，腹端突端部细长尖、被小刺。

分布：浙江（临安）、安徽、福建。

♂正　　　　　　　　　　♂反

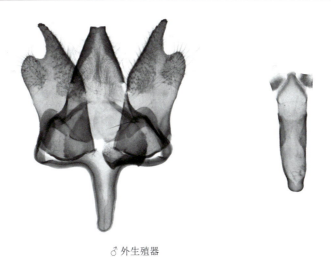

♂ 外生殖器

图 4-74 严氏黄室弄蝶 *Potanthus yani* Huang, 2002

179. 长标弄蝶属 *Telicota* Moore, 1881

Telicota Moore, 1881: 169. Type species: *Papilio colon* Fabricius, 1775.

主要特征：小型种类；下唇须第 3 节短而钝；触角短，端突钩状；前翅顶角常尖，翅面具黄色斑，中室上角尖出，CuA_2 脉近中室端远离翅基部。雄性前翅正面于 M_3 至 CuA_2 室有断的性标。雄性外生殖器背兜宽，钩形突二分叉，颚形突退化，抱器端不分裂。

分布：东洋区、澳洲区。中国记录 6 种，浙江分布 2 种。

（395）竹长标弄蝶 *Telicota bambusae* (Moore, 1878)（图 4-75）

Pamphila bambusae Moore, 1878a: 691.

Telicota bambusae: Moore, 1881: 170.

♂ 正　　　　　　　♂ 反

♀ 正　　　　　　　♀ 反

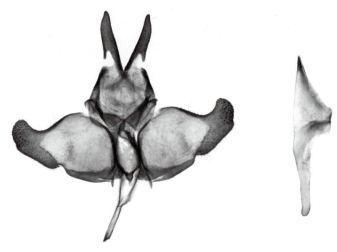

图 4-75　竹长标弄蝶 *Telicota bambusae* (Moore, 1878)

主要特征：雄性：前翅正面黑褐色；斑纹黄色；前缘大部黄色；顶角至 CuA₂ 室黄斑两侧沿翅脉达外缘；性标灰褐色、宽、几乎占据了其暗色区域；反面底色基下半部黑褐色、上半部黄褐色，斑纹同正面。后翅正面颜色同前翅，Rs 至 CuA₂ 室黄斑列近直线形；中室具 1 黄斑；后翅反面底色黄色，斑纹同正面。雌性：前翅顶角至 CuA₂ 室黄斑两侧不沿翅脉外伸，顶角钝，其余同雄性。

雄性外生殖器钩形突二分叉；抱器背端突与腹端突紧密结合，腹端突无明显突出，背端突上弯、端部被小刺、顶端钝圆；阳茎末端尖。

分布：浙江（富阳、遂昌、平阳）、江西、福建、台湾、广东、海南、香港、广西；印度，缅甸，越南，老挝，泰国。

注：该种长期以来被很多学者视为 *Telicota ancilla* 的异名。Eliot（1967）研究发现两者之间生殖器差异显著，并将 *bambusae* 恢复为有效名，目前 *ancilla* 仅分布于澳大利亚。

（396）华南长标弄蝶 *Telicota besta* Evans, 1949（图 4-76）

Telicota linna besta Evans, 1949: 396.

Telicota besta: Eliot, 1992: 383.

主要特征：与竹长标弄蝶相似，其主要区别是前翅顶角至 CuA₂ 室黄斑两侧沿翅脉延伸不达外缘；性标灰褐色、窄、位于中央黑带近内侧；反面中室、端部橙黄色斑纹较底色明显。

雄性外生殖器钩形突深裂为 2 角状突；抱器背端突与腹端突紧密结合，腹端突三角状突出，背端突长、上弯、密被小刺、顶端稍尖；阳茎末端尖。

♂ 正　　　　　　　　　　　♂ 反

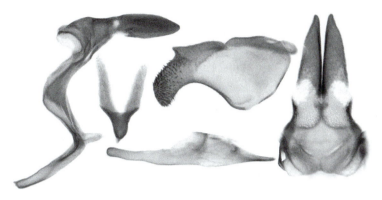

♂外生殖器

图 4-76　华南长标弄蝶 *Telicota besta* Evans, 1949

分布：浙江、广东、海南、香港、广西、云南；越南，老挝，泰国等。

180. 豹弄蝶属 *Thymelicus* Hübner, 1819

Thymelicus Hübner, 1819: 113. Type species: *Papilio acteon* Rottemburg, 1775.

　　主要特征：小型种类；触角短，无端突；翅面黄褐色，前翅 CuA_2 脉比 R_1 脉先分出，中室上角尖出，后翅 $Sc+R_1$ 与 2A 脉一样长。雄性外生殖器背兜背面拱起，钩形突尖长，末端分叉；囊形突长；颚形突发达、末端愈合；阳茎细长。

　　分布：古北区、东洋区、新北区、非洲区。中国记录 4 种，浙江分布 2 种。

（397）狮豹弄蝶 *Thymelicus leoninus* (Butler, 1878)（图 4-77）

Pamphila leoninus Butler, 1878: 286.

Thymelicus leoninus: Kudrna, 1974: 117.

　　主要特征：雄性：前翅正面黑褐色，密被橙黄色鳞片，翅脉黑褐色；性标黑色、线状、长、于 CuA_2 脉处断裂；反面底色橙黄色，翅脉黑褐色。后翅正面颜色同前翅，中域密被橙黄色鳞片，翅脉黑褐色；后翅反面底色、翅脉颜色同前翅。雌性：翅底色黑褐色，中部黄褐色；前翅中室端黄色，前缘至 CuA_2 室呈半圆状的黄色长斑列；后翅 Rs 至 CuA_1 室有长黄色斑列，呈弧形排列；前后翅反面底色橙黄色，隐约可见同正面的黄斑列。

　　雄性外生殖器钩形突端部细长，末端分叉；颚形突末端愈合，等长或稍长于钩形突；抱器端二分叉，背端突粗指状，腹端突上弯，末端钝、被锯齿，两突起端部不接触；阳茎细长。

　　分布：浙江（临安、开化）、黑龙江、吉林、辽宁、北京、河南、陕西、甘肃、江西、福建、广西、四川、云南；俄罗斯，朝鲜半岛，日本。

♂正　　　　　　　♂反

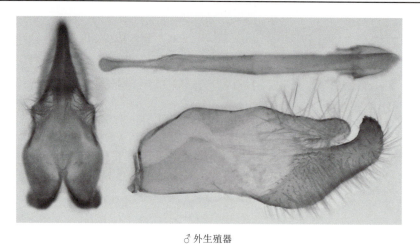

♂ 外生殖器

图 4-77　狮豹弄蝶 *Thymelicus leoninus* (Butler, 1878)

（398）黑豹弄蝶 *Thymelicus sylvaticus* (Bremer, 1861)（图 4-78）

Pamphila sylvatica Bremer, 1861: 557.

Thymelicus sylvaticus: Chou, 1994: 735.

♂正　　　　　　　　　　　♂反

♀正　　　　　　　　　　　♀反

♂ 外生殖器

图 4-78　黑豹弄蝶 *Thymelicus sylvaticus* (Bremer, 1861)

主要特征：雄性：前翅正面黑褐色，翅脉黑色；无线状性标，中室端、Sc 至 CuA$_2$ 室有橘黄色长条斑；反面底色黄色，翅脉黑色。后翅正面颜色同前翅，Rs 至 CuA$_1$ 室有橙黄色长条斑，翅脉黑色；后翅反面底色黄色，脉纹黑色。雌性：同雄性。

雄性外生殖器与狮豹弄蝶相似，主要区别是钩形突端缺刻小；抱器端二分叉，背端突与腹端突接触。

分布：浙江（临安）、黑龙江、吉林、辽宁、内蒙古、北京、河北、河南、陕西、宁夏、甘肃、江西、福建、广西、四川、西藏；俄罗斯，朝鲜半岛，日本。

181. 赭弄蝶属 *Ochlodes* Scudder, 1872

Ochlodes Scudder, 1872: 78. Type species: *Hesperia nemorum* Boisduval, 1852.

主要特征：中小型种类。触角端突长。翅面赭黄色、黄褐色或黑褐色；前翅顶角不尖，正面常有斑；雄性前翅性标或宽或窄，后翅反面的斑黄色或白色。雄性外生殖器钩形突细长而尖、端部二分裂，颚形突肘状弯曲，囊形突长短不一；抱器矩形、宽，阳茎端突复杂。

分布：古北区、东洋区、新北区。中国记录 15 种，浙江分布 7 种。

分种检索表

1. 翅面斑纹白色 ·· **针纹赭弄蝶 *O. klapperichii***
- 翅面斑纹橙黄或橙红色 ··· 2
2. 前翅亚缘黄带连续到 CuA$_2$ 室 ··· 3
- 前翅亚缘黄带在 CuA$_2$ 室不连续 ·· 6
3. 前翅正面 M$_1$、M$_2$ 室常有斑，并与相邻斑分离 ··· 4
- 前翅正面 M$_1$、M$_2$ 室无斑，若有则与相邻斑重叠 ··· 5
4. 前翅顶角尖，后翅反面斑纹与底色反差不明显 ································· **小赭弄蝶 *O. venata***
- 后翅反面斑纹与底色反差明显 ·· **大赭弄蝶 *O. majuscula***
5. 前翅 M$_1$、M$_2$ 室常有斑，后翅反面脉纹显著为黑色 ················· **宽边赭弄蝶 *O. pseudochraceus***
- 前翅 M$_1$ 室无斑，后翅反面黑色翅脉不明显 ·································· **透斑赭弄蝶 *O. linga***
6. 后翅反面亚缘斑 3 个、白色，雄性性标灰白色 ································· **黄赭弄蝶 *O. crataeis***
- 后翅亚缘斑多于 3 个、黄色 ··· **白斑赭弄蝶 *O. subhyalina***

（399）针纹赭弄蝶 *Ochlodes klapperichii* Evans, 1940（图 4-79）

Ochlodes klapperichii Evans, 1940: 230.

主要特征：雄性：前翅正面深褐色，顶角尖，斑纹白色，中室斑 2 个，彼此分离，中室下斑向翅基伸长；M$_3$ 与 CuA$_1$ 室各具 1 斑，彼此垂直，CuA$_1$ 室斑长方形，性标灰白色，于 CuA$_2$ 处断裂；顶角 R$_4$、R$_5$ 室有小白斑，有时 R$_3$ 室有小点；反面底色上半部黄褐色，下半部暗褐色，斑纹同正面。后翅正面颜色同前翅，Rs、M$_1$ 和 CuA$_1$ 室各具 1 斑，M$_1$、M$_2$ 有时有退化的小点；中室具 1 楔形斑；后翅反面底色黄褐色，斑纹同正面。雌性：底色同雄性，前翅中室斑 2 个，下斑不向翅基伸长；CuA$_1$ 室斑长大于宽；CuA$_2$ 室有斑，中室斑点状，其余同雄性。

雄性外生殖器钩形突端部两分叉近乎接触、似笔尖；囊形突短；抱器端后侧角尖三角突出；阳茎侧突宽大、末端钝圆、内侧具小齿。

分布：浙江（诸暨、余姚）、甘肃、江苏、福建、广东、广西。

♂正　　　　　　　　　　　　　　　　　♂反

♂外生殖器

图 4-79　针纹赭弄蝶 *Ochlodes klapperichii* Evans, 1940

（400）小赭弄蝶 *Ochlodes venata* (Bremer *et* Grey, 1853)（图 4-80）

Hesperia venata Bremer *et* Grey, 1853a: 61.

Ochlodes venata: Chou, 1994: 732.

　　主要特征：雄性：前翅正面橙黄色或黄褐色；顶角发达突出，斑纹橙黄色；中室内具 1 楔形橙黄条；顶角斑 3 个；亚缘黄带连续伸至 CuA_2 室，M_1、M_2 室有斑并与前后斑分离；性标黑色，宽而发达；反面底色黄色，斑纹与底色融为一体。后翅正面颜色同前翅，中域橙黄色，斑纹不显著；后翅反面底色黄色，斑纹不显著。雌性：底色黑褐色，前翅中室具 2 个相连的橙黄色斑，亚缘黄斑窄于雄性；反面底色橙黄色，斑纹淡于底色。后翅正面 Rs 至 CuA_1 室各具 1 橙黄色斑，反面底色橙黄色，斑纹同正面。

♂正　　　　　　　　　　　　　　　　　♂反

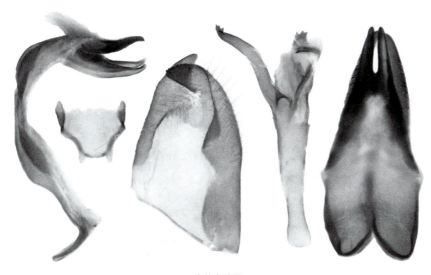

♂外生殖器

图 4-80　小赭弄蝶 *Ochlodes venata* (Bremer *et* Grey, 1853)

　　雄性外生殖器钩形突端部约 1/3 分叉；囊形突短；抱器端分裂，背端突与腹端突端部交叉，背端突尖出，腹端突端部外缘具小刺；阳茎侧突端具 3 锯齿。

　　分布：浙江（诸暨）、北京、山西、山东、陕西、甘肃、上海；俄罗斯，朝鲜半岛，日本。

（401）大赭弄蝶 *Ochlodes majuscula* (**Elwes** *et* **Edwards**, 1897)（图 4-81）

Augiades majuscula Elwes & Edwards, 1897: 294.

Ochlodes majuscula: Evans, 1949: 223.

♂正　　　　　　　　　　　　♂反

♂外生殖器

图 4-81　大赭弄蝶 *Ochlodes majuscula* (Elwes *et* Edwards, 1897)

主要特征：雄性：前翅正面黑褐色，斑纹橙黄色，前缘大部橙黄色，近似于小赭弄蝶，主要不同之处在于前翅外缘中央弧形凸出，后翅正反面斑纹明显，尤其反面。后翅反面淡绿色至暗褐色，翅脉黑色。雌性：底色似雄性，斑纹更明显于雄性。

　　雄性外生殖器与小赭弄蝶相似，主要不同之处在于抱器背端突与腹端突稍突出，阳茎侧突端窄、稍弯、具锯齿；另一侧的两突起，外侧端窄、有小齿，内侧三角形内弯。

　　分布：浙江（诸暨）、湖北、四川、云南、西藏。

（402）宽边赭弄蝶 *Ochlodes pseudochraceus* Zhu, Fan *et* Wang, 2023（图 4-82）

Ochlodes pseudochraceus Zhu, Fan *et* Wang, 2023: 215.

　　主要特征：雄性：前翅正面斑纹红褐色，仅以黑色翅脉相隔，M_1、M_2 室有斑并与前后斑紧密相连；顶角斑与亚缘黄斑带外侧是宽的连续暗褐色缘带；CuA_1 与 CuA_2 有倾斜的线状性标、黑色；反面底色黄褐色，斑纹与底色近似，模糊不清。后翅正面中室、Rs 至 CuA_1 室红褐色，翅脉暗褐色；其余前缘、外缘与

♂正　　　　　　　　　　♂反

♀正　　　　　　　　　　♀反

♂外生殖器

图 4-82　宽边赭弄蝶 *Ochlodes pseudochraceus* Zhu, Fan *et* Wang, 2023

后缘呈连续的宽暗褐色带；反面黄褐色，斑纹同正面，色近似于底色，翅脉暗褐色。雌性：底色黑褐色，前翅中室斑、M_1、M_2 室斑小，顶角斑与亚缘黄斑带以内斑不连成片；CuA_2 室有 1 不规则的梯形斑；反面底色黄褐色，斑纹同正面。后翅正面 Rs 至 CuA_1 室各具 1 橙黄色斑，反面底色橙黄色带黄绿色鳞，斑纹同正面。

雄性外生殖器钩形突尖端分叉；囊形突中等长度；抱器端分裂，背端突三角形，腹端突末端宽大，后侧角骨化但不尖出、前侧角钝圆、被小刺；阳茎侧突长、边缘锯齿状。

分布：浙江（宁波）、安徽。

（403）透斑赭弄蝶 *Ochlodes linga* Evans, 1939（图 4-83）

Ochlodes linga Evans, 1939: 166.

主要特征：雄性：近似于宽边赭弄蝶，不同之处在于前翅 M_1、M_2 室无斑或仅 M_2 室有斑；中室斑、顶角斑、M_3 与 CuA_1 室斑半透明；性标灰色、线状。后翅反面底色黄绿色，翅脉同底色。

雄性外生殖器钩形突约 1/2 分叉；囊形突短；抱器端分裂，背端突末端钝、不伸出，腹端突简单、末端上弯、顶端锯齿；阳茎侧突稍长于阳茎端，端部膨大、边缘锯齿状。

分布：浙江（兰溪、遂昌、龙泉、乐清）、北京、陕西、甘肃。

♂正　　　　　　　　　　　♂反

♂外生殖器

图 4-83　透斑赭弄蝶 *Ochlodes linga* Evans, 1939

（404）黄赭弄蝶 *Ochlodes crataeis* (Leech, 1893)（图 4-84）

Augiades crataeis Leech, 1893: 603.

Ochlodes crataeis: Evans, 1949: 355.

　　主要特征：雄性：前翅正面深褐色；顶角发达突出，中室斑 2 个、黄白色、彼此分离，中室下斑稍长；M₃ 与 CuA₁ 室各具 1 个黄白斑，CuA₁ 室斑长方形，CuA₂ 室具小的黄色三角形斑，性标灰白色、线状、于 CuA₂ 脉处断开；顶角斑 3 个，R₁ 斑很小；反面底色上半部黄褐色、下半部暗褐色，斑纹同正面。后翅正面颜色同前翅，Rs、M₁ 和 CuA₁ 室各具 1 个黄斑；后翅反面底色黄褐色，斑纹同正面。雌性：翅底色同雄性；前翅斑纹白色，中室斑相接；M₃ 与 CuA₁ 室各具 1 斑，CuA₁ 室斑远大于 M₃ 室斑；反面底色比雄性暗，斑纹同正面；后翅正面底色同前翅，Rs、M₁ 和 CuA₁ 室各具 1 个黄白斑；后翅反面底色同前翅反面，3 斑纹白色。

　　雄性外生殖器钩形突约 1/2 分叉、细而尖；囊形突短；抱器背端突末端钝圆，腹端突宽大、末端上弯，顶端宽钝、伸出背端突上缘；阳茎侧突稍长于阳茎端、顶端锯齿，另一侧突末端宽、锯齿，角状器拇指状、密被毛。

　　分布：浙江（临安、遂昌）、甘肃、江西、四川。

♂正　　　　　　　　　　　♂反

♂外生殖器

图 4-84　黄赭弄蝶 *Ochlodes crataeis* (Leech, 1893)

（405）白斑赭弄蝶 *Ochlodes subhyalina* (Bremer *et* Grey, 1853)（图 4-85）

Hesperia subhyalina Bremer *et* Grey, 1853a: 61.

Ochlodes subhyalina: Chou, 1994: 733.

　　主要特征：雄性：前翅正面底色黑褐色，中室具 2 半透明的黄白色条斑；顶角斑 3 个；M₁ 与 M₂ 室有时有退化的小斑；M₃、CuA₁ 室各具 1 白色斑；CuA₂ 室斑不规则、橙黄色；性标黑色，粗线状；反面底色黄色，斑纹同正面。后翅正面颜色同前翅，中域棕黄色，Rs 至 CuA$_1$ 室各具 1 小黄斑；后翅反面底色黄绿色，Rs 至 CuA$_1$ 室各具 1 黄斑，中室具 1 黄斑。雌性：底色黑褐色，前翅中室具 2 个彼此分离的白色斑，M$_3$ 与 CuA$_1$ 室各具 1 白斑，CuA$_2$ 室具 1 橙黄色斑；反面底色橙黄色，斑纹同正面。后翅正面同雄性，反面底色黄绿色，斑纹同正面。

♂正　　　　　　　　　♂反

♂外生殖器

图 4-85　白斑赭弄蝶 *Ochlodes subhyalina* (Bremer *et* Grey, 1853)

雄性外生殖器钩形突约 1/2 分叉、细而尖；囊形突中等短；抱器端后侧角锐刺状，上侧三角尖出，不与背端突接触；阳茎侧突弯曲不直、端部膨大、边缘锯齿。

分布：浙江（全省）、黑龙江、吉林、辽宁、北京、河北、河南、陕西、甘肃、江苏、湖北、湖南、福建、广西、四川、贵州、云南、西藏；俄罗斯，朝鲜，日本，印度，缅甸。

参 考 文 献

方正尧 . 1986. 常见水稻弄蝶 . 北京：农业出版社 .

顾茂彬，陈佩珍 . 1997. 海南岛蝴蝶 . 北京：中国林业出版社 .

黄灏 . 2009. 中国产锷弄蝶族系统学及分类学研究 (鳞翅目：弄蝶科：弄蝶亚科). 上海：上海师范大学硕士学位论文 .

江凡，齐石成，黄帮侃，等 . 2001. 福建昆虫志 第四卷 蝶类 . 福州：福建科学技术出版社 .

李传隆 . 1958. 蝴蝶 . 北京：科学出版社 .

李传隆 . 1962. 云南生物考察报告 (鳞翅目，锤角亚目). 昆虫学报，11(增刊)：172-198.

李传隆 . 1965. 中国稻弄蝶属的种类及其地理分布 . 动物学报，17(2)：189-196.

李传隆 . 1966a. 中国产谷弄蝶属两个亲缘种 (成虫和幼期) 的鉴别及地理分布 . 动物学报，18(1)：32-40.

李传隆 . 1966b. 中国产袖弄蝶属种类的订正 . 动物学报，18(2)：221-230.

李传隆 . 1966c. 中国产 "籼弄蝶属" 种类的订正 . 动物学报，18(2)：221-228.

李传隆 . 1995. 云南蝴蝶 . 北京：中国林业出版社 .

李传隆，朱宝云 . 1992. 中国蝶类图谱 . 上海：上海远东出版社 .

李永禧 . 1988. 广西蝴蝶志 - Ⅰ. 凤蝶科 . 西南农业学报，1(1)：31-34.

李泽建，刘玲娟，刘萌萌，等 . 2020. 百山祖国家公园蝴蝶图鉴 第Ⅰ卷 . 北京：中国农业科学技术出版社 .

李泽建，赵明水，刘萌萌，等 . 2019. 浙江天目山蝴蝶图鉴 . 北京：中国农业科学技术出版社 .

刘萌萌，李泽建，马方舟 . 2022. 华东地区常见蝴蝶野外识别手册 . 北京：中国农业科学技术出版社 .

童雪松 . 1993. 浙江蝶类志 . 杭州：浙江科学技术出版社 .

王敏，范骁凌 . 1999. 荫眼蝶属 Neope 一新种 . 见：吴孔明，陈晓峰 . 昆虫学研究进展 . 北京：中国科学技术出版社 .

王敏，范骁凌 . 2002. 中国灰蝶志 . 郑州：河南科学技术出版社 .

王敏，钱祖琪 . 2009. 中国青灰蝶属 Antigius Sibatani et Ito 二新亚种描述 . 华南农业大学学报，30(1)：34-36.

王治国 . 1998. 河南昆虫志 (鳞翅目：蝶类). 郑州：河南科学技术出版社 .

王治国，陈棣华，王正用 . 1990. 河南蝶类志 . 郑州：河南科学技术出版社 .

伍杏芳 . 1988. 岭南绿洲蝴蝶 . 北京：学术期刊出版社 .

武春生 . 2010. 中国动物志 昆虫纲 第五十二卷 鳞翅目 粉蝶科 . 北京：科学出版社 .

武春生，徐堉峰 . 2017. 中国蝴蝶图鉴 . 福州：海峡书局 .

袁锋，袁向群，薛国喜 . 2015. 中国动物志 昆虫纲 第五十五卷 鳞翅目 弄蝶科 . 北京：科学出版社 .

周文豹 . 1998. 浙江蝴蝶研究Ⅰ (蝶类、蛱蝶科). 武夷科学，14：31.

周尧 . 1978. 鳞翅目：蝶类 . 西安：陕西人民出版社 .

周尧 . 1994. 中国蝶类志 (上、下册). 郑州：河南科学技术出版社 .

周尧 . 1998. 中国蝴蝶分类与鉴定 . 郑州：河南科学技术出版社 .

周尧 . 1999a. 中国蝶类志 (上、下册) 修订本 . 郑州：河南科学技术出版社 .

周尧 . 1999b. 中国蝴蝶原色图鉴 . 郑州：河南科学技术出版社 .

朱建青，谷宇，陈志兵，陈嘉霖 . 2018. 中国蝴蝶生活史图鉴 . 重庆：重庆大学出版社 .

白水隆 . 1960. 原色台湾蝶类大图鑑 . 东京：保育社 .

Alphéraky S N. 1889. Lépidoptères rapportés de la Chine et de la Mongolie par G. N. Potanine. In Romanoff Mém Lép, 5: 90-123, cpl. V.

Alphéraky S N. 1897. Lépidoptères des provinces chinoises Sé-Tchouen et Kham recueilles, en 1893, par Mr. G. N. Potanine. In Romanoff Mém Lép, 9: 83-149, 5 cpl.

Audouin JV, Blanchard E, Doyère L, et al.1836-1849. Le règne animal distribué d'après son organisation, pour servir de base à l'histoire naturelle des animaux, et d'introduction à l'anatomie comparée, par Georges Cuvier. Edition accompagnée de planches gravées, représentant les types de tous les genres, les caractères distinctifs des divers groupes et les modifications de structure sur lesquelles repose cette classification; par une réunion de disciples de Cuvier, MM. Audouin, Blanchard, Deshayes, Alcide d'Orbigny, Doyère, Dugès, Duvernoy, Laurillard, Milne Edwards, Roulin et Valenciennes. / Les insectes. Avec un atlas. Myriapodes, thysanoures, parasites, suceurs et coléoptères. Texte [I]. Fortin, Masson et Cie, Paris. xii + 557 pp. (4to) CNC, BHL

Aurivillius P O C. 1897. Bemerkungen zu den von. J. Chr. Fabricius aus danischen Sammlungen beschriebenen Lepidopteren. Ent Tidskr, 18 (3/4): 139-174.

Bernardi G. 1958. Taxonomie et Zoogeographie de Talbotia naganum Moore (Lepidoptera Pieridae). Revue Française d'Entomologie, 25: 123-128, Caen.

Bethune-Baker G T. 1903. A Revision of the Amblypodia Group of Butterflies of the Family Lycaenidae. London: Transaction of the Zoological Society of London, 1-164, pls. 1-5.

Beuret H. 1955. Zizeeria karsandra Moore in Europa und die systematische Stellung der Zizeerinae (Lepidoptera, Lycaenidae). Mitt Ent Ges Basel (N.F.), 5(9): 123-130.

Billberg G J. 1820. Enumeratio Insectorum in Museo. Stockholm, Gadel: 1-138.

Blanchard É. 1871. Remarques sur la faune de la principauté thibétane du Moupin C. R. hebd. Seanc Acad Sci, 72: 807-813.

Boisduval J A. 1832. Faune entomologique de l'Océan Pacifique, avec l'illustration des insectes nouveaux recueillis pendant le voyage. Lépidoptères in d'Urville. Voy Astrolabe (Faune Ent Pacif), 1: 1-267, pls. 1-5.

Boisduval J A. 1836. Histoire Naturelle des Insectes. Species Général des Lépidoptéres. Tome Premier Hist Nat Ins, Spec gén Lépid, 1: 1-690, pls. 1-24.

Boisduval J A. 1870. Considerations sur des Lépidoptères envoyés du Guatemala à M. de l'Orza Considérations Lépid. Guatemala: 1-100.

Bozano G C. 2016. Guide to the butterflies of the Palearctic region. Lycaenidae 2. Milano: OMNES ARTER s.a.s

Bremer O. 1861. Neue Lepidopteren aus Ost-Sibirien und dem Amur-Lande gesammelt von Radde und Maack, beschrieben von Otto Bremer. Bull Acad Imp Sci. St. Petersb, 3: 461-496, Mélanges Biol St.-Pétersb, 3(5-6): 538-589.

Bremer O, Grey W. [1851][1852]1853a. Diagnoses de Lépidoptérères nouveaux, trouvés par MM. Tatarinoff et Gaschkewitch aux environs de Pekin in Motschulsky. Etud Ent, 1: 58-67.

Bremer O, Grey W. 1853b. Beiträge zur Schmetterlings-Fauna des nördlichen China's. St. Petersbourg: 5-23.

Bryk F. 1946. Type Lycaena ferra for Satsuma Murray nec. Adams (trans.). Ark Zool, 38: 50.

Butler A G. [1869]. A monographic revision of the Lepidoptera hitherto included in the genus Adolias, with descriptions of new genera and species. Proc Zool Soc Lond, 1868(3): 599-615, pl. 45.

Butler A G. [1882]. On butterflies from Japan, with which are incorporated notes and descriptions of new species by Montague Fenton. Proc Zool Soc Lond, (4): 846-856.

Butler A G. 1866. A list of the diurnal Lepidoptera recently collected by Mr. Whitely in Hakodadi (North Japan). J Linn Soc Zool Lond, 9(34): 50-58.

Butler A G. 1867a. Descriptions of five new genera and some new species of Satyride Lepidoptera. Ann Mag Nat Hist, (3)19: 161-167, pl. 4.

Butler A G. 1867b. Descriptions of some remarkable new species and a new genus of diurnal Lepidoptera. Ann Mag Nat Hist, 20(117): 216-217, pl. 4.

Butler A G. 1871. Descriptions of five new species, and a new genus, of diurnal Lepidoptera, from Shanghai. Trans Ent Soc Lond, (3): 401-403.

Butler A G. 1874. Descriptions of four new asiatic butterflies. Cistula Ent, 1 (9): 235-236.

Butler A G. 1876. Descriptions of Lepidoptera from the collection of Lieut. Proc Zool Soc Lond, 1876(2): 308-310, pl. 22.

Butler A G. 1878. On some butterflies recently sent home from Japan by Mr. Montagne Fenton. Cist Ent, 2(19): 281-286.

Butler A G. 1879. The butterflies of Malacca. Trans Linn Soc Lond, 1(8): 533-568, pls. 68-69.

Butler A G. 1883. On a third collection of Lepidoptera made by Mr. H. E. Hobson in Formosa*. Ann Mag Nat Hist, 12(67): 50-52.

Butler A G. 1886. On Lepidoptera collected by Major Yerbury in Western India. Proc Zool Soc Lond, 1886(3): 355-395, pl. 35.

Butler A G. 1897. Revision of the pierine butterflies of the genus *Delias*. Annals and Magazine of Natural History, 20(116): 143-167.

Butler A G. 1900. On a new genus of Lycaenidae hitherto confounded with *Catochrysops*. Entomologist, 33: 1-2.

Chapman T A. 1910. On *Zizeeria* (Chapman), *Zizera* (Moore), a group of Lycaenid butterflies. Trans Ent Soc Lond, 1910(4): 479-497, pls. 51-60.

Chiba H. 2009. A revision of the subfamily Coeliadinae (Lepidoptera: Hesperiidae). Bull Am Mus Nat Hist Hum Hist, (Ser. A). 7: 1-102.

Chiba H, Eliot J N. 1991. A revision of the genus *Parnara* Moore (Lepidoptera, Hesperiidae), with special reference to the Asian species. Transactions of the Lepidopterological Society of Japan, 42(3): 179-194.

Chou I, Li H B. 1993. Description of the third species of Sasakia (Lepidoptera: Nymphalide). Entomotaxonomia, 15(3): 201-207.

Cong Q, Zhang J, Shen J-H, Grishin N V. 2019. Fifty new genera of Hesperiidae (Lepidoptera). Insecta Mundi, 731: 1-56.

Cramer P. [1779][1780]. Uitlandsche Kapellen (*Papillons exotiques*) Uitl. Kapellen, 3(17-21): 1-104, pls. 193-252 (1779), (22): 105-128, pls. 253-264 ([1780]), (23-24): 129-176, pls. 265-288 (1780).

Cramer P. 1775-1790. Uitlandsche Kapellen, voorkomende in de drie Waereld-Deelen Asia, Africa en America, by een verzameld en bescreeven. Amsterdam, Baalde, 2: 1-152.

Cramer P. 1776. Uitlandsche Kapellen (*Papillons exotiques*) Uitl. Kapellen, 1(1-7): 1-132, pls. 1-84 (1775), (8): 133-155, pls. 85-96 (1776).

Cramer P. 1777. Uitlandsche Kapellen (*Papillons exotiques*) Uitl. Kapellen, 2(9-16): 1-152, pls. 97-192.

Crowley P. 1900. On the butterflies collected by the late Mr. John Whitehead in the interior of the island of Hainan. Proc Zool Soc Lond, 1900(3): 505-511, pl. 35.

Crüger C. 1878. Ueber Schmetterlinge von Wladiwostok Verh. Ver Naturw Unterhalt. Hamburg, 3: 128-133.

Dalman J W. 1816. Försök till systematiks Uppställing af Sveriges Fjärilar. K. Vetensk Acad Handl, 1816(1): 48-101, (2): 199-225.

de Nicéville L. [1884]. On new and little known Rhopalocera from the Indian. Region J Asiat Soc Bengal, 52 Pt. II (2/4): 65-91, pls. 1, 9-10.

de Nicéville L. [1893]. On new and little-known butterflies from the Indo-Malayan Region. J Bombay Nat Hist Soc, 7(3): 322-357, pls. H-J.

de Nicéville L. 1885. Descriptions of some new Indian Rhopalocera. J Asiat Soc Bengal, 54 Pt. II (2): 117-124, pl. 2.

de Nicéville L. 1889. On new and little-known butterflies from the Indian Region, with revision of the genus *Plesioneura* of felder and of authors. J Bombay Nat Hist Soc, 4(3): 163-194, pls. A-B.

de Nicéville L. 1890a. On new and little-known butterflies from the Indian Region, with Descriptions of three new genera of Hesperidae. J Bombay Nat Hist Soc, 5(3): 199-225, pls. D-E.

de Nicéville L. 1890b. The butterflies of India, Burmah and Ceylon, a descriptive handbook of all the known species of rhopalocerous Lepidoptera inhabiting that region, with notices of allied species occurring in the neighbouring countries along the border, with numerous illustrations. Vol. 3. Butts India Burmah Ceylon, 3: 1-503, pls. 25-29.

de Nicéville L. 1895. On new and little-known butterflies from the Indo-Malayan Region. J Bombay Nat Hist Soc, 9(3): 259-321, pls. N-Q, (4): 366-410.

de Nicéville L, Martin H. [1896]. A list of the butterflies of Sumatra with special reference to the species occurring in the north-east of the Island. J Asiat Soc Bengal, 64 Pt. II (3): 357-555.

Devyatkin A L. 2004. Taxonomic studies on oriental Hesperiidae, 1. A revision of the Scobura coniata Hering, 1918-group. Atalanta 35(1/2): 57-66.

Devyatkin A L, Monastyrskii A L. 2002. Hesperiidae of Vietnam 12: A further contribution to the Hesperiidae fauna of North and Central Vietnam. Atalanta 33(1/2): 137-155.

Doherty W. 1889a. Notes on Assam butterflies. J Asiat Soc Bengal, 58 Pt. II (1): 118-134.

---

* 台湾是中国领土的一部分。Formosa（早期西方人对台湾岛的称呼）一般指台湾，具有殖民色彩。本书因引用历史文献不便改动，仍使用 Formosa 一词，但并不代表作者及科学出版社的政治立场。

Doherty W. 1889b. On certain Lycaenidae from lower Tenasserim. J Asiat Soc Bengal, 58 Pt. II (4): 409-440, pl. 23.

Doubleday E. [1847][1848]. The genera of diurnal Lepidoptera, comprising their generic characters, a notice of their habitats and transformations, and a catalogue of the species of each genus; illustrated with 86 plates by W. C. Hewitson. Gen Diurn Lep, (1): 1-18, pls. A, 1-4 (1-2) (1846), (1): 19-132, pls. 4, 18, 5-25, 28 (3-14) (1847), (1): 133-200, pls. 1, 26, 27, 29 (15-23) (1848), (1): pls. 31-44 (15-23) (1848), (1): 201-242, pls. 30, 45-52, 56-58, 60-62, 64 (24-31) (1849), (1): 243-250 [?], (2): 243-326, pls. 53-55, 63, 65, 66 (32-38) (1850), (2): 327-466, pls. 59, 67-77 (39-50) (1851), (2): 467-534, 143, 144, pls. 78-80 (Index) (51-54) (1852).

Doubleday E. 1843. Description de deux nouvelles espèces de *Charaxes* des Index orientales, de la Collection de M. Henri Doubleday. Ann Soc Ent Fr, (2)1(3): 217-220, pls. 7-8.

Druce H. 1875. Descriptions of new species of diurnal Lepidoptera. Cistula Ent, 1(12): 357-363.

Druce H. 1895. A monograph of the bornean Lycaenidae. Proc Zool Soc Lond, 1895(3): 556-627, pls. 31-34.

Drury D. 1773. Illustrations of natural history; wherein are exhibited... Illust. Nat Hist Exot Insects, 1: 1-130, pls. 1-50.

Dubatolov V V, Sergeev M G. 1982. New hairstreaks of the tribe Theclini (Lepidoptera, Lycaenidae) of the USSR. Entomological Review, 61(2): 123-130.

Eliot J N. 1967. The *Sakra* Moore, 1857, section of satyrid genus *Ypthima* Hübner. Ent, 100: 49-61, pl. 2.

Eliot J N. 1969. An anylisis of the Eurasian and Australian Neptini (Lepidoptera: Nymphalidae). Bull Br Mus Nat Hist (Ent), Suppl. 15: 1-155. pls. 1-2.

Eliot J N. 1973. The higher classification of the Lycaenidae (Lepidoptera): a tentative arrangement. Bull Br Mus Nat Hist (Ent), 28(6): 373-505 (162 figs), pls. 1-6.

Eliot J N. 1992. The Butterflies of The Malay Peninsula (4th edition). Kuala Lumpur: The Malayan Nature, Society.

Elwes H J. 1887. Description of some new Lepidoptera from Sikkim. Proc Zool Soc Lond: 444-446.

Elwes H J, Edwards J. 1897. A revision of the oriental Hesperiidae. Trans Zool Soc London, 14(4): 101-342, pls. 18-27.

Evans W H. 1932. The Identification of Indian Butterflies (edn. 2) Bombay. Nat Hist Soc: iii-x, 1-454, pls. 1-32.

Evans W H. 1937. Indo-Australian Hesperiidae: Description of new genera, species and subspecies. Entomologist, 70(1): 16-19 (part 9), (2): 38-40 (part 10), (3): 64-66 (part 11), (4): 81-83 (part 12).

Evans W H. 1939. New species and subspecies of Hesperiidae (Lepidoptera) obtained by Herr H. Höne in China in 1930-1936. Proceedings of Royal Entomological Society of London (B), 8(8): 163-166.

Evans W H. 1940. Description of three new Hesperiidae (Lepidoptera) from China. Entomologist, 73(929): 230.

Evans W H. 1941. A revision of the genus *Erionota* Mabille. (LEP: HES.). Entomologist, 74(7): 158-160.

Evans W H. 1949. A catalogue of the Hesperiidae from Europe, Asia and Australia in the British Museum. Cat Hesp Europe Asia Australia Brit Mus: 1-502, pls. 1-53.

Fabricius J C. 1775. Systema Entomologiae, sistens Insectorum Classes, Ordines, Genera, Species, Adiectis Synonymis, Locis, Descriptionibus, Observationibus. Systematic Entomology: 1-832.

Fabricius J C. 1777. Genera *insectorum* eorumque characters naturales secundum numerum. figuram, situm et proportionem. Chilonii Litteris Mich Frider Bartschii, 310 pp.

Fabricius J C. 1787. Mantissa insetorum sistens species nuper detectas adiectis synonymis, observationibus, descriptionibus, emendationibus. Hafniae, 2: 382 pp.

Fabricius J C. 1793. Entomologia systematica emendata et auct. Entomologia Systematica, 3(1): 1-487.

Fabricius J C. 1798. Supplementum Entomologiae Systematicae. Hafniae: 1-572, (index) 1-53.

Fabricius J C. 1807. Die neueste Gattungs-Eintheilung der Schmetterlinge aus den Linnéschen Gattungen Papilio und Sphinx. Mag. F. Insekten, 6: 277-295.

Fan X-L, Chiba H, Huang Z-F, Fei W, Wang M, Sáfián S. 2016. Clarification of the phylogenetic framework of the tribe baorini (Lepidoptera: Hesperiidae: Hesperiinae) inferred from multiple gene sequences. PLoS ONE 11(7): e0156861.

Felder C. 1860. Lepidopterorum Amboienensium species novae diagnosibus. Sber Akad Wiss Wien, 40(11): 448-462.

Felder C. 1861. Ein neues Lepidopteron aus der Familie der Nymphaliden und seine Stellung im natürlichen System, begründet aus der Synopse der rigen. Nov Act Leop Carol, 28(3): 1-50, pl. 1.

Felder C. 1862. Verzeichniss der von den Naturforschem der k. k. Fregatte "Novara" gesammelten Macrolepidopterem. Verh Zool-Bot Ges Wien, 12: 473-496.

Fixsen L. 1887. Lepidoptera aus Korea in Romanoff. Mém Lépid, 3: 233-356, pls. 13-15.

Fletcher J. 1904. Descriptions of some new species and varieties of Canadian butterflies. Can Ent, 36(5): 121-129.

Forster W. 1940. Neue Lycaeniden-Formen aus China. I Mitt. Münch Ent Ges, 30: 870-883, pls. 22-24.

Forster W. 1942. Neue Lycaeniden-Formen aus China. III Mitt. Münchn Ent Ges, 32(3): 579-580, pl. 16.

Fruhstorfer H. 1908. Lepidopterologisches Pêle-Mêle. VI. Neue Rhopaloceren von Formosa. Ent Zs, 22(29): 118-119 (17 October).

Fruhstorfer H. 1910. Neue Hesperiden des Indo-Malayischen Faunengebietes und Besprechung verwandter Formen. Dt Ent Z Iris, 24(3): 58 (1 March), (4): 59-74 (1 April), (5): 75-104 (1 May).

Fruhstorfer H. 1912. Uebersicht der Lycaeniden des Indo-Australischen Gebiets. Begründet auf die Ausbeute und die Sammlung des Autors. Berl Ent Zs, 56(3/4): 197-272, f. 1-4 (early April).

Fruhstorfer H. 1919. Revision der Artengruppe Pithecops auf Grund der Morphologie der Klammerorgane Archiv Naturg, 83A(1): 77-84, f. 1-4 (February).

Fruhtorfer H. 1911. Die Großschmetterlinge des Indo-australischen Faunengebietes. Gross-Schmett Erde, 9: 1-766, 767-1197.

Fujioka T. 2003. On the new genus from continental China, *Hayashikeia* gen. n. (Rhopalocera, Lycaenidae). Gekkan-Mushi, 391: 2-5.

Godart J B. 1824. Encyclopédie Méthodique. Histoire naturelle Entomologie, ou histoire naturelle des crustacés, des arachnides et des insectes. Encyclopédie Méthodique, 9(1): 3-328 (1819), (2): 329-828 ([1824]).

Gray G R. 1852. On the species of the genus *Sericinus*. Proceedings of the Zoological Society of London: 70-73.

Gray G R. 1853. Catalogue of Lepidopterous insects in the collection of the British Museum. Part 1. Papilionidae. Cat Lep Ins Coll Brit Mus: 1-84.

Gray J E. 1831. The Zoological Miscellany. Zool Miscell, (1): [1], 1-40 (1831), (2a): 41-48 (1842), (2b): 49-56 (1842), (2c): 57-72 (1842), (2d): 73-80 (1842), (3): 81-86 (1844).

Gray J E. 1846. Descriptions and Figures of Some New Lepidopterous Insects Chiefly from Nepal. Descr Lep Ins Nepal: 1-16, pls. 1-14.

Gray J E. 1852. On the species of the genus. Sericinus Proc Zool Soc Lond: 70-73.

Gray J E. 1853. Catalogue of Lepidopterous Insects in the Collection of the British Museum. Part 1. Papilionidae. Cat Lep Ins Coll Brit Mus, 1(Papilionidae): 1-84, pls. 1-10, 10*, 11-13.

Grose-Smith H. 1883. Descriptions of three new species of *Charaxes*. Ent Mon Mag, 20: 57-58.

Grose-Smith H. 1893. Descriptions of four new species of butterflies from Omei-shan, North-west China, in the collection of H. Grose Smith. Ann Mag Nat Hist, (6)11(63): 216-218.

Guérin-Méneville F E. 1843. In Souvenirs d'un voyage dans l'Inde execute de 1834 a 1839, Animaux Articulés in Delessert. Souvenirs Voy Inde, (2): 33-98, pls. 11-27.

Hall A. 1930. New forms of Nymphalidae (Rhopalocera) in the collection of the British Museum. Entomologist, 63: 156-160.

Hemming F. 1934a. Notes on nine genera of butterflies. The Entomologist, 67: 37-38.

Hemming F. 1934b. New names for three genera of Rhopalocera. Entomologist, 67(4): 77.

Hemming F. 1943. Notes on the generic nomenclature of the Lepidoptera Rhopalocera II. Proc R Ent Soc Lond, (B)12(2): 23-30.

Herbst J F W. 1794. Natursystem aller bekannten in-und auslandischen Insekten als eine Fortsetzung der von Büffonschen Naturgeschichte. in Jablonsky. Naturs Schmett, 7: pl. 180. f. 1, 2.

Herrich-Schäffer G A W. 1869. Versuch einer systematischen Anordnung der Schmetterlinge Corresp. Bl Zool-Min Ver Regensburg, 23(4): 56-64, (5): 67-77, (9): 130-141, (11): 163-172, (12): 184-204.

Hewitson W C. 1858-1877. Illustrations of new species of exotic butterflies selected chiefly from the collections of W. Wilson Saunders and William C. Hewitson. Ill. exot. Butts [1]: (Systematic Index) I, (*Ornithoptera* and *Papilio*): [1-2], pl. [1] (1855), (*Papilio* II): [3-4], pl. [2] (1856), (*Papilio* III): [5-6], pl. [3] (1858), (*Papilio* IV): [7-8], pl. [4] (1859), (*Papilio* V): [9-10], pl. [5] (1861), (*Papilio* VI): [11-12], pl. [6] (1864), (Papilio VII-VIII): [13-16], pls. [7-8] (1865), (*Papilio* IX): [17-18], pl. [9] (1868), (*Papilio*

X-XII): [19-22], pls. [10-12] (1869), (*Papilio* XIII): [23-24], pl. [13] (1873), (*Papilio* XIV): [25-26], pl. [14] (1875), (*Papilio* XV): [27-28], pl. [15] (1877), (*Pieris* I): [29-30], pl. [16] (1852), (*Pieris* II): [31-32], pl. [17] (1853), (*Pieris* III-VI): [33-40], pls. [18-21] (1861), (*Pieris* VII): [41-42], pl. [22] (1862), (*Pieris* VIII): [43-44], pl. [23] (1866), (*Euterpe*): [45-46], pl. [24] (1860), (*Euterpe* II): [47-48], pl. [25] (1872), (*Euterpe* and *Leptalis*): [49-50], pl. [26] (1853), (*Leptalis* II): [51-52], pl. [27] (1857), (*Leptalis* III): [53-54], pl. [28] (1858), (*Leptalis* IV): [55-56], pl. [29] (1860), (*Leptalis* V-VII): [57-62], pls. [30-32] (1870), (*Callidryas* and *Eronia*): [63-64], pl. [33] (1867), (*Euploea*): [65-66], pl. [34] (1858), (*Euploea* II): [67-68], pl. [35] (1866), (*Heliconia* I): [69-70], pl. [36] (1853), (*Heliconia* II-III): [71-74], pls. [37-38] (1854), (*Heliconia* IV): [75-76], pl. [39] (1858), (*Heliconia* V): [77-78], pl. [40] (1867), (*Heliconia* VI): [79-80], pl. [41] (1871), (*Heliconia* and *Tithorea* VII): [81-82], pl. [42] (1873), (*Heliconia* VIII): [83-84], pl. [43] (1875), (*Athesis*): [85-86], pl. [44] (1872), (*Mechanitis* I): [87-88], pl. [45] (1856), (*Mechanitis* II-III): [89-92], pls. [46-47] (1860), (*Ithomia* I): [93-94], pl. [48] (1851), (*Ithomia* II): [95-96], pl. [49] (1852), (*Ithomia* III): [97-98], pl. [50] (1853), (*Ithomia* IV-V): [99-102], pls. [51-52] (1854), (*Ithomia* VI-XIII): [103-118], pls. [53-60] (1855).

Hewitson W C. 1851-1876. Illustrations of new species of exotic butterflies selected chiefly from the collections of W. Wilson Saunders and William C. Hewitson Ill. exot. Butts [4]: (Systematic Index) IV, (*Clerome*): [1-2], pl. [1] (1863), (*Drusilla & Hyantis*): [3-4], pl. [2] (1862), (*Dasyophthalma & Thaumantis*): [5-6], pl. [3] (1862), (*Morpho* I): [7-8], pl. [4] (1856), (*Pavonia* I-II): [9-10], pls. [5-6] (1877), (*Opsiphanes*): [11-12], pl. [7] (1873), (*Corades*): [13-14], pl. [8] (1863), (*Pronophila*): [15-16], pl. [9] (1857), (*Pronophila* II): [17-18], pl. [10] (1860), (*Pronophila* III-IV): [19-22], pls. [11-12] (1868), (*Pronophila* V): [23-24], pl. [13] (1871), (*Pronophila* VI-VII): [25-28], pls. [14-15] (1872), (*Pronophila* VIII-IX): [29-32], pls. [16-17] (1874), (*Debis* I): [33-34], pl. [18] (1862), (*Debis* II-III): [35-38], pls. [19-20] (1863), (*Haetera*): [39-40], pl. [21] (1860), (*Daedalma*): [41-42], pl. [22] (1858), (*Euptychia & Ragadia*): [43-44], pl. [23] (1862), (*Hypocista*): [45-46], pl. [24] (1863), (*Mycalesis* I-IV): [47-54], pls. [25-28] (1862), (*Mycalesis* V-VI): [55-58], pls. [29-30] (1864), (*Mycalesis* VII-VIII): [59-62], pls. [31-32] (1866), (*Mycalesis* IX): [63-64], pl. [33] (1873), (*Mycalesis & Idiomorphus*): [65-66], pl. [34] (1877), (*Idiomorphus*): [67-68], pl. [35] (1865), (*Melanitis*): [69-70], pl. [36] (1863), (*Taxila*): [71-72], pl. [37] (1861), (*Taxila* II): [73-74], pl. [38] (1862), (*Sospita*): [75-76], pl. [39] (1861), (*Sospita* II): [77-78], pl. [40] (1862), (*Dodona & Sospita*): [79-80], pl. [41] (1866), (*Mesosemia* I): [81-82], pl. [42] (1857), (*Mesosemia* II-III): [83-86], pls. [43-44] (1858), (*Mesosemia* IV-VI): [87-92], pls. [45-47] (1859), (*Mesosemia* VII-VIII): [93-96], pls. [48-49] (1860), (*Mesosemia* IX-X): [97-100], pls. [50-51] (1870), (*Mesosemia* XI): [101-102], pl. [52] (1871), (*Mesosemia* XII): [103-104], pl. [53] (1873), (*Eurygona* I-II): [105-108], pls. [54-55] (1853), (*Eurygona* III-IV): [109-112], pls. [56-57] (1855), (*Eurygona* V-VII): [113-118], pls. [58-60] (1856), (*Eurygona* VIII): [119-120], pl. [61] (1860), (*Eurygona* IX): [121-122], pl. [62] (1870), (*Eurygona* X): [123-124], pl. [63] (1872).

Hewitson W C. 1862a. A bibliography of the zoological publications of hans fruhstorfer (1886* - 1922+). Entomofauna, 26(6): 57-100.

Hewitson W C. 1862b. Specimen of a catalogue of Lycaenidae in the British Museum. Spec Cat Lep Lyc B M: [4], [1], 2-15, pls. I-VIII, [1-8] (links to Ill Diurn Lep Lyc).

Hewitson W C. 1864a. Descriptions of new species of diurnal Lepidoptera. Trans Ent Soc Lond, 2(3): 245-249.

Hewitson W C. 1865. Illustrations of diurnal Lepidoptera. Lycaenidae (2): 48, pl. 20, f. 1-2.

Hewitson W C. 1865. Illustrations of diurnal Lepidoptera. Lycaenidae Ill. Diurn. Lep. Lycaenidae (1): 1-36, 37, pls. 1-16 (1863), (2): 37-76, pls. 17-30 (1865), (3): 77-114, pls. 31-46 (1867), (4): 115-136, 14a-h, pls. 47-54, 3a-c, (Suppl.) 1-16, pls. 1-5 (1869), (5): 137-150, 151, pls. 55-59, (Suppl.) pl. 6 (1873), (6): 151-184, 185, pls. 60-73 (1874), (7): 185-208, 209, pls. 74-83 (1877), (8): 209-228, pl. 84-85, 88-92, (Suppl.) 17-47, pls. 1a-b, 3a-b, 4a, 5a-b, 7-8 (1878).

Hewitson W C. 1866. Illustrations of new species of exotic Butterflies selected chiefly from the collections of W. Wilson Saunders and William C. Hewitson Ill. exot. Butts [3]: (Systematic Index) III, (*Callithea*): [1-2], pl. [1] (1857), (*Callithea & Agrias* II): [3-4], pl. [2] (1870), (*Epicalia & Myscelia* I): [5-6], pl. [3] (1851), (*Epicalia* II): [7-8], pl. [4] (1852), (*Timetes*): [9-10], pl. [5] (1852), (*Neptis*): [11-12], pl. [6] (1868), (*Limenitis* I-II): [13-16], pls. [7-8] (1859), (*Heterochroa*): [17-18], pl. [9] (1867), (*Diadema*): [19-20], pl. [10] (1863), (*Diadema* II): [21-22], pl. [11] (1865), (*Diadema* III): [23-24], pl. [12] (1868), (*Amechania*): [25-26], pl. [13] (1861), (*Romaleosoma*): [27-28], pl. [14] (1864), (*Romaleosoma* II-III): [29-32], pls. [15-16] (1865), (*Romaleosoma* IV): [33-34], pl. [17] (1866), (*Euryphene*): [35-36], pl. [18] (1864), (*Euryphene* II): [37-38], pl. [19] (1865), (*Euryphene* III *Aterica*): [39-40], pl. [20] (1865),

(*Euryphene* IV): [41-42], pl. [21] (1865), (*Aterica & Euryphene* V-VI): [43-46], pls. [22-23] (1866), (*Euryphene* VII): [47-48], pl. [24] (1871), (*Euryphene* VIII & *Aterica*): [49-50], pl. [25] (1871), (*Euryphene* IX): [51-52], pl. [26] (1874), (*Aterica & Harma*): [53-54], pl. [27] (1866), (*Harma*): [55-56], pl. [28] (1864), (*Harma* II): [57-58], pl. [29] (1866), (*Harma* III-IV): [59-60], pls. [30-31] (1869), (*Harma* V-VI & *Euryphene* X): [61-62], pls. [32-33] (1874), (*Adolias*): [63-64], pl. [34] (1861), (*Adolias* II): [65-66], pl. [35] (1862), (*Adolias* III): [67-68], pl. [36] (1863), (*Adolias* IV): [69-70], pl. [37] (1875), (*Agrias*): [71-72], pl. [38] (1860), (*Agrias & Nymphalis*): [73-74], pl. [39] (1855), (*Agrias & Siderone*): [75-76], pl. [40] (1854), (*Prepona*): [77-78], pl. [41] (1859), (*Prepona* II & *Agrias*): [79-80], pl. [42] (1876), (*Pandora & Prepona*): [81-82], pl. [43] (1854), (*Apatura*): [83-84], pl. [44] (1869), (*Nymphalis*): [85-86], pl. [45] (1854), (*Nymphalis* II): [87-88], pl. [46] (1859), (*Charaxes* III): [89-90], pl. [47] (1863), (*Charaxes* IV): [91-92], pl. [48] (1874), (*Charaxes* V): [93-94], pl. [49] (1876), (*Paphia* II): [95-96], pl. [50] (1869), (*Paphia & Siderone*): [97-98], pl. [51] (1856), (*Siderone*): [99-100], pl. [52] (1860), (*Zeuxidia & Aemona*): [101-102], pl. [53] (1868).

Hewitson W C. 1867. Descriptions of some new species of diurnal Lepidoptera. Trans Ent Soc Lond, (3)5: 561-566.

Hewitson W C. 1877. Descriptions of new species of Rhopalocera. Ent Mon Mag, 14: 107-108.

Higgins L G, Riley N D. 1970. Butterflies of Britain & Europe. London: Harper Collins Publishers.

Holland W J. 1869. Descriptions of some new species of African Lepidoptera. Entomologist, 25(Suppl.): 89-95.

Honrath E. 1884. Beiträge zur Kenntnis der Rhopalocera (2). Berl Ent Z, 28(2): 395-398, pl. 10.

Honrath E. 1888. Zwei neue Tagfalter-Varietäten aus Kiukiang (China). Ent Nachr, 14(11): 161-162.

Hope F W. 1843. On some rare and beautiful insects from Silhet, chiefly in the collection of Frederick John Parry. Transactions of the Entomological Society of London, 19(2): 103-112, 131-136.

Horsfield T. [1829]. Descriptive Catalogue of the Lepidopterous Insects Contained in the Museum of the Horourable East-India Company, Illustrated by Coloured Figures of New Species. Descr Cat Lep Ins Mus East India Coy, (1): 1-80, pls. 1-4 (1828), (2): 81-144, pls. 5-8, (expl.) [1-4] (1829).

Horsfield T, Moore F. 1857. A catalogue of the Lepidopterous insects in the museum of the Hon. East-India Company, 1: 1-278.

Howarth T G. 1957. A revision of the genus *Neozephyrus* Sibatani & Ito (Lepidoptera: Lycaenidae). Bull Br Mus Nat Hist, 5(6): 233-272, 13 pls. (105 figs.).

Hu S-J, Cotton A M, Lamas G, Duan K, Zhang X. 2023. Checklist of Yunnan Papilionidae (Lepidoptera: Papilionoidea) with nomenclatural notes and descriptions of new subspecies. Zootaxa, 5362(1): 1-69.

Huang H. 2001. Report of H. Huang's 2000 Expedition to SE. Tibet for Rhopalocera. Neue Ent Nachr, 51: 65-152.

Huang H. 2002. Some new butterflies from China-2. Atalanta, 33(1/2): 109-122.

Huang H. 2014. New or little known butterflies from China (Lepidoptera: Nymphalidae et Lycaenidae). Atalanta, 45(1-4): 151-162.

Huang H. 2016. A review of the *Deudorix repercussa* (Leech, 1890) group from China (Lycaenidae, Theclinae). Atalanta, 47(1-2): 179-195.

Huang H. 2021. Taxonomy and morphology of Chinese butterflies 1 Hesperiidae: Pyrginae: genera *Coladenia* Moore, [1881] and Pseudocoladenia Shirôzu & Saigusa, 1962. Atalanta, 52(4): 569-620.

Huang H, Chen Y-C. 2005. A new species of *Ahlbergia* Bryk, 1946 from SE China. Atalanta, 36: 161-167.

Huang H, Zhan C-H. 2006. A new species of *Ahlbergia* Bryk, 1946 from Guangdong, SE China (Lepidoptera: Lycaenidae). Atalanta, 37(1/2): 168-174.

Huang Z-F , Chiba H, Guo D, Yago M, Braby M-F, Wang M, Fan X-L. 2019b. Molecular phylogeny and historical biogeography of *Parnara* butterflies (Lepidoptera: Hesperiidae). Molecular Phylogenetics and Evolution 139: 106545.

Huang Z-F, Chiba H, Deng X-H, Huang S-Y, Wang M, Fan X-L. 2020. Molecular and morphological evidence reveals that *Daimio* Murray, 1875 is a junior synonym of *Tagiades* Hübner, 1819 (Lepidoptera: Hesperiidae: Tagiadini). Zootaxa, 4731(4): 595-600.

Huang Z-F, Chiba H, Jin J, Kizhakke A-G, Wang M, Kunte K, Fan X-L. 2019a. A multilocus phylogenetic framework of the tribe Aeromachini (Lepidoptera: Hesperiidae: Hesperiinae), with implications for taxonomy and biogeography. Systematic Entomology, 44: 163-178.

Hübner F. 1816-1826. Verzeichniss Bekannter Schmettlinge, Augsburg. (1): [1-3], 4-16 (1816), (2): 17-32 (1819), (3): 33-48 (1819),

(4): 49-64 (1819), (5): 65-80 (1819), (6): 81-96 (1819), (7): 97-112 (1819), (8): 113-128 (1819), (9): 129-144 (1819), (10): 145-160 (1819), (11): 161-176 (1819), (12): 177-192 (1820), (13): 193-208 (1820), (14): 209-224 (1821), (15): 225-240 (1821), (16): 241-256 (1821), (17): 257-272 (1823), (18): 273-288 (1823), (19): 289-304 (1823), (20): 305-320 (1825), (21): 321-336 (1825), (22): 337-352 (1825), (23-27): 353-431 ([1825]).

Hübner F. 1818. Zuträge zur Sammlung exotischer Schmettlinge, Vol. 1 [1808-] 1818. Zuträge Samml Exot Schmett, 1: [1-3], 4-6, [7], 8-32, [33-40] (post 22nd December 1818); pl. [1-2], f. 1-12 (1808-1809); pl. [3-25], f. 13-146 (1809 - 1813); pl. [26-35], f. 147-200 (1814-1818).

Hübner J, Geyer C. [1832]. Zuträge zur Sammlung exotischer Schmettlinge, Vol. 4 [1826]-1832 Zuträge Samml Exot Schmett, 4: pls. [104-131], f. 601-764 (1826); pls. [132-137], f. 765-800 (1827-1831); [1-3], 4-6, [7], 8-48 (1832).

Igarashi S. 1979. Papilionidae and their early Stages. 2 vols. Kodansha, Tokyo.

Igarashi S. 2001. Life history of *Teinopalpus aureus* in Vietnam in comparison with that of *T. imperialis.* Butterflies, 30: 4-24.

Janson O E. 1877. Notes on Japanese *Rhopalocera* with the description of new species. Cistula Ent, 2: 153-160.

Kawazoe M, Wakabayshi M. 1976. Coloured Illustration of The Butterflies of Japan. Higashiosaka: Hoikusha Publishing Co., Ltd.

Klug J C F. 1836. Neue Schmetterlinge der Insenkten-Sammlung des Königl. Zoologischen Musei der Universität zu Berlin. Neue Schmett, (1): 1-8, pls. 1-5.

Kluka K. 1780. Historyja naturalna zwierzat domowych i dzikich, osobliwie kraiowych, historyi naturalney poczatki, i gospodarstwo: potrzebnych I pozytecznych donowych chowanie, rozmnozenie, chorob leczenie, dzikich lowienie, oswaienie: za · zycie; szkodliwych zas wygubienie. 4 vols. Hist Nat Pocz Gospod.

Koiwaya S. 1993. Descriptions of three new genera, eleven new species and seven new subspecies of butterflies from China. Studies on Chinese Butterflies, 2: 9-27, 43-111.

Koiwaya S. 1996a. A tentative list of the Theclini of the world. Nishikaze-Tsushin, (10): 2-12.

Koiwaya S. 1996b. Studies on Chinese Butterflies, Vol. 3: 1-285. Tokyo: Satoshi.

Koiwaya S. 1996c. Ten new species and twenty-four new subspecies of butterflies from China, with notes on the systematic positions of five taxa. Studies of Chinese Butterflies, 3: 237-280.

Koiwaya S. 1999. Revisioonal notes on "*Wagimo sulgeri*", with description of a new species. Gekkan-Mushi, 336: 2-7.

Koiwaya S. 2000. Descriptions of one new species and eight new subspecies of Theclini (Lycaenidae) from China. Gekkan Mushi, 348: 10-17.

Koiwaya S. 2002a. A new species of the genus *Fixsenia* Tutt (Lycaenidae) from China. Futao, 40: 12-13.

Koiwaya S. 2002b. Description of five new species and a new subspecies of Theclini (Lycaenidae) from China, Myanmar and India. Gekkan-Mushi, 377: 2-8.

Koiwaya S. 2002c. Description of six new species and two new subspecies of the tribe Theclini (Lycaenidae) from Myanmar and Vietnam. Gekkan-Mushi, 381: 5-12.

Koiwaya S. 2004. Description of a new species of the genus *Antigius* and discovery of male of *Howarthia kimurai*. Gekkan-Mushi, 405: 2-5.

Koiwaya S. 2007. The *Zephyrus hairstreaks* of the World. Tokyo: Mushi-Sha, 300 pp.

Koiwaya S. 2011. Descriptions of a new species of *Zophoessa* (Satyridae) from Southern China. Gekkan-Mushi, 481: 41-45.

Kollar V. [1844]. Aufzählung und Beschreibung der von Freiherr C. v. Hügel auf seiner Reise durch Kaschmir und das Himaleygebirge gesammelten Insekten in Hügel. Kaschmir und das Reich der Siek, 4: 393-564, pls. 1-28.

Kudrna O. 1974. An annotated list of Japanese butterflies. Atalanta, 5: 92-120.

Lamas G. 2008. Twelve new species-group replacement names and further nomenclatural notes on Lycaenidae (Lepidoptera). Zootaxa, 1848: 47-56(268).

Lang S-Y. 2012a. Description of a new species of the genus *Euthalia* Hübner, 1819 from Yunnan Province, China (Lepidoptera, Nymphalidae). Atalanta, 43(3/4): 512-513.

Lang S-Y. 2012b. The Nymphalidae of China, Part 1. Pradubice: Tshikolovets Publications.

Lang S-Y. 2017. The Nymphalidae of China, Part 2. Pradubice: Tshikolovets Publications.

Lang S-Y. 2022. The Nymphalidae of China, Part 3. Pradubice: Tshikolovets Publications.

Lang S-Y, Han H-X. 2009. Study on some nymphalid butterflies from China. Atalanta, 40(3/4): 493-500.

Latreille P A. 1804. Tableaux méthodiques d'Hist. Nat Nouv Dict Hist Nat, 24(6): 5-238.

Lederer J. 1853. Lepidopterologisches aus Sibirien. Verh Zool-Bot Ver Wien, 3: 351-386, pls. 1-7.

Leech J H. 1889. On a collection of Lepidoptera from Kiukiang. Trans Ent Soc Lond, 1889(1): 99-148, pls. 7-9.

Leech J H. 1890. New species of Lepidoptera from China. Entomologist, 23: 26-50, 81-83, 109-114, 187-192, pl. 1.

Leech J H. 1891a. New Species of Lepidoptera from China. Entomologist, 24(Suppl.): 1-6.

Leech J H. 1891b. New Species of Rhopalocera from North-west China. Entomologist, 24(Suppl.): 23-31.

Leech J H. 1891c. New species of Rhopalocera from Western China. Entomologist, 24(Suppl.): 57-61, 66-68.

Leech J H. 1892-1893. Butterflies from China, Japan and Corea (Part I Nymphalidae and Lemoniidae). London, R. H. Porter.

Leech J H. 1893. A new species of *Papilio*, and a new form of *Parnassius delphius*, from Western China. Entomologist, 26 (Suppl.): 104.

Leech J H. 1893-1894. Butterflies from China, Japan and Corea (Part II Lycaenidae, Papilionidae and Hesperiidae). London, R. H. Porter.

Lewis H L. 1974. Butterflies of the World. Chicago: Follett.

Linnaeus C. 1758. Uitlandsche Kapellen (*Papillons exotiques*). Uitl Kapellen, 1(1-7): 1-132, pls. 1-84 (1775), (8): 133-155, pls. 85-96 (1776).

Linnaeus C. 1758a. Insectes du Japon. Etud Ent, 9: 4-39.

Linnaeus C. 1758b. Systema Naturae per Regna Tria Naturae, Secundum Classes, Ordines, Genera, Species cum Characteribus, Differentiis, Synonymis, Locis. Holmiae, Laurentii Salvii, (Edition 10).

Linnaeus C. 1761. Fauna Suecica Sistens Animalia Sueciae Regni: Mamalia, Aves, Amphibia, Pisces, Insecta, Vermes. Distributa per Classes, Ordines, Genera, Species, cum differentiis Specierum, Synonymis Auctorum, Nominibus Incolarrum, Locis Natalium, Descriptionibus Insectorum Fauna Suecica (Edn. 2): 578 pp.

Linnaeus C. 1763. In Johansson (Thesis), Centuria Insectorum. Amoenitates Acad, 6: 384-415.

Linnaeus C. 1764. Museum S'ae R'ae M'tis Ludovicae Ulricae Reginae Svecorum, Gothorum, Vandalorumque. Mus Lud Ulr: 1-720.

Linnaeus C. 1767. Systema Naturae per Regna tria Naturae, secundum Classes, Ordines, ... Editio Duocecima Reformata. Tom. 1. Part II. Syst Nat (Edn, 12), 1(2): 533-1327.

Linnaeus C. 1768. Iter in Chinam quod praeside D. D. Car. v. Linné. Amoenitates Acad, 7: 497-506.

Linnaeus C. 1771. Mantissa Plantarum altera Generum editionis Vi & Specierum editionis II Mantissa. Plant. 2: [iv], 142-510, + Regni Animalis Appendix 511-552.

Mabille P. 1876. [Hespérides]. Bull Soc Ent Fr, (5)6: ix-xi [9-11]; xxv-xxvii [25-27]; liv-lvii [54-57]; clii-cliii [152-153]; cxcvii-ccii [197-202].

Mabille P. 1877. Catalogue des Lépidoptères du Congo. Bull Soc Zool Fr, 2(3): 214-240.

Mabille P. 1878a. Catalogue des Hespérides du Musée Royal d'Histoire Naturelle de Bruxelles. Ann Soc Ent Belg, 21(1): 12-36, (2): 37-44.

Mabille P. 1878b. Descriptions de Lépidoptères nouveaux de la famille des Hespérides. Petites Nouvelles Ent, 10(197): 233-234, (198): 237-238.

Mabille P. 1903-1904. Genera Insectorum. Lepidoptera. Rhopalocera. Fam. Hesperidae in Wytsman, Genera Insectorum, 17(A): 1-78 (1903), (B): 79-142 (1904), (C): 143-182 (1904), (D): 183-210 (1904).

Marshall G F L. 1882. Some new or rare species of Rhopalocerous Lepidoptera from the Indian region, J Asiat Soc Bengal, 51 Pt. II (2-3): 37-43, pl. 4.

Maruyama K. 1991. Butterflies of Borneo. Vol. 2, No. 2. Hesperiidae. Tokyo: Tobishima Corporation.

Matsumura S. 1919. Thousand Insects of Japan, Additamenta, Volume 3. Tokyo, Keiseisha: 4+pp. 475-742+34+3+2, pls. 26-53.

Matsumura S. 1929. New butterflies from Japan, Korea and Formosa. Insecta Matsumurana, 3(2/3): 87-107, pl. 4.

Matsumura S. 1936. A new genus of Papilionidae. Insecta Matsumurana, 10(3): 86.

Matsumura S. 1938. Two new Lycaenid-butterflies from Korea and Formosa. Insecta Matsumurana, 12(2-3): 107-108.

Meigen J W. 1828. Systematische Beschreibung der europäischen Schmetterlinge; mit Abbildungen auf Steintafeln. Syst Beschr Eur Schmett, 1: 1-170, pls. 1-42.

Mell R E. 1913. Die Gattung Dercas Dbl. Deutsche Entomologische Zeitschrift, 7(29): 193-194.

Mell R E. 1922. Neue südchinesische Lepidoptera. Deutsche Entomologische Zeitschrift, 1: 113-129.

Mell R E. 1923. Noch ubeschriebene Lepidopteren aus Südchina. Deutsche Entomologische Zeitschrift, (2): 153-160.

Mell R E. 1935. Beiträge zur Fauna sinica. XII. Die Euthaliini (Lep., Nymphal.) Süd-und Südostchinas. Deutsche Entomologische Zeitschrift, 2: 225-251, pl. 2.

Mell R E. 1939. Beiträge zur fauna Sinica. XVIII. Noch unbeschriebene Chinesische Lepidopteren (V). Dt Ent Z Iris, 52: 135-152.

Ménétriès É. 1857. Enumeratio corporum animalium Musei Imperialis Academiae Scientiarum Petropilitanae. Classis Insectorum, Ordo Lepidopterorum. Cat Lep Petersb, 1: 1-66, pls. 1-6, (Suppl.) 67-112 (1855), 2: 67-97, 99-144, pls. 7-14 (1857), 3: 145-161, pls. 15-18 (1863).

Ménétriès É. 1859a. Lépidoptères de la Sibérie orientale et en particulier des rives de l'Amour in Schrenck. Reise Forschungen Amur-Lande, 2(1): 1-75, pls. 1-5.

Ménétriès É. 1859b. Lépidoptères de la Sibérie orientale et en particulier des rives de l'Amour. Bull Phys-Math Acad Sci St. Pétersb, 17 (12-14): 212-221, Mélanges Biol St.-Pétersb, 3(1): 99-113 (1858).

Moore F. [1881]. The Lepidoptera of Ceylon. Lepid Ceylon, 1(1): 1-40, pls. 1-18 (Dec 1880), (2): 41-80, pls. 19-36 (Jan 1881), (3): 81-136, pls. 37-54 (Jun 1881), (4): 137-190, pls. 55-71 (Dec 1881).

Moore F. [1904]. Lepidoptera Indica. Rhopalocera. Family Papilionidae. Sub-family Papilioninae (continued), Family Pieridae. Sub-family Pierinae. Lepidoptera Indica, 6: 1-240, pls. 467-550.

Moore F. 1857. A Catalogue of the Lepidopterous Insects in the Museum of the Hon. East-India Company in Horsfield & Moore. Cat Lep Ins Mus East India Coy, 1: 1-278, pls. 1-12, 1a, 2a, 3a, 4a, 5a, 6a.

Moore F. 1858. A monograph of the Asiatic Species of *Neptis* and *Athyma*, two genera of diurnal Lepidoptera belonging to the Family Nymphalidae. Proceedings of the Zoological Society of London, (347/348): 3-20, pls. 49-51.

Moore F. 1859. A Monograph of the genus *Adolias*, a genus of diurnal Lepidoptera belonging to the family Nymphalidae. Transactions of the Entomological Society of London, 5(2): 62-80, (3): 81-87.

Moore F. 1865. List of of diurnal Lepidoptera collected by Capt. A. M. Lang in the N. W. Himalayas. Proceedings of the Zoological Society of London, (2): 486-511.

Moore F. 1866. On the Lepidopterous insects of Bengal. Proceedings of the Zoological Society of London, (3): 755-823, pls. 41-43.

Moore F. 1872. Descriptions of new Indian Lepidoptera. Proceedings of the Zoological Society of London, (2): 555-583, pls. 32-34.

Moore F. 1874. List of diurnal Lepidoptera collected in Chashmere Territory by Capt. R. B. Reed, 12th Regt, with Descriptions of new species. Proceedings of the Zoological Society of London, (1): 264-274.

Moore F. 1875. Descriptions of new Asiatic Lepidoptera. Proceedings of the Zoological Society of London, (4): 565-579.

Moore F. 1877a. Descriptions of new Asiatic Lepidoptera. Annal and Magazine of Natural History, 20(4): 43-52.

Moore F. 1877b. The Lepidopterous Fauna of the Andaman and Nicobar Islands. Proc Zool Soc Lond, (3): 580-632, pls. 58-60.

Moore F. 1878a. Descriptions of new Asiatic Hesperiidae. Proceedings of the Zoological Society of London, (3): 686-695, pl. 45.

Moore F. 1878b. List of Lepidopterous Insects collected by the late R. Swinhoe in the island of Hainan. Proc Zool Soc Lond, 1878(3): 695-708.

Moore F. 1879. Descriptions of new Asiatic diurnal Lepidoptera. Proc Zool Soc Lond, (1): 136-144.

Moore F. 1880-1881. The Lepidoptera of Ceylon. Lepidoptera Ceylon, (1): 1-40; (3): 81-136; (4): 137-190.

Moore F. 1882. List of the Lepidoptera collected by the Rev. J. H. Hocking chiefly in the Kangra District, N.W. Himalaya; with Descriptions of new Genera and Species. Proc Zool Soc Lond, (1): 234-263, pls. 11-12.

Moore F. 1884. Descriptions of some new Asiatic Lepidoptera, chiefly from specimens contained in the Indian Museum, Calcutta.

Journal of the Asiatic Society of Bengal, Pt, II, 53(1): 16-52.

Moore F. 1888. Description fo new indian Lepidopterous insects from the collection of the late Mr. W. S. Atkinson. Description Indian Lepidoptera Atkinson, 3: 199-299.

Moore F. 1893. Lepidoptera indica. Rahopalocera family Nymphalidae. Sub-families Satyrinae (continued), Elymniinae, Amathusiinae, Nymphalinae (Group Charaxina). Lepidoptera Inica, 2(13): 1-32.

Moore F. 1896-1899. Lepidoptera Indica. Rhopalocera. Family Nymphalidae. Sub-family Nymphalinae (continued), Groups Potamina, Euthalina, Limenitina. Lepidoptera Indica, 3(25): 1-24, pls. 191-198 (1896), (26): 25-48, pls. 199-206 (1896), (27): 49-72, pls. 207-214 (1897), (28): 73-96, pls. 215-222 (1897), (29): 97-112, pls. 223-230 (1897), (30): 113-128, pls. 231-238 (1898), (31): 129-144, pls. 239-246 (1898), (32): 145-168, pls. 247-254 (1898), (33): 169-192, pls. 255-262 (1898), (34): 193-216, pls. 263-270 (1898), (35): 217-232, pls. 271-278 (1898), (36): 233-254, pls. 279-286 (1899).

Moore F. 1899. Lepidoptera Indica. Rahopalocera. Family Nymphalidae. Sub-families Nymphalinae (continued), Group Limenitina, Nymphalina, and Argynnina. Lepidoptera Inica, 4: 1-176.

Moore F. 1902. Lepidoptera Indica. Rhopalocera. Family Nymphalidae. Sub-family Nymphalinae (continued), Groups Melitaeina and Eurytelina. Sub-families Acraeinae, Pseudergolinae, Calinaginae, and Libytheinae. Family Riodinidae. Sub-family Nemeobiinae. Family Papilionidae. Sub-famlies Parnassiinae, Thaidinae, Leptocircinae, and Papilionae. Lepidoptera Indica, 5: 1-248, pls. 379-466.

Motschulsky V. 1860. Insectes du Japon. Etud Ent, 9: 4-39.

Motschulsky V. 1866. Catalogue des Insectes recus du Japon. Bull Soc Imp Nat Moscou, 39(1): 163-200.

Murayama S. 1985. A new species of the genus *Erebia* from Simingshan, China (Lepidoptera). Entomotaxonomia, 7(1): 21-23.

Murray M A. 1875a. Notes on Japanese butteflies, with description of new genera and species. Ent Mon Mag, 11: 166-172.

Murray M A. 1875b. Notes on Japanese Rhopalocera, with description a new species. Ent Mon Mag, 12: 2-4.

Nire K. 1920. On new species and subspecies of butterflies native to this country [in Japanese]. Zool Mag Tokyo, 32: 373-377.

Nordmann A. 1851. Neue Schmetterlinge Russlands. Bull Soc Imp Nat Moscou, 24: 439-446, pls. 11-12.

Oberthür C. 1876. Espèces nouvelles de Lépidopterès recueillis en Chine par M. l'abbé A. David / Lépidoptères nouveaux de la Chine. Étud d'Ent, 2: 13-34, pls. 1-4.

Oberthür C. 1877. Espèces nouvelles de Lépidoptères recueillis en Chine par M. l'abbé A. David/Lépidoptères nouveaux de la Chine. Études d'Entomologie, 2: 13-34.

Oberthür C. 1879. Catalogue raissoné des Papilionidae de la collection de Ch. Oberthür. Études d'Entomologie, 4: 19-102, 107-117.

Oberthür C. 1880. Faune des Lépidoptères de l'ile Askold. Premiere. Études d'Entomologie, 5: 1-88.

Oberthür C. 1881a. I. Lepidopteres de Chine. II. Lep.-d'Amerique. Etud Ent, 6(3): x+11-115, 20 cpl.

Oberthür C. 1881b. Iter in Chinam quod praeside D. D. Car. v. Linné Amoenitates Acad, 7: 497-506.

Oberthür C. 1886a. Descriptions de nouvelles especes de lepidopteres du Thibet et de la chine: *Thecla*, *Chrysophanus*. Bull Soc Ent Fr, 6(6): xii-xiii, xxii-xxiii.

Oberthür C. 1886b. Espèces Nouvelles de Lépidoptères du Thibet/Nouveaux Lépidoptères du Thibet. Étud d'Ent, 11: 13-38, pls. 1-7.

Oberthür C. 1891. Nouveaux lepidopteres d'Asie. Etud Ent, 15: 25+[1] pp., 3 cpl.

Oberthür C. 1893a. Lépidoptères d'Asie. Étud d'Ent, 18: 11-45, pls. 2-6.

Oberthür C. 1893b. Lepidopteres recueillis au tonkin par... le Prince Henri d'Orleans Lepidopteres d'Afrique. Études d'Entomologie, 17: vii+36 pp., 4 cpl.

Oberthür C. 1894. Lépidoptères d'Europe, d'Algérie, d'Asie et d'Océanie. Étud d'Ent, 19: 1-41, pls. 1-8.

Oberthür C. 1908. Descriptin de nouvelles espèces de Lépidoptères de la chine occidentale. Annls Soc Ent Fr, 77: 310-314, pls. 5, 7 f.

Oberthür C. 1914a. (Deudorix). Étud Lépid Comp, 9(2): 54, pl. 255, f. 2154.

Oberthür C. 1914. Lepidopteres de la region sino-tibetaine. Étud Lépid Comp, 9(2): 41-60.

Oberthür C. 1921. Explication des Planches Photographiques. Étud Lépid Comp, 18(1): 52-77.

Oberthür C. 1894. Lepidopteres d'Europe, d'Algerie, d'Asie & d'Oceanie. Études d'Entomologie, 19: x+41 pp., 8 cpls.

Ochsenheimer F. 1816. Die Schmetterlinge von Europa. Fierter Band Schmett Eur, 4: 1-223.

Pallas P S. 1771. Reise durch verschiedene Provinzen des Russischen Reichs in den Jahren 1768-1774. Reise Russ Reich, 1: 1-504, 23 pls.

Poujade G A. 1884. [no title]. Bull Soc Ent Fr, (6)4: cxxxiv-cxxxvi [134-136], cxl-cxli [140-141], cliv-clv [154-155], clviii [158].

Poujade G A. 1885. [no title]. Bull Soc Ent Fr, (6)5: x-xi [10-11], xxiv-xxv [24-25], xli-xlii [41-42], lxvi [61], xciv-xcv [94-95], cxliii [143], cli [151], cc [200], ccvii-ccviii [207-208], ccxv-ccxvi [215-216].

Pryer W B. 1877. Description of new Species of Lepidoptera North China. Cistula Ent, 2: 231-235.

Racheli T, Cotton A M. 2010. Guide to the Butterflies of the Palearctic Region. Papilionidae. Part II. Omnes Artes, Milano.

Reakirt T. 1864. Notes upon exotic Lepidoptera, chiefly from the Philippine islands, with descriptions of some new species. Proceedings of the Entomological Society of Philadelphia, 3: 443-504.

Reuss T. 1920. Fabriciana (Argyniss part) talina stoetzneri m. nov. subspec. Int. ent. Ztschr, 16: 231-258.

Reuss T. 1922. Eine Androconialform von "*Argynnis*" niobe L., f. n., und durch entsprechende ♂♂ gekennzeichnete ostasiatische Formen oder Arten, die bisher zu "*adippe*" L. (rect. *cydippe* L.) gerechnet wurden, sich aber nunmehr durch Art und Verteilung der Androconien abtrennen lassen. Mit einer Revision des "Genus *Argynnis* F." Archiv Naturg, 87A(11): 180-230.

Riley N D. 1939. Notes on oriental Theclinae (Lepidopera, Lycaenidae) with description of new species. Novit Zool, 41(4): 355-361.

Rothschild L W. 1895. A revision of the *Papilios* of the eastern Hemisphere, exclusive of Africa. Novit Zool, 2(3): 167-463.

Rothschild L W, Jordan K. 1903. Some new or unfigured Lepidoptera. Novit Zool, 10(3): 481-487, pls. 11-12.

Schiffermüller I. 1775. Denis & Schiffermüller, 1775, Ankündung eines systematischen Werkes von den Schmetterlingen der Wienergegend. Ank Syst Schmett Wienergegend: 1-322, pls. 1a-b.

Schrank F. 1801. Fauna Boica. Durchgedachte Geschichte der in Baiern einheimischen und zahmen Thiere Fauna Boica, 2(1): 1-374.

Scopoli G A. 1763. Entomologica Carniolica exhibens insecta carnioliae indigena et distributa in ordines, genera, species varietates methodo Linnaeana. Ent Carniolica: 1-420.

Scopoli G A. 1777. Introductio ad Historiam naturalem sisteus genera Lapidum, Plantarum et Animalium detecta, characteribus-in tribus divisa, subinde ad leges Naturae. Introd Hist Nat: 3-506.

Scudder S H. 1872. A Systematic Revision of Some of The American Butterflies; With Brief Notes on Those Known to Occur in Essex County, Mass. 4th Ann Rep Peabody Acad. Sci, (1871): 24-83.

Scudder S H. 1876. Synonymic list of the butterflies of North America, North of Mexico. (2) Rurales. Bull Buffalo Soc Nat Sci, 3: 98-129.

Seitz A. 1907. Die Großschmetterlinge des Palaearktischen Faunengebietes. 1. Die Palaearktischen Tagfalter. Gross-Schmett Erde, 1: 1-379, pls. 1-89.

Shirôzu T. 1962. Butterflies of Formosa in Colour. Osaka: Hoikusha.

Shirôzu T, Murayama S. 1943. Ent World, Tokyo, 2(107): 2-4, f. 1-2.

Shirôzu T, Murayama S. 1951. *Leucantigius*, a new genus for Formosa Lycaenidae. Tyô to Ga, 2(3): 17-18.

Shirôzu T, Saigusa T. 1962. Hesperiidae and Lycaenidae collected by the Osaka Univ. boil. Exped. To southeast Asia 1957-1958. Nature Life Southeast Asia, 2: 25-94.

Shirôzu T, Saigusa T. 1973. A generic classsification of the genus *Arginnis* and its allied genera. Sieboldia, 4(3): 99-114.

Shirôzu T, Yamamoto H. 1956. A generic revision and the phylogeny of tribe Theclini (Lepidoptera: Lycaenidae). Sieboldia, 1(4): 329-422.

Sibatani A. 1946. Zweiter Beitrag zur Systematik der Lycaeninen (= Theclinen) aus Japan und angrenzenden Gegenden nebst Bemerkungen über einige Formen aus Formosa (Lep. Lycaenidae). Bulletin of the Lepidoptera Society of Japan, 1(3): 61-86, figs. 1-12.

Sibatani A, Ito T. 1942. Beitrag zur Systematik der Theclinae im Kaiserreich Japan unter besonderer Berücksichtigung der sogenannten Gattung. Zephyrus Tenthredo, 3(4): 299-334.

Snellen P C T. 1895. Aanteekeningen over exotische Lepidoptera Rhopalocera. Tijdschr Ent, 38(1): 12-30.

Sparrman A. 1768. Iter in Chinam quod praeside D. D. Car. v. Linné Amoenitates Acad, 7: 497-506.

Speyer A. 1879. Neue Hesperiden der palaearktischen Faunengebietes. Stettin Ent Ztg, 40(7-9): 342-352.

Staudinger O. 1887. Neue Arten und Varietäten von Lepidopteren aus dem Amur-Gebiete in Romanoff. Mém Lépid, 3: 126-232, pls. 6-12, 15-17.

Staudinger O. 1892. Die Macrolepidopteren des Amurgebiets. I. Theil. Rhopalocera, Sphinges, Bombyces, Noctuae in Romanoff.

Mém Lépid, 6: 83-658, pls. 4-14.

Stoll C. [1780]. Uitlandsche Kapellen (*Papillons exotiques*) in Cramer. Uitl Kapellen, 4(26b-28): 29-90, pls. 305-336 (1780); (29-31): 91-164, pls. 337-372 (1781); (32-32): 165-252, 1-29, pls. 373-400 (1782).

Stoll C. [1790]. Aanhangsel van het Werk, de Uitlandsche Kapellen. Aanhangsel Werk, Uitl. Kapellen, (1): 1-42, pls. 1-8 (1787), (2-5): 43-184, pls. 9-42 (1790).

Stoll C. 1782. Uitlandsche Kapellen (*Papillons exotiques*) in Cramer. Uitl Kapellen, 4(26b-28): 29-90, pls. 305-336 (1780), (29-31): 91-164, pls. 337-372 (1781), (32-32): 165-252, 1-29, pls. 373-400 (1782).

Sugiyama H. 1994. New butterflies from Western China (II). Pallarge, 3: 1-12.

Sugiyama H. 1996. New Butterflies from Western China (IV). Pallarge, 5: 1-11.

Sugiyama H. 1999. New Butterflies from Western China (VI). Pallarge, 7: 1-14.

Sugiyama H. 2004. New taxa of Lycaenidae, Lepidoptera from China. Pallarge, 8: 1-10.

Swinhoe C C. 1893. A List of the Lepidoptera of the Khasi Hills. Part I Trans Ent Soc Lond, (3): 267-330.

Tadokoro T, Shinkawa T, Wang M. 2014. Primary study of *Pieris napi-* group in East Asia (Part II): Phylogenetic analysis, morphological characteristics and geographical distribution. Butterflies, 65: 20-35.

Tancré C A. 1881. Eine neue Limenitis-Art vom Amur. Ent Nachr, 7(8): 120.

Tang J, Huang Z-F, Chiba H, Han Y-K, Wang M, Fan X-L. 2017. Systematics of the genus *Zinaida* Evans, 1937 (Hesperiidae: Hesperiinae: Baorini). PLoS ONE, 12(11): e0188883.

Toxopeus L J. 1928. Eine Revision der javanischen, zu *Lycaenopsis* Felder und verwandten Genera gehörigen Arten. Lycaenidae Australasiae II. Tijdschr Ent, 71: 179-265, pl. 5.

Tsukiyama H, Chiba H, Fujioka T. 1997. Japanese Butterflies and Their Relatives in the World. Volume 4. Tokyo: Shuppan Geijyutsu Sha, 1: 292.

Tutt J W. 1906. A study of the generic names of the British Lycaenides and Their close Allies. Entomologist's Record and Journal of Variation, 18(5): 129-132.

Tutt J W. 1907-1908. A natural history of the British Lepidoptera: A text-book for students and collects. Nat Hist Br Lepid, 9: 1-495 (1907); 10: 1-410 (1908).

Tuzov K. 1997. Guide to the Butterflies of Russia and Adjacent Territories. Vol. 1. Moskow: Pensoft Publishers.

Uémura Y, Koiwaya K. 2000. New or little known butterflies of the genus *Ypthima* Hübner (Lepidoptera: Satyridae) from China, with some synonymic notes. Part I. Futao, 34: 2-11.

Vane-Wright R I, de Jong R. 2003. The butterflies of Sulawesi: annotated checklist for a critical island faunda. Zool Verh Leiden, 343: 3-268, pls. 1-16.

Wagner S. 1959-1961. Mongraphie der ostasiastischen Formen der Gattung Melanargaria Meigen. Stuttgart E. Schwaeizerbartsche.

Walker F. 1870. A list of the butterflies collected by J.K. Lord Esq. in Egypt, along the African shore of the Red Sea, and in Arabia; with descriptions of the species new to Science. Entomologist, 5(76): 48-57, (80-81): 123-134, (82): 151-155.

Wallace A B. 1866. List of Lepidopterous insects collected at Takow, Formosa, by Mr. Robert Swinhoe. Proc Zool Soc Lond, (2): 355-365.

Wallengren H D J. 1858. Nya Fjärilslägten-Nova Genera Lepidopterorum. Öfvers Vet Akad Förh, 15: 75-84, 135-142, 209-215.

Watson E Y. 1893. A proposed classification of the Hesperiidae, with a revision of the genera. Proc Zool Soc Lond, (1): 3-133, pls. 1-3.

Westwood J O. 1841. Arcana entomologica, or illustrations of new, rare and interesting Insects. Arcana Entomologica, 1: (1841-1843) [iv], 192 pp., pls. 1-48 (in 12 parts).

Westwood J O. 1851. On the *Papilio* telamon of Donovan, with descriptions of two other eastern butterflies. Transactions of the Entomological Society of London, 1(5): 173-176.

Westwood J O. 1846-1852. The genera of diurnal Lepidoptera, comprising their generic characters, a notice of their habitats and transformations, and a catalogue of the species of each genus; illustrated with 86 plates by W. C. Hewitson. Gen Diurn Lep, (1): 1-18, pls. A, 1-4 (1-2) (1846), (1): 19-132, pls. 4, 18, 5-25, 28 (3-14) (1847), (1): 133-200, pls. 1, 26, 27, 29 (15-23) (1848), (1): pls. 31-44 (15-23) (1848), (1): 201-242, pls. 30, 45-52, 56-58, 60-62, 64 (24-31) (1849), (1): 243-250 [?], (2): 243-326, pls. 53-55, 63, 65,

66 (32-38) (1850), (2): 327-466, pls. 59, 67-77 (39-50) (1851), (2): 467-534, 143, 144, pls. 78-80 (Index) (51-54) (1852).

Wileman A. 1909. New and unrecorded species of Rhopalocera from Formosa. Annotationes Zoologicae Japanenses, 7(2): 69-104.

Wynter-Blyth M A. 1957. Butterflies of the Indian Region. The Bombay Natural History Society, Bombay, India, 1-523, 27 col. pls, 45 black-white pls.

Yokochi T. 2012. Revision of the Subgenus *Limbusa* Moore, [1897] (Lepidoptera, Nymphalidae, Adoliadini) Part 3. Descriptions of species (2). Bull Kitakyushu Mus Nat Hist Hum Hist, (Ser. A) 10: 9-100.

Yoshino K. 1995. New Butterflies from China. Neo Lepidoptera, 1: 1-4, 2 pls.

Yoshino K. 1996. New Butterflies from China 2. Neo Lepidoptera, 2: 1-8.

Yoshino K. 1997. New Butterflies from China 3. Neo Lepidoptera, 2-2: 1-10.

Yoshino K. 1998. New Butterflies from China 4. Neo Lepidoptera, 3: 1-7.

Yoshino K. 2002. Notes on some remarkable butterflies from South China. Butterflies, 32: 18-23.

Zhang J, Cong Q, Shen J-H, Grishin N V. 2022. Taxonomic changes suggested by the genomic analysis of Hesperiidae (Lepidoptera). Insecta Mundi, 0921: 1-135.

Zhu J-Q, Chen Z-B, Li L-Z. 2012. *Polytremis jigongi*: A new skipper from China (Lepidoptera: Hesperiidae). Zootaxa, (3274): 63-68.

Zhu J-Q, Mao W-W, Chen Z-B. 2017. A new species of *Onryza* Watson, 1893 (Lepidoptera: Hesperiidae) from China. Zootaxa, 4216(1): 94-100.

Zhu L-J, Hou Y-X, Chiba H, Osada Y, Huang Z-F, Sinev S, Wang M, Fan X-L. 2023. Molecular and morphological evidence reveals hidden new taxa in *Ochlodes ochraceus* (Bremer, 1861) (Lepidoptera, Hesperiidae, Hesperiinae) from China. ZooKeys, (1169): 203-220.

中 文 索 引

学 名 索 引